“中国森林生态系统连续观测与清查及绿色核算”系列丛书

王　兵 ■ 主编

森林氧吧监测与生态康养研究
——以黑河五大连池风景区为例

牛　香　鲁　铭　王　慧
李明文　王　兵　杜鹏飞　■ 著
骆媛媛　梁立东　彭　巍

中国林业出版社

图书在版编目(CIP)数据

森林氧吧监测与生态康养研究：以黑河五大连池风景区为例 / 牛香等著.
-- 北京：中国林业出版社,2020.5
(“中国森林生态系统连续观测与清查及绿色核算”系列丛书)
ISBN 978-7-5219-0502-1

Ⅰ.①森… Ⅱ.①牛… Ⅲ.①五大连池－森林生态系统－研究－黑河 Ⅳ.
①S718.55

中国版本图书馆CIP数据核字(2020)第033772号

中国林业出版社·林业分社
策划、责任编辑： 于界芬　于晓文

出版发行 中国林业出版社
(100009 北京西城区德内大街刘海胡同7号)
网　　址 http://www.forestry.gov.cn/lycb.html
电　　话 (010) 83143542　83143549
印　　刷 河北京平诚乾印刷有限公司
版　　次 2020年7月第1版
印　　次 2020年7月第1次
开　　本 889mm×1194mm　1/16
印　　张 18.75
字　　数 468千字
定　　价 142.00元

特此对尹伟伦院士的前沿学术引领作用致以崇高的敬意！

“第十届中国 · 黑河中俄林业生态建设国际学术论坛”的成功举办对本书的撰写起到了极大的推动作用。

《森林氧吧监测与生态康养研究》编辑委员会

序

工业文明和农业文明创造了丰富多样的产品，改善提升了人类的生存与生活条件，推动了科技与社会进步。但是，由于忽略了生态保护与生产工艺的环境友好，导致了大气污染、土壤污染、水污染等生态环境的恶化，对人类健康造成了极大的危害，威胁了人类生存与发展。因而人类反思、觉醒，提出了生态文明的新时代，呼唤生态功能对人类身体康养的作用。山水林田湖草等完备的生态系统，培育出完整的生物多样性，养育出良好的水、空气、土壤等人类生存的基础条件，也是人类健康的基本保障。

尽管目前生态康养功能对人体健康的作用机理尚不十分清楚，但是，森林是陆地生态系统的主体，人是从森林里走出来的，对森林的生态功能与保健效果具有天然的感受与认可。早在1840年，森林疗养理念就兴起于德国。近代，森林疗养在日本和德国成为“森林疗法”，在韩国被称为“森林疗养”。在我国党的十九大报告中明确提出“实施健康中国战略”，针对当今生活和工作节奏加快导致的亚健康问题、人口老龄化带来的养老难等问题，为人民群众提供全方位的健康服务是实现健康中国战略的重要任务。人们对健康养生的需求使得回归自然的生态康养应运而生。随着在国家“绿色发展”“健康中国”“供给侧结构改革”等政策的推动下，生态康养产业在不久的将来将形成一个规模巨大的新型产业，成为国民经济新的增长点。为了更加科学稳妥推进生态康养产业，开展森林康养功能的理论与监测技术研究是必不可少的，这也就是本书研究成果的价值所在。

今天，我们统称“森林康养”，就是利用特定森林环境和生态资源，以丰富多彩的森林景观、沁人心脾的森林空气、温度、湿度等环境，健康安全的森林食品、内涵浓郁的森林生态文化等为主要资源，配备相应的养生休闲及医疗、康体服务设施，开展以修身养心、调适机能、延缓衰老为目的的森林游憩、度假、疗养、保健、休闲、养老等活动的统称。它既能迎合现代人预防疾病、追求健康、崇尚自然的需求，也能把生态旅游、休闲运动与健康长寿有机结合，是当前国际林业最先进、最前沿、最贴近民生林业的理念和新兴产业，具有广阔的市场空间和发展前景。

五大连池位于中国黑龙江省黑河市境内，地处小兴安岭山地向松嫩平原的转换地带，火山林立，熔岩浩瀚，湖泊珠连，矿泉星布；荣获世界地质公园、国际绿色名录、世界生物圈保护区等生态桂冠。成为国家重点风景名胜区、国家5A级旅游区、国家自然保护区、中国矿泉水之乡、国家森林公园、中国著名火山之乡、中国国家自然遗产、中国国土资源科普基地、中国人与生物圈保护区及国家非物质文化遗产等世界少见的优良生态康养基地。早在公元935年，人们开始对五大连池的矿泉环境进行利用。1961年在这里建立了第一所疗养院，1965年成立了“黑龙江省五大连池矿泉水治疗研究所”，其后相继成立了38家疗养院，吸引着国内外络绎不绝的游客和疗养者。但是，这样一个国内外知名的生态疗养基地，始终缺乏对他们依赖的多种生态系统间和各自生态系统内的物质流与能量流运行规律的基础科学研究，这就使得生态康养效果产生的科学性无力阐明；同样，由于缺乏对生态系统康养功能评价的技术与监测，因此也无法对这样宝贵的生态康养资源进行有效的保护、管理与提升，极大地影响了生态康养产业的可持续发展。

以王兵研究员率领的科研团队针对上述生态康养产业亟待解决的科学理论与技术问题，利用黑龙江黑河森林生态系统国家定位观测研究站五大连池风景区分站科研基地，开展森林氧吧监测与生态康养研究。开创性地建立了森林生态康养功能的评价指标体系；开展了负离子、精气、氧气、空气颗粒物、气体污染物、森林小气候等森林环境的监测；以“分层抽样＋地统计学”思想为指导构建生态康养区划观测布局体系，采用分层抽样、复杂区域均值模型、克里金插值和空间叠置分析等方法，完成生态康养功能区划；提出从6个维度构建生态康养指数，实现了归一化的生态康养指数（NDHI）；对森林生态康养功能区划、归一化生态康养指数、五大连池生态康养资源禀赋分析；这一系列的科研创新成果汇集于《森林氧吧监测与生态康养研究》一书。具有森林生态康养功能的理论创新性，也具有森林康养资源的保护技术的引领示范作用。此书对从事森林生态康养理论研究和相关产业的从业者皆具有重要参考价值。

本专著付梓成书，以序为贺！

中国工程院院士 [signature]

2020年2月6日

前 言

森林生态系统具有分布地域广阔、植被类型多样、生态功能强大等特点，是人类与环境联系最密切的界面之一。置身于森林中，周边围绕着多彩景观、负离子、植物精气、湿润空气、舒适温度、矿泉水质等多种对身体有益的物质，人们可以通过视觉、嗅觉、听觉、味觉和触觉等全方位认识、感知、享受森林环境。根据现有不同层面对森林氧吧的理解，本团队提出的“森林氧吧”（forest oxygen-bar）是依托于森林丰富的资源，利用林内优质的空气、气候、水、声等生态环境以及完善的配套设施，适宜旅游、休闲、养生、养老、医疗的康养环境。

“森林氧吧”能够释放氧气、植物精气，产生空气负离子，改善林内小气候，净化水质，减少噪声等，使得森林具备空气、气象、水和声等优越的生态环境，正是这种舒适环境的存在，有助于人们养身、养心、养气、养神，起到缓解压力、提高机体免疫力、预防疾病、康复病体等作用。通过对空气负离子、精气、氧气、空气颗粒物、气体污染物、森林小气候等森林氧吧环境的监测，量化各类指标，分析变化规律、时空分布特征及影响因素等，了解森林氧吧环境的真实现状，把对“森林氧吧”的感性认识转变到理性判断。五大连池风景区属于北温带大陆性季风气候带，火山地貌完整，水系较为发达，有以火山喷发堵塞形成的5个堰塞湖为主体的地表水，地下也蕴藏着珍贵稀有的矿泉。黑龙江黑河森林生态系统国家定位观测研究站五大连池风景区分站和景区周围辅助观测点通过对五大连池风景区空气负离子、空气颗粒物、气体污染物及林内外气候的动态监测，了解森林作为天然氧吧释放负离子、吸附颗粒物的能力，以及森林自身对周边环境的调节作用，并使人们逐渐意识到森林重要的康养作用。

党的十九大报告中明确提出“实施健康中国战略”，把康养产业推动到国家战略层面上发展，有助于提高社会和市场的认同度。其实在“十二五”以来，尤其是2013年以后，我国出台了一些有关养老、健康等服务业的指导性文件，意味着国家康养产业顶层设计的形成，为康养产业发展提供了良好的政策基础和引导方向。2016年8月《健康中国2030规划纲要》审议通过，将人民健康放在优先发展的战略地位，坚持以预防为主，推行健康文明的生活方式，营造绿色安全的健康环境，减少疾病的发病率和死亡率。2016年，国家林业局下发的《林业科技创新“十三五”规划》中还明确提出，将森林康养服务发展工程作为林业产业重点工程，依托森林、湿地等自然资源，发展生态旅游、森林康养产业，改善标准缺乏、功能不足和效益不高等林业休闲康养发展现状。我国亚健康群体不断增加、人口老龄化速度加快、城市化进程带来各种环境污染，有着优美环境的森林、城郊、山区、海边成为适宜的居住地。人们对健康养生的需求使康养产业成为市场的主流趋势和时代发展的潮流，回归自然的生态康养也得以应运而生。

国际上公认生态康养起源于德国19世纪中期的克奈普疗法，它是一种倡导利用水和森林开展的自然健康疗法。法国的空气负离子浴、俄罗斯的芬多精科学和韩国的休养林构想，都是在克奈普疗法的基础上发展起来。20世纪80年代日本和韩国引入森林浴后得到了良好的传承和发展，日本将其与医学相结合，提出了森林疗法（forest therapy）、森林医学（forest medicine）等概念，韩国将森林利用与人体健康相结合，提出了森林休养（forest recuperation）概念。20世纪末，森林游憩（forest recreation）、森林旅游（forest tourism）等概念相继传入中国，并在实际推广过程中不断拓展该概念的内涵和外延。生态康养这一提法的科学内涵涵盖了目前绝大部分类似的概念，更符合社会回归自然、追求健康的发展新趋势。根据现有不同层面对生态康养的理解，本团队提出“生态康养”是指依托优质的生态资源及其环境，配备相应的休闲、养生、医疗、康体服务设施，在自然环境中开展以修身养性、调适机能、延缓衰老为目的的休闲、运动、体验、养生、疗养、养老等一系列有益人类身心健康的活动。生态康养应该是将一定区域内拥有的所有生态资源要素耦合，形成一个多元康养功能的共生体。

不同地区生态资源具有一定的多样性，如何合理地利用多种生态资源综合发展解决健康生存需求问题是一个发展的大问题。五大连池风景区有丰富的旅游产品、纯净的天然氧吧、珍稀的冷矿泉、灵验的洗疗泥疗、天然熔岩晒场、宏大的全磁环境、绿色健康食品和丰富的地域民族习俗等资源环境。本研究以“分层抽样+地统计学”思想为指导构建生态康养区划观测布局体系，采用分层抽样、复杂区域均值模型、克里金插值和空间叠置分析等方法完成生态康养功能区划，分析各要素空间分布状况和整体区划特点，有助于体验者考虑自身的需求作出最适合的选择。为了更好地比较不同区域之间生态康养功能的差异，生态康养指数定量描述生态康养资源状况，真实、客观地反映被评价区域生态康养资源质量，又表现出有别于其他区域的特色，涉及空气环境、气候环境、水环境、声环境和地磁环境等方面的指数。现有的评价方法多数采用问卷调查法、因子权重法、层次分析法等，这些方法具有一定的局限性，适用范围较小，不易于不同区域之间的比较。本研究提出的归一化生态康养指数（NDHI）是将各指数进行等当量化赋值计算转化，用0～10标度，标度越高，生态康养功能越强。NDHI很好地将一定区域内的生态康养资源整合量化，有利于了解生态资源状况方便进行对比，有助于评价者作出准确的判断，具有较强的实用性和可推广性。

随着社会经济的发展，人类需求逐渐改变，基于生态康养禀赋和意愿分析，有助于深入了解和认识五大连池风景区所在区域的生态资源的供需状况，可为五大连池风景区生态资源的开发、生态康养产品的设计提供基础数据和科学参考，有利于挖掘康养功能更精准地为人类提供服务。景观格局由一系列大小、形状各异的景观镶嵌体在景观空间排列，是自然或人为干扰的各种生态过程在不同尺度上作用的结果。景观结构是研究景观功能和动态的基础，景观丰富度和景观结构的变化也带来了功能的变化。景观连接度描述了景观要素在功能和生态学过程上的有机联系，这种联系表现为生物群体之间的物种流、物质流、能量流和信息流，为探索景观空间异质性和揭示景观空间格局与生态过程间的关系提供了理论基础和技术方法。通过景观丰富度和连接度分析、制图，可以发现景观中对生物群体影响比较敏感的地段和位点，可为景区后期的规划设计提供数据支撑。有关生态康养方面的研究还存在许多不足，其内涵和外延还需要用科学的理论和方法去不断地探索和实践研究。社会的发展和人们生活方式的转变，预示着生态康养产业将会进入快速发展期，科学地评价生态康养功能，有助于更好地带动林业、旅游、卫生等多个产业协同发展，创造出数百万甚至上千万个就业岗位。

著者

2019 年 1 月

目录

第一章 森林氧吧与生态康养研究进展

第一节　森林氧吧国内外研究进展

一、森林氧吧概述

现代社会文明给人类带来了丰富的物质享受，改变了人类的生活方式和行为习惯。工业繁荣发展，有害物质过量排放，空气、水、土壤等生存要素遭受不同程度的污染。营养过剩、压力过大、生活作息不规律，体内毒素排泄受阻，致使不同年龄段的人群引发各种健康问题。多种现代病吞噬人们的健康，亚健康人群和慢性病患者日渐增多，而现代医学又没有理想的治疗效果。人体本身具有抵抗各种病毒、细菌的免疫能力，但在杂乱繁忙的钢筋水泥都市环境中很难充分发挥自身免疫系统的功能，人们就越发向往田园牧歌式的休闲生活，在恬美清新的大自然中释放享受和休息体验，增强机体的自然免疫能力和对各种疾病的自然治愈能力，从而改善身体素质达到预防、缓解和治疗疾病的目的。

森林是陆地生态系统的主体，是大自然的调节器，具有固碳释氧、阻风滞尘、消减噪音、净化水质、调节气温等多种生态功能，对促进人与自然的和谐发挥着重要作用（王兵，2010；沈茂成，2000）。森林中空气负离子浓度高，可以杀灭空气中的细菌、病毒，达到抗菌杀毒的目的；同时，空气负离子与灰尘、烟尘、有害气体和颗粒物等相结合，起到除尘净化的作用。空气负离子还能促进人体新陈代谢，强化细胞机能，增强机体免疫力（林金明，2006；Pino O.，2013）。森林植物还能产生一种精气，主要是萜烯类化合物也称“芬多精”，可以杀死细菌、消灭病毒，还能促进人体免疫蛋白增加，明显抑制癌细胞的生长，有效调节副交感神经平衡（LI Q.，2010；沈茂成，2000）；较高浓度的植物精气有助于增加空气中负离子的含量，提高森林空气环境的舒适度和康养功能。森林中景观优美、空气清新、环境良好，有助于人们养身、养心、养气、养神，起到缓解压力、预防疾病、康复病体的作用。

德国是世界上最早开始森林康养研究的国家，在1855年，赛帕斯坦·库乃普医师在巴特·威利斯赫恩的小镇实验研究森林康养的功效，并且还倡导利用森林和水疗等自然资源开展“自然健康疗法”（张红梅，2016）。“森林浴”（forest bathing）是由德国的“自然健康疗法”发展而来的，是指通过森林散步将森林具有的疗养效果用于人们的健康增进、疾病预防的活动（雷巍娥，2016）。1982 年，日本的林野厅提出将森林浴作为一种生活方式，并在日本北部的长野县举行第一次森林浴大会（薛成杰，2016）。森林疗养（forest therapy）是在森林浴的基础上发展出来的，是指到自然景观优美、生态环境良好、空气清新的森林环境中，利用森林内特殊的生态环境和一定的设施，结合医学原理，达到休闲、保健目的的一种休养方式（胡晓庆，2009），是现代人改善疲劳和亚健康状况的有效手段。20 世纪 80 年代，我国开始森林公园建设，到 90 年代中期，森林公园建设逐渐兴起，为森林康养产业的发展奠定基础和条件。随后，国内一些学者也开始研究森林与健康之间的关系，随之引入了森林旅游、森林养生等相关概念。森林氧吧是在近几年开始频繁出现在人们的视野中的，2015 年首届“中国森林氧吧论坛”由中国绿色时报社《森林与人类》杂志编辑部举办，主题是“森林：增进人类健康”，并在论坛上发布首批“中国森林氧吧”名单。森林氧吧的评选主要是对负离子、空气颗粒物、空气细菌含量等森林健康因子进行科学评价（森林与人类，2015）。森林氧吧就是利用森林优质的环境资源，为人们提供旅游、休闲、养生、养老等康养服务的场所。

社会的进步和科技的发展，带来了经济的繁荣和物质的文明，但同时，人类也面临着各种各样的生活、工作和环境压力，对绿色的生存环境的需求也不断提高，渴望回归自然，呼吸新鲜空气。进入森林，不仅有绿色干净的空气，而且还富含精气、氧气、空气负离子等有益于身体健康的物质，静思养神，顿觉身心舒畅。森林在诸多方面影响着人类的生存环境，森林具有吸收污染物、滞纳颗粒物、杀菌抑菌、天然制氧、消减噪音、调节气候和净化水质等作用。中国气象服务协会发布的《天然氧吧评价指标》中定义，天然氧吧（natural oxygen zone）为负离子水平较高、空气质量较好、气候环境优越、设施配套完善、适宜旅游、休闲、养生的地区。该定义主要强调的是空气中的负离子含量高、空气质量好和气候环境优越，对于优质的森林环境来说应该包括多方面的内容，不只是空气质量和气候条件。根据现有不同层面对森林氧吧的理解，本团队提出森林氧吧（forest oxygen-bar）是依托于森林丰富的资源，利用林内优质的空气、气象、水、声等资源以及完善的配套设施，适宜旅游、休闲、养生、养老、医疗的康养环境。

森林氧吧正是充分利用森林优质的资源和环境，将旅游、休闲、健康和养老自然地结合起来，提供高品质的娱乐、休闲、体验、养生、养老服务，具有预防疾病、缓解压力、治疗休养的功效，从而达到生理和心理的双重康养的作用。森林氧吧应该具备优越的生态环境，包括空气环境、气候环境、水环境和声环境等，其中主要涉及空气负离子、精气、氧气、空气颗粒物、气体污染物、森林小气象、地表水质、声环境等内容。世界卫生组织

规定，清新空气中负离子标准浓度应大于1500个/立方厘米。不同的标准对地表水质和声环境的要求比较统一，即地表水质达到Ⅲ级、声环境达到Ⅰ级（昼间55分贝，夜间45分贝），对空气质量各指标的设置差异较大，世界卫生组织、生态环境部、文化和旅游部和气象协会分别对环境空气质量规定不同的要求。

森林植被通过吸收、分解、转化大气中的有毒物质起到净化大气环境的作用，利用光合作用释放氧气和蒸腾作用调节空气湿度，叶片尖端放电产生大量负离子，植株对噪声有明显的衰减、遮挡、吸收作用，同时不同器官组织还可以释放挥发性物质，净化水质和影响降水格局的分配，满足城市人群寻找空气清新、环境优美、食材安全的康养环境的需求。随着人们与森林之间关系的转变，人们对森林开始有新的认知和回归自然的渴望。

二、森林氧吧的康养功能

（一）“空气中的维生素”——空气负离子

1. 空气负离子的国外研究进展

空气负离子的研究最早可以追溯到1892年，空气带电的现象被德国Sehap发现，空气负离子的存在被法国的Eleter、Geitel和英国的Wilson证实（Ames Onba，1998）。世界上第一台医用空气负离子发生器由美国CRA公司的汉姆逊在1932年发明，同时开始利用该仪器研究负离子的生物学效应，自此在欧洲、美国、日本等国家和地区，对空气负离子的应用研究经历了很长一段时间的发展（林兆丰，2010），涉及医学保健、环境卫生、生态旅游及工农业生产等领域，具体从空气负离子对生物机体产生的效应、人类疾病的治疗作用及评价理论等几个方面进行了大量的实地监测和分析研究。

俄罗斯的学者A. B. Cokosob首次在期刊上公开发表了利用空气负离子来治疗有关疾病的文章（Winsor T.J.，1958），Krueger和Wilson分别进行了空气负离子的生物学效应方面的研究，发现它可以抑制病毒、细菌的滋生，对疾病有抑制、缓解辅助治疗的作用（Krueger A.P.，1957；Winsor T.J.，1958）。早期日本学者研究发现空气负离子能够作用于副交感神经，含有大量负离子的空气作用于人体脑电波，具有放松身体、调节机能和改善体质的作用（Shalnov G A.，1994）。随后又有很多针对生物机体方面的研究报道，Krueger通过对鼠和兔的许多实验研究后提出，空气负离子通过降低血液及组织中5-HT的含量，达到改善情绪的作用（Krueger A.P.，1960，1972，1976）。在临床上还可以治疗呼吸系统、循环系统、消化系统和五官科等方面的疾病（Krueger A.P.，1960；Pino O.，2013），同时对糖尿病、贫血、皮炎、湿疹等具有一定疗效（吴仁烨，2011）。近期有研究表明，长期处于高浓度负离子环境中可以缓解抑郁症和非典型症状（Bower B.，2017）。在有关胚胎发育研究中显示，在富含负离子环境中培养的小鼠胚胎发育的成功率比在低浓度环境下的高（Simjanovska L.，2017）。

多方面的研究结果都证实了空气负离子对人类机体的有益作用，为了让人们能够随时地享受到高浓度负离子带来的疗效，研究者们都在积极地研究设计制造一种能够随时产出高浓度负离子的设备，日本走在了世界的前列，通过离子变换器技术制造出来的空气负离子与大自然产生的空气负离子没有差别，能够调节人体机能，对改善体质、维持健康都有重要的作用（Noboru Horiguchi，2004；平野，2017）。俄罗斯的学者通过人工加载高压电刺激盆栽内植物根际周围土壤的方法来提高植物释放负离子的数量（吴仁烨，2011）。在自然状态下释放负离子少的植物青锁龙（*Crassula muscosa* L.）、仙人球 [*Echinopsis tubiflora*（Pfeiff.）Zucc. ex A. Dietr.] 受高压电刺激后，释放负离子的数量是自然状态下的 2～3 倍；植物十二卷（*Haworthia fasciata* Haw.）、仙人掌（*Opuntia stricta* Haw.）、黄毛仙人球 [*Opuntia microdasys*（Lehm.）Pfeiff.] 等自然状态下释放负离子为中等量，当受到一定的高压电击后，就可以成百倍地释放负离子；芦荟（*Aloe vera* Mill.）、吊兰 [*Chlorophtum comosum*（Thunb.）Bake] 等植物在正常状态下释放负离子能力较强，受高压电击后释放负离子的能力提高成千上万倍（Renye Wu，2017；吴仁烨，2011）。

随着科技的发展，对负离子的应用已经扩展到纺织、给水、建筑材料等诸多领域。在纺织面料方面，日本开发具有放射远红外线和生成负离子功能的海藻碳纤维面料已经被制作成睡衣、床上用品等投放市场。在供给饮水方面，用饮用负离子发生材料处理自来水，该自来水呈偏碱性，具有不含细菌、含离子态矿物质等优点。为了减轻酸雨对建筑物的损害，在建筑物表面涂上负离子发生材料制成的外墙涂料、室内装饰材料和陶瓷制品可吸附室内灰尘、绒毛等物质。同时，应用于汽车涂料上可提高其耐酸性（Likun Gao，2017）。

2. 空气负离子的国内研究进展

我国对空气负离子研究开始于 1978 年，关于空气负离子的研究大多集中在森林、室内、公园环境等区域内，季节、气候、植被、水体、海拔高度等因素对空气负离子浓度的影响（刘和俊，2013）。伴随地球运转，四季变换，昼夜交替，经过对空气负离子浓度变化的试验研究、实地监测，证明空气负离子浓度具有明显的日动态、季节动态和海拔高度动态变化。空气负离子日变化的峰、谷出现的时间，随着地域观测的植物群落、林分类型、人流量的不同而不同（郭云鹤等，2015）。在季节动态上，可能是受到地域、时间和气象之间的差异，不同地区季节变化并非完全一致（王晓磊等，2013）。

（1）空气负离子对生物机体的影响。关于空气负离子生物学效应方面报道较多的是对生物机体方面的研究。研究表明空气负离子可以提高记忆力、促进学习、增强运动耐力、维持良好的情绪，同时还能缓解不良气候反应、改善和调节人体高度作业的紧张度（刘勇等，1990；高凯年，1995）。此外，经试验验证，空气负离子有利于激素合成，促进植物保花，提高结实、坐果率，有利于液体栽培植物的生长提高农作物产量，同时空气负离子还有利于果实、蔬菜的保鲜（吴玉珍等，1997；金宗哲，2006）；在畜牧业方面，空气负离子能够显著提高家禽肉、蛋的产量，还能提高幼禽的孵化率（张献仁等，1989；王震，2018）。

在医疗方面主要体现在对代谢及内分泌疾病、血液系统疾病、皮肤及外科等多种疾病具有的治疗作用，如糖尿病、贫血、白细胞减少、皮炎、湿疹、烧伤、烫伤等（李安伯，2001；孙继良等，2010）。随着空气负离子基础理论研究的深入，其实用价值被进一步得到肯定。从医学层面来讲，人体长期处于空气负离子浓度在1000～5000个/立方厘米的环境时，人体免疫能力和抵抗能力可以增强。在空气负离子浓度5000～10000个/立方厘米之间的环境中，负离子能够杀死空气中的细菌从而减少疾病传染。人体处于空气负离子浓度高于10000个/立方厘米的环境时，有助于激发机体对疾病的自然痊愈力，并且可以治疗精神抑郁类疾病，但是并非负离子的浓度越高越好，浓度一旦超过10^8个/立方厘米时，就会对身体机能产生一定的毒副作用（李琳等，2017）。通常情况下空气负离子浓度较高时，不仅能抑制多种病菌的繁殖，增强人体的免疫能力，还能促进人体的新陈代谢，起到降低血压和消除疲劳的作用，因此空气负离子有利于人类健康长寿（宗美娟，2004）。在我国广西巴马瑶族自治县和新疆吐鲁番盆地两个长寿村中，人们长寿的一个很重要原因就是和那里空气负离子的含量有直接的关系（包冉，2010）。

（2）空气负离子的应用。相关研究表明，差的空气环境是由于过多含量的有害气体、烟雾、灰尘、病毒和细菌等，使得空气负离子沉降，使空气中正、负离子浓度比失衡。提高空气负离子的含量可以调节正、负离子浓度比，吸附和沉降空气中的尘粒、病毒等，达到净化空气的作用（吴仁烨，2011）。在对铁路普通旅客列车、食堂等相对密闭空间进行试验研究发现，加速空气流动，能够促进空气负离子的扩散，可以达到改善区域空气质量、净化空气的目的（饶松涛等，2008）。

森林能产生大量的空气负离子，因此，城市中的人们纷纷外出来到森林体验它的清新、芬芳，因此关于森林旅游区空气负离子方面的研究吸引国内许多学者的关注，现在已经把空气负离子作为重要因子放到对森林旅游资源的开发评价中（常艳等，2010）。目前国家没有统一森林康养基地建设中空气负离子浓度的标准，空气负离子的含量应作为建立森林医院、森林浴场等设施的重要依据。多学科相互合作，加强空气负离子的研究，能够进一步推动森林旅游资源被更好地开发利用。

由于空气负离子具有一定的保健和康养功能，能够促进人体新陈代谢和血液循环、增加人体舒适度、恢复疲劳、维持健康等，大家开始研究负离子的开发应用，相对的产品也逐年增多（吴仁烨，2011）。目前市场上常用的负离子产品主要是源负离子技术产品和无源负离子技术产品，前者涉及的主要技术原理是利用外界能源使离子间碰撞产生负离子，应用这种技术制造开发的产品有空气净化器（吴迪，2005），还可以通过改变环境因子促使植物释放大量负离子，从而改善室内空气环境；后者大都是利用那些无机非金属材料，此类材料自身具有能量并能通过自发极化产生负离子（钟正刚等，2003），较多的应用在建筑装修材料或者家居用品上，此类产品主要是通过添加矿物材料或负离子激励剂而产生负离子，如负离子涂料、负离子瓷砖等，以及负离子纺织品衣服、纱窗、壁布、窗帘、床单和汽车用装饰布等（陈志，2018）。

(3) 空气负离子与植物群落之间的关系。由于地域生境、植物种类各有不同，相近植物群落环境中的空气负离子浓度高低也不尽相同。相同林分类型条件下，由于树龄、生长状况的不同，疏林内的空气负离子浓度大于密林内的，并且空气负离子浓度差异很大。不同林龄之间存在差异，幼龄林和过熟林增加空气负离子的能力要小于生命力旺盛的成熟林（张建伟等，2009）。从不同林分类型看，阔叶林＞针阔混交林＞针叶林（曾曙才等，2007）。不同的森林层次结构，空气负离子的浓度不同：在单层林分结构环境中，空气负离子浓度表现为乔木高于灌木，灌木高于草坪，草坪高于裸地（王庆等，2005）；多数学者认为复层植物群落释放的负离子的能力比单层植物群落更高（穆丹等，2009），同一树种的纯林内，冠层下有下木和地被物的林分的空气负离子浓度要高于仅有乔木层的纯林的空气负离子浓度（邵海荣等，2005）；在不同的双层植被群落结构环境中，空气负离子浓度表现为乔灌结合型＞乔草结合型＞灌草结合型（王薇，2014）；乔灌草复层结构显著高于灌草结构和草坪（李佳珊，2016；王淑娟等，2008）。植物生长周期不同，所在地空气负离子浓度也不尽相同，这可能是受到植物群落本身差异（如树种、树龄、胸径、树高、郁闭度、生活力等因素的差异）和植物群落所处的外部环境（如各地区的温度、湿度、光照、风速、压强等环境因子不同）的影响，导致研究结果各不相同。

3. 小 结

数年来，国内外学者对空气负离子的研究取得了丰硕的成果，但是在规范空气负离子的观测方法、制定空气离子测量仪的制造标准等方面还有待进一步研究与完善，同时在受控条件下负离子的作用机理研究、空气负离子在日常生活和医疗保健上的应用研究仍需进一步的研究和开发。空气负离子对于生命必不可少，对人体健康十分有益，其研究需要多学科多领域交叉配合。在环境污染还没有得到有效治理的当代，空气质量备受人们的关注，空气负离子在人体健康、临床医学应用以及日常生活应用等方面的研究将有重大而深远的意义。

（二）“天然杀菌素”——植物精气

植物精气是指植物体新陈代谢过程中，花、叶、木材、根、芽等不同组织油腺不断分泌出的一种浓香挥发性有机物，能杀死细菌和真菌，还能防止森林中的病虫害和杂草生长，这些物质统一命名为芬多精（Phytoncidere），又称植物杀菌素或植物精气（吴楚材等，2006；柏方敏，2016）。植物精气的成分为芳香萜烯类、醇类、酚类、酯类化合物等，其中萜烯类中的单萜烯类最具医疗价值（吴楚材等，2006；胡春芳，2018）。目前，固相微萃取法和动态顶空法为最常用的收集和测定方法，这两种方法都能够真实准确地测定被测植物释放有机挥发物的成分和含量（阎凤鸣，2003）。

依据植物挥发精气所具功能的不同，可分为医疗型精气植物、保健型精气植物和改善环境型精气植物三类（表 1-1）。其中，医疗型精气植物精气中的物质具有一定的医疗作用；保健型精气植物精气中的物质有改善心情、调节机体的保健效果；改善环境型精气植物精气中的物质能阻止细菌繁殖、净化空气、改善环境（郑林森等，2004；谢祝宇等，2011）。

表 1-1　精气植物分类

类型	代表植物
医疗型精气植物	银杏（*Ginkgo biloba* L.）、猕猴桃（*Actinidia chinensis* Planch）、桃叶珊瑚（*Aucuba chinensis* Benth.）、女贞（*Ligustrum lucidum* Ait.）、紫茉莉（*Mirabilis jalapa* L.）等
保健型精气植物	蓝桉（*Eucalyptus globulus* Labill.）、梅花（*Armeniaca mume* Sieb.）、白兰花（*Michelia alba* DC.）、金银花（*Lonicera japonica* Thunb.）、水仙（*Narcissus tazetta* L.）、荷花（*Nelumbo nucifera* Gaertn.）、木槿（*Hibiscus syriacus* L.）、天竺葵（*Common nandina* Fruit）、含笑[*Michelia figo*（Lour.）Spreng]等
改善环境型精气植物	雪松 [*Cedrus deodara*（Roxb.）G. Don]、龙柏 [*Sabina chinensis*（L.）Ant. 'Kaizuca']、臭椿（*Ailanthus altissima*（Mill）Swingle）、柠檬 [*Citrus limon*（L.）Burm. f.]、文竹 [*Asparagus setaceus*（Kunth）Jessop]、秋海棠（*Begonia grandis* Dry）

1. 植物精气国外研究进展

（1）植物精气对生物机体的影响研究。人类利用植物释放的气体由来已久，各国都有将植物制作成香料和精油用来消毒防腐、镇静安神、驱虫杀菌、去邪防病的记载，但是对植物精气的作用机理不甚了解。直到 1930 年，苏联学者 B. P. Tokn 在观察植物新陈代谢的过程中发现了植物精气。随着对植物精气研究的深入开展，植物精气对人体的作用机理逐渐清楚。有些国家和地区将植物精气作为宣传亮点的森林生态旅游很受人们的欢迎。

森林中的许多植物都能够分泌出强烈芳香的挥发性物质（即植物精气），其具有抗生性（微生物）、抗菌性和抗癌性。种植这些树种是净化大气、控制结核病发展蔓延、增进人体健康的有效措施（Ikeda T，1981）。单萜类精油能够很快地被人体吸收和释放，使其在体内形成一种平衡状态（Ronunelt，1978）。还有学者研究发现植物中提取的精油外用能够起到促进伤口愈合、消毒消炎、脱臭、杀虫驱虫的作用；内服具有促进食欲、祛痰、杀菌、驱风、利尿、镇静等作用（Sehleher，1985；只木良也，1992）。近年来，有学者研究发现森林环境中的芬多精可以显著提高免疫系统的功能，主要表现在 NK 细胞活性增强，例如细胞数量、穿孔数量、胞内颗粒酶数量和颗粒酶 A/B 表达的细胞数量等指标的增加，肾上腺素（E）和去甲肾上腺素（NE）的浓度降低。NK 细胞释放的抗癌蛋白具有杀死肿瘤细胞的能

力，吸入植物精气可以有效预防癌症，与常规治疗方法（化学疗法、放射疗法等）联合能达到良好的治疗效果（LI Q，2010）。日本一项对不同部位癌症患者（包括肺癌、胃癌、肾癌、结肠癌、前列腺癌、乳腺癌、子宫癌）的统计结果显示，高森林覆盖率地区癌症患者标准死亡率低于森林覆盖率低的地区（Li Q,2008）。芬多精还能显著降低尿液中 NE 的浓度，抑制交感神经活动，增强副交感神经活动（LI Q，2011），有些植物的芬多精对治疗抑郁症有良好功效（Saaaki K，2013）。

（2）影响植物精气释放的环境因素。植物释放单萜和倍半萜与光照强度等有关，植物释放精气日变化规律呈单峰趋势，有研究表明，在中午之前释放量最高，单萜和倍半萜的释放率在光周期开始时急剧增加，单萜类在 10:00 达到最大值，倍半萜的释放率在 11:00 达到最大值，随后萜烯、单萜和倍半萜的释放量持续下降（A. M. Yáñez-Serrano，2018；J Bai，2017）。有关研究通过卫星测量挥发性物质的含量，如用 MODIS 波段计算的光化学反射指数（PRI）与异戊二烯排放量具有一定相关性，可以通过光化学反射指数检测不同季节、年度排放峰值的时间，它还可用于进一步改进干旱和其他胁迫条件下的异戊二烯排放模型（Iolanda Filella，2018）。

温度影响植物精气的释放，有研究显示墨西哥冷杉 [*Abies religiosa*（Kunth）Schltdl. & Cham.] 和桑毛斑叶兰栎（*Quercus rugosa* Trel.）释放的 α - 蒎烯和异戊二烯的浓度都受到空气温度的影响（Dominguez-Taylor P，2007）。同样不同树种对温度的响应机制有很大差别，有些树种的精气释放速率随湿度的增高而增加（Janson R，1993；M Staudt，2010；陈欢等，2007），有些树种的精气释放速率随湿度的降低而减少（Schade W G，1999）；有的树种精气释放速率随湿度增加反而降低（Kim J C，2001）；还有部分树种的植物精气释放速率与湿度的变化无相关性（Guenther A B，1991）。影响植物精气释放的另一个重要因素是大气中二氧化碳浓度的变化，在一定范围内二氧化碳浓度的增加加强了光合作用，从而增多某些植物体释放单萜的量（J Tang，2018）。

水分胁迫影响单萜的释放浓度（Francesco Loreto et al.，2010），有研究者发现，轻度或中度的水分胁迫会明显增加单萜类物质的释放量（AS Eller，2016）。土壤肥力可以影响植物体单萜的释放量，但水分供应不足而氮素过量时，单萜产量没有变化。还有研究发现，有些植物受水分胁迫与不受水分胁迫时的单萜释放量的变化不大，但是在长期的水分胁迫下单萜释放量开始减少或受到抑制，呈缓慢下降趋势（E. Ormeño，2007）。

有研究表明，氮肥增加将导致植物体内单萜的释放量减少（Bryant J P，1983；Muzika R M，1989），这是由于氮肥的施加有效地促进光合作用，光合作用会降低合成单萜类物质底物的数量（非结构碳水化合物含量），所以造成单萜的生成率下降。但是并非所有研究结果都如此，Loreto 等（1993）通过一些实验发现，夏季高温高氮素含量的土壤环境大大增加了萜类物质的释放率。随着臭氧浓度的增加，异戊二烯排放减少，光饱和速率和叶绿素含

量下降，而添加氮后增加了异戊二烯排放量以及光饱和速率和叶绿素含量，虽然臭氧和氮在光饱和速率中相互作用显著，但氮没有减轻臭氧对异戊二烯排放的负面影响，而是联合效应的结果（X Yan，2017）。

不同树木种类，释放植物精气物质的能力不同，敏感性不同（Kim J C，2001），树龄也能够影响植物精气的释放速率。释放精气速率较高的树木种类有杨属（*Populus*）、栎属（*Quercus*）和柳属（*Salix*），释放精气速率很低的植物有槭树属（*Acer*）、白蜡树属（*Fraxinus*）和梨属（*Pyrus*），甚至有许多树木种类没有单萜释放能力（Benjamin M T，1998）。大多数研究表明，同一树种幼龄植株具有更高的精气释放速率（Kim J C，2001；Ülo Niinements，2010），但是随着树龄的增加，这种差异会逐渐减小（Janson R，1993）。但是也有一些树种是低龄植株的单萜化合物总排放量低于老龄植株的（Jo-chun Kim，2005）。造成单萜类物质释放量差异的因素还有植物的叶龄，幼叶相对于老叶释放出更多的植物精气物质（A Mozaffar，2018）。

2. 植物精气国内研究进展

（1）植物精气对生物机体的影响研究。植物体向外界释放的挥发性气体通常带有芳香味，不仅是大自然天然的清香剂，并含有多种对人体健康有益的物质，具有杀虫、灭菌、镇咳、解热、消炎等保健功效（柏智勇等，2008；李秋霞，2017；郭肖，2017）。植物挥发性气体中含有的清香成分可以改善心情和调节精神状态，甚至还可以预防和治疗疾病。不同的植物释放的挥发性气体差异较大，常春藤 [*Hedera nepalensis* K. Koch var. *sinensis*（Tobl.）Rehd] 植株的挥发性气体中含有较高浓度的蒎烯、薄荷醇、乙酰丙酮，具有一定的提神、醒脑和活血的功效。其他植物体挥发的气体中含有水杨酸类物质可以应用于心血管保健方面，如银杏（*Ginkgo biloba* L.）（郑林森等，2004）。有些植物气体挥发物中含有的萜烯类化合物能够促进免疫蛋白含量的增加，提高呼吸道的防御能力和抵抗力（张薇，2007）。也有学者研究了植物精气对人体生理和心理的影响过程（邓小勇，2009），如茉莉花 [*Jasminum sambac*（L.）Ait] 香气能够加速大脑血液流动，增加大脑皮层活力，使人兴奋；玫瑰（*Rosa rugosa* Thunb）香气能使心率加快，而柠檬 [*Citrus limonum*（L.）Burm. f.] 香味能使心率减速；薰衣草（*Lavandula angustifolia* Mill）香气有镇静作用。

（2）影响植物精气释放的环境因素。诸多的环境因子都会对植物精气的释放和挥发有一定的影响，如温度、水分胁迫、大气二氧化碳浓度等非生物因子，还有叶片年龄、树龄、发育状况、树种差异等生物因子。温度的高低影响植物释放精气的快慢，温度越高植物精气的排放速率越大（王志辉等，2003）。植物受水分胁迫的程度不同，诱导植株产生的芳香类物质就不同，受水分胁迫越深植株体内形成的芳香类物质就越多（曹潘荣等，2006；陈欢，2007）。空气负离子也会影响植物精气的释放速率，在森林环境中，空气负离子浓度与植物精气浓度是互为正相关关系，森林中的空气负离子浓度越高，植物精气就越浓；植物精气浓度越大，其空气负离子浓度就越大。空气湿度与植物精气浓度是正相关关系，潮湿地方的空气负离子和植物精气的浓度相对于干燥的地方更大，如雨后的森林以及瀑布、流水、溪流等地方（柏智勇等，2008）。影响植物精气释放产生的另一个因素是外来干扰，其中包括人类活动和自然力破坏对树木所造成的损害。李新岗等（2005）通过检测健康果实和受害果实释放萜类挥发物成分得出，受害果实内含有的单萜类物质总量和不同组分的含量明显增加，β-蒎烯含量减少，单萜、倍半萜种类没有变化（陈欢，2007）。

树龄能够影响植物精气的释放，有些学者研究发现，有些树种向空气中释放长叶烯和去氢枞酸的量与植株的树龄呈正相关，但与其抗性呈负相关；单萜、β-蒎烯和枞酸型树脂酸的释放量与植株的树龄成负相关，其成分含量与植物体所受的抗性呈正相关（徐福元，1994；陈欢，2007）。同一植物的发育部位也对植物精气有影响，植物的发育部位不同，释放的植物精气的组成成分也不同（郭霞，2012）。树种也会影响植物精气的组成和释放，不同属或者同属不同种植物精气的释放速率和成分组成之间有较大的差别（王琦，2014）。同样，阔叶和针叶树种之间也存在差别，大叶相思（*Acacia auriculiformis* A. Cunn. ex Benth.）、南洋楹 [*Albizia falcataria*（L.）Fosberg.] 等南方阔叶树释放的挥发性气体成分主要是单萜烯，而非异戊二烯。其原因可能与在亚热带气候条件下的阔叶树种叶片上具有和针叶树种类似的避免植株过度蒸发的厚角质层有关（赵静等，2004）。

（3）精气植物的应用。精气植物通过释放挥发性气体具有的杀菌、消毒和治疗疾病等多种保健功能，达到改善所在地环境、有利于人体健康的功效，可以作为森林游憩和生理保健的有益资源（吴楚材等，2005）。在医疗方面，通过精气植物营造自由亲切的医疗空间是一种理想的治疗方法，同时还能保护和改善环境。医疗型精气植物释放出的气体能够调节病人的心情和心态，有利于病人病情的好转，还能对人体内的病菌起到防治和消除的作用（李洪远，2015）。此外，不同种类的精气植物对人体器官的功效不同，针对不同的需求者可以营造适宜不同人群的特定医疗场所，有助于对病人实施有效的治疗。

在健康和养生方面，通过精气植物释放对人体健康有益的高效保健的挥发性气体，为大家营造健康安全的休闲活动场所，使大家保持良好的心情，有利于身体健康和病情的好转。可以针对不同的人群，合理搭配不同的精气植物，建立具有不同康复疗养功能的景观空间，让人们在观赏和游玩的过程中达到预防疾病、增强身体健康、恢复机体功能的目的（谢祝宇等，2011）。此外，不同的精气植物能够形成多样的植物精气场，通过挥发不同组成成分的气体物质作用于人体，实现人体的保健和养生功效。在休闲活动方面，以改善环境型为主的精气植物营造适宜的环境，充分发挥净化空气的功能，创造优质的活动空间（谢祝宇等，2011）。

在材料应用方面，可广泛应用于房屋建筑装饰用材、玩具及包装用材、厨具家具用材等行业。还可以把森林植物精气的保健功能作为旅游资源的亮点开发应用。植物挥发性物

质还可用于蔬菜保鲜，如山苍子植物体内的挥发性物质可以诱导青椒苯丙胺酸解氨酶（PAL）活性增加，抑制过氧化物酶（POD）活性，减缓丙二醛含量的增加，从而延缓膜质过氧化，延长青椒的保鲜期（付红军，2017）。除此之外，植物挥发性物质还可应用于驱避蚊虫，主要是因为植物源驱避剂通过多种不同作用方式、位点及机制，对蚊虫产生拒食、忌避、抑制生长发育、杀灭等作用，如精油类、萜烯类等（李秋霞，2017）。

3. 小　结

还有很多学者开展关于植物精气的研究，有些学者认为植物的挥发物质对人体有毒害作用（Krebs M，1995；Chiritensen L P，2000；郑华等，2003）。还有学者认为某些植物体释放的挥发性气体中确实含有极少量的有害气体，但是其实际浓度远远低于危害污染环境和人体健康的浓度（庞名瑜等，1999；郭阿君等，2003）。对于植物精气对人体有害还是有益，以及植物精气对人体产生有利功效的最佳时间及其含量，能够释放最佳功效植物精气的物种配置方式以及如何充分利用植物精气等问题仍有待专家和学者的深入研究。

（三）氧气对人体健康的作用

对于绿色植物来说，释氧指在太阳的照射下，植物体细胞的叶绿体内将二氧化碳和水转化为储存能量的有机物并释放出氧气的过程（张一弓等，2012）。氧气是人体必需的物质，人可以多天不吃饭不喝水，却时时刻刻需要呼吸。正常成年人每天从大气中吸进 0.75 千克氧气，呼出 0.90 千克二氧化碳，1 公顷的森林释放的氧气可供 1000 人呼吸。一般，空气中二氧化碳的含量约为 0.03%，当空气中二氧化碳的含量增加到 0.05% 时，人们会感到憋气，记忆力、判断力陡然下降，如增加到 0.06% 会导致人早衰，达到 4% 时，脑细胞就会出现死亡现象。森林植物通过光合作用吸收二氧化碳释放氧气，光合作用释放的氧气和呼吸作用消耗的氧气之比为 20:1，从而调节林内氧气和二氧化碳的比例。

1. 森林释放氧气国外研究进展

20 世纪 60 年代，随着生物学领域研究的发展，世界各国开展了大量的有关在森林生物量和生产力方面的研究。在释氧的机理方面，认为主要通过植物的光合作用和生长机能来吸收和固定二氧化碳释放氧气（Mc Pherson E G，1998；Zhao M，2010）。有研究表明，植株释氧的能力与树种、植被类型以及树种的绿量、叶面积指数和冠幅等密切相关（Giridharan R，2008；Tsiros I X.，2010）。从提高绿化植物固碳释氧功能的角度出发，通过修剪冠型能够提高植株光能利用率、有助于环境中的碳氧平衡（林萌等，2013）。在释放氧气计算方面，美国收集了大量的资料，在自然树木生物量回归方程的基础上，为同一地区的森林生物量和释放氧气量的测算提供可行的计算方法。通过对不同地区土地类型的调查，美国运用这种方法量化地评估了绿地固定二氧化碳、释放氧气的能力，建立了评估生态效益的模型（Nowak D.J，2002）。还有基于高清晰分辨率的遥感影像和 GIS 技术对绿地植被定量评价，

可使人们明确了解不同绿地类型或树种对生态环境的改善作用，同时计算出释放氧气的量，为森林景区和城市的建设、结构布局和生态效益的完善提供了有效依据（Teng et al.，2012；Tyrvainen，2007）。

森林环境中富含氧气可以放松人的身心，研究表明观赏森林景观和在森林环境中行走会使皮质醇浓度降低，脉搏率降低，血压降低，心率变异性增加（Ohtsuka Y，1998），还可以降低大脑左前额区血红蛋白总浓度（t-Hb）的绝对值（Park BJ，2010）。日本学者从 2005 年开始研究森林浴对人体免疫系统的作用，结果表明在森林富氧环境中停留 3 天 2 夜后，人体出现 NK 细胞活性增加，NK 细胞数量增多，细胞内颗粒溶素、穿孔素和颗粒酶 A / B 的水平升高的现象（Qing Li，2010）。HT Chen 等（2018）通过 16 名中年女性进行为期 2 天的森林治疗中发现，混乱、疲劳、愤怒、敌意、紧张、焦虑等负面情绪和收缩压显著降低，森林环境对压力恢复有明显的减缓作用。有关研究还发现，为期 4 天的森林浴可以使脑利钠肽水平稳定下降，收缩压和舒张压呈下降趋势，炎症和氧化应激反应减弱，表明森林环境可以为患有慢性心力衰竭（CHF）的患者提供辅助治疗效果（MAO Gen Xiang，2018）。

2. 森林释放氧气国内研究进展

我国学者从 20 世纪 60 年代开始对植物的固碳释氧进行研究，70 年代进入了广泛研究绿化植物生态效益的时期，进入 90 年代后，在植物固碳释氧方面的研究取得了一定的成果，在此期间主要集中在林龄、地域、时刻、绿量等因子对绿地固碳释氧差异的研究，研究内容主要涉及绿地的降温增湿、固碳量、吸收有害气体等。目前研究方向从植物体和群体的生态效益及其产生生理机理等方面转向生态效益的定量作用与绿地定额的关系研究（张一弓等，2012）。

植物吸收二氧化碳和释放氧气是植物最基本的生态功能。有研究表明，不同的绿化树种在各季节释放氧气的能力不同，在不同的生长季节同一树种释氧能力也有明显差异，生物量越大的植物光合能力越强，吸收二氧化碳释放氧气的量也越多，表现为乔木＞灌木＞草本（杨士弘，1996），由于物种自身的差异、环境因素等方面的影响，导致上述总结的规律还需开展进一步的试验验证。从季节来看，同一植物释放氧气的能力表现为夏季＞秋季＞春季（郭杨，2014）。从不同群落结构类型方面来看，复层结构林地群落的生态效应大于单层结构的植物群落的生态效应（王晓明等，2005）。乔灌草型绿地的释氧能力要优于灌草型和草坪型（石铁矛等，2014）。落叶树木的释氧能力要大于常绿的释氧能力（李冰冰等，2012）。在同样生物量条件下，幼龄林＞中龄林＞近成熟林＞成熟林＞过成熟林（孙世群等，2008）。

在不同植物释氧效应研究方面，有的学者从植物的光合作用和蒸腾作用的日变化方面进行研究，结合树种的叶面积指数，对其释氧能力进行评估和分类评价（王立等，2012）；有的运用碳税法及工业制氧成本法计算，对其释氧效应进行了量化研究，综合评定一个地

区或者城市绿地的整体生态效益（孟占功等，2012；宋超等，2015）；还有对不同树种的夏、冬两季光合特征及影响因子进行分析，以净光合速率与所测算估计的绿量为依据，估算绿化树种的释氧量（王芳，2010）。这些学者从多个角度、多个方面研究了树种对释氧能力的影响，对量化释氧能力指导景区规划和城市绿化树种的配置起到十分重要的作用。

森林环境中氧气的含量相对较高，李春媛（2009）研究表明森林游憩可以显著提高人体血氧含量和心肺负荷水平，并且居住在森林公园 0.5 千米以内的市民的心理健康状况显著优于 0.5 千米以外的居民。房城等（2010）对 232 个进入森林公园的游客进行生理指标变化的研究得出，手指温度总体的均值上升 0.82℃，血液氧饱和度总均值升高 0.81%，皮肤电导率总体的均值降低 2.10 微西门子，R-R 间隔总体均值降低 0.08 西门子，平均心率、最小心率、最大心率总体均值分别降低了 3.25 次 / 分钟、5.32 次 / 分钟和 7.23 次 / 分钟，这些生理指标的变化说明人在进入森林后表现为心肺功能增强，肢体放松，情绪平稳，机体生理健康状态改善。森林中的富氧环境可以改善人体的心肺功能，结合多种方法掌握林区氧气时空分布状况，以及周围环境因子对空气富氧度的影响，为森林精准康养和精准提升森林康养功能奠定基础。

3. 小　结

影响森林固碳释氧功能的因素有很多，树种选择和组配为影响森林固碳释氧功能的主要因素。通过长期监测不同类型和结构植被释放氧气量，研究掌握森林植被释氧能力的动态变化特征规律，从而分析诊断林分释氧功能低下的原因，针对性地调整和配置森林结构，系统详细地解析森林的结构特征来改善和调整森林功能，拓展森林释氧能力的计算方法，有效地指导基层林场的建设，为林分结构配置调整提供科技支撑。

（四）减少空气颗粒物对人体的危害

随着工业化进程的发展、城市化持续的推进、化石能源使用的增加，空气颗粒物已成为首要的空气污染物，是危害世界环境和公共健康的主要影响因素之一，备受世界各国政府和公众广泛关注。空气颗粒物（atmospheric particulate matters）也称为大气气溶胶（atmospheric aerosols），主要是指空气中含有的各类颗粒状物质总称（Hinds，1999）。空气颗粒物可以根据粒径由小到大分为超细颗粒物 $PM_{1.0}$（ultrafine particles，$Dp \leqslant 1.0$ 微米）、细颗粒物 $PM_{2.5}$（fine particulate matter，$Dp \leqslant 2.5$ 微米）、可吸入颗粒物 PM_{10}（inhalable particles，$Dp \leqslant 10$ 微米）和总悬浮颗粒物 TSP（total suspended particulate，$Dp \leqslant 100$ 微米）（刘旭辉，2016）。大量研究表明，空气颗粒物浓度与能见度呈显著负相关关系（Zhao et al., 2013），其中粒径在 0.1～2 微米之间的颗粒物对能见度下降有较大的作用，主要是通过对光的散射、反射和吸收等作用使物体与背景的对比度下降（杨复沫等，2013）。

空气颗粒物可以分为自然和人为两种主要来源。自然来源包括土壤扬尘、火山喷发灰、森林火灾烟和海洋成分盐等大尺度面源；人为来源包括化石能源燃料、生物质燃料和工业生产，多数集中在世界上工业比较发达、人口密集的地区（Tucker，2000）。因为各地区以及城市的土壤种类、经济状况、产业类型等不同，导致分析空气颗粒物来源的结果也有所差异，PM_{10} 主要来源为燃煤、城市扬尘、建筑工地、机动车尾气、二次粒子等（肖致美等，2014）。$PM_{2.5}$ 的来源中风土扬尘约占 20%，气态硫化物产生二次硫酸盐约占 17%，气态氮氧化物产生的二次硝酸盐约占 10%，天然煤炭燃烧释放约占 7%，石油炼化汽柴油燃烧排放约占 7%，气态氮氢化物产生二次铵盐约占 6%，生物质燃料燃烧释放约占 6%，人类吸烟排放约占 1%，植物碎屑分解约占 1%（郑玫等，2013）。空气颗粒物污染来源有比较大贡献的是风土扬尘、交通排放烟气尘以及煤炭燃烧烟尘。除此之外，岩石腐蚀风化、火山爆发火山灰、森林燃烧火灾、植物释放花粉孢子、气体污染物形成二次各类盐以及有机物燃烧排放物都能成为污染的来源（杨新兴等，2013）。

随着监测手段的进步，关于颗粒物成分的研究也越来越多，对空气颗粒物的元素组成特征分析发现主要含硫、钙、铁、铝、钾和纳等 6 种元素，其中铝、铁、钙为地壳元素，硫为污染元素，钠和钾为双重元素（王海婷等，2018）。由于空气颗粒物产生源类型的多样化，导致空气中颗粒物的构成组分存在很大差异，基于不同地区空气颗粒物的来源存在着差异，其构成组分也会存在着不同，即使在同一城市的不同区域空气颗粒物也会出现不同的构成组分（郑铭浩，2017；包红光，2016）。

空气颗粒物中对人体各器官和组织危害较大的主要是可吸入颗粒物 PM_{10}，因为可吸入颗粒物 PM_{10} 在空气中几乎不能重力沉降，能够长期在空气中悬浮，因其含有大量有机物、重金属和微生物成分，能够形成具有强致病性的空气污染物。其中，细颗粒物 $PM_{2.5}$ 的危害更大，它能够直接到达人体肺部的支气管和肺泡，通过渗透作用进入人体血液，对人体健康的危害远大于可吸入颗粒物 PM_{10}（张晶，2012）。目前，国内外对颗粒物的研究重点已从可吸入颗粒物 PM_{10} 逐渐转向 $PM_{2.5}$ 和超细颗粒物 $PM_{1.0}$。相对而言，超细颗粒物 $PM_{1.0}$ 的研究较少。在过去的 60 多年间，国内外许多学者对空气颗粒物开展较为系统的研究，涉及空气颗粒物对生态环境、气候变化和人体健康等不同领域造成的影响（柯馨姝等，2014；Kim et al.，2015）。

1. 空气颗粒物国外研究进展

进入20世纪以来，人类在经历了伦敦烟雾事件（1952年）、日本四日市哮喘病事件（1955年）和墨西哥波萨里卡事件（1959 年）等世界性的空气污染事故以后，开始进入从关注空气污染到研究治理空气污染的转变，如欧洲经济合作与发展组织（Organisation for Economic Co-operation and Development，OECD）成员国缔结的《远程越界空气污染公约》（Convention on Long Range Trans-boundary Air Polloution，LRTAP），缔约国还建立欧洲监测和评估网络（European Monitoring and Evaluation Programme，EMEP），主要对欧洲整体空气环境质量进行监测和评估，监测指标包括颗粒物、二氧化硫、氮氧化物、臭氧和一氧化碳等。20

世纪 70 年代人们对空气颗粒物的研究进入快速发展期，主要关注全颗粒物的化学反应过程和化学反应产物（Seinfeld，1975），到之后的借助光学显微镜获得了空气颗粒物粒径图集（McCrone et al.,1973），使人们对颗粒物的研究从全颗粒物化学分析进入单颗粒物观测阶段。20 世纪 80 年代有关空气颗粒物的研究主要从单颗粒物的形貌、粒度、结构、化学组成和矿物组成等方面开展，分别从矿物学、形态学、化学成分及不同颗粒物之间效应关系等方面涌现了大量研究成果（张维康，2016）。

（1）空气颗粒物对人体健康影响的研究。空气颗粒物对人体健康的研究始于 20 世纪 80 年代，美国研究首次提出了粗颗粒物 PM_{10} 对人体健康产生严重危害（Dockery et al.，1993）。随着空气颗粒物相关工作的推进，学者开始关注细颗粒物 $PM_{2.5}$ 和超细颗粒物 $PM_{1.0}$ 的相关特性和对身体的危害（张维康，2016）。在全球不同地区、不同大气污染背景、不同人群研究结果已经证实，长期或短期暴露于空气颗粒物中，可导致某些疾病的发病率和死亡率升高，特别是呼吸系统及心脑血管疾病（Dockery et al.，1993；Pope et al.，1995）。欧洲对29个城市进行一项研究发现，PM_{10} 日浓度每增加10微克/立方米，死亡率将增加0.62%；美国对 20 个城市进行了同样的研究发现，PM_{10} 日浓度每增加 10 微克 / 立方米，死亡率增加 0.46%（Samet et al.，2000；Katsouyanni et al.，2001）；在后续对其他亚洲城市的研究中发现，PM_{10} 每增加 10 微克 / 立方米将导致死亡率增加 0.5%（Cohen et al.，2004）。美国开展的一项长达 16 年（1982—1998 年）的队列跟踪研究，随访了共 50 万名研究对象，发现 $PM_{2.5}$ 浓度每升高 10 微克 / 立方米，人群总死亡率、心血管疾病和肺癌死亡率可分别增加 4%、6% 和 8%，冠心病的入院率、心肌梗死入院率、先天性心脏病发生率、呼吸系统疾病发病率分别提高 1.89%、2.25%、1.85%、2.07%（Pope et al.，2002；Zanobetti et al.，2009）。

（2）空气颗粒物与植被之间相互影响的研究。20 世纪 70 年代不同学者开始有关植物滞纳颗粒物能力方面的研究，早期主要关注不同植物群落对空气中一些重金属颗粒物以及有毒工业废气物的清除功能（Chamberlain，1975；张维康，2016）。随着相关研究的深入和发展，学者开展有关单颗粒物与植被群落、个体以及组织器官的相互关系的研究（Beckett et al.，1998）。近年来，关于森林植被调控空气颗粒物的报道也不断增加。英国学者对不同树种叶片移除空气颗粒物研究中发现，松类单位叶片附着密度大于柏类，针叶树种高于阔叶树种（Beckett et al.，2000），在后续对其他树种的研究中也发现了相同的规律（Smith et al.，2004；Hwang et al.，2011）。挪威学者对不同针阔乔木树种滞纳空气颗粒物能力的研究中发现，针叶树种滞纳空气颗粒物能力强于阔叶树种（Sæbø et al.，2012），后续研究还发现某些阔叶树种具有“自清洁”特性，因此造成其滞纳颗粒物能力较差（Mitchell et al.，2010）。从不同林分在不同风速设定情境下对 $PM_{2.5}$ 沉降速率的研究中发现，风速从 3 米 / 秒加快到 9 米 / 秒，$PM_{2.5}$ 的沉降速率从 0.1 厘米 / 秒增加到 2.9 厘米 / 秒。通过对比不同树种对 $PM_{2.5}$ 沉降速率的影响得出，针叶林沉降速率大于阔叶林（Smith et al.，2004；张维康，

2016)。美国学者在研究绿化树种净化空气颗粒物和气体污染物的试验中发现，55 个城市的绿化树种能够从空气中移除约 214900 吨的 PM_{10}，价值约为 9.69 亿美元，滞纳污染物总计 711300 吨，合计价值达 38.28 亿美元（Nowaket et al.，2006；张维康，2016)。另一项美国城市森林对 $PM_{2.5}$ 滞纳能力的研究中发现，10 个城市森林植物对 $PM_{2.5}$ 的滞纳能力为 4.7～64.5 吨，价值量为 110 万～6010 万美元（Nowak et al.，2013；张维康，2016)。

2. 空气颗粒物国内研究进展

我国对空气颗粒物的研究起步较晚，开始于 20 世纪 70 年代，主要是颁布了相关政策法规和大量的治理研究工作。2008 年以后，北京、上海和广州等全国多个城市相继发生了严重的雾霾现象，促使学者开展对 PM_{10}、$PM_{2.5}$、$PM_{1.0}$ 等空气颗粒物的研究（张维康，2016)。目前对空气颗粒物的研究大多集中在来源组分、时空变化、气象因素、人体健康、大气能见度、植被及其滞纳等方面。

（1）空气颗粒物对人体健康影响的研究。现阶段大家把空气颗粒物选为判断空气质量的重要评价指标，之前有关空气颗粒物的研究大部分集中在来源组分、时空变化规律及其影响因素方面，但其对人类健康造成危害的研究更应该引起人们的关注（包红光，2016；胡彬等，2015)。全球每年由于空气颗粒物污染，所导致的呼吸系统疾病引起死亡人数超过两百万人（Shah et al.，2013)，从空气动力学上讲，直径大于 30 微米的空气颗粒物很容易沉降到地面，对人类健康的危害较小，主要引起上呼吸道感染等疾病。而直径小于 10 微米的可吸入颗粒物 PM_{10} 对人类健康有较大危害，尤其细颗粒 $PM_{2.5}$ 对人类健康危害更大。许多学者研究表明不同粒径空气颗粒物能渗透到人体的不同器官，依据空气动力学原理直径在 2.5～10 微米空气颗粒物则可直接进入下吸道的支气管；直径小于 2.5 微米空气颗粒物可到达肺泡，并长期黏附在肺泡上；直径小于 1.0 微米的空气颗粒物透过肺泡进入到血液，进一步到人体的其他器官和组织中（赵金镯等，2007)。长期暴露在空气颗粒物污染环境下会引起人体呼吸系统、心血管系统、神经系统及免疫系统等疾病（郭玉明等，2008)。还有研究表明，人群住院率与空气颗粒物浓度具有一定的相关性，如果人们在颗粒物 PM_{10} 浓度大于 150 微米 / 立方米的环境中长期暴露，人体肺功能会降低 3%～6%（游燕等，2012；鲍恋君等，2017)。兰州市 2005—2007 年，由于空气颗粒物浓度超标导致污染，引起疾病入院的患者人数就达到了 3.52 万人次，其中呼吸系统疾病患者人数为 15300 人、心脑血管系统疾病患者人数为 19900 人（陶燕等，2014)。

空气颗粒物严重的危害人体健康，其背后还隐含造成的严重社会经济损失，通过估算空气颗粒物污染对我国社会经济造成的损失研究得出，空气颗粒物污染（主要是 PM_{10}）影响我国国民健康造成了高达 1065 亿美元的社会经济损失，大约相当于 2009 年我国 GDP 总价值的 2.1%（包红光，2016)。2004 年，我国 111 个城市由 PM_{10} 污染引发的流行病造成共计 290 亿美元的社会经济损失，意味着在一定程度上限制了社会生产力的发展（Zhang et

al.，2008；包红光，2016）。2016 年京津冀地区 13 个城市因 $PM_{2.5}$ 污染引起的健康经济损失总计达 1342.9 亿元（吕铃钥等，2016）。

（2）空气颗粒物与植被之间相互影响的研究。空气颗粒物具有来源广泛、成分复杂多样的特点，其中含有的重金属元素具有不能降解的特性（Gao et al.，2002）。研究发现在粒径小于 10 微米颗粒物中有 75%～90% 的重金属元素，且颗粒物的粒径越小所含重金属元素成分越高，通过空气的干湿沉降直接进入到地表土壤之中，被植物生长吸收利用转移到体内，当植物体内一些重金属元素的含量达到某一阈值后，长期累积在植株内的重金属元素将会通过富集作用影响植物的生长和发育（赵晨曦等，2013；包红光，2016）。当植物叶片吸附颗粒物造成污染后，叶绿素 a 和叶绿素 b 含量的比值呈显著升高的趋势，叶绿素的总含量呈显著降低的趋势，造成植物叶片出现黄化症状，滞尘能力下降（李海梅等，2008）。植物叶片长期吸附颗粒物，会造成气孔堵塞使气体交换受阻，导致叶片温度升高而出现坏死现象，造成植株生理机能的减弱和消失（易心钰等，2017）。颗粒物污染可以降低植物利用太阳总辐射的效率，从而降低植物光合作用效率，也有研究发现颗粒物污染可对植物造成易染病、遗传结构改变等间接影响（苏行等，2002）。

植物吸收、滞纳空气颗粒物主要以叶片为载体，叶片的微结构对吸收、滞纳的能力有显著影响，与气孔的大小、叶脉结构、叶表皮的粗糙度、蜡质层、绒毛和分泌黏液等因素有关（张维康，2016）。各位学者利用所在地域的森林植被条件，测量当地有代表性的森林植被对于空气颗粒物滞纳能力的研究，得出了相对一致结果。就树种而言，针叶树种的滞纳空气颗粒物的能力要高于阔叶树种（柴一新等，2002；王兵等，2015），阔叶树种主要以柳树（*Salix*）、槐树（*Sophora japonica*）、栾树（*Koelreuteria paniculata* Laxm.）、五角枫（*Acer mono* Maxim）等滞纳空气颗粒物能力较强，而银杏（*Ginkgo biloba* L.）、杨树 [*Populus simonii* Carr. var. *praewalskii*（Maxim.）H. L. Yang]、栎类等树种滞纳空气颗粒物能力较差（牛香等，2017；王蕾等，2006）。就同一树种而言，在不同时间和地点其滞纳空气颗粒物能力也不尽相同，在空气环境污染严重的情况下其滞纳空气颗粒物的能力高于空气环境清洁的地区，植物处于生长旺盛时期叶片滞纳颗粒物的能力强于展叶期或者叶片掉落期（王兵等，2015；张维康，2016）。就不同林龄林分而言，中龄林、近成熟林的滞纳吸收颗粒物能力要高于幼龄林（房瑶瑶等；2015）。自 1949 年以来，中国森林资源发展变化经历了过量消耗、治理恢复、快速增长的过程，森林面积稳步增长，截至 2013 年我国森林面积达到 20796 万公顷，滞尘量为 58.45 亿吨 / 年（王兵，2018）。

3. 小　结

随着社会经济的快速发展，人们越来越关注城市环境空气质量问题。空气中 PM_{10}、$PM_{2.5}$ 能够携带病菌、重金属元素等污染物，对人体健康构成了严重危害，因其扩散范围广、沉降困难等原因，造成其治理和控制非常困难，已经成为世界各国政府以及学者们共同研究解决的重要问题。目前国内外对空气颗粒物做了大量研究工作，取得了丰硕的成果，但是在很多方面还有待研究与完善，例如对空气颗粒物的形成、迁移和转化机制不清，缺少对空气颗粒物时间和空间尺度上连续完整的监测。同时在获得特殊污染背景下空气颗粒物对健康的效应，采取相应防护措施降低其危害的道路上还有很多工作需要做，需要从源头上控制空气污染物的排放，鼓励推进清洁能源的使用，重视空气环境质量的监测、关注植被治污能力与健康效应两者之间的作用关系、大力宣传促使全民的积极参与和支持，健康中国也一定会在社会各界的共同努力中实现。

（五）减少气体污染物对人体的危害

改革开放40年来，随着我国工业化迅速发展和经济水平不断提高，能源消耗和大气污染的排放量也不断增加，高能耗、污染重的粗放型经济增长方式，使大气污染问题在短期内凸显，空气质量问题越来越被人们所关注和重视。空气污染问题是环境污染中最为直接和严重的一种形式。一般来说，空气污染物可划分为气体污染物、颗粒物、可吸附重金属以及离子成分四类（马雁军等，2005）。其中，气体污染物主要分为硫氧化合物、氮氧化合物、碳氧化合物、碳氢化合物。常见的气体污染物包括二氧化硫、氮氧化物、一氧化碳和臭氧等（牟浩，2013）。

气体污染物来源可分为天然源和人为源两大类。天然源包括火山爆发、森林火灾等自然灾害引起的大量有害气体、粉尘等，这种污染危害具有时限性和不可预见性，人力无法控制。人为源包括机动车的尾气排放以及工业生产和居民生活所排放的废气，人为污染具有持续时间长、危害范围广、可控性强等特点（杨超，2015）。常见的污染物二氧化硫已经成为我国大气最主要污染物，它来源于化石燃料石油、煤燃烧和富含硫元素矿石的冶炼等，其中大气中的二氧化硫有90%来自煤炭燃烧，工业污染以及汽车排放的尾气也是二氧化硫污染排放的主要方式（王玲，2015）。氮氧化物包括多种气体化合物，造成大气污染的主要是一氧化氮和二氧化氮。天然源的氮氧化物大部分来于自土壤和海洋的氮循环过程中有机物的分解和氧化；人为源的氮氧化物大部分则来自于化石燃料的燃烧，如机动车尾气的排放、有色金属冶炼等（牟浩，2013；杨俊益，2012）。臭氧是一种具有特殊臭味浅蓝色的强氧化性气体，主要分布在平流层，保护着地球上的一切生命免受紫外线的伤害（王贵勤，1995）。对流层臭氧的天然源来自光化学反应和平流层的向下输送，人为源来自一氧化碳、氮氧化物、挥发性有机物等前体污染物在特定条件下生成的臭氧（黄亮，2014）。一氧化碳是一种无色、无味毒性极强的气体，也是排放量最大的气体污染物之一，由燃料不完全燃烧时产生，其主要来源于机动车尾气的排放（韩朴，2015）。

面对当前日益突出的大气环境污染问题，采取合理有效的措施加以综合治理意义重大。森林作为城市的“绿肺”，在净化大气环境方面具有独特的生态功能，发挥着重要生态作用

（彭镇华，2006）。森林植被对气体污染物的抗性和吸附性研究等方面取得了一定进展。根据植物对大气污染的净化修复能力来选择城市绿化树种，是减轻城市大气污染的重要途径和手段。通过增加森林植被覆盖面积并合理配置绿植结构，可以从源头、过程及结果上起到对大气污染物的防治作用，从而达到净化大气环境的目的。

1. 气体污染物国外研究进展

18 世纪后，西方经济发达国家在工业革命和商业繁荣快速发展的过程中，由于缺乏环境保护意识，许多国家先后出现了严重的大气污染现象。20 世纪 30 年代以来，相继发生过数起震惊世界的大气污染事件，引起了全球的普遍关注（表 1-2）。例如，比利时马斯河谷烟雾事件(1930 年 12 月)严重危害了人的健康，造成许多居民短期内发病甚至死亡(Firket J., 1936)。英国的伦敦烟雾事件（1952 年 12 月），源于冬季取暖引起煤烟和硫化物浓度在大气中短时间内急剧增加，加之逆温层现象，导致 2 个月内 10000 多人死亡（Logan W，1952）。大气污染问题已经成为世界各国最为关注的环境问题之一（宁海文，2006）。

表 1-2　国外不同地区气体污染案例

时间	地点	气体污染物的组成成分
1813，1952年	英国伦敦市	二氧化硫、煤烟粉尘
1930年	比利时马斯河谷	二氧化硫
1943年	美国洛杉矶	石油烃废气、一氧化碳、二氧化硫、碳氢化合物和铅烟等
1948年	美国多诺拉镇	二氧化硫
20世纪上半叶	芬兰坦佩雷市	二氧化硫、颗粒物
20世纪50～60年代	日本北九州市	二氧化硫、烟尘
1955—1972年	日本四日市	重金属微粒、二氧化硫、碳氢化物、氮氧化物和粉尘
1962年	德国鲁尔区	烟尘、二氧化硫、二氧化碳、一氧化碳、臭氧
1970年	日本东京市	二氧化硫、氮氧化物
20世纪70年代	加拿大萨德伯雷市	铜、镍、铁等金属微粒和二氧化硫
1985年	墨西哥城	二氧化硫、氮氧化物、一氧化碳、重金属微粒和粉尘

20 世纪下半叶，随着城市大气污染的不断恶化，全球各地区和国家对大气污染防治越来越重视，制定关于大气相关的法规、标准以及发展节能技术，遏制环境污染恶化。英国成立专门的调查小组，确定伦敦大气污染主要是由煤炭燃烧排放的烟气引起的，之后英国政府相继颁布《空气清洁法案》《污染控制法》《机动车管理规定》和《烟气排放法》等一系列法律法规，推广使用清洁能源，建立新城，疏散人口和工业企业等。1955 年，美国颁

布《空气污染控制法》，推广空气污染控制技术，鼓励清洁能源和可再生能源的开发和利用。日本政府通过与企业合作防治污染，利用技术优势开展环保项目，注重循环经济的发展。德国以“节能减排”为核心，强化降污技术的应用，扶持能源消耗少、科技含量高的新型产业发展。

酸雨的产生与工业化的发展有密切关系，在19世纪中叶工业发展迅速用煤量大幅增加，大气污染建筑物表层出现脱落现象。R. A. Smith在研究雨水的化学成分时发现其显酸性的物质主要是硫酸和酸性硫酸盐，并且在编著的《空气和降雨：化学气候学的开端》中首次提出“酸雨”的概念（张龚，2004；蒋益民，2004）。20世纪40年代酸沉降现象引起世界各国学者的广泛关注，其中北欧瑞典、挪威等国家湖泊酸化问题对鱼类产生了极其严重的危害。进入20世纪50年代，酸雨已经成为了重要的世界性污染问题。由于二氧化硫和氮氧化物的排放量逐年增多，酸雨问题危害严重，对陆地生态系统、水生态系统以及建筑材料都有很大的危害。世界三大酸雨区分别在欧洲、北美和中国（Fredric C. Menz et al.，2004）。20世纪80年末，国外发达国家之间积极缔结国际性公约，同时对酸雨来源、大气污染物迁移等机理也进行大量的研究工作。

对流层中的臭氧主要来自大气中的光化学反应，是一种二次污染物，威胁人体健康和植物生长。1952年，美国科学家对光化学烟雾的化学成分进行分析后提出，臭氧是形成城市光化学烟雾的主要氧化剂。大气中的挥发性有机物、氮氧化物是对流层臭氧的主要前体物（Haagen-Smi et al.，1952）。1962年，Leighton系统地表述了光化学烟雾反应的7个化学反应过程。直到20世纪60年代末，建立了臭氧形成的反应机理，以及臭氧中间产物的判别和测定技术、烟雾箱模拟技术的发展，对臭氧的形成有了更多的认识。1990年，Sillman等利用区域光化学模型检验臭氧对氮氧化物和碳氢化合物排放量的敏感性，发现臭氧产生受氮氧化物的限制。

一氧化碳主要来源于汽车尾气的排放，伴随着汽车数量的快速增加，汽车尾气排放量也持续增加，成为另一个重要的空气污染源。美国、日本、欧洲等一些国家和地区开始制定法律、法规和标准控制汽车污染排放。随着汽车排放污染物法规标准的不断提高，相应的检测和排放控制技术也逐渐成熟和完善（R. Wilson，1996）。1979年，欧洲和北美各国参加了缔结跨国界的大气污染条约。但是，氮氧化物、硫氧化物、粉尘等大气污染物仍然存在，酸雨以及臭氧层的破坏，成为全球性潜在的重要环境问题。开展国际间大气环境研究的协作越来越普遍。

20世纪90年代，欧洲各国间相继开展了城市大气污染研究方面的合作，针对城市大气污染问题进行了综合分析和研究。国外学者通过对大气污染物排放量的统计，建立排放清单，能够确定城市大气污染的主要来源（A. J. S. McGonigle et al.，2004；Lester Alfonso et al.，2002）。通过在巴黎市中心建立监测站，系统分析了站点附近大气污染的时空变化特

征（Sotiris Vardoulakis et al.，2011）。此外，国外一些研究者通过对已掌握的气象资料和污染物浓度资料，来预测空气中污染物的时空变化规律，并及时对空气环境质量进行预报和控制（Yilmaz Yildirim et al.，2009；Aron DJazcilevich et al.，2012）。美国、加拿大和欧洲等国家还实施一系列的控制和监管的研究计划，气体污染物的排放取得了显著的控制效果，呈明显下降趋势（EEA，2008；张明顺，2011）。

2. 气体污染物国内研究进展

我国对大气污染问题的研究相比欧美发达国家起步较晚，20 世纪 70 年代，在兰州首次发现了光化学烟雾污染事件并开展了相关研究（陈长等，1986）。此后，我国的北京、上海、广州等发达城市也频繁出现过光化学烟雾污染现象。32 个北方城市大气总悬浮微粒日平均浓度高达 860 毫克 / 立方米，全国 72 个城市调查二氧化硫全年日平均浓度为 91 毫克 / 立方米（文伯屏，1988），大气污染程度相当于发达国家 50～60 年代污染严重时期。面对严峻的环境问题，人们已经意识到环境污染带来的巨大危害，相继出台了相关政策法规，并开展了大量研究工作。我国正式开展大气污染研究工作始于 1973 年第一次全国环保工作会议（张书余，2002）。1987 年出台了《大气污染防治法》，对大气污染防治的基本制度及各种污染源管制作出了具体规定（Archer M S.，1985）。1996 年制定了《环境空气质量标准》，2012 年对其修订后重新规定了浓度限制，增加了对 $PM_{2.5}$ 等污染物指标的监测（Belden R S.，2001）。同时国内许多学者对城市大气环境污染预测和预报工作进行了相关研究。例如，对辽宁省部分城市 1987—2002 年大气污染物的变化特征进行分析，发现大气污染存在着明显的季节变化，冬季污染重，夏季污染轻（马雁军等，2005）。北京市 2000—2002 年进行大气污染物研究发现，污染物浓度与气象因子之间存在显著的相关性（宋艳玲，2005）。

由于人类活动排放的含硫化合物和含氮化合物在大气中被氧化成硫酸和硝酸，这些酸性物质溶于雨水形成酸雨降落到地面（喻真英等，2004；杨军等，2000）。酸雨污染主要来源于能源消耗产生的二氧化硫和氮氧化物等酸性物质（赵艳霞等，2008），危害人体健康，刺激皮肤、引发哮喘等多种呼吸道疾病，腐蚀建筑物，加快建筑物的腐蚀速度，破坏生态系统，引起水体酸化、土壤钙流失等，影响社会经济发展，对国民经济造成巨大损失，是我国当时备受关注的重大环境问题之一。20 世纪 20～30 年代我国就陆续出现过高频率酸雨的现象，直到 50～60 年代，人们才逐渐从理论层面上开始研究酸雨（于天仁等，1988）。20 世纪 70 年末，酸雨在我国长江以南一些地区也陆续出现（唐孝炎等，2006），由此酸雨监测和研究的工作也正式展开。1982 年国家环境保护部门为了掌握酸雨分布及查明其污染的状况建立了全国酸雨监测网，之后 1989 年中国气象局也建立了气象部门的酸雨监测网（何纪力等，2000；吴丹等，2006）。通过全国酸雨监测网发现，酸雨主要分布在西南、华南以及东南沿海一带（Dai，1997），已成为当时我国严重的环境污染现象。酸雨监测网在我国降雨方面积累大量数据，为研究我国酸雨预防和控制作出了重要的贡献（王文兴等，2009）。

在酸雨造成严峻污染的形势下，我国政府对控制酸雨污染也采取一系列的重要措施，如《关于控制酸雨发展的若干意见》（1990 年）、《关于环境保护的若干问题的决定》（1996 年）等若干针对酸雨和二氧化硫造成污染的重点治理政策文件（Liu Bin，2001）。2000 年再次修订了《中华人民共和国大气污染防治法》；2002 年颁布了《燃煤二氧化硫排放污染防治技术政策》。控制酸雨污染最有效方式是改进脱硫脱氮燃烧技术，提高煤的燃烧效率，削减二氧化硫和氮氧化物的排放，从源头上杜绝酸雨的形成。

进入 21 世纪，随着我国经济的飞速增长，大气污染问题逐渐凸显。《2014 年中国环境状况公报》中显示，全国 116 个城市中空气质量达标仅占总数的 9.9%，超标城市所占比例为 90.1%（王玲，2015）。随着国家和社会对环境质量关注、管理和治理，城市空气质量有所改善。根据《2017 年中国生态环境状况公报》数据表明，在 338 个地级城市中环境空气质量达标仅有 99 个城市（占 29.3%）（王玲，2015）。通过上述内容可以看出，如何建立有效大气污染防控治理体系并制定具体可行的改善措施是目前提高大气环境质量急需解决的问题。

（1）气体污染物的危害。气体污染物对大气环境、人体健康及植物生长均有很严重的危害。据世界卫生组织（WHO）统计，全球每年由于空气污染所导致的各类疾病死亡人数超过 300 万，约占当年全球死亡总数的 5%（范春阳，2014）。二氧化硫和氮氧化物能够使人体自身防御、免疫等功能下降，从而引发视觉、呼吸等系统疾病，导致结膜炎、肺气肿、支气管炎、呼吸道炎症等多种病症（张莹，2016）。一氧化碳与血液中血红蛋白结合危害人体中枢神经系统和血液循环系统，使人出现头痛、恶心、乏力、呼吸困难等症状，轻者造成缺氧性伤害，重者导致生命危险（陈秀荣，2011）。臭氧被人体吸入后，刺激眼睛和呼吸道，导致肺功能减弱和肺泡损伤（Schwartz J.，2000；闫家鹏，2015）。二氧化硫和氮氧化物是形成酸雨的主要物质，酸雨能够对生态环境、建筑物等造成严重破坏，并且对生物的皮肤和呼吸的器官也能产生损害。其中二氧化硫对全球酸沉降的贡献率为 60%～70%。高浓度的氮氧化物和臭氧可以导致光化学烟雾的形成，造成较大的污染事件（唐孝炎，2005）。一氧化碳作为汽车尾气的主要成分已成为城市大气环境的主要污染物，能够造成区域性的环境问题（黄志辉，2014）。

植物对于一定浓度范围内的大气污染物具有抵抗、吸收和净化能力。然而，当污染物达到一定浓度时，会导致植物受到不同程度的伤害（骆永明等，2002）。气体污染物通过气孔进入植物体，破坏叶片细胞内的细胞器、膜系统等，出现退绿、色斑、干枯、老化等症状，影响植物的生长状况。有研究表明，高浓度二氧化硫会使植物叶片出现斑点及坏死等症状。而植物长期暴露在低浓度的二氧化氮条件下，一般表现为生长不良、轻度缺绿、衰老加速等症状（王玲，2015）。

（2）森林植被对气体污染物的消减作用。植物作为城市生态系统的重要组成部分，不

仅具有美化、绿化城市的作用，而且对环境中污染物具有较强的吸收净化能力，能够有效地控制大气污染。我国常采用人工熏气法来开展抗大气污染植物筛选研究，对具有强降污抗污能力的植物种类进行筛选，为合理绿化城市和净化大气提供重要的依据（赵磊，2013）。

植物通过对二氧化硫的吸收能够起到净化大气作用，植物吸收二氧化硫能力受叶片年龄、温湿度等因素影响，植物的老叶相比嫩叶对二氧化硫的吸收能力更强。同一树种枝叶密集、高大壮硕的植株对二氧化硫的吸收能力更强（高登涛等，2016；潘文，2012）。不同树种吸收二氧化硫的能力存在显著差异，研究发现，落叶阔叶树 > 常绿阔叶树 > 常绿针叶树（张家洋，2013）。阔叶树叶片含硫量明显高于针叶树，一般阔叶树种每年吸收的二氧化硫量相当于针叶树种的 4 倍(宋彬,2014)。通过室内熏气试验对植物进行生理抗性研究发现，吸收二氧化硫能力较强的树种有垂柳（*Salix babylonica* L.）、银杏、臭椿 [*Ailanthus altissima*（Mill.）Swingle]、悬铃木（*Platanus acerifolia* L.）、山杨（*Populus daviciana* Dode）等，垂柳生长季每月可吸收二氧化硫 10 千克 / 公顷（江静蓉等，2000）。不同群落结构对二氧化硫的消减效果不同，表现为乔灌草 > 灌草 > 乔草 > 乔木 > 草坪。其中，乔灌草结构绿地对二氧化硫的消减量为 75.7 微克 / 立方米，为草坪的 2.26 倍；乔灌草结构绿地对二氧化硫的消减率为 53.7%，为草坪的 1.72 倍（罗曼，2013）。因此，在二氧化硫污染较重的地区栽植适宜当地生长的垂柳、银杏、臭椿等强吸收能力树种，采用乔灌草结构对大气环境中二氧化硫能够达到最佳消减效果。

不同树种对二氧化氮的吸收能力存在差异，选择能够降低二氧化氮含量的植物栽种，对于城市控制大气污染有着非常重要的作用。Okano 等学者对不同阔叶树种通过 ^{15}N 稀释法来确定吸收二氧化氮能力的研究表明，单位叶面积的杨属植物吸收二氧化氮速率是樟属（*Cinnamomum*）、荚蒾属（*Viburnum*）植物的 4 倍（管东生等，1999）。利用同位素标记法对 70 种行道树进行研究，最终筛选出对二氧化氮吸附能力较强的树种有洋槐（*Robinia pseudoacacia* L.）、槐树（*Sophora japonica* L.）、黑杨（*Populus nigra* L.）及日本晚樱 [*Cerasus serrulata*（Lindl.）G. Don ex London]（Takahashi M. et al.，2005）。不同群落结构绿地对二氧化氮的消减作用表现为灌草 > 乔灌草 > 乔草 > 乔木 > 草坪，由此可见，灌草结构绿地对二氧化氮具有最佳的吸收净化效果。建议在二氧化氮污染比较严重的地区，采用灌草结构对气体污染物的吸收能够达到最佳的消减效果（罗曼，2013）。

3. 小　结

国内外对气体污物的研究主要集中在来源、时空分布特征、危害和预防治理等方面。国际上通常将先进的控制技术和新能源开发技术应用到削减工业、机动车污染物的排放，辅助控制、治理排放法规、标准和管理体系。近几十年以来，我国政府已经对大气污染造成的严重危害有了高度认识，各级政府相关部门都在努力采取强有力的系列措施控制污染源，减少污染气体的排放量，如采用新燃烧技术有效地减少氮化物和硫化物的排放。同时，森林植被有一定的吸收和净化气体污染物能力，是防治大气污染的高效不可替代工具。森林植被可充分发挥对大气环境的修复功能，达到最佳的净化效果。

（六）森林小气候对人体健康的作用

森林小气候主要是指由森林以及林冠下灌木丛、草被和枯枝落叶层等共同形成的一种与周边大气候不同的局部小气候（池桂清，1985），主要表现为林内冬暖夏凉、夜暖昼凉、日温差较小、湿度大、风速小、辐射低等特点，其变化特征取决于森林的林龄、组成、结构、生物多样性和郁闭度等。这种局部环境也可以作用于森林生态系统，影响植物的光合作用、蒸腾作用、辐射能量平衡等生态过程。森林小气候观测内容比较广泛，常包括太阳辐射、温度、湿度、风速、降水、蒸发、二氧化碳浓度等（陈宏志，2007）。

1. 森林小气候国外研究进展

森林小气候的概念最早在公元前 334 年由希腊植物学家西奥夫拉斯塔（Theophrastus）提出，第一次对跨洲际的植物地理分布与气候环境进行了调查。在 1740 年左右，美国学者开始对树干内温度变化进行研究，对小气候的系统研究开始于 19 世纪中叶。较早进行森林小气候系统性研究的有欧洲一些国家，通过建立林内外气象观测站，进行气象要素的对比观测，并获得了大量资料。1893 年，B. E. Fernow 和 M. W. Harrington 出版了林业气象学最早的著作《森林的影响》。1924 年，A. Schmauss 建造气象观测塔，对林内气象要素进行垂直分布的研究，从此观测研究由单株尺度进入了林分尺度，研究内容涉及林分结构对森林气候的影响、皆伐和择伐迹地的气候特征、林缘和林中空地的气流运动以及冠层以下气象要素分布等方面。在 1927 年，R. Geiger 出版了《近地层气象》专著，从此学者开始研究林冠作用层。A. Baumgartner（1956）首次系统地研究了林冠作用层的能量平衡，把林分气候的研究引向了其形成的物理学研究，后来发展为冠层气象学。

苏联森林小气候研究比较侧重于理论，与地理学、地球物理学等学科联系在一起，早期代表著作有《森林与气象》《森林与气候》等（A. A. Молчанов，1961）；日本学者较早研究森林小气候，并积极建立定位观测站点，偏重于生理气象研究，以及仪器的设计试制，如纸面蒸发器用于模拟叶面蒸发；美国森林气象研究始于 20 世纪 20 年代，由于生产需要发展较快，偏重于林火气象。自 20 世纪中叶之后，随着科技的进步，森林小气候研究有了更快的发展，各国学者在不同地区建立了森林小气候长期定位观测站，构建森林气象台站网。通过全自动气象观测系统、梯度气象观测系统、红外线测温仪等自动先进的仪器，开始对森林小气候进行连续观测，观测仪器的使用扩大了小气候观测的范围，并提高了观测数据的准确性、连续性和详实性。

不同时期通过不同的观测方法和仪器对森林小气候进行长时间定位观测，可以更好地研究植被与森林环境之间的作用关系（吴章文，2005）。有学者研究得出，与无植物冠层遮

挡的空间相比，植物群落可以显著降低空气温度 0.8～5.15 ℃，相对湿度增加 2.9%～8.3%（Cohen et al.，2012；Vailshery et al.，2013）。Ashton（1992）的研究表明森林的形状、面积、纬度等多方面的因素都对林内小气候有着不同程度的影响，导致小气候呈现出不同的特点。Thomas（2005）对南美洲厄瓜多尔南部山区热带雨林地区的森林小气候进行了长期的观测，记录了光合有效辐射、空气温湿度和风速等相关数据，对比了不同海拔高度的森林小气候差异。随着多学科融合以及边界气象的发展，不同领域和国家的学者开始运用近地气层中气象的垂直分布规律，建立与蒸发、降水、风速、温度等气象因子相关的公式和模型，如湿润表面蒸发公式、Penman-Penman 公式、海洋大气模型（FOAM）、生态气候系统模型（CCSM），不同冠层高度风速与顶部风速的关系指数规律、模拟森林冠层的温度轮廓线模型，以及高度指数的林内温度函数等（Julia F.，2018）。

近年来，由于全球变暖和城市雾霾问题的日益突出，"城市热岛效应"及城市空气清洁指数越来越受到人们的关注，关于城市森林改善空气质量的研究逐渐增多。森林植被能显著影响城市区域的风速、温湿度和降水（Avissar R.，1996），具有净化空气、降低噪音、雨水渗透、废水处理、休闲和文化等方面的服务功能（Tyrvainen et al.，1998）。例如植物群落可以通过冠层结构特征影响吸收和反射太阳辐射及周围环境的反射辐射（Smith et al.，2004；Tanaka et al.，2006）。植物还可以通过蒸腾作用、光合作用等生理活动降低林下空气温度，增加相对湿度（Moriwaki et al.，2004；Panagopoulos et al.，2008）。导致降温增湿作用差异的主要影响因子是树种和冠层结构的不同（Emily et al.，2010）。

正是由于森林这种极佳的改善周围气候的特性，目前在很多国家"森林浴"已成为一种人们在高强度工作后放松身心和舒缓压力的活动，并引起了预防疾病和调理亚健康等领域研究者的高度关注，人们开始意识到森林在治疗、康复、保健和疗养等方面的医学意义。森林康养在国外研究领域也越来越受重视，德国、美国、韩国等均开始倡导森林康养研究。随着森林有益于人类健康证据的增加，许多国际研究机构、学术团体纷纷推出研究项目，在国际各种组织的强力支持下，森林疗养将得到持续发展。随着"森林浴"研究的推进，许多国家开展了室外森林健康效应研究，并收集记录人类接触森林后中枢神经系统、自律神经系统、内分泌系统及免疫系统等方面生理指标的良性反应。众多研究表明，志愿者们在经过森林静坐并欣赏周围森林环境后，皮质醇水平降低 12.4%、交感神经活动减弱 7.0%、血压收缩压降低 1.4%、心率降低 5.8%，副交感神经活动增强 55.0%，这些结果表明人体生理指标在经过森林环境的沐浴之后均有所改善（Pino O.，2013；LI Q.，2010；叶文等，2015）。

2. 森林小气候国内研究进展

我国对森林小气候进行系统性研究始于 1952 年，在 21 世纪之前，我国对森林小气候的研究多采用的是常规观测方法，分别对不同地形、林分类型进行观测研究，探讨了森林对温度、湿度、光照、蒸发等方面的积极影响，也为我国森林小气候研究奠定了基础（王伯荪，1965；刘霖等，1980；张邦琨等，2000）。20 世纪 90 年代末开始，随着我国森林生态系统定位观测研究网络的建立，以及自动观测系统和梯度气象观测系统的引入，我国学者亦开始从多维度空间对小气候进行分析。21 世纪以来，随着科技的进步，“3S”技术以及生态系统观测研究网络发展迅速，众多学者对森林小气候进行了宏观大尺度的观测研究，新技术的应用使得观测范围扩大到整个地区、生态系统、物候带和全球（王兵，2003）。

通过梯度观测发现林内外空气相对湿度的日动态呈 U 形变化，林冠上方气温在白天高于林冠下，夜间低于林冠下（常杰，1999）。林冠层内年均太阳辐射可降低 84.91%，热带落叶阔叶林夜间还存在气温随高度增加而增加的辐射逆温现象（周璋，2009；王霞，2017）。进入林内的气流受到林冠、树干的阻挡，降低了水平风速并削弱近地层空气湍流强度（崔鸿侠，2018）。在林内由于林冠对降水的拦截作用使林内降水强度、降水量显著小于林外（王艺林，2000）。“3S”技术的应用分析，验证了森林夏季具有降温和保湿作用（冯海霞，2008），城市森林群落结构与其热环境效应呈现出显著的负相关性（任志彬，2014），森林平均温度比城镇的建筑用地平均温度低 5.26℃（孙舒婷，2015）。谭正洪等（2017）利用亚洲通量网（Asia FLUX）的数据平台，利用亚洲东部跨气候带的 17 个森林站点的实测数据探讨森林的辐射和能量分配。森林植被通过与区域气候相互作用，形成适宜的小气候，对小气候的研究从早期的人工常规观测到自动气象站、梯度气象站的仪器观测，可以更简便地获得连续、准确、可靠的数据，再到“3S”技术的应用将小气候观测带向更广阔的观测空间，更好地了解、认识和利用森林小气候。通过对广州、湖南、江西、四川、广西等十多个森林公园的观测结果得知，在森林覆盖率 80%、郁闭度 0.5～0.8 的林内，日照时数减少 30%～70%，光照强度减弱 31%～92%，太阳总辐射通量减少 23%，夏季晴天日均气温降低 3.7～9.1℃，气温日差减小 0.2～20.0℃，空气相对湿度比林外高 6%～11%，静风频率比林外高 21%～30%，日平均风速比林外小 0.4～2.3 米 / 秒（刘振礼，1996）。由于强大的蒸腾作用和光合作用，使得树木林冠能吸收太阳辐射热能的 35%～70%，枝叶能阻挡返回太阳辐射热能的 20%～30%，所以最终到达林内地面的热能仅有 5%～20%（李悲雁，2011）。

气候疗法（green shower）是利用气候因子或经过改造的微小气候的物理、化学作用，对疾病进行防治的方法，是增强体质的良好措施，其具体实施方法因地因人因病而异。确定适合不同疾病的疗养气候，需要首先了解不同地理位置的气候变化特点和规律，良好的气候因子，能够调节疗养者的心理和生理等多方面的状态，长期处于这种良好的气候中能够消除疲劳、矫治疾病、增强体质，尤其对患有循环、神经、血液、呼吸系统等疾病的患者有较好的治疗和康复作用（赵瑞祥，2001）。人体舒适度是通过量化的方式间接反映体验者在森林环境中的体感舒适度的一个指标。有关研究发现，林区的舒适期比邻近城市长 22～63 天（张词祖，1999）。通过对比不同时段、样地、景观类型等环境下人体舒适度指数

的变化，分析不同因素影响作用得出，人体的综合舒适度指数大小与接收的太阳光照强度、空气湿度、风速有关（王燕玲，2016）。不同林型对周围环境的影响作用存在一定差异，白桦林的平均降温率（6.69 ℃）最大，而且降温效应以午后14:00前后最为显著；蒙古栎林的平均增湿率（44.78%）最高，且也以午后14:00前后增湿最为明显；在一日中对人体舒适度感觉最好和感觉舒适时间最长的是白桦林（23.13%,12小时）和樟子松林（22.17%,10小时）（汪永英，2012）。不同的植物群落对人体舒适度的影响也不相同，天然林夏、秋季的舒适期持续时间最长；人工林春、夏季舒适期最长。不同林分每日的舒适时段不同，千岛湖地区春季苦槠石栎群落为13:00～16:00、柏木群落和杨梅茶园在11:00～15:00之间（华超，2011）。国内外一些老年健康调查发现，大多数长寿老人一般都是居住在海拔1500～2000米之间的山地林区。这些地区阳光充足、气压适中、空气清洁、夏季凉爽，促使人体呼吸加深、肺活量增大、血液氧含量增加，有利于人们身体健康，适宜人类长期居住（吴章文，1996）。

通过对森林小气候的观测，了解不同地区小气候各指标的变化规律，并结合人体舒适度指数，从而确定一定区域内适宜出游的季节、出游时间的长短以及具体的出游时段，为该地区的森林旅游、运动、体验、养生、疗养、养老等指明方向，提供高的服务环境质量，做到“精准康养”，更好地感受森林局部环境带来的特殊心灵体验，从而达到促进身心健康的目的。目前，森林康养开展以修身养性、延缓衰老为目的的森林游憩、度假、疗养、保健、养老、养生等服务活动。森林康养符合我国的健康需求，以身心健康为核心，借助森林天然资源，将形成一个多维度、超时空、大范围、深层次、大健康的产业链。

3. 小　结

近几十年来，森林小气候研究领域的国内外学者通过不同的方法和技术手段针对不同林分类型开展研究，从水平层面到梯度垂直层面再到宏观范畴，多角度地进行了深入细致的探讨与分析，确定了森林对环境的改善作用，同时得出森林对环境影响的大小也受地形地势、树种组成、生长状态、森林覆盖率等多方面因素的影响。纵观国内外研究进展，在森林小气候方面的研究即使有细微不同，但总体发展方向趋于一致，森林对环境的改善起到重要作用，它使周边的环境趋向对人类健康更有益的方向发生改变。在注重生态环境养生的今天，森林所带给人类的康养能力将会越来越受到全球人类的关注，前人研究得出的结论对唤醒人类的生态保护意识、体现森林的生态功能效益、促进森林康养产业的发展等都有着至关重要的作用。

（七）水质对人体健康的作用

第二次世界大战后西方国家的工业急剧发展，城市化进程加快，工业和生活污水直接排入河流，河流污染严重。20世纪50年代，西方国家将污水治理和河流水质保护作为河流治理的重点，从60年代起，在国际科学理事会（ICSU）的号召下不同国家相继建立一些森林生态系统定位研究站开展生态系统研究，主要研究方向涉及森林生态系统的结构、功能、动态等内容，其中包括通过长期和系统的监测研究森林对水质的影响（董哲仁，2004；王顺利等，2004）。20 世纪 80 年代中期，森林与水质的研究逐渐成为热门，研究内容涉及森林对河流泥沙悬移质含量、水温、溶解氧、病原体及水化学性质的影响（施立新，2000）。Brown 等（1970）在俄勒冈州海岸地带研究不同皆伐方式对溪流水温变化的影响，皆伐造成流域范围月平均温度上升。日本学者柳井清治（1997）的观测研究也证明，采伐林内溪流水温渐渐上升。通过对冷杉毛榉天然混交林采伐发现，皆伐后溪流水温上升、生物活动旺盛，BOD（生物耗氧量）和氮含量分别为群状择伐流域的 1 倍和 3～4 倍（于志民，1999）。Laslo（1993）指出，集水区如由林地转为耕地时，将导致地表径流增加，增大洪峰流量及土壤侵蚀度。Lowrance（1984）研究显示，沿岸森林能够吸收营养物质成为汇集地，有效降低流入溪流的营养元素（如氮、磷、钾等）的浓度，减少富营养化污染保护水源水质。

地球上约有 14.1×10^8 立方千米的水资源，其中绝大多部分为不能直接饮用的海水，可以饮用的淡水资源仅占总体水资源的 2.5%～3%，其中可以供人类直接使用的水资源只有 0.5%～0.8%。地表水是最有用的饮用水，来源于湖泊、水库、河流、溪流、冰川和冰盖等（DHK Reddy，2012；汪锋，2018）。水是人体的“生命之源”，是人体内细胞、组织、器官和系统的重要构成物质，也是维持人体生长和发育的基础。体内水分总量因性别、年龄、部位的不同而不同。新生婴儿体内的水分总量最高，平均约占体重的 80%。随着年龄的增加，体内的水分总量逐渐降低，到成年人时期体内水分总量平均占体重的 60%，而老年人体内水分总量下降到 50%。同样，水分的摄入量不仅与年龄、性别和代谢情况有关，还受温度、运动量和膳食等因素的影响（樊乃根，2014）。正常人非工作状态下每日入水量不同，婴儿为 330～1000 毫升、儿童为 1000～1800 毫升、成年人为 1800～2500 毫升（阮国洪，2012）。水分摄入过少或过多都会给人体系统的运转带来负面影响，适宜的水分摄入量对维持身体机能起到至关重要的作用。机体适宜的水合状态是维持心血管、消化、呼吸、生殖等系统正常功能的基本保障（陈垚，2014）。

为了保障人类的饮水安全，仅仅治理水污染还是不够，还要提高人们的环境卫生设施水平。世界卫生组织统计，2015 年，全球至少有 20 亿人使用的饮用水源受粪便污染，腹泻、霍乱、痢疾、伤寒和脊髓灰质炎等疾病通过受污染的水源传播。估计每年有 50 万例腹泻死亡是由饮用污染水引起的。在低收入和中等收入国家，38% 的卫生保健机构没有任何水源，19% 没有改善的卫生设施（吴和岩等，2018）。自 1990 年以来，全球有 21 亿人获得了经改良的环境卫生设施，全球 89% 的人口（65 亿）至少可以享用饮用水基本服务，即在 30 分钟往返行程内有改善的饮用水源可供使用；全球 71% 的人口（52 亿）能使用安全管理的饮用水服务，即在需要时可在现场得到无污染的饮用水供应服务（René P.，2010）。

2003 年，我国地表水中Ⅰ～Ⅲ类水质的断面比例为 62.7%；2012 年，我国地表水Ⅰ～Ⅲ

类水质的断面比例为 67.0%；2016 年，全国地表水Ⅰ～Ⅲ类水质的断面比例为 76.9%（水利部，2004，2013，2017），我国地表水质量呈逐渐恢复趋势。20 世纪以来，随着人们对环境污染的重视，我国于 2015 年实施《中华人民共和国环境保护法》和《水污染防治行动计划》，促使环保产业成为新兴产业之一，以及水污染治理也成为地方环保治理的重头戏。截至 2015 年年底，我国城镇污水日处理能力由 2010 年的 1.25 亿吨提高到 1.82 亿吨，成为全世界污水处理能力最大的国家之一（水污染治理委员会，2016）。但是全国范围内水环境质量仍不乐观，目前我国 75% 湖泊出现不同程度的富营养化，90% 城市水域污染严重，同时，地下水污染严重（王波，2018）。

随着工业发展和城市化进程的推进，以至于出现了水源枯竭、水体污染和富营养化等问题，水环境的修复研究应该做到全方位、多层次、多学科共同协作。森林在净化水质方面发挥着重要的功能，热带半落叶季雨林地区，坡度为 20°～25°的农耕地的坡面径流量较有林地大 4～5 倍，林地径流含沙量为 1.2 千克 / 立方米，农用田径流含沙量为 3.43 千克 / 立方米，约是林地径流量的 3 倍（马雪华，1989）。不同土地利用类型、林分类型对水质的净化能力不同，流经相思树和榆树林的每 1 升水的细菌含量是流经农田水的 10%，流经松树林水的细菌含量是其含量的 2%，流经橡树、榆树林水的细菌含量是其含量的 1%(宁定远，2017)。农田集水区下部森林对水质的净化研究发现，磷肥滞留效果最好（进入农田数量的 58.5%～80%），其次是氨化合物（22 %～78%），可有效地滞留固体径流（21%～45%），只要林分面积占大田面积的 0.6%～5.3%，就可完全净化径流中的磷，森林可以防止水资源的非点源污染，有助于从本质上净化径流水质（于志民,1999；万睿,2007）。李海军等（2010）对天山云杉林生态系统对降雨水质影响研究发现，净化功能随郁闭度和林龄的增加而增强。兰陵溪流域内不同植被类型对水质的影响研究发现，针阔混交林的壤中流水质、板栗林地表径流和壤中流水质为Ⅱ类水（万睿，2007）。不同树种对水中重金属的吸附能力存在差异，红桦林林冠层对铅和镉的吸附能力强于锐齿栎林林冠层，锐齿栎林林冠层对铜、铬和砷的吸附能力强于红桦林林冠层（刘永杰，2014）。

在千年生态系统评估（MA）中指出，森林生态系统服务的水源涵养功能为森林与水的直接作用的淡水供给、水文调节和水质净化等多种服务组成的整体（赵士洞，2007）。森林结构、森林类型、森林覆盖率等都会影响森林淡水供给量，森林结构组成越复杂，径流系数越低（Miller C A，2007）。不同的区域森林涵养水源功能发挥的主导功效不一致，在干旱区主导效应是水源供给、补给枯水，在水源区主导效应为水源供给、水质净化（周佳雯，2017）。不同的树种涵养水源的能力不同（阔叶树 > 针叶树），各树种涵养水源量在 0.0077 亿～1112.62 亿立方米 / 年之间。近 40 年我国森林生态功能增强趋势非常显著，第一次全国森林资源清查期间森林涵养水源量为 2979.37 亿立方米 / 年，第八次全国森林资源清查期间森林涵养水源量为 5807.09 亿立方米 / 年，调节水量提升了 94.91%（王兵，2018）。

（八）减少噪声对人体的危害

人类生活在一个有声的环境中，频率在20赫兹至20000千赫兹之间作用于人的鼓膜而产生感觉的波称为声音。现代社会，在人们越来越追求生活质量和身心健康的背景下，声环境污染对人类的危害不容忽视（邱雪，2015）。噪声为人们生活和工作所不需要的声音，一般环境中的噪声是在工业生产、交通运输和社会生活中产生的干扰周围环境的声音。自工业革命以来噪声危害一直围绕在人们身边，通常来讲噪声对人体的危害是慢性不显著的，不像水污染和空气污染等环境污染问题一样给人民造成大面积的伤害（刘佳妮，2007）。噪声按时间变化可分为稳态噪声和非稳态噪声两类，按噪声的空间分布可分为点源、线源、面源三类（钱瑜主，2012）。据世界卫生组织对全球噪声污染状况的调查结果表明，发达国家面临非常严重的噪声污染问题，并且一些发展中国家城市的噪声污染也相当严重，有些城市和地区噪声全天平均值达到75～80分贝/小时。

噪声污染是一种能量污染，属于物理污染的范畴（朱建平，1995）。噪声对人体的危害受噪声的强度、频率和作用时间的不同，对听觉系统、神经系统（包括神经衰弱、行为功能、情绪）和心血管系统(包括血压、血脂、心率)等系统造成不同程度的影响(WHITTAKER J，2014)。噪声对人体的影响机制相对复杂，首先发生在听觉系统，可以概括为三类：机械性损伤、代谢性损伤和血管学说等（郭桂梅等，2016）。处于短暂的强噪声环境下，可能会引起听觉皮质层的毛细胞暂时性的受伤害，造成暂时性的阀移，一旦远离强噪声源后就会在一定的时期内恢复正常；当人体突然间暴露在高强度噪声（140～160分贝）环境中，容易造成内耳出血以及鼓膜破裂等组织结构性损伤，严重的时候还可能导致螺旋体基底脱落等情况；人体长时间暴露在强的噪声环境中，则会出现一些如耳鸣、听阈移位、高频听力丧失等症状，严重时甚至出现不可逆的听力损伤或耳聋（郭桂梅，2016）。噪声也会影响人体神经系统的健康，表现为对行为功能、心理状态等方面的作用，导致神经衰弱和抑郁症（朱博，2012；郭桂梅等，2016）。持续性的噪声则能扰乱大脑皮层的功能，引发抑郁或者兴奋失衡而出现神经衰弱等症状，通常表现为烦躁、耳鸣、头晕、头痛、失眠、健忘、心悸等症状。噪声还会对人体的心血管系统造成影响，主要是集中在噪声对血压、血脂、心率等生理指标的作用。李佩芝等（2004）研究表明，长期暴露在噪声环境中会影响女性的月经功能，出现月经周期紊乱，经期和经量异常。

早在1946年，Eyring用噪音计测量巴拿马热带丛林对人工点音源的声衰减效应。通常来讲声波在空间的传播过程中会遇到正常衰减和额外衰减2个衰减过程，正常衰减存在“距离效应”，因为声波在传播过程中与空气粒子摩擦而引起发散作用，所以声波能量的衰减与传播距离呈正比（Herrington L P，1974；巴成宝等，2012）。植物主要利用植株上的枝条和茎通过反射与吸收植株表面声能的阻尼声驱动振荡而衰减能量（Bullen R，1982）。植物茎、叶等营养器官类似微穿孔板吸声结构，声波在传播过程中入射到小孔时，促使导管和气孔

附近以及内部的空气随声波振动，空气在开口壁振动，摩擦使声能损耗（Fricke F，1984）。通常情况下，声波在传播的过程遇到的障碍物主要有树木、土壤表面及地被植物等，地形和气象条件等因素都会影响声波的传播速度，不同植物或同一植物的不同部位对噪声的衰减作用都不同。巴宝成等（2012）结合多篇国外植物消减噪声的研究得出以下结论，高频声能的衰减主要是由于树和树干的吸收作用引起的，中频声能的衰减是由于树枝和地面的声散射作用引起的，低频的衰减主要是依靠土壤和地被植物的吸收、反射和散射。

森林对噪声有很强的防护作用，是天然的消声器，声波在传播的过程中碰到林带时声波破碎和散射出去，所携带的能量会被吸收20%～26%，声音强度可以降低20～25分贝，同时，林带内的乔木、灌木和草本还可以减少声波的反射（屈中正，2016）。扈军等（2013）研究表明，城市绿化带降噪效果除了与种植的乔木树种有关外，灌木树种的选择对于城市绿化带的降噪效果影响差异也十分明显，有灌木时降噪量在2分贝以上。张明丽等（2006）在研究上海市20多个城市代表性植物群落的减噪效益中发现，针叶树林和常绿阔叶树林的减噪效果最好，在建群种相同的情况下，林下植被类型越多层次越丰富的群落对噪声的衰减效果越优，落叶植物群落生长期对噪声的衰减效益高于落叶期。祝遵凌等（2012）研究结果表明，不同声源环境对隔离带降噪能力的影响程度显著高于植物种类之间的差异。

我们周围围绕的噪声多数来自于工业、交通、建筑、日常生活等，它们时时刻刻影响着人们的工作和生活，尤其是对需要安静的居住区、公园、学校、医院、疗养所等场所，噪声污染对居民的休息、休养以及康复等造成严重的影响。远离城市，走进森林安静的环境，对于体验者尤其是失眠人群、亚健康人群、心血管病患者等有显著的治疗康复作用。定期到森林中休养，远离城市的喧嚣和嘈杂，让人们的身心得到放松，有利于身体机能的自然康复。

第二节　生态康养国内外研究进展

随着经济的快速发展，我国城市化进程不断加快，城市人口迅速膨胀，加之当今社会频现环境污染、食品安全、药品质量问题以及生活压力等危害着公众健康，使人们越发地关注自身健康。随着人口老龄化加速、亚健康群体不断增加，人们对健康养生的需求使康养产业成为市场的主流趋势和时代发展的潮流，回归自然的生态康养也得以应运而生（牛香等，2017；李权等，2017）。生态康养作为一种非传统医学手段的理疗方式正被越来越多的人所喜爱（南海龙等，2013；程希平等，2015）。森林环境作为一种优良的自然生态环境，在促进公众健康方面的功能已得到社会各界的普遍共识（Gen-Xiang Mao et al.，2012；Bum Jin Park et al.，2010；Yoshinori Ohtsuka et al.，1998）。国际社会利用生态资源的保健养生和

预防疾病的功能维护人类健康，已经成为发展的新潮流和新趋势（刘思思等，2018）。

一、生态康养概述

2016 年习近平总书记在全国卫生健康会议上提出“健康中国战略”，在中共中央政治局会议上审议通过了《“健康中国 2030”规划纲要》，在党的十九大报告中明确提出“实施健康中国战略”（余裕昌，2019；刘利利，2020）。为了促进健康产业的快速发展，国家先后出台了关于健康服务业、养老服务业和旅游业等改革发展文件，指明了生态康养产业的发展方向，同时也提供明确的政策保障。《林业发展“十三五”规划》也将生态康养产业作为重要内容进行大力发展，至 2020 年要建设 500 处生态康养和养老基地，其中拥有 5～10 处国际示范合作的生态康养基地。2017 年出台的中央一号文件将乡村休闲旅游作为壮大农林新产业的大力发展方向，充分发挥“旅游 +”“生态 +”等创新发展模式，促进农林业和旅游康养业全方位的深度产业链融合。在国家“绿色发展”“健康中国”“供给侧结构改革”等政策的推动下，康养产业的发展将在林业提质增效和转型升级中发挥重要作用（丛丽等，2016；杨利萍等，2018）。

有学者研究表明中国确诊的慢性病患者已超过 2.6 亿人，其中各类精神病患者总数超过 1 亿人，重度精神病患者超过 0.16 亿人，其余是抑郁症、自闭症和心理障碍等轻度精神疾病患者，而轻度精神疾病患者中抑郁症高达 0.3 亿人（张东风，2012；刘拓等，2017）。与此同时，我国正在进入老龄化社会阶段，预计 2053 年中国老年人口将达到 4.87 亿（中国老龄事业发展报告，2013）。随着社会的发展和人们生活方式的转变，康养产业将会成为我国国民新的经济增长点，形成一个集林业、旅游、健康等多个领域协同发展的规模巨大的新型产业链、产业网，在不久的将来就能创造出数以百万个就业工作岗位，快速带动老少边穷生态优良地区农村农民脱贫致富，将对我国经济社会发展产生巨大推动作用。

森林康养业属于生态康养范畴，起源于德国 19 世纪 40 年代创建的森林疗法，被国际上公认生态康养起源于德国 19 世纪中期的克奈普疗法。1955 年塞帕斯坦·克奈普倡导利用水和森林开展的自然健康疗法，即以水疗为中心，包括水疗法、森林运动疗法、植物疗法、调和疗法和食物疗法等多种疗法。法国的空气负离子浴、俄罗斯的芬多精科学以及韩国提出的森林休养林构想，都是在克奈普疗法的基础上提出来的。森林浴是由日光浴、温泉浴等名词衍生出来的（丛丽等，2016）。20 世纪 80 年代日本和韩国引入森林浴后得到了良好的传承和发展，日本将森林浴应用到医学辅助治疗，衍生出了森林疗法（forest therapy）、森林医学（forest medicine）的概念（Tsunetsugu et al.，2010；Miyazaki et al.，2014），韩国将森林利用与人体健康相结合，提出了森林休养（forest recuperation）的概念（杨利萍等，2018）。20 世纪 90 年代末期，我国才相继出现森林游憩（forest recreation）、森林旅游（forest tourism）等概念；21 世纪初，森林疗养这一理念被北京市率先采用（陈鑫峰等，2000），并

在实际推广过程中不断拓展该概念的内涵和外延。虽然每个国家（地区）提法不同，内容形式不同，但实质内涵均属于森林康养范畴（邓三龙，2016）。

国家林业和草原局提出的森林康养概念为依托优质的森林资源，将现代医学和传统中医学有机结合，配备相应的养生休闲及医疗、康体服务设施，在森林里开展以修身养性、调适机能、延缓衰老为目的的森林游憩、度假、疗养、保健、养老等一系列有益人类身心健康的活动。森林康养概念主要强调依托森林生态环境，开展维持、保持和修复、恢复人类健康的活动和过程（吴后建等，2018；肖辉贵，2017；杨利萍，2018）。相较森林康养这一概念而言，生态康养概念更能全面科学体现人类社会对于回归自然、追求健康的渴求。在李后强撰写的《生态康养论》中给予了生态康养明确定义，在有充沛的阳光、适宜的温度、高度洁净的空气、安静的环境、优质的物产、优美的市政环境、完善的配套设施等良好的人居环境中生活，并通过运动健身、休闲健身、休闲度假、医药调节等一系列活动调养身心，以实现人的健康长寿（吴后建，2018）。

生态康养突出的是人与生态环境之间相互适应性和自然融合性，体现的是外部生态环境对人体健康的影响，即通过外部生态环境改变影响人类的生活方式，从而对人体机能进行改善，促进人体健康水平提高。生态康养比其他的养生方式更加强调生态资源要素对康养的主导作用，尊重自然规律、注重人与自然的接触，通过人与外部生态环境的和谐互动获得健康长寿。根据现有不同层面对生态康养的理解，本团队提出生态康养是指依托优质的生态环境资源，配备相应的休闲、养生、医疗、康体服务设施，在自然环境中开展以修身养性、调适机能、延缓衰老为目的的休闲、运动、体验、养生、疗养、养老等一系列有益人类身心健康的活动。生态康养资源应该是将一定区域内拥有的所有生态资源要素耦合，形成一个多元康养功能的共生体。

二、国外生态康养研究进展

国外学者对生态康养研究较早，主要涉及康养对人体健康、康养基地建设与认证、康养政策法规和康养产业开发等问题，其研究的深度和广度均达到一定水平（刘照等，2017）。国外生态康养研究借助已有的功效反应和统计结果提出假设，通过对典型生态康养案例进行分析，并结合特定对照试验和野外调查获取相关问题的求证，逐渐完善理论体系。同时依据试验中获取的相关数据，对优质的生态康养资源进行筛选，用于科学指导生态康养基地的建设，并且制定严格的康养基地建设标准对其进行认证，制定出台生态康养相关的法律法规促进其产业健康发展（杨国亭等，2017）。不同国家的生态康养发展模式不同，每个国家独具特色，德国的生态康养更注重医疗效果，综合森林疗法、气候疗法、温泉疗法等多种疗养方式，并将森林医疗纳入公务员的公费医疗内；日本的生态康养以森林浴为主发展森林医疗起到保健养生作用，还建立了完备的森林疗养基地认证制度和森林疗养师考核制度；韩国大力提倡发展自然休养林，将森林休养列为国策成为全体国民的福祉（陈亚云等，2016）。国外一些国家有完善的建设和认证体系、成功的案例、规范的法律政策等方面内容值得我们借鉴和学习，探索和拓展适合我国的森林疗养发展模式。

（一）国外生态康养对人体健康影响的研究

国外生态康养对人体健康影响的研究主要是针对人体心理反应、生理指标响应和疾病治疗等方面展开。英国研究学者在空气离子对人体健康的研究时发现，含有高浓度负离子的山区、森林及温泉能让人们心情舒畅（Hawkins et al.，1978）。美国研究学者十分关注生态环境对个人健康的功效，并将生态环境对人体健康功效划分为心理、社会、内部功效等方面（Ewert et al.，1986）。日本一项长达 6 年森林浴对 87 名非胰岛素依赖型糖尿病患者（男性 29 例、女性 58 例）血糖影响的研究发现，森林浴后患者血糖均值从 179（SEM 4）毫克 /100 毫升下降到 108（SEM 2）毫克 /100 毫升（Ohtsuka et al.，1998）。日本另一项对 13 名健康女性（年龄 25～43 岁）和 12 名健康男性（年龄 37～55 岁）3 天 2 夜森林浴的研究发现，森林浴可以提高 NK 细胞活性，显著增加 NK 细胞和抗癌蛋白数量，并且这种作用可以保持 7 天以上，甚至 30 天之久（Li et al.，2008，2010，2011）；后续研究发现森林浴可以对人体肾上腺素、去肾上腺素等应激激素有显著降低作用，从而使身心放松、心情舒畅、改善睡眠，起到预防忧郁症的效果（Li et al.，2011）。另有研究表明，森林浴可以增强人体副交感神经活动，抑制交感神经活动，可以平衡自律神经活动，从而降低血压（Park et al.，2014；Lee et al.，2011）。

（二）国外生态康养基地建设与认证的研究

国外生态康养基地建设与认证研究，得到了各国政府、相关机构及企业三方的联合推进。德国作为世界上最早开展生态康养的国家，早在 19 世纪 40 年代就建立了世界上第一个森林浴基地，到目前为止德国共批准建设了 350 处生态疗养基地，每个基地都拥有良好的休闲设施和医疗设备，并配备了国家认证的合格医生和专门机构培训的护理人员，其中黑森林地区的巴登镇是德国经典的温泉疗养 + 森林疗养的典范，也是世界级康养度假圣地（张胜军，2016）。

日本于 2004 年开始建设森林康养基地，并提出了新概念森林疗法基地，作为政府管理部门林野厅也发表了森林疗法基地建设构想。在管理方面，日本实行严格的准入制度，致力于森林浴基地和森林疗法步道的认证及建设。2007 年日本成立了世界上首个森林医学研究会，并于第二年成立森林疗养协会，同时建立了世界上第一个对森林养生基地进行认证的体系。森林疗养协会在森林疗养实践委员会的指导下，开展森林疗养基地认证和森林疗养师培训及考核。截至 2016 年，日本森林区已有 62 个疗养基地得到资格认证，建设了 212

条森林疗养步道，其中东京奥多摩町森林疗养基地的森林疗法之路最为出名，深受日本民众欢迎（当天往返或过夜）（Lee et al.，2013；陈亚云等，2016；森林セラピーソサエテ，2017）。日本森林疗养基地认证的评判标准主要考虑自然环境、基础设施、交通状况、管理状况、治疗菜单、居民接受度、发展规划和疗法特色等 8 个方面（张志强，2016）。

韩国于 1982 年开始了生态康养基地建设，提出自然休养林的概念，并在 2005 年出台了关于自然休养林的《森林文化·休养法》，对森林休养规划、基础调查、运营管理、森林保护、后期经营等都有明确规定，在发展前期便从法律层面得到规范化管理（刘照等，2017）。韩国到目前为止建设了自然修养林 158 处、森林浴场 173 处、森林疗养基地 4 处和修建森林疗养步道 1148 千米，并且建立了完善的森林疗养基地建设标准，同时还建立了对森林疗养服务人员进行系统培训和资格认证的体系（杨利萍等，2018）。2012 年韩国山林厅发布了有关自然休养林可行性评估调查报告，其中要求自然休养林必须对 6 个不同的方面进行严格的评估，包括生态景观、地理位置、森林面积、水域体系、休养因素和开发条件等（陈亚云等，2016；郑群明，2014）。目前日本、韩国对生态康养基地的建设和认证都按照本国制定的相关标准进行，使得生态康养基地建设朝着规范化方向发展。除此之外，还有学者们专注于康养基地的规划设计，如日本学者利用不同林地的自然条件特点对森林康养基地设计建设（Mitani et al.，2011），丹麦学者从 4 个不同的疗法层次设计和建设森林医疗花园等（Sringsdotter et al.，2017）。

（三）国外对生态康养法律问题与政策的研究

国外对生态康养法律问题与政策的研究，主要围绕森林资源的安全保护、有效利用和高效管理，实现森林康养产业为国民提供安全高效舒适的服务。20 世纪 80 年代，德国将生态康养作为一项国策，森林医疗被强制性纳入公务员医疗体系，结果显示德国公费医疗支出下降 30%，表明公务员的健康状况明显改善(雷巍娥等,2016)。1985 年日本出台制定了《关于增进森林保健功能的特别措施法》，从制定至 2014 年共进行过 5 次修订（刘照等，2017）。该措施法规定了森林保健用途、森林保护开发、森林经营措施、保健设施等内容，约束规范森林康养事业健康发展（南海龙等，2016）。2005 年韩国也出台制定《森林文化·休养法》规范本国生态康养事业的发展，规定了国家和地方政府各自应承担的职责，2008 年把“森林休养”列为全体国民的福祉，从制定至 2013 年共进行了 5 次修订（李卿等，2013）。2015 年韩国又制定了《森林福利促进法》，把森林福利（forest welfare）纳入国民福利之中，通过建立休养林、疗养基地及森林幼儿园等具体措施来实施森林福利（王捷等，2016）。韩国与德国、日本等相比，虽然在森林康养法律领域发展较晚，但大有后来居上之势，就森林康养作为一项国策来发展而言，韩国堪称全世界的引领者。

三、国内生态康养研究进展

生态康养在我国是一个新生事物，国内对生态康养研究发展较晚，仍处于一个探索前进的阶段，但是其理念已深入人心。当前我国林业正处于提质增效和转型升级中，森林康养构成我国经济新常态下的一个增长点，释放出巨大的市场和诱人的商机，促进我国大力发展森林康养产业（吴兴杰，2015）。国内学者在借鉴国外优秀研究成果的基础上，也进行了生态环境与人体健康之间的作用机理研究，为生态康养产业的发展提供了理论与科学依据。

（一）国内生态康养对人体健康影响的研究

中国人从两千多年前就开始用树木的气味来防治疾病，但直到20世纪末，才进行了应用现代的临床试验，运用现代医学知识，探讨森林环境对人类健康的影响。在随后的几年中，中国启动了几项关于森林治疗的研究（毛根祥，2010）。国内关于生态康养对人体健康影响的研究起步于20世纪90年代，主要围绕着森林浴对精神疾病、慢性病和心理健康等方面开展研究。

我国于1998年首次进行了森林浴对精神分裂症作用的研究，试验结果表明森林浴对精神分裂病治疗具有一定效果（李朝晖等，1998）。浙江一项森林浴对20名男性大学生影响的研究发现，血清细胞（炎症反应、应激反应）、氧化应激指标、白细胞亚群和血浆内皮素-1(ET-1)浓度等明显下降，达到预防疾病促进人体健康的作用(Mao et al.,2012)。不同树种(白桦、拧筋槭和蒙古栎）森林浴对69名健康大学生影响的研究发现，白桦林可以缓解学生的就业心理压力，蒙古栎林可以缓解女生心理压力（Guan et al.，2017）。一项森林浴对30名男性飞行员（平均年龄30.5岁）影响的研究发现，森林浴显著提高了军事飞行员睡眠质量，且优于常规疗养（李博等，2014）。

一项研究评估了24名老年高血压患者（HTN）经过7天的森林治疗后，与城市组相比的森林组血压显著降低。暴露于森林环境显著抑制肾素—血管紧张素系统（RAS）的活动，其影响血压调节，意味着森林浴可能通过抑制RAS活性对HTN具有治疗作用（毛根祥，2012)。20名老年慢性阻塞性肺疾病（COPD）患者参加了为期3天的森林浴体验，穿孔素、颗粒酶B以及促炎细胞因子和应激激素显著降低，表明森林浴通过降低炎症和应激水平对老年COPD患者的健康产生积极影响（贾兵兵，2016)。

36名慢性心力衰竭患者（CHF）的辅助治疗研究发现，在为期4天的森林浴之后，脑利钠肽（BNP）水平显著降低,POMS评估还显示森林沐浴后消极情绪状态得到缓解。此外，受试者体内与心血管疾病相关的ET-1和RAS（小G蛋白）的成分低于城市对照组，与城市组相比的森林组的促炎细胞因子水平降低，抗氧化功能得到改善（毛根祥，2017)。为了进一步研究CHF患者森林浴行程的影响范围和最佳频率，经过第一次森林浴旅行的人在4周

后再次进行第二次为期4天的森林浴之后，受试者表现出BNP水平稳定下降，以及炎症反应和氧化应激减弱，老年CHF患者两次森林浴有更好的益处，进一步为其在心血管疾病治疗中的应用奠定了基础（毛根祥，2018）。

从中国森林治疗研究中获得的数据表明，森林环境在生理放松和改善免疫功能方面都发挥着较好的作用，以及对HTN、COPD和CHF患者有较好的辅助治疗效果。由此可以证明，森林浴可以促进健康、预防疾病，对疾病有康复和辅助治疗作用。我国在森林环境对人类的心理及生理健康研究取得了一些成果，但其研究的广度与深度还不够，不能有效地对生态康养提供有利的科学依据，阻碍生态康养取得重大发展突破。

（二）国内生态康养基地建设与认证的研究

随着旅游行业不断的蓬勃发展，人们需求的改变使得旅游方式转变和旅游新业态的不断出现，“康养旅游”就是其中之一。2016年，国家旅游局先后发布了康养、人文、蓝色和绿色等4个旅游行业标准，推动综合康养、传统文化遗产、海洋资源、生态资源等旅游示范基地建设，对国内的旅游示范基地建设的环境、旅游经济水平、产业联动与融合、旅游服务管理等条件提出了明确要求。“康养旅游”作为旅游行业的新业态已经得到了社会、市场和消费者的广泛认可，同时也被国家文化和旅游部确认为新的旅游方式，并将其纳入国家旅游发展战略之中，从而有利于康养旅游步入规范化发展的道路上。

我国森林康养基地建设与认证的相关研究正处于初级发展阶段，尚未有统一规范的评价体系与认证标准，但相关机构与研究学者都在进行积极探索。从20世纪60年开始，台湾已经建成了40多处森林浴场，是我国发展森林浴最早的地区。我国其他地区森林浴的发展开始于20世纪80年代，主要以建立的不同级别的森林公园为主，其中一些森林公园内设置了具有一定特色的森林浴场所，如北京的红螺松林浴园、浙江天目山的森林康复医院、广东肇庆鼎湖山的品氧谷等（肖光明等，2008）。与此同时，我国也开始探索森林浴基地的规划与发展。国内学者研究普遍认为开展生态康养的理想场地是森林氧吧，并以千岛湖森林氧吧为例，对所需规划的条件与建设注意的事项提出了建议（金永仁等，2005）；同时还指出在进行森林浴场和森林休疗场所开发时应加强场地生态管理，应避免造成周围生态环境的破坏（彭万臣，2007）。

进入21世纪北京率先引入森林疗养的概念，随后湖南、四川、浙江、黑龙江等相继开展了森林疗养的实践与探索（何彬生等，2016）。四川省于2013年发布了森林康养基地评定的试行办法，从森林资源条件、生态环境条件、基础设施条件和公路交通条件等方面都作出了相关要求，并依照这些方面的指标对森林康养基地进行审核、评选和监测，使得森林康养基地朝着规范化建设方向发展（刘照等，2017）。近年来，国家林业局（现为国家林业和草原局）积极与森林康养开展成熟的韩国、德国和日本等国家合作，如北京中韩合作

八达岭森林体验中心、甘肃中德共建秦州森林体验教育中心、福建中法合建旗山国家森林公园的飞越丛林冒险乐园、陕西省多处筹建的森林体验基地等（雷巍娥，2016）。

目前我国已批复3批233个国家森林康养基地试点建设单位，其中涵盖全国26个省份，批复单位中共含公司112家、森林公园48家、林场29家、林业和草原局19家、自然保护区10家、景区6家、湿地公园5家，森林康养基地建设发展速度较快的省份为湖南、四川和吉林等（杨利萍等，2018）。基于当前对生态康养发展问题的关注，国内有的学者从康养因子与基地建设之间的关系出发，提出了我国应该加强康养基地建设规划设计方法和体系的研究（谭益民等，2017）。有的学者在森林氧吧的基础上，提出了对森林康养基地建设的评价方法和等级评定标准，构建了适宜可行的森林康养基地建设评价指标体系，从而对森林康养基地建设提供了指导和参考价值的标准（刘朝望等，2017）。有的学者参照国家标准及森林、旅游资源评价，结合专家咨询法、理论分析法构建了森林康养基地建设评价指标体系，并明确了各指标的内涵及其不同的权重值，建立了相应的指标评分标准（潘洋刘等，2017）。生态康养在我国刚刚兴起，无论是在康养基地建设还是在康养基地认证上都相对落后，大多是对康养基地比较成熟的德国、日本及韩国建设经验上的总结和发展，在康养基地规划设计上仅局限于森林氧吧及森林浴等，对康养基地的综合项目开发设计和规划较少。

（三）国内生态康养产业发展研究

近些年，国内众多学者对生态康养产业问题的研究异常热衷，使得此方面的学术成果数量越来越多，但真正高水平成果为数较少，都只停留在宏观层面的描述性探索，基于量化分析的案例少之又少。目前有的国内学者从生态康养的资源配置方式、经济循环系统和经济增值系统等方面分析，初步探讨研究了实现生态康养的商业运行模式，分别从商业量本利、市场发展规划机制和康养资源整合等方面对生态康养行业提出了发展建议（孙抱朴，2016）。有的学者还分析了不同省份发展生态康养产业的优势，提出了突出当地特色、保持资源的自然性和完整性，促进不同省份生态康养产业发展的规划（柏方敏等，2016；李滨，2017；杨炜，2018）。还有学者通过对森林资源的康养功效的分析，建议森林旅游向生态康养旅游方向转型发展，同时提出了现行状态下的生态康养旅游发展中存在的瓶颈问题，并提出了对生态康养旅游产品进行全新性设计的理念（丛丽等，2017；吴后建等，2018）。我国对生态康养产业发展的研究，缺少高层次精确化的定量化研究，目前尚且停留在初级定性描述研究的阶段，缺乏可行产业发展模式和产品，仅大多停留在假设的基础上对商业模式进行探讨研究，开发设计的生态康养产品成功案例较少，生态康养组织结构和管理体系有待进一步研究。

四、不同需求层次的生态康养产业发展现状

“生态需求”是在一系列科学思想基础上形成的一个理论范畴，“生态”是指生物与其赖以生存的环境在一定空间的统一，“需求”是人的自然和社会属性的共同体现，随着人类社会的进步和经济的发展而不断被扩展和丰富内涵。那么生态需求就是人类为了获得包括维持可持续生存和满足发展需求等方面内容在内的最大福利而产生的对生态产品的需求。长期以来由于生态需求容易得到满足，因此在人类发展进程中更注重物质需求和精神需求，往往忽视生态需求。生态需求长期潜伏而直到近代才显性化是生态平衡遭到破坏程度由量变到质变的结果。在人类发展进程中，有很长一段时间人们把自然界和人类看成是对立的，以征服者的姿态面对自然界和环境，经济的发展是以向自然界无限制索取和破坏性的开发为代价。在工业化后期，一方面人类创造了巨大的物质财富和精神财富，物质文明和精神文明都得到了极大的满足；另一方面，生态遭到破坏的后果逐步显现出来，人们连续受到大自然的报复，一系列的环境污染严重危害人类的生存和进一步发展，人们开始意识到人类是自然界中的一员，除了满足物质需求和精神需求外还要满足生态需求。

随着生态康养概念的普及和公众对其认可度的提高，生态康养的市场需求也日渐增长。根据满足需求的难易程度的不同，将生态康养方式分为森林休闲、森林运动、森林体验教育、养老旅游、亚健康调理、慢性病恢复等。不同需求层次的生态康养对应不同的人群和目的。森林休闲主要是以休闲度假为主要目的的森林活动；森林运动是以森林等特定自然环境开展的各类户外运动，如森林徒步、森林穿越、森林狩猎、森林宿营、野外生存、登山攀岩等；森林体验教育主要是引导受众参与森林体验互动活动，在活动开展中，通过与森林的接触唤起大家的感悟；养老旅游是指老年人到其常住地之外生活，连续停留时间在一个月至一年之间，其主要目的是提高生活质量；亚健康调理是利用环境中的健康因子，对人体有调养、减压和治疗等作用，促进人体身心健康；慢性病恢复是在医学治疗的同时，利用森林的疗养功能进行有效的辅助治疗达到更好的康复效果。

（一）森林休闲

近年来随着社会发展，人们对生态环境的保护意识也越来越强，走进大自然、到森林中观光游憩成为人们的愿望和需求，森林康养形式也愈加丰富。森林休闲（forest leisure）作为森林康养一种常规的休闲养生形式受到了人们越来越多的重视和关注（陈珂等，2008）。森林休闲具有丰富内涵、多样形式等特点，主要以动植物资源丰富的森林公园和自然保护区为载体，满足人们休闲游憩的需要，从而达到放松身心、恢复体力、充实精力和发展自我的效果，即遵从和顺应自然规律，又迎合人们回归自然的需求，使森林资源得到保护（陈玲玲等，2016）。

森林休闲以其得天独厚的森林资源为依托，关注生态、体验自然，在不消耗森林资源的情况下获取远大于木材商品价值的经济收益。美国 92% 以上的林地都允许公众进入，每年有 3 亿多人次到森林观光休闲，年消费达 3000 亿美元。德国提倡“森林向全民开放”，全国 60 多处森林公园年收入高达 80 亿美元以上。英国每年森林旅游人数超过 1 亿人次，日本森林公园占国土面积的 15%，每年有 8 亿人次进行森林浴，泰国先后建立了 200 多个自然保护区。森林环境清凉、宁静、舒适，成为人类游憩的最佳场所。森林休闲顺应社会发展需求，吸引越来越多的人群到此休闲。

1. 国外森林休闲发展现状

美国作为世界上最早最成熟开发森林休闲产业的国家，早于 1872 年就建立了以保护野生动物和自然资源的黄石国家公园，并于 1896 年设立了国家公园管理处，同时颁布了《国家公园事业法》，使国家公园建设和管理开始走上规范化（陈鑫峰等，1999）。20 世纪 30 年代初，美国国家公园规模发展相对比较缓慢，为了缓解当时的经济危机，把其开发为不同类别的游憩区供国民休闲娱乐增加经济收入，在不到 10 年时间里增加了 74 处国家公园。20 世纪 40 年代和 50 年代，修复和更新第二次世界大战期间破坏的设施，到 60 年代和 70 年代，达到了 30 年代扩张时水平，户外游憩业成为美国最大经济产业，创造的产值达到了 1600 亿美元以上，甚至超过石油业的产值。到 20 世纪 80 年代初，美国的国家公园总数量已经增加到 334 处。至今，美国户外游憩消费高达 3000 亿美元，人次高达 20 多亿，约占美国人口总数的 10 倍（张红，2011）。除美国之外，世界其他国家森林公园、自然保护区建设及森林休闲旅游发展也十分迅猛，见表 1-3。

表 1-3　世界各国国家森林公园、自然保护区建设及森林休闲旅游发展情况

研究者	研究年份	森林公园、自然保护区建设及森林休闲旅游情况
王应临等	2013	英国拥有15处国家公园，占地面积达2.27万公顷，每年到森林公园中的游客总数达7132万，每年收入高达4.85亿英镑
陈维伟等	2008	瑞士建立了28个国家森林公园和1363个自然保护区，国家森林公园和自然保护区分别占国土面积的5%和6%，每年收入高达3170亿瑞士克朗
李茗等	2013	德国共有14个森林公园，占地面积达962.05万公顷，每年接待游客达3亿人次，每年收入高达1400亿马克
李禄康	1998	荷兰供休闲游憩的土地面积中森林占25%，共有13个国家公园，占地面积达5.2万公顷，每年到森林旅游人数达2亿人次
张良等	2017	法国国家公园7处、地区公园26处、植物园3处和风景区4951处，每年到森林中游憩者高达6亿人次，60%的家庭每年至少到森林游憩一次
周波等	2011	澳大利亚国家公园为576处，每年接待的海外游客达450万人次，年收入超过160亿澳元，甚至高于该国主要产业羊毛业
唐芳林等	2015	南非有21处国家公园，分布于南非9个省中的7个省，总面积超过400万公顷，占南非所有保护地面积的67%

（续）

研究者	研究年份	森林公园、自然保护区建设及森林休闲旅游情况
贺隆元等	2007	巴西全国一共有68个国家公园，总面积达25万公顷，占国土面积的2.97%
李滋等	2008	泰国于1960年颁布了《国家公园法》，建立各种类型的国家公园已经有108个，总面积为5万多公顷，占国土面积10.67%
Teodra等	1998	菲律宾共有国家公园69处，总面积47万公顷，年收入约4亿美元
廖凌云等	2016	印度的保护区范围包括83个国家公园和447个禁猎区，覆盖面积达1300多万公顷，约占国土面积的4.5%，森林面积的20%

2. 国内森林休闲发展现状

我国的森林休闲产业起步较晚，但是随着我国经济实力的增长也迎来了快速发展时期。20 世纪 80 年代我国建立了张家界第 1 个国家森林公园，同时期我国台湾建立了垦丁森林公园（陈鑫峰等，1999）。进入 20 世纪 90 年代，随着全国森林公园暨森林旅游工作会后，森林公园建设在我国进入快速发展时期（许文安等，2004）。全国各地建立各种类型森林公园共有 1658 处，其中国家级各种类型森林公园就有 503 处，保护各类自然资源和各种自然景观面积达到 1368 万公顷，保护现有森林资源总面积达到 900 万公顷（叶晔等，2008）。2017 年全国森林旅游游客量达到 13.9 亿人次，约占国内旅游总人数的 28%，创造社会综合产值 1.15万亿元，森林旅游门票等收入从2012年的618亿元增长到2017年的1400亿元(欧阳叙回，2018)。全国出现了一批国家森林公园，旅游收入超过千万元甚至达到上亿元，形成全国森林旅游区 9 个、全国森林旅游景观带 11 条、省级精品森林旅游带 61 条（中国森林等自然资源旅游发展报告，2014），成为带动当地旅游业和整个经济发展的龙头产业（杨琴，2005）。

为加强森林旅游组织管理工作，2012 年国家林业局成立了全国森林旅游工作领导小组，并于 2014 年制定印发指导全国森林等自然资源旅游发展纲领性文件，同时陆续制定了一些国家、行业标准和配套制定了相应的法规，如《中国森林公园风景资源质量等级评定标准》《国家级森林公园总体规划规范标准》《国家级森林公园管理办法》《国家级森林公园管理条例》等，这些标准和法规对于森林公园发展建设以及森林风景资源保护利用提供了有力的科学技术保障（魏晓霞等，2016）。

伴随着社会经济的迅速发展，人们的生态环保意识逐渐增强，以及越来越多的无处消遣的闲暇时间，促使居住在城市的人们对森林休闲的需求越来越强烈。在此强烈的市场需求的推动下，使得城郊森林休闲旅游业以突飞猛进的速度发展着。为了满足城市居民的户外游憩这一日益增长需求，城市规划多在郊区建设了大量的森林、河道等景观游憩点（叶晔等，2008）。北京市已开发了 350 多处森林游憩点，其中有 10 余处国有林场，集体投资开发的占绝大多数，个人投资开发的较少（陈鑫峰等，1999）。除了森林公园旅游外，近些年来北京、上海、香港、深圳等大中城市都在以自然、生态、野趣为主题积极的进行城市郊野公园旅游规划开发（姚恩民等，2016）。

我国的森林休闲产业建设与国外先进国家相比在许多方面还存在着不足。从政府方面来看，更加关注依托各类各级森林公园开展的森林休闲，而较少关注依托城市及城郊森林开展的森林休闲；从森林休闲产品来看，产品设计没有创意、休闲体验感受不佳，难以对参与者产生强烈的吸引力；从管理和利益来看，存在管理混乱和利益分配不均，从而影响经营主体人员的经济收入而降低开发积极性；从生态环境和环境污染来看，有些景区森林休闲造成的环境破坏和污染问题比较明显；从交通条件和服务设施来看，部分景区交通条件滞后和服务设施陈旧，游人满意度低（陈鑫峰等，1999；叶晔等，2008）。

3. 森林休闲发展趋势

从休闲时间的长短期来看，随着我国旅游行业的飞速发展，人们更加喜欢以森林休闲的方式进行休闲度假、健身养生、观光游览等活动，而且呈现出长短期双向发展的森林休闲趋势（毛峰，2016）。世界上休闲度假的游客主要来自于欧洲，欧洲各国全部旅游活动中休闲度假活动已经达到了 84%，参与休闲度假绝大部分游客都是短途短期停留，平均停留时间大约为 2 天，并且短途短期休闲度假的次数具有明显增加的趋势（Leonard et al.，1997）。欧洲绝大部分游客都优先选择自己驾驶汽车的方式进行短途短期休闲度假，并且自己解决出行过程中所有的事项，但是近年来欧洲游客参与长期出境休闲度假呈现出直线快速增长趋势，并向全世界范围内快速发展（张致云等，2009）。20 世纪末，由于世界经济危机的影响，欧洲的游客都缩减短程短期休闲度假次数，来确保每年实现一次出境长期休闲度假（Leonard et al.，1997）。根据欧洲旅游市场及其发展趋势调查，发现参与休闲度假游客的逗留时间平均为 9.9 天，这一数据与之前数据相比没有明显差别，但是长短期双向分化的休闲度假趋势越来越明显（Slivar et al.，2016）。游客对短程短期休闲度假的需求越来越强烈，致使市场的增长速度非常强劲，逗留时间平均在 1～3 天之间；而游客对长期出境休闲度假需求比较平稳，市场的增长速度也在平稳持续上升，逗留时间平均为 12.3 天（Andrawis et al.，2011）。长短期双向发展的休闲度假趋势已经是一种普遍性的世界现象，森林休闲作为一种休闲度假的重要方式，也将会呈现出长短期双向发展的规律（邵祎等，2006）。城市附近的各类森林公园、城市郊野公园以及乡村的旅游区等森林休闲地带将会成为短期森林休闲开发的重点区域；而一些世界级的森林公园和保护区等将会成为长期森林休闲的开发重点区域（孟明浩，2002）。市场双向发展的需求必然决定着要有双向的市场产品供给，因此，森林休闲应该采取长短期重点发展的策略，短期森林休闲应该发展 1～3 天城郊型森林休闲产品，长期森林休闲应该发展 10 天及以上的森林休闲度假产品（叶晔，2009）。

从休闲参与者来看，针对老年人的休闲需求问题受到了越来越多的关注。按照联合国老龄化标准，我国社会早已于 2000 年就已经步入人口老龄化阶段，老年人的休闲需求问题显得日益突出且亟待解决。2015 年底据不完全统计，我国 60 岁及以上老年人的总数已经达

到 2.22 亿，占全国总人口数量的 16.1%；预计到 2020 年，我国 60 岁及以上老年人总数将增加到 2.55 亿左右，占总人口的 17.8%（汲东野，2017）。我国具有老年人口数量大、老龄化速度快、地区和城乡差异大、“未富先老”和养老保障体系不健全等特点，将会对我国整个社会可持性发展造成不良的影响（许雨玥，2016）。基于老年人森林休闲问题，对城郊森林休闲开发规划建设也提出了很多的新要求。城郊森林作为城市森林游憩非常重要的资源，除了具有改善城市生态、提高人居环境等功能外，还可以为老年人的森林休闲活动提供十分重要的载体（张萌等，2016）。因此，开发设计森林休闲产品时，一定要关注满足老年人对于森林休闲的迫切需求。

从休闲活动类型来看，户外体验型和康复疗养型将会是未来休闲活动的主要发展类型。随着社会竞争加剧和生态环境恶化的愈演愈烈，现代人经常性处于亚健康状态（赵瑞芹等，2002）。根据世界卫生组织（WHO）对全世界人口健康状况调查研究表明，5% 的人口处于健康状态，75% 的人口处于亚健康状态，20% 的人口患有疾病（于勇，2004）。苏联学者布赫曼教授于 20 世纪 80 年代提出了人体亚健康（sub-health）概念，在他的研究中发现人体在健康和疾病之间存在中间状态（Daibishire，2003）。我国医学界数据显示亚健康人群已经达到 7 亿，其中大量研究数据表明猝死率显著增加的是处在 40～55 岁之间的中年人（郭鲁芳等，2005）。近些年来日本每年有超过万例的过劳死，而我国猝死的青壮年人数也在显著的增加（范纯武等，2005）。国内学者对现代人旅游心理动机研究发现，精神放松位于旅游动机重要性首位（李文煜，2015）。精神疲惫的现代人对健康的生活方式越来越向往，而日渐兴起的康养旅游也将满足这些人对健康生活的追求（郭鲁芳等，2005）。森林休闲为了满足人们健康休闲的需求，未来的开发趋势将是发展有利于慢性病康复的森林医院、森林康养、森林疗养等康复疗养型和有利于亚健康及精神调理的森林宿营、森林穿越、丛林探险等户外体验型活动。

当前在我国林业提质增效和转型升级的新常态下，森林康养将成为新的热点，势必会释放出巨大的市场空间和商机。森林康养作为新形式的森林旅游方式，势必将从过去的休闲度假、观光游览型转变成新形式的体验享受、养老服务型的森林旅游，逐渐实现从游览景点到体验感受、从出售旅游产品到引导广大群众走入森林的巨大转变（叶智等，2017）。

（二）森林运动

随着经济的飞速发展，人们生活水平的提高，对自身身体和心理健康越来越关注，投入在休闲健身方面的时间和资金正逐年增加（李雪涛等，2012）。而以森林等特定自然环境开展的各类户外运动深受人们的热爱，在森林优美的环境中进行户外运动，不仅可以锻炼身体，还可以感受宁静、释放压力，得到放松自我、战胜自我的心灵满足（孙永生等，2013）。目前，人们将森林运动作为一种新的健康休闲方式进行追求，特别是崇尚新追求的

年轻人更加将其当成时尚生活新理念，如森林徒步、森林穿越、森林狩猎、森林宿营、野外生存、登山攀岩等多种形式深受大家欢迎。

1. 国外森林运动发展现状

欧洲的阿尔卑斯山地区是森林运动的发祥地，伴随着早期欧美科考、探险活动诞生，并且与登山、滑雪等运动有着千丝万缕的联系（梁海燕等，2012）。1857 年在德国诞生了世界上第一个关于登山、滑雪等运动项目的俱乐部，这个以森林运动为项目的民间组织后来成为当今世界各国户外运动俱乐部发展的最初形式（梁雨濛等，2012）。森林运动的开展充分利用了森林等自然资源优势，将户外运动和森林环境自然融为一体，使人们运动锻炼的同时享受森林带来的机体恢复和压力释放（兰杨洋，2014）。以森林自然环境为基础的丛林徒步、丛林穿越、丛林宿营、野外生存等森林运动在世界范围内迅速发展起来（李雪涛等，2012），经过 100 多年的发展，无论是从参与森林运动的人数、森林运动俱乐部的数量、户外用品的种类来看，国外森林运动的发展日益成熟，已成为西方发达国家经济发展的重要组成部分（鄢永强，2013）。

（1）美国森林运动。美国拥有丰富的自然资源，优美的自然环境不仅保障了国民森林运动的质量，同时也为森林运动的发展提供了丰富的发展方向（赵鹏，2015）。从 1872 年建立了世界上第 1 个国家公园至今，已经在全国范围内建立了 60 多处国家森林公园，其中 12 处被联合国教科文组织评为世界自然遗产，成为近年世界的热点旅游胜地（沈兴兴等，2015），如优美胜地国家公园、黄石国家公园、冰川国家公园和奥林匹克国家公园已成为北美乃至全世界最顶级的森林运动休闲度假胜地。这些国家公园基于独特的地貌和壮美森林景观，使美国的森林运动举世闻名，也使美国成为当今全球森林运动最发达的国家。

近年来，美国森林运动参与人口总数一直保持在 50% 左右，参加森林运动的人数达 1.424 亿(6 岁以上)，总参与次数 47 亿次,24 岁以下人群参与人数前 5 位的项目分别是跑步、骑行、野营、钓鱼、徒步，其中参与人次依次为 1990 万人次、1690 万人次、1500 万人次、1480 万人次、1080 万人次，所占比重依次为 24.2%、20.6%、18.2%、18.0%、13.1%；25 岁以上人群参与人数前 4 位的项目分别是跑步、徒步、骑行、野营，其中参与人次依次为 3160 万人次、3090 万人次、2640 万人次、2610 万人次，所占比重依次为 14.9%、14.6%、15.5%、12.3%（Weed et al.，2009）。美国户外基金会对 2006 年美国户外经济的测算表明，户外运动为美国提供就业岗位 650 万个，每年实现经济产值为 7300 亿美元，其中怀俄明州户外运动产值达到州总产值的 17%，佛蒙特州户外运动产值达到州总产值的 12%（Outdoor Recreation Partication Report，2006）。至 2012 年再次测算显示，户外运动为美国提供就业岗位 610 万个，每年贡献经济产值 6460 亿美元，每年联邦政府税收达到 399 亿美元，各州政府贡献税收为 397 亿美元，处于全服务行业产业价值第 3 的位置（The Active Outdoor Recreation Economy，2012；赵承磊，2017）。

(2) 欧洲森林运动。欧洲是全球森林运动重要的发源地和产业发展的引领者，被誉为“户外运动之乡”(王秋菊，2015)。欧洲整个户外产业的总产值达到300亿欧元，其中欧洲户外产业大国为德国、英国、爱尔兰和法国，4国户外产业的总值占整个欧洲的26%、11%、11%、12%（Overview of the European outdoor market，2014)。在大洋洲和亚洲森林运动的发展速度也十分迅猛，其中澳大利亚、韩国和日本的森林运动发展较为突出，已经成为主要户外用品的消费国，见表1-4。

表1-4 世界各国户外运动发展情况

研究者	研究年份	户外运动发展情况
赵承磊等	2017	德国是欧洲森林运动的最大消费国，58%的德国人是活跃的户外活动爱好者，年龄在25岁以下的人士经常参与的森林运动主要有滑雪、徒步、骑行、跑步等项目，其中参与跑步的有1900万人，约占德国人口的1/4
党挺等	2016	英国国内森林运动参与人数大约为1100万人，英国经常从事的户外运动主要有徒步、山地自行车、登山、滑雪、攀岩等项目，其中徒步运动最受喜欢，3/4的英国度假者和2/3的国外游客在度假中都参与徒步，专门的徒步活动旅游占英国国内市场的17%和国外度假的9%以上，市场总值估计约为19亿英镑
Weed等	2009	威尔士被称为户外运动的“黄金之地”，每年徒步运动约创造5.5亿英镑的价值，每年的探险游客约为125万，以参与探险活动为主要目的的度假者的市场收入占国内度假收入的4%
刘树英等	2015	法国的森林运动已进入“全民户外”阶段，有超过3400万人经常从事户外运动，约占总人口的50%。法国年均户外消费20亿欧元，约占整个欧洲的1/5，且保持每年6.8%的增长率，堪称欧洲户外消费最活跃的国家
曲晓峰等	1997	澳大利亚森林运动近年发展十分迅猛，在15岁以上的居民，每周参加1次体育锻炼、休闲和运动的超过1100万人，参与率高达70%左右，户外活动已成为澳大利亚享誉世界的旅游名片
李胜席等	2009	日本政府非常重视学生的运动，普及学生的定向运动，开设青少年野外教室、少年自然之家等运动活动场地，通过集体的野外体验活动增加与大自然的接触，促进学生的身心健康
王秋菊等	2009	韩国利用多山优势，民间偏爱登山运动，森林运动普及率很高

2. 国内森林运动发展现状

我国的森林运动起源要比国外晚100多年，但与国外起源发展相对一致，均来自于登山运动（王秋菊，2015)。我国于1958年成立了中国登山运动协会，标志着我国设立登山运动项目。20世纪80年代，随着我国改革开放的发展，户外运动这一概念也由国外探险登山爱好者带到我国，并由国外户外运动俱乐部在国内组织了森林穿越、登山攀岩、山地骑行等一些森林运动的活动，这些活动也开始慢慢地吸引了国内一些森林运动爱好者的参加，在1989年我国昆明成立最早野外运动的民间社团(丁媛,2011)。进入20世纪90年代，

中国登山协会于1993年召开了首届全国户外运动研讨会，对户外运动的发展进行了梳理和讨论，对我国开展户外运动的普及起到了巨大的推动作用（亓冉冉，2013）。1998年，户外运动在北京、上海、广州、昆明等地悄然兴起，掀起一股户外运动媒体报道狂潮，人们逐渐开始了解相关的户外运动项目，并成为一种追求时尚的新生活方式（颜彪，2019；王秋菊，2015）。

我国地域辽阔，具备森林、山地发展户外运动的自然资源基础，从东北的滑雪，西北的胡杨林、荒漠户外探险资源，西南山地森林户外运动天堂的西藏、四川到东南的滨海户外资源都具备，为我国户外运动的发展奠定了良好的资源基础（云学容等，2017）。进入21世纪，我国首批开发的12个国家森林公园均开发了户外运动设施，如上海佘山、广州石门、杭州西山、苏州太湖西山、无锡惠山、福建武夷山、福建九龙山、三亚亚龙湾、北海冠头岭、昆明西山、大连银石滩、青岛珠山等（秦芳，2014）。目前，海南国际旅游岛的原生热带雨林户外运动休闲项目、黑龙江亚布力国家森林公园森林滑雪度假村和长白山国家森林公园的森林滑雪等项目的开发建设，预示着我国森林运动在森林度假旅游中将占有重要的份额（云学容等，2017）。近几年我国森林运动和户外俱乐部的发展势头迅猛，参与户外运动的人数超过5000万，具有正规资质的户外运动俱乐部已经达到700多家，每年的增长速度都保持在30%左右，户外运动产业总产值已经达到180.5亿元，每年以24.3%的速度增长，并形成增长稳定的户外市场，具有巨大而广阔的商业前景（张瑞林，2011）。

由于森林运动在我国的发展正在处于起步阶段，面临着诸如管理水平不高、商业化运作缓慢、供需形势严峻、安全事故多发等诸多方面的问题。因此在今后的工作中，要根据人的性别、年龄、身体及其运动需求进行森林运动项目的设计开发，在森林公园和自然保护区内积极发展健步道、登山道、自行车道、露营等设施，在游览路径上按照不同人群的运动需求积极发展老年人路线、青年人路线、学生寒暑期路线、家庭亲子路线、专业驴友路线等，户外运动项目的构建应该适应不同人群的意愿和满足不同人群的需求。森林运动项目设计上还要根据森林地形情况复杂、林分树种多样的特点，有针对性按照不同地形、不同林分类型对森林运动项目增建相应的设置。在森林地势相对平坦宽阔的地方可以发展诸如徒步、慢跑、太极拳、瑜伽等日常的运动休闲项目以及各种球类运动，在森林地势相对较缓的地方可以发展诸如定向越野、山地自行车、滑雪速降等运动休闲项目，在森林地势相对较陡以及崖壁的地区可以发展诸如登山、攀岩、蹦极等运动休闲项目，在森林具有溪流以及河流的地区可以发展诸如溯溪、漂流等运动休闲项目。

3. 森林运动发展趋势

从森林运动市场资源整合来看，我国经济发展和资源分布十分不均衡，经济发达的东部地区有着广阔的市场发展空间而缺少相应的发展资源，经济落后的中西部地区有着丰富的发展资源而缺少相应的发展市场空间。而对森林运动进行有效的市场资源整合，能发挥

东部地区市场优势，也能将中西部地区的资源优势转化为经济效益，实现市场和资源整合的双赢效果。东部地区的各类户外运动俱乐部较多，拥有大量各类户外运动的优质会员，由于资金投入限制致使户外运动线路比较单一，这些俱乐部可以把目光投向中西部地区现有的路线上，并与中西部地区的俱乐部合作组织一些森林运动活动。这样一来既丰富了东部地区俱乐部森林运动的线路，又可以保证中西部地区俱乐部参与森林运动的客源。因此户外运动俱乐部之间的资源共享、相互合作，打造森林运动品牌效应将会成为未来户外运动的发展趋势。

从森林运动宣传和拓展来看，我国有《户外探险》《亚洲户外》《国家地理》《户外运动》等户外专业旅游杂志，这些宣传户外运动的专业杂志对森林运动的发展起到了很大的助推作用，但是随着信息时代的到来，人们更多的是通过互联网获取信息咨询，由此一系列以户外为主题的网站应运而生，对森林运动产业发展产生更加深远的影响，世界互联网也将成为宣传森林运动产业的最佳有效平台；森林拓展培训是指利用森林自然环境，通过精心设计的专业森林运动项目达到“磨练意志、陶冶情操、完善人格、熔炼团队”的目的，不仅使参与者的个人技能和心理素质得到锻炼，还可以使参与者深刻体会团队的重要性，因此越来越多的企业愿意出钱对员工进行这种新兴的拓展培训，森林拓展培训正逐渐演变为一个庞大的经济产业。

从汽车露营旅游来看，全国各种森林户外游憩的旅游景区已经达到 9000 多处，绝大部分森林户外游憩景区都处在“养在深闺人未识”的发展状态中，全国只有 5% 左右的森林户外游憩景区得到充分开发利用，经常是知名旅游景区在节假日时为人满而发愁，但是其他大部分森林户外游憩景区还是处在门可罗雀的状态（陈品，2015）。随着我国私家车的普及，汽车和森林户外游憩的结合更加紧密，众多知名度小或地处偏远的森林户外游憩资源利用率低的问题将迎刃而解，随着美国户外行业比较热门的房车，在中国也将迎来解冻期，未来汽车露营将成为一大趋势，具有巨大而广阔的市场发展前景。

未来我国民众参加户外运动的价值取向将指向提高生活质量与生命质量，户外运动参与将成为评定广大群众提高生活和生命质量的重要指标，参与户外运动的价值将越来越被人们所接受，参与户外运动将成为广大群众休闲度假的主流，户外运动这种集森林休闲与运动休闲的方式将成为我国广大群众参与休闲运动的重要方式（云学容等，2017）。

（三）森林体验教育

随着当代社会经济高速发展，人们面临着生态环境不断恶化、精神压力不断增加等诸多问题，对生态环境也提出了更高的要求，近距离接触森林、体验自然的愿望也越来越迫切（吴楚材等，2007）。以回归自然、感悟生命为宗旨的森林体验教育，使人们在优美独特的森林环境中全身心体验感受自然教育，成为人们彻底放松身心、释放内心压力、获取自

然知识的一种重要途径（吴章文，2003)。2011年，联合国为了促进全世界各国合理开发、保护森林，确定了“森林为民”的国际森林年，旨在提高世界各国人民的生态环境保护意识，号召世界各国人民关注森林与人类健康，并鼓励世界各国人民积极的参加各类森林活动（大石康彦，2001)。

1. 国外森林体验教育发展现状

在国外发达国家森林体验教育有近百年的发展历程，已经成为现代人们追求自然生活的重要组成部分，甚至成为伴随青少年成长的自然教育课程。19世纪初德国提出了全新的亲近自然林业理念，并开展了森林文化教育方面的研究。20世纪80年代，德国首次将森林体验和自然教育相互融合发展，并由德国森林基金会提出了森林体验教育这一概念（程希平等，2015)。森林体验教育的目的是引导人们与森林密切接触，人们在体验美好森林环境带来享受的同时，还获得对大自然的感悟和启发，从而提高自然环境保护意识。德国在全国范围内约有1500家培养儿童自然环境意识的森林幼儿园，主要培养3～7岁的儿童怎样与自然和谐相处，提高他们关爱自然保护环境的意识。孩子们通过在森林自然环境中的接触体验，激发他们的好奇心与探究欲望，从而达到学习成长双收获的目的（周彩贤等，2017；朱建刚，2017)。

相较于森林幼儿园起源、兴盛的欧洲，美国相对滞后。2007年，俄勒冈州波特兰建立的地球母亲学校（mother earth school）是美国第一所真正意义上的森林幼儿园，开展了丰富的户外活动，如户外讲故事、种植蔬菜、照顾农场动物等（赵明玉，2017)。美国森林幼儿园的发展虽然滞后欧洲，但是他们早在1970年就颁布了《环境教育法》(梁晓芳，2010)。美国自然教育实践模式主要是“教学＋自然学校＋项目”，针对不同认知程度的孩子设计系统的体验式课程，让孩子通过观察、动手去探索、感知自然的魅力和提高学习知识的乐趣，如到森林、农场等户外开展远足、野营、生活实践等（李鑫，2017)。

日本对青少年的森林体验教育十分重视，从20世纪50年代成立第1个国立中央青年之家以来，日本各地的青少年自然之家已经建设了28所。为了有效推动森林体验教育发展，提高国民走进森林促进身心健康，后续还针对森林体验教育成立了青少年教育振兴协会、森林疗法研究协会、森林教育网络等国立组织机构（郑群明，2011)。日本森林公园面积约占国土面积的15%，这些森林公园每年开展森林游憩、体验教育等活动有8亿人次，在促进国民身心健康中发挥着重要作用（Hannu，2008)。日本的教育注重强调自然体验学习，主要采取“自然学校＋社会＋社区”的实践模式，可以使日本不同年龄阶段的人群都能得到良好的自然教育。日本自然学校采取校内学习自然知识、校外“修学旅行”两种学习模式，从小就让儿童接近自然、感悟自然。日本的许多社区都设有各种形式的环保教育中心，还存在着许多拥有自然风貌和野生动植物的社区公园，能使人们在日常生活中无时不刻地感受大自然的存在，从而使人们获得更好的自然教育（李鑫，2017)。

韩国的森林休养融入了体验、教育、文化、医疗等主要理念，而其中森林体验教育对青少年的成长发挥着重要作用。随着互联网的发展和普及，青少年通过网络获得了许多不良信息，导致校园犯罪问题高居不下，韩国开始对青少年进行森林体验教育来缓解此类问题。为了加强并保障森林体验教育的实施，韩国于2014年试行《山林教育振兴法》(简称“山林教育法”)。韩国政府制定“摇篮到坟墓”的国家计划，采取建立森林幼儿园、森林营地、森林疗愈基地等措施，来具体实施“森林福利”(李昕，2018)。韩国在自然休养林、国立公园、自然保护区等区域内已建成非常完善的体验和教育设施，通过让人们走进森林近距离接触森林，促使人们接受森林体验教育（智信等，2015)。韩国参与森林体验教育的人数呈逐年显著增加的趋势，青少年由过去的8.3万人增加到现在的43万人（周永梅，2016)。从儿童、青少年、中年到老年，80%的韩国城市居民都对森林体验比较认可，人们也开始对森林体验教育的作用和意义有了全新的认识；同时，这种认识也为森林体验教育的发展提供良好的社会环境氛围。

2. 国内森林体验教育发展现状

我国与森林体验教育发展比较成熟的国家相比，具有地域辽阔、森林类型多样、物种资源丰富等特点，对于发展森林体验教育来说拥有广阔的前景。我国民众对于森林体验教育的认知还处在萌芽时期，而对森林体验教育的开发建设还处于初级阶段。从20世纪80年代我国建立张家界第1个国家森林公园以来，森林旅游产业在我国得到蓬勃发展。最近几十年来人民生活水平随着社会经济的发展而不断提高，大家对森林体验教育的认知也逐渐发生变化。单纯性的森林旅游观光游览已经满足不了人们对自然的需求，而以走进森林回归自然的森林体验教育逐渐受人们欢迎。人们在享受森林景观和体验森林带来的美好同时，通过更多的森林触感来获得对自然的理性认知。

最近几年我国也相继开展了一些关于森林体验教育发展建设的探索。2011年我国成功引进了德国的森林体验教育，并参照了德国的教育理念方法，建设秦州森林体验教育中心，对不同人群开展适宜的森林体验教育。2013年，陕西省开始对森林体验教育基地开展试点建设探索，并规划建设了牛背梁北沟森林体验教育基地，该基地由森林体验中心和体验线路两部分构成，并多次开展青少年森林体验教育活动。2014年，中韩合作建设的北京八达岭森林体验中心对外开放，该基地具有完善的森林室内体验馆和系统全面的户外体验式教育设施，吸引不计其数的中外游客前来参与森林体验教育。这些积极探索获得的宝贵经验将对我国森林体验教育事业发展带来巨大的推动作用。

3. 森林体验教育发展趋势

从公共财政投入来看，森林体验教育使人们近距离体验自然，也成为人们接受自然教育的最佳场所，应该将森林体验教育基地的基础设施纳入到公共服务设施建设中，并将其免费或低价对全体公民开放。由于森林体验教育基地的基础设施建设投入资金比较大，因此森林体验教育基地的经营方式不能采取休闲度假村的模式，否则容易对自然环境造成严重的破坏，同时也不利于其后续发展，必须坚持由政府主导进行资源整合，并将其作为一项永久性的公共设施来对待。

从标准制定和发展规划来看，日本、韩国等发达国家在全国的森林体验基地的建设方面都有整体全面且系统的布局和规划，并制定了可行性较高的阶段性发展目标。同样，现阶段我国需要推进森林体验教育基地发展，制定森林体验教育基地认证标准和发展规划。森林体验教育基地认证标准将对基地选址、自然环境、基础设施等起到规范化的建设作用。森林体验教育基地发展规划要符合我国的实际国情，既要做到定位准确、布局合理、规划科学，也要明确建设的总体思路、发展目标、实施路线和保障措施。

从人才培养来看，森林体验教育是森林生态、环保、生态文明建设的重要载体，不仅为人们提供休闲游玩的场所，而且是除传统教育外的非正式社会化户外教育，需要培训专门人才从事这项工作。森林体验教育应该满足不同群体的需求，针对孕妇、幼儿、青少年、中老年人等提供不同的设施与服务，需要专业人才进行规划设计、技术开发和运营管理，从而满足这些特定人群的需要。我国从事森林体验教育的专业人才十分匮乏，因此有必要派遣人员到森林体验教育发展比较成熟国家进行留学、培训来弥补人才匮乏问题。

（四）养老旅游

养老旅游是指老年人到住地以外的地区，生活一个月以上至（或）一年之内，距离跨越可以是省界或国界（黄璜，2017）。它主要目的是改善身体健康，采取随着季节的变化到不同的地方生活，既不是长期性移居，也不是短期性旅游，具有自身独特的发展规律。国外发达国家老年人已将养老旅游作为一种享受生活的重要方式。老年人基于生命历程框架而产生的养老旅游动机，可细分为宜居环境、社会关系、老年服务、经济成本等 4 种类型。生态养老属于宜居养老，依赖适宜的气候条件、优良的空气质量、富含负离子和植物精气等生态环境，有利于身体健康、适于长期居住，提高生活质量延长寿命。

1. 国外养老旅游发展现状

早在 18 世纪时英国就出现养老旅游的雏形，权贵阶层就到养老目的地进行旅居生活（Gilbert，1939），而对于普通民众来说没有退休这一概念，致使其没有经济来源支持养老旅游生活。随着 19 世纪工业革命的发展，资本主义国家开始实施退休发放国家养老金政策，使普通民众得到了殷实的经济福利，从而推动了养老旅游的不断发展。退休政策实施对于养老旅游发展来说是一件具有里程碑意义的事件，使老年人休闲旅游生活成为生命中不可分割的一部分（Gibson，2002；Nimrod，2008）。从此老年人有充足时间和经济基础进行养老旅游生活，甚至是以长期旅居的形式来丰富自己的生活，体验不同文化（Nimrod，2008）。

近年来，随着全球人口年龄结构剧烈转变，养老旅游也迎来难得的发展机遇。老年人的思想观念和思想素质都在不断的发生改变，促使对退休后的生活有着更为强烈的质量要求。社会福利保障体系的不断完善，可以为老年人提供多元化的投资，获取更多的资金进行积极的消费（Faranda，1999）。而科技发展给生活带来诸多便利，老年人虽然身处异地也能通过先进的通信技术，保持与家人和朋友的紧密联系，从而扩大了老年人的生活范围圈（Hillman，2013）。20 世纪 30 年代，欧美发达国家的部分退休老年人已经选择在乡村、海滨等地区居住开始养老生活（黄瑾，2013），在旅游度假胜地的英国退休老年人比例显著高于全国退休老年人水平（Gilbert，1939）。美国退休老年人大约有 10% 的养老出游率（Hogan，1998）。据统计，每年佛罗里达接待前来本地过冬的候鸟老人就高达 81.8 万人（Smith，House，2006）。北欧国家选择候鸟式养老的老年人偏好选择南欧的意大利、西班牙、葡萄牙等国家进行养老旅游生活（Casado-Díaz，2004），仅西班牙每年前来过冬的英国候鸟老人就达 7 万人（Warnes，2009）。日本退休老年人选择东南亚的马来西亚、泰国等国家进行长期养老生活，在享受东南亚国家廉价养老旅游服务的同时，又能享受东南亚国家优良的气候环境（Ono，2008）。

2. 国内养老旅游发展现状

我国 2000 年人口普查数据显示，全国 60 岁以上人口总数达到 1.32 亿，占到全国总人口数的 10.15%，标志着我国已经正式迈入老龄化社会（第五次全国人口普查主要数据公报，2001）。截至 2018 年，全国 60 岁以上人口总数已经达到 2.49 亿，占全国总人口数的 17.9%，预计到 2025 年全国 60 岁以上人口总数将超过 3 亿（王红姝等，2014）。由此可以看出，我国老龄化人口在不断的快速增长，未来我国基本国情将会是长期的老龄化问题。大力发展养老产业是解决我国社会老龄化问题的重要途径之一，也是保障和改善民生重要而有效的措施，同时也是全面建设小康社会的迫切需要；积极探索开发养老新方式新产品是满足养老服务日益增长需求的重要手段之一，也是让老年人都能“老有所养、老有所医、老有所乐”，同时也让老年人享受经济社会发展带来的成果（黄璜，2017）。

我国老年人主体是出生于 20 世纪 50 年代的退休人群，这些老年人拥有与时俱进的思想和雄厚的经济基础，具有强烈提高生活质量的需求，养老旅游就成为这些老年人丰富人生历程的新追求。一项对城市老年人养老调查研究表明，城市环境不适宜老年人养老生活，其中北京等大城市有比例高达 21.3% 的老年人愿意接受异地养老（姜向群等，2012）。为了避免气候变化对身体健康带来的不良影响，许多经济基础较好的老年人选择到环境、气候等条件优越的南方开始养老生活，如东北地区每年 10 月左右老年人像候鸟一样迁往南方，于翌年 4 月左右老年人又像候鸟一样返回北方。海南三亚每年前来过冬的“候鸟式”老年人就超过 40 万，广西巴马瑶族自治县每年前来养生的“候鸟”人群已经高达 15 万。“候鸟式”养老已经成为三亚、巴马等地区经济发展的重要支柱产业，同时也给这些区域社会发展变革带来了深远的影响。随着三亚、巴马等地区接待候鸟式老年人的能力达到饱和，它们将会逐步向南方其他城市转移，终将会形成新的全国性养老目的地。

养老旅游作为文明社会进步的重要标志，必将成为我国一种新的重要的养老模式。随着国家养老政策的不断完善，多渠道多方式保障养老金逐年增加，提高了退休老年人的收入，老年人更加愿意选择积极健康的养老方式，也想在身体力行之际走出家门，拓宽视野、陶冶情操。生态康养和养老旅游产业相互融合发展深得民心具有广阔的市场前景。生态养老，特别是森林康养依托森林景观、森林环境、森林食品和森林文化等生态资源，配备必要的医疗设施和设备，给老年人提供健康，产生一种多维度、超时空、大范围、深层次的新业态。生态环境是影响长寿的一个重要因子，从区域位置上讲，长寿老人多居住在远离城市的林区，低噪音低污染、森林景观优美；从气候条件来讲，我国现有长寿村年均气温多在 15～20℃之间；从大气环境来讲，较高浓度的负离子可以延缓衰老，植物精气减少空气中的细菌和病毒，促进身体健康；从水质上讲，长寿区水资源丰富，水质优良无污染；从食物上讲，长寿老人多食用绿色、纯天然、有机、无公害食品。森林完全可以为养老提供所有满足长寿所需的因子，养老市场规模大、前景可观，生态养老已逐渐成为森林资源开发的趋势，合理规划因需而建，使其成为林业产业发展的新增长点。

3. 养老旅游发展趋势

我国处于社会转型的关键时期，随着城市化进程的持续加速，人口老龄化也在不断加剧，养老旅游可以有效缓解城市化带来人口增加和拥挤的压力，有利于老年人改变传统的养老方式，并对养老旅游目的地的社会经济发展具有巨大的推动作用。国内对养老旅游的研究始于 20 世纪 80 年代，经过近几年的发展，我国在这一领域取得了一定成就，但是还有许多重要的内容还没有涉及，导致理论研究还相对滞后于产业发展实践，需要未来不断探索。

我国养老旅游发展重要制约因素之一就是户籍制度，退休老年人移交给户籍所在地的街道社区进行管理，并由街道社区为其提供各种优待和福利管理服务，致使旅居在养老目的地的老年人难以享受到相应服务。全国还没有实行医疗保险和基本养老保险的统筹管理，这给旅居在养老目的地的老年人增加了经济负担，又给养老目的地带来了沉重的公共服务压力。为了解决老年人在养老目的地医保报销问题，海南省进行了有益尝试和探索，实现海南省和全国 9 个省份的医保报销异地结算，为养老旅游破解了医保报销制度性障碍。我国入境养老产业发展落后于东南亚的马来西亚、泰国等国家，目前还缺少针对外国老年人的养老营销计划和签证制度。

我国养老旅游目的地体系建设过程中，强调量的扩张而忽视质的提升，可进入性和安全性达不到要求。在老年宜居社区建设方面相对发展还比较落后，绝大多数社区只考虑了吃穿住行的要求，没有考虑到老年人对健康医疗、文化生活、社交康乐等方面的需求，忽

视了老年人希望融入到养老目的地社会文化生活中的需求，导致老年人对异地养老的生活体验的满意度较低。地方政府缺少对养老旅游公共服务配套体系的统筹规划，只注重养老旅游给当地带来的经济推动效应，对养老旅游的进一步发展产生了限制。

（五）亚健康调理

随着当今经济高速的发展，生活节奏的加快，人们承受的压力越来越大，导致亚健康人群逐年扩大，引起人们越来越多的关注。森林不仅具有保持水土、涵养水源、固碳释氧、吸纳滞尘等生态功能，还具有清洁富氧的空气、较高的负离子、益身的植物精气、适宜的小气候等丰富的保健效益因子，对人体具有调养、减压和治疗等医疗保健作用，可以给人类身心健康带来巨大效益（郄光发等，2011）。现代临床医学、行为心理学、生态学和生物科学的研究发现，森林疗养可以凭借自身优势而扮演重要角色，对亚健康状态有很好的康复作用（雷巍娥等，2016）。

1. 亚健康概述

苏联学者布赫曼教授提出了人体亚健康概念，即人体在健康和疾病之间存在中间状态（Daibishire，2003）。由于人体处于亚健康状态是多种复杂原因造成的，所以人体亚健康的临床症状也会表现出不同的差异，但一般普通人群的亚健康临床症状常出现头胀头疼、视力模糊、倦怠无力、体温异常、呃逆胀满、口吐黏物、腰背酸痛、经常感冒、容易出汗、失眠多梦、心慌气短、情绪低落、急躁易怒、记忆力减退、注意力不集中等表现，这些症状会使亚健康人群工作状态低迷、人际关系恶化、交往心理障碍、难以担负起自己应尽的社会角色（霍云华，2007）。根据亚健康的常见症状，可将亚健康分为疼痛、疲劳、胃肠、睡眠、体质、心理和其他 7 个类型（刘保延等，2006）。

我国人群中有 60%～70% 处于亚健康状态，多发亚健康人群年龄为 31～50 岁，其中年龄为 40～49 岁人群处于亚健康状态的比例高达 49.8%（霍云华，2007）。在我国高级知识分子、企业管理者中亚健康比例高达 70%（李莹等，2009）。最容易患上亚健康的人群的职业排名靠前的为机场调度、学校教师、企业经理、汽车驾驶和人民警察，其中在这些职业人群中女性亚健康者的比例要高于男性（王月云等，2007）。亚健康状态主要认为是由社会环境、人居环境、不良生活习惯、过度工作、心理失衡、个人生理等多种原因综合作用的结果，影响人体的神经、内分泌、免疫等系统，从而导致各系统功能紊乱和机能失调（李晓静等，2011）。针对不同人群产生亚健康的原因的研究证明，产生亚健康原因在不同职业人群中存在着比较大的差别，例如心理压力大、睡眠不足、精神紧张等原因是造成大学生亚健康的主要因素，工作节奏较快、作息不规律、长期不良情绪等原因是造成高校教师亚健康的主要因素，而工作压力过大、饮食不合理、缺乏运动锻炼等原因是造成机关干部亚健康的主要因素（郝明扬等，2006）。

2. 生态康养对亚健康调理

近年来在许多国家和地区兴起了园艺疗法，对亚健康患者均有不同的疗效，是对现代医学的补充和完善。美国、英国、日本等国家成立相关园艺疗法协会，开展园艺疗法活动及研究（林冬青等，2009）。瑞典、德国、韩国，我国香港、台湾等通过园艺体验活动对不同人群进行心理调节和疏导工作，同时在园艺治疗基地开展植物栽植、养护管理等方面的活动（黄盛磷，2007；Gonzalez et al.，2009）。在减轻患者的精神高度紧张、缓解机体疼痛、释放工作压力以及改善情绪等方面，园艺体验疗法都有明显的效果，甚至对监狱犯人具有的易怒和敌意情绪的都有显著的改善作用（Rice et al.，2009）。在绿色环境中散步眺望，能使患者心情平静，从而可以消除不安心理与急躁情绪（卓东升，2005）。通过鉴赏花木，可以刺激调节松弛大脑，进而影响患者的心情（Oh et al.，2006）。通过培育花草树木，可以使患者内心得到满足树立自信心，在其重拾自信方面得到明显有效的治疗效果（Jan et al.，2006）。患者在进行园艺活动时，可以全身心投入忘却一切苦难，造成轻度疲惫改善睡眠质量，使其恢复充沛的精力（Dorit et al.，2010）。以上这些都有助于处于亚健康状态的人们消除或减轻各方面的症状。

目前兴起的生态康养，是利用生态环境丰富多彩植物景观、富含优质负离子、释放多种植物杀菌素等优质资源，配备相应的养生休闲及医疗服务设施，开展以恢复身心健康、延缓生命衰老为目的的活动，因此深受许多的亚健康人群的欢迎（郑群明，2014）。瑞典学者对居民心理健康与森林环境相互作用的研究结果证明，居民心理状态与森林环境有密切关系，居民进入森林的次数和间隔时间、距离森林的远近和拥有森林植物的数量等因素对这种关系有显著影响，居民进入森林次数越多、距离森林越近和拥有森林植物数量越多，具有较小的心理压力和更好的心理健康状况，而居民的性别、年龄、身份等因素不影响这种关系（Grahn et al.，2003）。

近些年我国学者在进行有关研究时发现，春、秋两季游赏森林时心理状况明显好于夏、冬季节；一天内中午和傍晚以后进入森林心理状况相对较差；心理愉悦感最强的游览时长为2～4小时（李春媛等，2009）。森林为人们开展各类活动、举办各种聚会提供了优质便利的场所，人们在享受森林环境的同时，还可以通过彼此之间的沟通交流获得心情舒畅的体验。在宁静的森林环境中同家人朋友进行旅游观光和休闲度假，可以进一步加强与家人朋友之间的深入交流沟通，有助于家庭成员之间的和睦相处，还可以增进朋友彼此之间的友谊和感情；同时经常参加一些森林游憩活动，还能结交到一些各行各业的新朋友，拓展了人们的交际朋友圈范围，增强人们团队合作精神及提高人们的交际能力水平，有助于建立并维系良好的人际关系（郄光发等，2011）。因此，亚健康人群在社会适应方面的症状，通过森林游憩可以消除或减轻。

（六）慢性病康复

社会经济发展带来人们生活条件的改善，使人们生活方式和饮食习惯发生了很大变化，加上营养不均衡，缺乏经常性锻炼，势必导致产生各类慢性疾病。目前患有肥胖、“三高”、心脑血管等慢性病的人越来越多，并且年轻化趋势明显，疾病本身及疾病带来的并发症，严重威胁着人们的健康和生活。多年的疾病治疗证明，仅靠简单的药物治疗只暂时缓解病症，并不能控制疾病发展。当患者病情无法控制、用药不断增加，并发症会出现，造成致残、致命，严重降低了患者生存质量和寿命。这些慢性病患者和急需要康复的患者适合到森林疗养基地，利用森林的疗养功能进行有效的辅助替代治疗。

1. 慢性病概述

慢性非传染性疾病(chronic noncommunicable diseases)也就是人们常说的慢性病(chronic disease)，该病医学临床表现为不具有传染性，但是病程长、发病机制不明、病情容易反复、不能够通过身体功能的发展而痊愈的疾病，已经成为当前危害人们身体健康的重要因素，目前慢性病分为心理、精神、恶性肿瘤、营养代谢性、心脑血管等主要类型疾病（王艳丽，2016)。

根据世界卫生组织（WHO）对全球慢性病的统计研究显示，全球死于慢性病的人数为 3800 万，占全球死亡总数的 68%，其中过早死亡率达到了 40%（Globai Status Report on NCDs，2014)。近几年我国有 2.6 亿人被确诊为慢性病患者，由慢性病引起死亡的人数占全国疾病总死亡人数的 85%，给家庭造成经济负担比重高达 70%（王文，2012)。全国有 25.2% 的成年人患有高血压病，有 9.7% 的成年人患有糖尿病，有 9.9% 的中老年人患有慢性阻塞性肺病，有 0.24% 的人患有癌症，肺癌和乳腺癌分别位居男、女性患病首位(林晓斐，2015)。全国慢性病死亡率为 0.53%，其中有 79.4% 死亡人数是由恶性肿瘤、心脑血管和呼吸系统的慢性病引起（中国疾病预防控制工作进展，2015)。

目前医学研究已经证明导致慢性病患病的主要高危因素是不良生活方式、生态环境恶化、家族遗传史以及人口老龄化等因素（史会梅等，2014)。随着近些年来我国社会飞速发展，由于中青年面临的工作和生活负担越来越重，中青年疲惫不堪无暇顾及健康，致使患有慢性病的中青年人数逐年增长，导致慢性病向年轻化方向发展（张璐等，2012)。慢性病主要损伤大脑、心脏、肾脏等器官正常功能，容易给患者造成严重的损害，从而影响患者正常工作能力，导致患者生活质量大幅度降低，并且治疗费用患者难以承受，给我国社会和患者家庭带来沉重的经济负担（雷巍娥等，2016)。

2. 生态康养对慢性病调理

森林浴作为生态康养的重要手段，已经被大多数研究证明能够有效促进人类心理健康和慢性病的恢复。大量研究证明森林环境相比于城市环境，更能够有效的缓解人们精神疲劳和消除人们精神压力，能够很好改善人们消极悲观的负面情绪，同时能给人们带来较低的血压、血脂、血糖和心率等生理指标（Van et al.，2003；Morita et al.，2007）。由于城市化进程改变了当代人的生活方式，如饮食不健康、精神压力大、长期缺乏运动等不良生活方式是产生人类慢性病的最主要原因（Hartig et al.，2003；Karjalainen et al.，2010）。森林环境因丰富多彩的景观、纯净的水质、高浓度的空气负离子、多种有益的植物杀菌素等健康因子，成为人们休闲疗养、恢复体能和享受自然的最好场所，增加人们走进森林锻炼的次数，促进人体新陈代谢速度，对患有肥胖、“三高”、心脑血管等慢性病具有可观的疗愈作用（Mao et al.，2012；Lachowycz et al.，2011）。自然杀伤细胞（natural killer cell，NK）是除淋巴细胞之外的一类独立的免疫细胞，属于人体免疫系统重要的组成部分，具有免疫防御、免疫清除和免疫应答等多种功能，在消除体内肿瘤细胞和转移体内肿瘤细胞方面起着关键调节作用（陈力川等，2017）。目前对森林浴研究表明，每月开展一次的森林浴活动能够有效激活体内 NK 细胞的活性，使 NK 细胞的免疫杀伤能力保持一个月之久，对癌症产生积极的预防作用（Li et al.，2010）。

目前生态康养对人体慢性病调理有 3 大趋势：一是利用森林浴来辅助治疗中老年人的慢性病，中老年人通过在森林环境中进行各种简短的运动锻炼，来恢复慢性病患者的各项生理指标；二是利用森林浴来缓解青年人精神压力和调节情绪，青年人通过在森林环境中进行多种形式的森林浴，释放青年人学习、就业及人际交往等精神压力和调节不良情绪；三是利用森林浴来调理特定职业人群的慢性病，特定人群通过在森林环境中按照职业、性别进行有针对性的森林浴，来调理特定人群的身心健康。生态康养主要关注慢性病引起的症状，特别是心理方面的疾病患者，不用打针吃药以及手术等手段治疗，是以预防保健、健康养生、替代治疗和疾病康复为主要目的。因此，不要期望森林疗养能对慢性病具有快速治疗的效果，而是一个相对缓慢康复疗愈的过程。我们在评价森林疗养时要保持客观中立，既不能过分夸大森林的作用，也不能漠视森林的功能。

我国与国外发达国家相比健康人口寿命缩短近 10 年，心理压力是导致半数以上疾病的直接原因（中国医师协会，2013）。生态康养被称为“天然医院”，是人类唯一不靠医学治疗就可自我康复的一种手段，具有“养生防病”的重要功能（郄光发等，2011）。欧美许多发达国家都已将森林康养作为国家公务员的福利和医疗重要组成部分，并且每年国家公务员具有 1～2 次带薪到森林中享受休闲度假和公费医疗的机会（叶智等，2017）。德国已经将公民到森林公园的花费纳入国家公费医疗范畴后，德国每年在医疗费用总支付方面减少 30%（孙抱朴，2015）。因此，我国在“实施健康中国战略”时，积极构建“大卫生、大健康”的工作新格局，势必要将生态康养纳入到公费医疗、福利休假等社会医疗福利体系，有利于形成“以治病为中心转变为以人民健康为中心”的常态，必将推进“健康中国”建设。

（七）小 结

我国对于生态康养的研究取得了一些成绩，但在许多方面的研究与国外研究相比还存在着较大差距，需要进一步开拓进取、细化和深化研究。在今后的工作中，要加强生态康养对人类健康影响研究，要把工程材料科学、自动化专业、分子生物学、康复医学等领域的尖端先进仪器设备和研究手段，应用到生态康养对人体心理反应、生理指标响应和疾病治疗等方面的作用机理的研究上来。在生态康养产业发展的过程中应加强对生态康养开发模式、产品设计和服务体系的探索研究，注重康养产业发展的市场变化和市场需求规律，还要构建面向未来的康养人才培养体系，通过设立生态康养项目、校企联合、医疗机构培训等载体多方面全方位地培养生态康养人才。

同时通过法律、法规的手段对生态康养资源进行组织管理和有效评价，避免过度开发导致的生态破坏与环境污染。在生态康养基地认证上，我国还没有建立统一规范的康养基地建设和认证标准，目前仅有四川省建立适合本省情况的试行评审标准。目前我国迫切需要从国家层面来构建生态康养基地的认证指标体系，制定相关生态康养政策法规促进康养基地建设向着规范化发展，并在资金上大力支持康养基地建设。在生态康养科学研究方面，国内学者应该根据我国康养基地建设的实际情况，积极进行康养基地和生态环境康养因子之间相互关系的系统性研究，并在借鉴国外生态康养开发思路和基地设计基础上，针对我国林区地形环境和不同的林分类型等特点进行康养基地的独立设计，既可以避免康养基地建设形式类同又可以促进生态康养更好更快发展。

在我国林业提质增效和转型升级的新常态下，生态康养作为新形式的森林旅游方式，是将林业旅游、健康、卫生等多产业融合的体现，提高服务质量，改变粗放发展模式，将精准服务作为未来改革的方向。未来的我国人民参加户外运动的价值取向将指向提高生活质量与生命质量，户外运动参与将成为评定广大群众提高生活和生命质量的重要指标，也将成为广大群众休闲度假的主流，这种集森林休闲与运动休闲的方式将成为我国广大群众休闲活动的重要方式（云学容等，2017）。

森林体验教育作为人类社会发展的必然产物，体现了人类认识自然的新诠释，表现了人类在物质需求满足以后，对生活品质、精神文化领域等更深层次的更高追求（叶智等，2017）。森林体验教育在发展较成熟的德国、美国、日本、韩国等发达国家，已经成为现代生活中一个重要的组成内容，甚至成为青少年成长过程中探索认识自然的一门重要必修课。我们学习借鉴这些国家森林体验教育积累经验时，要促使森林体验教育和生态康养的相互融合发展，不仅使人们在休闲康养中得到潜移默化的自然教育，还可以丰富康养基地的生态人文底蕴和多重社会功能。生态康养作为文明社会进步的重要标志，必将成为我国一种新的重要的养老模式。因此，生态康养和养老旅游产业相互融合发展深得民心具有广阔的市场前景。

亚健康人群在我国城市人口比例中已经达到7.6%，而有60%的人口处在精神高度紧张和过度疲劳状态中，与国外发达国家相比我国健康人口寿命明显缩短（中国医师协会，2013）。物质生活的改变，生活节奏的加快，消费升级与观念的转变，导致各类慢性疾病的产生，严重影响人们生活质量的提升。党的十九大报告明确提出“实施健康中国战略”，指出人民健康是民族昌盛和国家富强的重要标志，只有完善国民健康政策，才能为人民群众提供全方位全周期的健康服务。

第二章
森林氧吧监测体系

森林植物具有释放氧气、植物精气，产生空气负离子，改善林内小气候，净化水质，减少噪声等生态功能，使得森林具备空气、气象、水和声等优越的生态环境，具体表现为富含氧气、精气、负离子，林内气候温和、昼夜温差小、太阳辐射弱、空气湿度大、局部降雨多，水质好、噪声少等特点，正是这种舒适环境的存在，才能够达到提高机体免疫力、预防疾病的功效。通过对森林氧吧环境的监测，了解森林氧吧环境的真实现状，从而增加人们对森林休闲、养生和疗养等方面的认识，并使人们逐渐意识到森林重要的康养作用。

第一节　监测体系布局

长期定位观测是研究生态系统这一复杂群体空间结构和服务功能的科学有效手段之一(刘峰，2007；王兵，2003)。因为森林生态系统具有结构复杂、功能多样、生长周期长、生态环境效益滞后等特点，使得短期的调查数据和实验研究很难准确地揭示森林生态系统内部的生长和发育过程，以及干扰过程的规律和机理，从而导致片面或错误的认识。只有通过长期定位监测，以求真实完整地解释森林生态系统的过程和机理。同理，森林氧吧监测应该建立在长期定位观测的基础上，借助相关的监测仪器，依据森林生态系统长期定位观测方法进行多指标的专项监测。

一、布局原则

森林生态系统长期定位观测研究是揭示森林生态系统结构与功能变化规律的重要方法和手段（王兵等，2003），森林生态系统长期定位观测研究网络是获得大尺度森林生态系统变化及其与气候变化相互作用等数据信息的重要手段。在典型地区建立森林生态系统长期定位观测台站，对该区域内森林生态系统的结构、能量流动和物质循环进行长期监测，是

研究森林生态系统内在机制和自身动态平衡的重要研究方法。因此，决定了森林生态系统长期定位观测台站布局应具有以下特点：

（1）长期连续性。建立森林生态系统长期定位观测台站的目的是研究森林生态系统结构和功能及其动态变化规律。建立由于森林生态系统存在生长周期长，结构功能复杂、环境效应滞后等特点，因此短期的调查和实验数据无法解释森林生态系统内部系统与外界物质能量交换的关系，有些生态过程甚至需将时间尺度扩展至数百年，甚至更久。

（2）长期固定性。森林生态系统长期定位观测台站研究不仅需要时间上的连续性，还要保证位置地点固定。因此在森林生态站选址时，一般考虑国有土地（如国家公园、自然保护区等），以保证森林生态站用地，可以在同一地点开展长期观测，以保证实验的长期连续性。

（3）观测指标及方法的一致性。森林生态站单一站点的研究可以保证实验的连续性，但由于不同森林生态系统环境差异较大，不同的指标和观测方法会使实验结果差异较大。为了保证森林生态站之间数据具有较好的可比性，森林生态系统长期定位观测网络需要具有统一的建设标准、观测指标及观测方法。

在区域尺度上，森林氧吧监测体系是森林生态系统长期定位研究的基础，森林氧吧监测布局体现客观存在的内在关系，应该是相互补充、相互依存、相互衔接的关系，以及构建观测体系的必要性。基于上述特点，合理布局多个森林氧吧监测点构成森林氧吧长期定位观测应遵循以下原则：

（1）分区布局原则。在充分分析待布局区域自然生态条件的基础上，从生态建设的整体出发，根据植被、地形、景点和土地利用状况进行森林氧吧监测布局。

（2）网络化原则。采用多点联合、多系统联合、多尺度拟合、多目标融合实现多个站点协同研究，研究覆盖个体、种群、群落、生态系统、景观、区域等多个尺度实现森林氧吧多目标观测，充分发挥一站多能、综合监测的特点。

（3）突出区域特色原则。不同尺度森林生态系统具有不同特点，根据不同类型生态系统的区域特色，以现有的观测设施为基础，根据森林氧吧监测的需求，布设具有典型性和代表性的观测点。

根据五大连池自然地理特征和社会经济条件，以及森林生态系统的分布、结构、功能和生态系统服务转化等因素，考虑植被的典型性，监测点的协调性和可比性，确定五大连池森林氧吧监测体系的布局原则如下：

第一，生境类型原则。在景区尺度上，要考虑森林、沼泽、火山、矿泉的地貌特点，监测体系要覆盖不同的生境类型。

第二，植被典型原则。在森林资源上，要考虑能够全面反映五大连池森林林分分布格局、特点和异质性，森林氧吧监测点涉及不同的林分类型。

第三，生态空间原则。在生态规划上，要考虑景区的现阶段发展目的和未来长期规划发展目标，满足不同时期发展规划研究需求。

第四，长期稳定原则。在观测需求上，选定的站点和观测样地，要具有长期性、稳定性、可达性、安全性，以免自然或人为干扰而影响观测研究的可持续性，监测森林氧吧长时间序列的变化过程。

二、布局依据

不同生态尺度上，开展森林氧吧监测的重点不同，全球、地域和国家尺度的森林氧吧监测研究主要是侧重不同森林生态系统康养环境之间的差异，区域和省域尺度的森林氧吧监测主要是侧重于了解森林资源特色。由于森林生态系统区域分布多样性，在风景区尺度上开展森林氧吧监测研究，其主要目的是通过长期定位的观测，从格局—过程—尺度有机结合的角度，定量分析研究植被、地形地貌等不同时空尺度上的生态过程演变、转化与耦合机制，建立森林氧吧康养功能的评价、预警和调控体系，揭示该区域森林生态系统的结构与功能、演变过程及其隐形机制。

五大连池风景区地处平原向山区过渡的地带，属北温带大陆性季风气候带，当地的气候为冬长夏短、低温冷湿，年平均气温为–1.5℃，年积温 1800～2000℃，无霜期 100～110 天，年降水量 500～550 毫米。五大连池风景区占地面积 1060 平方千米，区域面积较小，在地理、温度、降水等因子方面的差异性不显著，在进行森林氧吧监测体系布局时，主要考虑地貌指标、植被指标、景区规划指标。黑龙江黑河森林生态系统国家定位观测研究站五大连池风景区分站和景区周边辅助观测点的监测数据为本书提供基础数据来源，通过对五大连池风景区森林负离子、空气颗粒物、气体污染物及林内外气候的动态监测，了解森林作为天然氧吧释放负离子、吸附颗粒物和气体污染物的能力，以及森林自身对周边环境的调节作用。

（一）植　被

五大连池植物多样性丰富，区域内的植物以长白植物区系为主，还有属于小兴安岭—老爷岭植物区系、小兴安岭—张广才岭亚区系的植物。五大连池西邻松嫩平原植物区即蒙古草原植物区，位于两个植物区系的过渡地带，植被类型具有明显的过渡性。五大连池地区内有植物 143 科 428 属 1044 种，主要乔木树种有蒙古栎（*Quercus mongolica* Fisch. ex Ledeb）、白桦（*Betula platyphylla* Suk.）、黑桦（*Betula dahurica* Pall.）、山杨（*Populus davidiana*）、紫椴（*Tilia amurensis* Rupr.）、春榆（*Ulmus davidana* Planch.）、水曲柳（*Fraxinus mandschurica* Rupr.）、黄波罗（*Phellodendron amurense* Rupr.）、色木槭（*Acer mono* Maxim）、山槐 [*Albizia kalkora*（Roxb.）Prain]、红松（*Pinus koraiensis* Sieb. et Zucc.）、落叶松 [*Larix gmelinii*（Rupr.）Kuzen]、红皮云杉（*Picea koraiensis* Nakai）、冷杉 [*Abies fabri*（Mast.）Craib] 等。林下植物有

榛子（*Corylus heterophylla* Fisch.）、胡枝子（*Lespedeza bicolor* Turcz.）等。林分类型主要是蒙古栎林、落叶阔叶林、熔岩台地上的火山杨矮曲林和白桦纯林等。

（二）地形地貌

五大连池风景区（125° 42′～127° 37′ E、48° 16′～49° 12′ N）位于黑龙江省西北部，地处东北亚大陆裂谷轴部，小兴安岭西部隆起和松辽断陷盆地的交界上，分布着火山锥、火山熔洞、熔岩石地、火山堰塞湖、矿泉等，在过去10万年间，相继由42个火山口喷发形成玄武岩台地800平方千米，渣锥寄生火山200多座，新老期层状、盾形、爆裂式火山14座，形成了127眼天然冷矿泉、5个如串珠状火山堰塞湖泊、3条河流和星罗棋布的溪流水泊。

五大连池风景区属岗阜状丘陵地区，区内分布有完整的火山熔岩地貌。海拔高度为248～600米，东、北、西地势较高，中南部地势较低。本区为大面积火山岩所覆盖，许多地区至今仍分布着裸露的岩石。土壤类型主要有暗棕壤、草甸土和沼泽土。本区水系较为发达，除了由于火山喷发形成的5个火山堰塞湖以外，主要河流还有石龙河、药泉河、引龙河等，同时地下还蕴藏有丰富的矿泉，构成了五大连池完整独特的水文地质体系。

（三）景区景点

五大连池享有3个世界级桂冠和20多项国家级荣誉，旅游产品丰富，主要有6个地质观光区、3个原生态探险区、3个休闲游憩区，共计十多个不同类型的旅游区（刘欣，2013）。蓝天、白云、黑石、矿泉、河流、瀑布、湖泊、宽阔的湿地、茂密的原始森林，共同孕育了这个巨大的空气浴场，无论在哪个角落，人们都会呼吸到纯净高浓度的空气负离子。五大连池矿泉钾含量高，钠、氟含量适中，同时还含有铁、钙、锌等人体所必需的微量元素，是世界稀有的珍贵医用矿泉。多年以来，来自国内和世界各地的疾病患者，通过饮用和洗浴五大连池两种冷矿泉，有效地治疗了包括血栓、偏瘫、胃肠病、脱发及各种顽固皮肤病等顽疾，重新获得了健康。五大连池的冷泡泉中的多种有益矿质元素可以通过皮肤渗透进入人体，对一些慢性病具有较好的治疗效果，软化血管壁，增强循环系统功能，促进体内新陈代谢，提高表皮细胞更新能力（李宗英，2019；黄宝印，2019）；五大连池火山全磁环境分为地下、地表和空间三部分，构成了五大连池特殊的具有治疗各种慢性疾病作用的火山全磁环境。

三、布局方法

利用“3S”技术能够及时、准确、动态的获得资源现状及其变化信息，并进行合理的空间分析，对实现陆地生态系统的动态监测与管理、合理的规划与布局具有重要的意义。森林氧吧监测研究是揭示森林生态系统结构与功能变化规律的重要方法，在典型区域建立森林氧吧监测体系是研究该区域森林生态系统结构与功能之间的内在机制和自身动态平衡的重要方法。森林氧吧观测布局是在“典型抽样+地统计学”的思想下完成（图 2-1）。典型抽样即挑选若干有典型代表的样本进行研究。观测点应该选择具有典型性的区域进行长期观测。典型抽样需根据待布局区域的地形地貌和森林生态系统特点，结合观测站和观测点布局体系，根据观测需求，选择典型的、有代表性的区域完成布局，构建森林氧吧监测单元。通过将空间数据进行投影转换、数据格式转换等方法，实现对基础数据的预处理和转化，并运用地统计学理论和空间变异理论讨论分析五大连池空间异质性特征，主要通过采样克里金法、数理统计、空间分析、模型优化采样点等相关方法选择监测点。

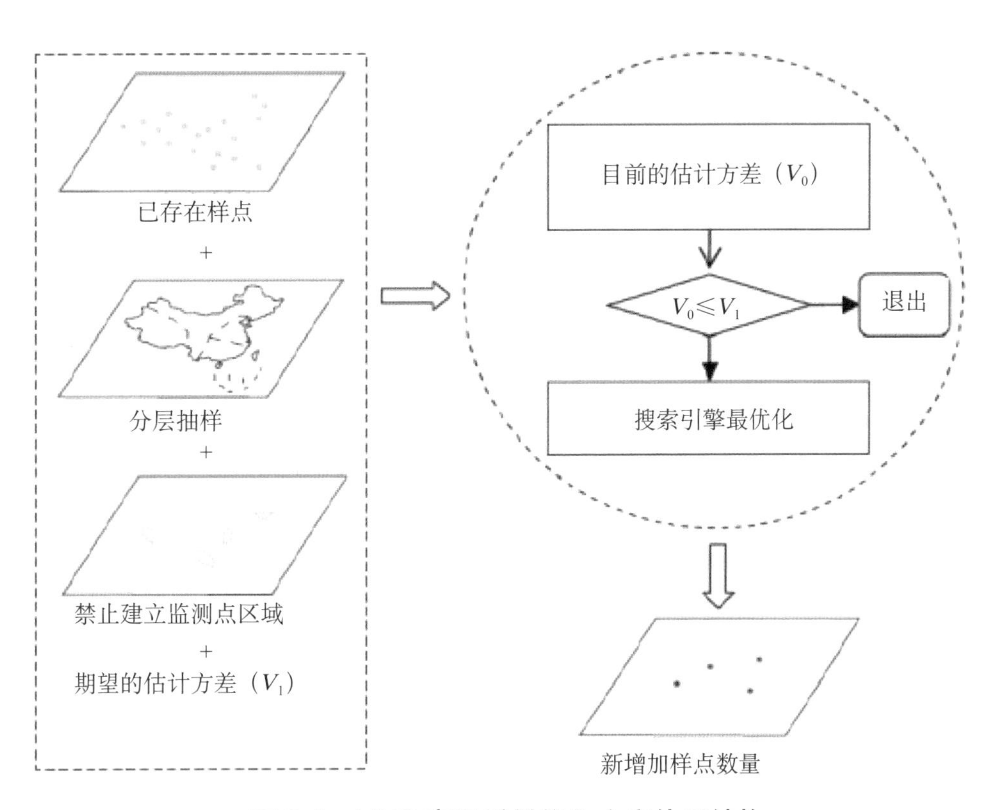

图 2-1　MNS 空间采样优化方案体系结构

经过上述复杂区域均值模型分析处理后，获取的优化后的五大连池生态康养功能不同生态康养资源要素的布局（表 2-1）。针对五大连池风景区的实际情况和特殊地缘优势，借助森林氧吧监测选定了有代表性的监测点，开展了 24 小时连续监测和随机监测。依据《环境空气质量监测点布设技术规范》（HJ644—2013）中环境空气质量监测点布设数量要求大于 400 平方千米的区域按每 50～60 平方千米设置 1 个监测点。根据五大连池景区内不同的植被类型，森林氧吧监测共设置 12 个有代表性的监测区和 31 个辅助监测点，更真实地反映所在区域内的环境质量和其他监测区域之间的差别，为五大连池风景区规划、精准康养和提升服务质量提供数据支撑。

表 2-1　监测点布局

监测地点	经度（°E）	纬度（°N）	植被	监测频率
龙门石寨	126.34	48.70	蒙古栎阔叶混交林	连续观测
温泊	126.186	48.67	阔叶矮曲林	连续观测
北药泉	126.16	48.66	沼泽	连续观测
白龙洞	126.29	48.67	阔叶混交林	间隔30天连续观测72小时
水晶宫	126.28	48.67	阔叶混交林	间隔30天连续观测72小时
二龙眼泉	126.16	48.66	蒙古栎阔叶混交林	间隔30天连续观测72小时
老黑山	126.16	48.73	兴安落叶松针阔混交林	间隔30天连续观测72小时
南格拉球山-天池	126.02	48.75	蒙古栎阔叶混交林	间隔30天连续观测72小时
天赐湖	126.05	48.72	水域	间隔30天连续观测72小时
药泉山	126.14	48.66	蒙古栎阔叶混交林	间隔30天连续观测72小时
二池	126.18	48.71	水域	间隔30天连续观测72小时
五池	126.17	48.80	水域	间隔30天连续观测72小时

五大连池风景区观测布局主要涵盖 12 个监测区，既可以代表景区内常见树种，又可以代表景区主要植被类型。五大连池风景区内植物群落类型多样，由地衣苔藓、草甸、灌丛、湿生和水生植物，以及针阔混交林、阔叶混交林等组成。其中，主要植被类型可分为，落叶松针阔混交林、蒙古栎阔叶混交林、杨树矮曲林，以及部分长有灰脉薹草 [*Carex appendiculata*(Trautv.)Kukenth.]、芦苇 [*Phragmites australis*(Cav.)Trin. ex Steud.]、香蒲(*Typha orientalis* Presl.）等湿生植物的湿地植被类型。

第二节　监测站建设

监测站建设选择可以代表该区域的主要植被类型且能表征空气、气象、水和声等环境特征，人为干扰小、交通、水电等条件相对便利的典型植被区域。观测点能够代表该区域主要植被类型，且观测站点应建在地势平坦、避开交通道路的位置。

黑龙江黑河森林生态系统国家定位观测研究站五大连池风景区分站站房设在龙门石寨景区内。森林氧吧监测站由监测站房、气溶胶再发生器实验室、空气采样装置、空气质量监测分析仪、气象观测仪、校准设备、数据传输设备、数据采集装备和计算机，以及空调、稳压电源、UPS 不间断电源、除湿设备、避雷系统和监控装置等保障设施组成。

一、站 房

（一）监测站房设置

监测站房的作用是安装各类监测仪器设备，建设和内部设施应满足以下要求 [引用《环境空气质量自动监测技术规范》(HJ/T 193—2005)；牛香，2017；郑舒新，2016；徐学浩，2010]，如图 2-2 和图 2-3：

图 2-2 五大连池风景区森林环境空气质量监测站房

图 2-3 五大连池风景区气溶胶再发生器实验室

(1) 站房使用面积一般不少于 10 平方米，保证工作人员操作、维护和修理仪器的方便。

(2) 站房墙体保温性能好，可选择无窗或双窗密封的结构。门与仪器房之间可以设置缓冲空间，用来维持站房内恒定的温度，还可防止尘土污染。

(3) 站房内需安装温湿度控制设备，使站房内温度维持在 25℃ ±5℃，相对湿度控制在 80% 以下。

(4) 站房应有防水、防潮措施，一般站房底部应离地面约 25 厘米。

(5) 采样装置的抽气风机和监测仪器的排气口，应设置在靠下部的墙壁上，排气口离站房内地面的距离应保持在 20 厘米以上。

(6) 在站房顶上设置用于固定气象传感器的气象杆或气象塔时，气象杆、塔与站房顶的垂直高度应大于 2 米，并且气象杆、塔和子站房的建筑结构应能承 10 级以上的风力（南方沿海地区应能承受 12 级以上的风力）。

(7) 监测仪器供电线路应独立走线。站房供电设施建议采用三相供电，分相使用，电源电压波动 220 伏特 ±22 伏特，且供电系统应配有电源过压、过载和漏电保护装置。

(8) 站房应安装防雷电和防电磁波干扰设施，安装接地电小于 4 欧姆的接地线路。

（二）气溶胶再发生器实验室设置

气溶胶再发生器实验室主要是监测不同树种不同季节叶片滞纳颗粒物的量，其建设和内部设计应该满足以下要求（牛香，2017）：

（1）实验室使用面积一般不少于 10 平方米，保证实验人员正常进行仪器和实验操作。

（2）实验室墙体应具有较好的保温性能，采用无窗或双层密封窗结构，以保持站房内温湿度恒定，防止灰尘污染。

（3）实验室内的主要仪器包括气溶胶再发生器、电脑、DUSTMATE 粉尘监测仪、扫描仪等。

（4）实验室供电系统应配置防雷电、防电磁波干扰设备，电源过压、过载和漏电保护装置，电源电压波动不超过 220 伏特 ±22 伏特。

（5）气溶胶再发生器大小约为 1.1 米 ×1.1 米，主要由密闭箱室、料盒、搅拌机鼓风机、电源线路等组成。

二、采样装置

在使用多台点式监测仪器的监测子站中，除 $PM_{2.5}$/PM_{10} 监测仪器单独采样外，其他多台仪器可共用一套多支路集中采样装置进行样品采集。多支路集中采样装置有垂直层流多路支管系统和竹节式多路支管系统两类[引用《环境空气质量自动监测技术规范》(HJ/T 193—2005)；牛香，2017；黄晖，2012]，如图 2-4。

图 2-4　五大连池风景区分站采样口装置

（1）采样头。采样头位于总管外的采样气体入口端，保证采样气体不受风向影响稳定进入总管，同时防止雨水和粗大的颗粒物落入，避免鸟类、小动物和大型昆虫进入总管。

（2）采样总管。总管内径选择 1.5～15 厘米之间，气流在管内应保持层流状态，停留时间应小于 20 秒，总管进口至抽气风机出口之间的压强要小，所采集气体样品的压力应接近空气压，支管接头应设置于采样总管的层流区域内，仪器的主要优点是设备运行较支管接头之间间隔距离大于 8 厘米。

（3）制作材料。多支路集中采样装置、监测仪器与支管接头连接的管线的制作材料一般选择聚四氧乙烯或硅酸盐玻璃等作为制作材料，对于只用于监测二氧化硫和二氧化氮的采样总管，也可以选择不锈钢材料。

（4）其他技术要求：① 需要对总管和影响较大的管线外壁安装保温套或加热器控制温度

在 30～60℃，防止采样总管壁结露吸附监测物质影响结果。② 监测仪器与支管接头连接的管线长度不能超过 3 米，同时应避免空调出风直吹采样总管与仪器连接的支管线路。③ 在监测仪器的采样入口与支管气路结合的位置，安装孔径不大于 5 微米的聚四氟乙烯过滤膜，防止灰尘落入监测分析仪器。④ 在连接监测仪器管线与支管接头时，将管线与支管连接端伸向总管接近中心的位置，然后再做固定，防止结露水流和管壁气流波动的影响。⑤ 在不使用采样总管时，可直接用管线采样，但是采样管线避免选用易与被监测污染物发生化学反应或释放有干扰物质的材料，采样气体停留在采样管线内的时间应小于 20 秒。⑥ 在监测子站中，虽然 $PM_{2.5}$/PM_{10} 单独采样，但为防止颗粒物沉积于采样管壁，采样管应垂直，并尽量缩短采样管长度，采用加温措施防止采样管内冷凝结，加热温度一般控制在 30～60℃。

三、监测仪器

森林空气质量监测站主要由站房（包括气体污染物、颗粒物监测站房和气溶胶再发生器实验室）、空气采样装置、空气质量监测分析仪器、校准设备、气象观测仪、数据传输设备等组成。监测仪器主要分为气体污染物监测仪（氮氧化物监测仪、臭氧监测仪、二氧化硫监测仪、一氧化碳监测仪）、空气颗粒物监测仪（PM_{10} 监测仪、$PM_{2.5}$ 监测仪）、空气负离子监测仪、森林小气候梯度监测仪和气溶胶再发生器。

空气负离子监测仪用于测量空气中所含全部负离子含量，具有测量准确度高、灵敏度高、抗潮防水能力强、使用方便、操作简单的特点。监测仪器有原位式负离子监测仪和便携式负离子监测仪两种，见表 2-2。

表 2-2　负离子监测仪器

仪器名称	分析项目	测量方式	观测范围（个/立方厘米）	观测频率（分钟）
原位式负离子监测仪 HQWAS-500PRO	负离子浓度	自动、在线、连续	$10 \sim 9.999 \times 10^8$	1
便携式负离子监测仪 COM-3200PRO Ⅱ	负离子浓度	自动、连续	$10 \sim 1.999 \times 10^6$	—

空气颗粒物浓度的监测仪器有两种：一种是原位式空气颗粒物监测仪（原位 $PM_{2.5}$ 监测仪和原位 PM_{10} 监测仪）；一种是便携式空气颗粒物监测仪。原位监测仪的主要优点是设备运行较为稳定，且由人为操作因素引起误差的概率较小，监测结果的准确性及稳定性相对较高；缺点是只能对某一固定地点进行长期连续监测，不方便移动。而移动便携式监测仪可以随时随地监测空气颗粒物浓度，适用于多点同时开展监测研究，颗粒物监测仪参数见表 2-3。

表 2-3 空气颗粒物监测仪器

仪器名称	分析项目	分析方法	观测范围（微克/立方米）	观测频率（小时）
原位$PM_{2.5}$监测仪XHPM-2000	$PM_{2.5}$浓度	β射线法+动态加热系统（DHS）	5	1
原位PM_{10}监测仪XHPM2000E	PM_{10}浓度	β射线法+（DHS）	5	1
便携式空气颗粒物监测仪NASA-2	$PM_{2.5}$、PM_{10}、TSP浓度	激光散射法	—	—
空气颗粒物气溶胶再发生器QRJZFSQ-Ⅱ	叶片滞纳$PM_{2.5}$、PM_{10}、TSP的量	气溶胶再发生法	—	—

氮氧化物监测仪、二氧化硫监测仪、臭氧监测仪、一氧化碳监测仪主要是采用原位式气体污染物监测仪，分析方法、观测范围及频率见表 2-4。

表 2-4 气体污染物监测仪器

仪器名称	分析项目	分析方法	观测范围	观测频率（分钟）
氮氧化物分析仪EC9841B	氮氧化物浓度	化学发光法	$0\sim0.5\times10^{-6}$ $0\sim1.0\times10^{-6}$	5
二氧化硫分析仪EC9850B	二氧化硫浓度	紫外荧光法	$0\sim0.5\times10^{-6}$ $0\sim1.0\times10^{-6}$	5
臭氧分析仪EC9810B	臭氧浓度	紫外分光法	$0\sim0.5\times10^{-6}$ $0\sim1.0\times10^{-6}$	5
一氧化碳分析仪EC9830B	一氧化碳浓度	气体滤波相关红外吸收法	$0\sim50\times10^{-6}$	5

第三节　监测标准体系

“森林氧吧”监测指标应该包括空气负离子、精气、氧气、空气颗粒物、气体污染物、森林小气候等。通过不同的监测仪器量化各类指标的浓度、变化规律、时空分布特征、影响因素等，使人们对“森林氧吧”从感性认识转变到理性判断，为森林精准康养和精准提升森林康养功能奠定基础，监测指标见表 2-5。

观测标准体系是森林氧吧监测数据的技术支撑，五大连池森林氧吧监测所依据的标准体系如图 2-5，包含观测站点建设到观测指标、观测方法和数据管理，乃至数据应用各阶段的标准，主要包括中华人民共和国国家标准《森林生态系统长期定位观测方法》（GB/T33027—2016）、中华人民共和国国家标准《森林生态系统定位观测指标体系》（GB/T35377—2017）等。严格依据标准的要求进行观测，保证了野外观测数据的科学性、准确性和可比性，为五大连池风景区森林氧吧监测与生态康养研究提供了野外基础数据保障。

表 2-5 森林氧吧监测指标

<table>
<tr><th>监测项目</th><th colspan="2">指标</th><th>单位</th><th>观测频率</th></tr>
<tr><td>负离子</td><td colspan="2">浓度</td><td>个/立方厘米</td><td>连续观测</td></tr>
<tr><td>空气颗粒物</td><td colspan="2">TSP、PM_{10}、$PM_{2.5}$</td><td>微克/立方米</td><td>连续观测</td></tr>
<tr><td rowspan="2">气体污染物</td><td colspan="2">二氧化硫、臭氧、一氧化氮、二氧化氮</td><td>微克/立方米</td><td>连续观测</td></tr>
<tr><td colspan="2">一氧化碳</td><td>毫克/立方米</td><td>连续观测</td></tr>
<tr><td rowspan="2">植被滞纳
颗粒物量</td><td>单位叶面积</td><td rowspan="2">TSP、PM_{10}、$PM_{2.5}$</td><td>微克/平方厘米</td><td rowspan="2">按照物候期
观测</td></tr>
<tr><td>1公顷</td><td>克/公顷</td></tr>
<tr><td>植被吸附氮氧化物</td><td colspan="2">氮氧化物（一氧化氮、二氧化氮）</td><td>千克/公顷</td><td>每5年一次</td></tr>
<tr><td>植被吸附二氧化硫</td><td colspan="2">二氧化硫</td><td>千克/公顷</td><td>每5年一次</td></tr>
<tr><td>植被吸附氟化物</td><td colspan="2">氟化物</td><td>千克/公顷</td><td>每5年一次</td></tr>
<tr><td>地表水质</td><td colspan="2">饮用水源</td><td>—</td><td>每月一次</td></tr>
<tr><td>声环境</td><td colspan="2">噪声</td><td>分贝</td><td>每月一次</td></tr>
<tr><td rowspan="2">空气温湿度</td><td colspan="2">冠层上3米处温湿度</td><td>℃/%</td><td rowspan="2">连续观测</td></tr>
<tr><td colspan="2">距地面2米温湿度</td><td>℃/%</td></tr>
<tr><td rowspan="2">风速</td><td colspan="2">冠层上3米处</td><td rowspan="2">米/秒</td><td rowspan="2">连续观测</td></tr>
<tr><td colspan="2">距地面2米</td></tr>
<tr><td rowspan="2">风向</td><td colspan="2">冠层上3米处</td><td rowspan="2">—</td><td rowspan="2">连续观测</td></tr>
<tr><td colspan="2">距地面2米</td></tr>
<tr><td rowspan="3">辐射量</td><td colspan="2">总辐射量</td><td rowspan="2">瓦/平方米</td><td rowspan="3">连续观测</td></tr>
<tr><td colspan="2">净辐射量</td></tr>
<tr><td colspan="2">光合有效辐射</td><td>兆焦耳/平方米</td></tr>
<tr><td>降雨量</td><td colspan="2">林内（外）降水量</td><td>毫米</td><td>连续观测</td></tr>
<tr><td rowspan="2">土壤温湿度</td><td colspan="2">地表温度</td><td>℃</td><td rowspan="2">连续观测</td></tr>
<tr><td colspan="2">地表、10厘米、20厘米、30厘米、40厘米深度土壤温湿度</td><td>℃/%</td></tr>
</table>

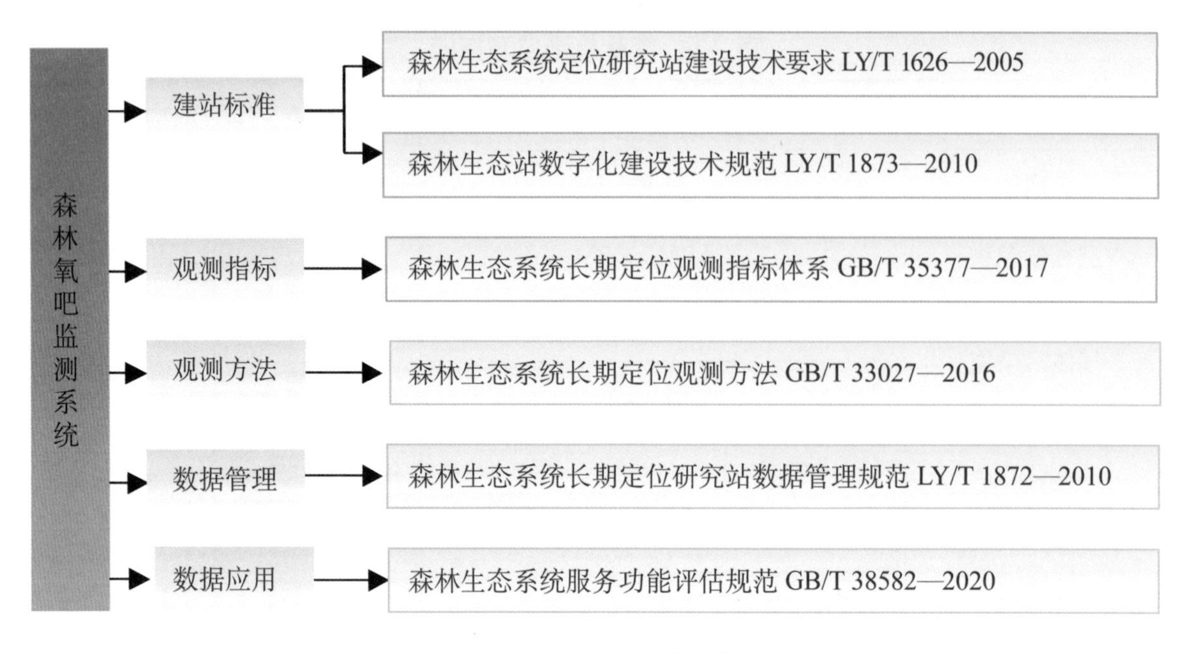

图 2-5　森林氧吧观测标准体系

一、负离子、痕量气体及气溶胶观测

（一）观测目的

通过固定监测点定量分析森林氧吧周围空气中负离子、颗粒物和气体污染物等指标的含量，研究森林氧吧中空气负离子、痕量气体和气溶胶浓度的变化特征，为揭示森林生态系统对大气的净化机制提供基础依据（引用 GB/T 33027—2016 森林生态系统长期定位观测方法）。

（二）观测内容

森林负离子：空气水分子中的氧离子 $O_2^-(H_2O)_n$、氢氧根离子 $OH^-(H_2O)_n$、碳酸根离子 $CO_3^{2-}(H_2O)_2$ 等负离子浓度。

森林痕量气体：一氧化碳、一氧化氮、二氧化氮、二氧化硫、臭氧、氮氧化物、NH_3、H_2S。

气溶胶：TSP、PM_{10}（粒径 <10 微米的颗粒物）、$PM_{2.5}$（粒径 <2.5 微米的颗粒物）。

滞纳颗粒物：植物叶片滞纳 TSP、PM_{10}、$PM_{2.5}$。

（三）观测方法

1. 空气负离子观测

（1）空气负离子监测仪的结构和原理。① 结构：由气泵、离子收集器和微电流计等组成；② 工作原理：通过测量空气负离子携带电荷形成的电流大小以及采样空气流量，计算空气中的负离子浓度；③ 工作环境：在野外环境相对湿度（RH）为 0～100%，温度为−45～70℃下能常年正常工作，采用智能结霜保护技术，保证了监测结果的准确性；④ 参照 GB/T 18809—2002 的仪器结构和物理参数设计。

（2）空气负离子监测仪的布设。参照 GB/T 33027—2016 执行，并在选定的观测点对空气负离子进行同步观测。若无法实现同步观测，对所选观测点应在同一时段测定完毕，并在该时段内对各测点进行重复观测，再分别将各观测点所得数据取其均值，作为该时段内观测点上的空气负离子值。

（3）数据采集。在同一观测点相互垂直的 4 个方向，待仪器稳定后每个方向连续记录 5 个负离子浓度的波峰值，4 个方向共 20 组数据的平均值为此观测点的负离子浓度值，如图 2-6。观测频率为每月 1 次，每次 3～5 天，选择晴朗稳定的天气，每天观测时间为 6:00～18:00，间隔 2 小时观测 1 次，每次采样持续时间不少于 10 分钟（图 2-7）。或根据需要可连续 24 小时观测，间隔 1 小时观测 1 次，每次采样持续时间不少于 3 分钟。

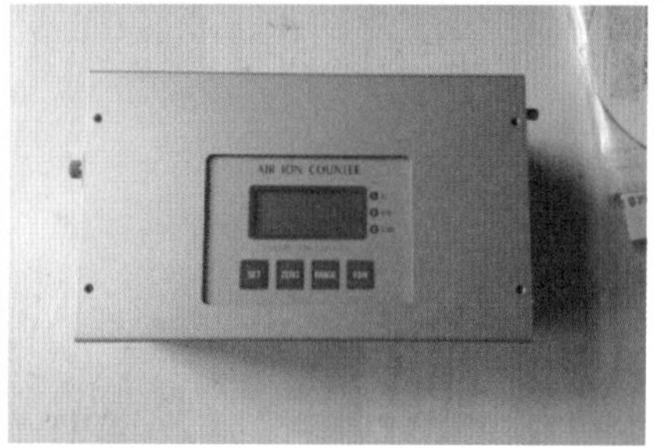

图 2-6　原位式和便携式空气负离子监测仪

图 2-7　五大连池风景区分站实时监测界面

在观测空气负离子时，由于要选取多个点进行观测，应该给每个观测点编号，以确定观测位置，观测记录表见表 2-6。

表 2-6　森林氧吧负离子观测记录表

样地编号：

<table>
<tr><td>观测地点</td><td></td><td>开始时间</td><td></td><td>结束时间</td><td colspan="2"></td></tr>
<tr><td>立地条件描述</td><td colspan="6"></td></tr>
<tr><td>群落特点描述</td><td colspan="6"></td></tr>
<tr><td>观测仪器编号</td><td colspan="6"></td></tr>
<tr><td rowspan="2">气象条件记录</td><td>天气状况</td><td></td><td>气温</td><td></td><td>相对湿度</td><td></td></tr>
<tr><td>大气压</td><td></td><td>方向</td><td></td><td>风速</td><td></td></tr>
<tr><td>离子浓度（个/立方厘米）</td><td colspan="2">最大值</td><td colspan="2">最小值</td><td>平均值</td><td>测定时长</td></tr>
<tr><td>负离子</td><td colspan="2"></td><td colspan="2"></td><td></td><td></td></tr>
</table>

观测单位：　　　　　　　　　　观测员：

2. 痕量气体观测

（1）观测仪器的结构和原理结构。由气泵、量子级联激光探测器、软件等组成。工作原理：系统内置的气泵抽取气体样本，量子级联激光探测器识别不同气体的吸收峰后求算气体浓度。

（2）观测仪器。主要包括气体污染物监测仪；量子级联激光探测器系统、大或中流量采样器、孔口流量计等，如图 2-8。

图 2-8　原位式气体污染物监测仪

（3）观测仪器的布设和安装。仪器主机可放置在观测场的观测房内。采样进气口距离屋顶平面的高度以 1.5～2.0 米为宜，仪器机房位于大型建筑内（高度超过 5 米）时，采样口的位置应选择在建筑的迎风面或最顶端，采样进气口距离屋顶平面的高度应适当增加。系统测量环境温度应在 5～30℃。

（4）采样和数据采集。将采样管连接主机上，开启电源，设定样本测量时间后可开始测量。

3. 气溶胶观测

（1）观测仪器的结构和原理。结构由大或中流量采样器、孔口流量计、滤膜、恒温恒湿箱、天平等组成。工作原理：通过有一定切割特性的采样器，以恒速取定量体积的空气，空气中粒径 <100 微米的悬浮物截留在滤膜上，根据采样前后质量之差及进气体积，计算总悬浮颗粒物的质量浓度。若被截留的悬浮颗粒物 <10 微米，测量的是 PM_{10} 的浓度；若被截留的悬浮颗粒物 <2.5 微米，测量的是 $PM_{2.5}$ 的浓度，如图 2-9。

（2）观测仪器的布设和安装。按照 GB/T 15432—1995 执行。

（3）采样和数据采集。按照 GB/T 15432—1995 执行。

图 2-9　五大连池风景区分站空气颗粒物和气体污染物监测仪

4. 滞纳颗粒物观测

（1）观测仪器的结构和原理。结构由物料盒、鼓风机、搅拌器、混合容器等组成。工作原理：将表面附着颗粒物的叶片放在密闭室内经过强风吹蚀，使其附着的颗粒物从表面脱落重新释放到空气中，在空气中再悬浮形成气溶胶，通过测试空气中颗粒物浓度前后的变化，结合测试样本的叶面积，推算叶片表面滞纳颗粒物的量（张维康，2016）。

（2）采样和数据采集。每种植物选取 3 株生长状况良好，林龄相近的标准个体植株。每次采集期间选择晴朗无风的时间，且采集前后 10 天没有降雨。每株标准木按照在离地高 2～3 米处采集植物叶片，采集时分别在东、南、西、北 4 个方向采集叶片，根据叶片大小在每株植物采集 100～200 克不等叶片，采摘的叶片要求成熟、完整、无病虫害和断残。把采摘下来的叶片立即封存于自封袋中，及时带回实验室进行测定（张维康，2016；房瑶瑶，2015；张文君等，2018）。柏树、松树等针叶树种叶片取 100～200 克样品，阔叶树种按照叶片大小选取适量叶片样本进行测试：核桃、加杨、锐齿槲栎 8～10 片，刺槐 30～40 片，银杏、旱柳、竹类 10～20 片，控制样品叶片总面积在 100～200 平方厘米；且每个样本设置 3～5 个重复进行测试。

（3）观测仪器的布设。将气溶胶再发生器和便携式空气颗粒物监测仪相结合，通过叶面积扫描得出叶片表面积，用于测量不同树种之间以及同一树种不同物候期滞纳颗粒物的能力，如图 2-10。

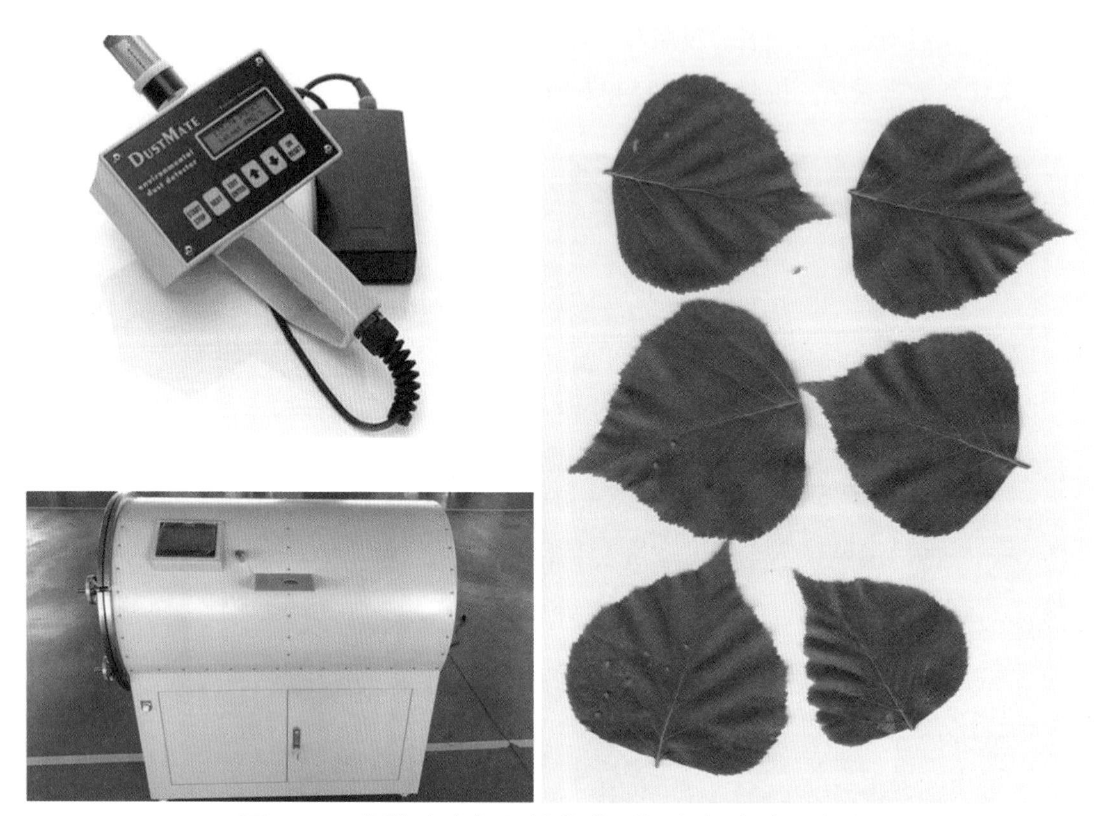

图 2-10 便携式空气颗粒物监测仪和气溶胶再发生器

5. 数据处理

（1）空气负离子。按照 GB/T 33027—2016 执行。

（2）空气颗粒物。气溶胶浓度与空气质量等级间的关系按照 GB 3095—2012 执行。

（3）气体污染物。气体污染物浓度与空气质量等级间的关系按照 GB 3095—2012 执行。

（4）滞纳颗粒物。由于松树类针叶的形状特殊，本研究松树类叶面积的计算方法参照 Hwang 等（2011）的方法，将松针视为圆锥体，取 100 根松针样本，用游标卡尺分别测量松针尖端和低端的直径及针叶长度，并取平均值，根据下面的公式计算松针的面积（张维康，2016；房瑶瑶，2015）：

$$S = \frac{1}{2}\pi \cdot (D_1 + D_2) \cdot [\frac{1}{4} \cdot (D_2 - D_1)^2 + l^2]^{\frac{1}{2}}$$

式中：S 为松针面积（平方厘米）；D_1 为松针尖端直径的平均值；D_2 为松针底端直径的

平均值；l 为针叶长度的平均值。

其他树种采用扫描仪进行扫描，利用叶面积软件处理图像，获取叶片样本的面积。试验所测叶片样本颗粒物滞纳量与叶片样本面积的比值即为单位面积颗粒物的滞纳量，公式如下：

$$M_i = \sum_{1}^{n} m_{ij} / S_i$$

式中：M_i 为不同树种单位面积吸附不同粒径颗粒物的质量（微克 / 立方厘米）；i 为不同树种；j 为颗粒物种类，n=3 为重复三次；S_i 为测试叶面积（平方厘米）。

二、森林小气候观测

（一）观测目的

通过对森林氧吧内典型区域不同层次风、温度、湿度、光照、降水、土壤温湿度等气象因子进行长期连续观测，了解林内外气候因子的差异，揭示各种类型小气候形成过程中的特征及变化规律，为研究林内小气候效应及其对康养功能影响提供数据支持（引用 GB/T 33027—2016 森林生态系统长期定位观测方法）。

（二）观测内容

按地上两层和地下四层观测森林氧吧小气候要素，地上两层为冠层上 3 米和距地面 2.0 米，地下五层为地面以下 10，20，30，40 厘米，各层观测指标见表 2-5。

（三）观测方法

（1）观测场设置。按照 GB/T 33027—2016 执行。

（2）观测仪器的结构和原理。按照 QX/T 61—2007 执行。

（3）观测系统的布设和安装。① 观测塔的布设按照 LY/T 1952—2011 执行。② 观测仪器的布设和安装按照 LY/T 1952—2011 执行，如图 2-11。各部件的布设和安装要求按照 QX/T 45—2007 执行。③ 避雷装置：观测系统避雷装置的布设按照 QX 30—2007 执行。④ 传感器的平行校准：应定期对同类传感器进行平行校验观测。温、湿、风速传感器架设在“п”形横杆上进行平行校验观测，平行检验时间应至少持续一个日变化周期。将观测结果进行平均后，经比较选择观测结果最为接近的传感器用于小气候梯度观测，并且选择一个为基准，进行归一化处理。“п”形横杆应足够长，温、湿度传感器之间距离 0.3 米，风传感器之间距离 0.5 米，“п”形横杆应与主风向垂直。进行平行检验的观测场的下垫面状况应尽可能保证水平均一。如果小气候观测持续时间长，应该在观测结束前再次进行平行校验观测。平行校验观测结果应该与其他观测记录一起存档。

图 2-11 林内外气象站

（四）数据采集

森林气象要素监测仪主要是用于测量空气环境的温湿度、太阳辐射、风速、风向等指标，见表 2-7。

表 2-7 森林小气候监测

仪器名称	测量范围	分辨率	采样频率	分析方法
大气温度传感器	-40～70℃	0.1℃	1分钟	滑动平均法
大气湿度传感器	0～100%	1%	1分钟	滑动平均法
风向风速传感器	0.3～75米/秒	0.05米/秒	1分钟	滑动平均法
风向风速传感器	0°～360°	1°	1秒	矢量平均法
瞬时风速	0.3～75米/秒	0.05米/秒	1秒	滑动平均法
总辐射传感器	0～2000瓦/平方米	1瓦/平方米	1分钟	滑动平均法
降雨量	0.005～250毫米	0.005毫米	0～1000毫升	累计
土壤温度传感器	-40～100℃	0.1℃	1分钟	滑动平均法
土壤湿度传感器	0～100%	0.1%	1分钟	滑动平均法

1. 观测塔的布设

观测指标的范围、分辨率和采样频率等见表 2-7。观测指标中气象参数的采样方法、时制、日界和对时按照 QXT 61—2007 执行，土壤水分、土壤热通量采样时间是 10 分钟一次，20 秒加热后的测量值作为瞬时值。

2. 数据采集器设置

将传感器接入数据采集器，按表 2-5 安装数据采集器。

（五）数据处理

通过电缆连接数据采集器的通信口和电脑，可查看数据采集器内存中的数据文件。数据文件名由年、月、日组成，如 20170301。数据存储在 SD 卡中，通过直接读取 SD 卡，或通过 Ethernet，采用 FTP 或 Htp 查看数据，也可通过 GPRS 远程传输数据到用户端。

从数据采集器下载的数据文件可包括瞬时值，每日逐时，逐日数据，系统软件可计算散射辐射，日照时数、蒸散量的逐时、逐日值。从下载的数据文件中调用数据，经统计后得到逐月数据。

三、植物精气观测

（一）观测目的

利用现有仪器设备测定植物精气化学成分，揭示各种植物不同器官所释放出挥发性有机物的化学成分及相对含量，为绿化树种的选择与配置、森林公园的规划与设计、森林浴场的建设和森林旅游等方面的应用提供理论基础。

（二）观测内容

观测内容包括植物精气的化学物质组成及含量的测定和不同森林空气中植物精气成分的区别。

（三）观测方法

1. 采　样

采样时间应选在无风的晴天，采样地点选择受人为干扰少、空气清洁和污染少的地方。

花、叶、木材精气采样：选择生长状况良好的植株、花、叶、木材，应无病虫危害，无伤痕，没有腐烂变质现象，应尽量选择纯林，或采样对象为建群种的群落。采集叶 3 千克，枝条 3 千克，花 1.5 千克。立即装入食品保鲜袋，选择通风好、空气无污染的地方，摊在木板上晾干 3～4 小时。木材样品采回来之后，锯成长 5 厘米的短木段，再劈成宽 1～2 厘米、厚 2 毫米的木片，置于干燥通风的地方 5～8 小时，样品的数量为 5 千克。

林分空气精气采样：选择在纯林的林缘或群落的边缘离样地 100 米以上，乔木林冠下少或无杂灌木，枝下离地面高 3 米以上。

2. 操作方法

操作方法：① 将样品袋排气管直接接在大气采样机上。② 大气采样机设定抽气量为 1.0 升 / 分钟。③ 抽空排放混合杂气时间为 30 分钟。④ 接上吸附剂管，采样机抽气量设定在 1.0 升 / 分钟。⑤ 林分植物精气抽气时间为 16 小时，其他样品为 8 小时。⑥ 取下吸附剂管密封。⑦ 气象色谱和色谱质谱 / 联用分析，化合物的鉴定及含量的测定。

四、水质观测

（一）观测目的

通过对森林生态系统水质参数的野外长期连续观测，了解森林生态系统中污染物的迁移分布规律，分析研究森林生态系统对化学物质成分的吸附、贮存、过滤调节机制的过程，为阐明森林生态系统在改善和净化水质过程中的重要作用提供科学依据（引用 GB/T33027—2016 森林生态系统长期定位观测方法，HJ/T91—2002 地表水和污水监测技术规范）。

（二）观测内容

观测内容包括 pH 值、钙离子、镁离子、钾离子、铵离子、碳酸根、碳酸氢根、氯化物、氟化物、硫酸根、硝酸根、总磷、总氮、电导率、总溶解固体（TDS）、总盐、密度、溶氧、氧化还原电位、色度、浊度（TSS）、叶绿素、蓝绿藻、悬浮固体浓度、碱度、化学需氧量、生物化学需氧量、可溶性有机碳、总有机碳、可溶性有机氮、可溶性无机氮，以及微量元素 [硼 (B)、锰 (Mn)、钼 (Mo)、锌 (Zn)、铁 (Fe)、铜 (Cu)] 和重金属 [镉 (Cd)、铅（Pb）、镍（Ni）、铬（Cr）、锡（Se）、砷（As）、钛（Ti）]。

（三）观测方法

（1）地表水质观测方法。按照 HJ/T 91—2002 执行。

（2）地下水水质观测方法。按照 GB33027—2016 执行。

（3）测量。将便携式水质分析仪的多参数组合探头通过缆线与便携式读表链接，然后将探头放入观测井中直至没入水面，开启电源，进行地下水水质参数测量。测量的数据会即时保存在便携式读表的存储单元中，测量结束后，下载数据，进行数据处理和分析。

（4）数据处理。绘制每个采样点各水质参数的时间变化曲线，绘制各水质参数在森林空间的分布图。研究森林水质参数的时空变化曲线及与森林健康性状、生物多样性、大气环境等参数的相关性，为森林培育、森林经营管理积累科学数据。

五、声环境观测

（一）观测目的

通过对森林生态系统声环境的野外长期连续观测，了解森林生态系统声环境质量状况，评价整个城市（农村）环境噪声总体水平，分析城市声环境质量的年度变化规律和变化趋势（引用 GB3096—2008 环境质量标准）。

（二）观测内容

观测内容包括城市区域（农村区域）声环境质量检测、城市（农村）道路交通噪声监测和城市（农村）各类功能区声环境质量监测。

（三）观测方法

（1）测量仪器。按照 GB 3096—2008 执行。

（2）测点选择。按照 GB 3096—2008 执行。

（3）声环境功能区观测方法。按照 GB 3096—2008 执行。

（4）噪声敏感建筑物观测方法。按照 GB 3096—2008 执行。

（5）测量记录。① 日期、时间、地点及测定人员；② 使用仪器型号、编号及其校准记录；③ 测定时间内的气象条件（风向、风速、雨雪等天气状况）；④ 测量项目及测定结果；⑤ 测量依据的标准；⑥ 测点示意图；⑦ 声源及运行工况说明（交通噪声测量的交通流量等）；⑧ 其他应记录的事项。

第四节 监测数据采集与传输

五大连池森林氧吧监测与生态康养功能研究中，详实的数据是监测与研究的基础，为了确保数据的准确性和客观性，实现数据资源共享，便于妥善管理，本书编制过程中的数据采集与管理严格按照中华人民共和国林业行业标准《森林生态系统定位研究站数据管理规范》（LY/T1872—2010）、《森林生态站数字化建设技术规范》（LY/1873—2010）进行管理和传输，针对监测数据的传输、管理、存档、质量监控、共享等进行了规范，这为五大连池风景区森林氧吧监测与生态康养研究过程中数据的采集传输提供了基础保障，如图 2-12。

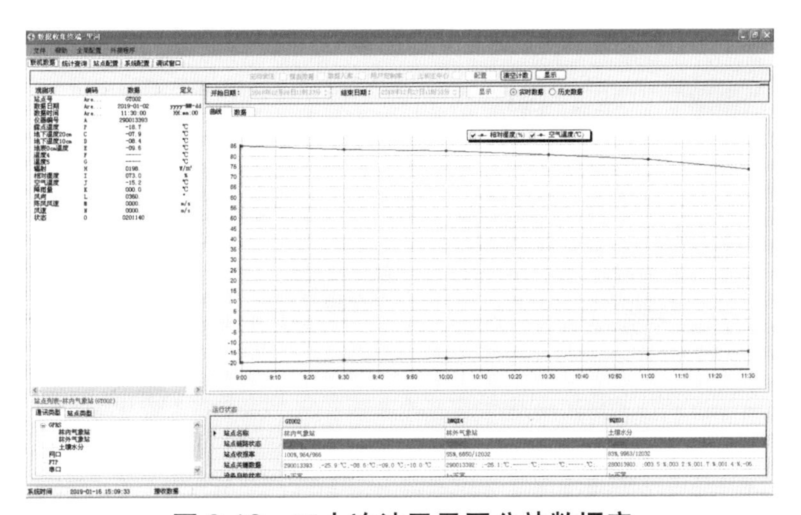

图 2-12　五大连池风景区分站数据库

第三章
森林氧吧功能分析

第一节　森林氧吧功能空间变化规律

为全面监测五大连池风景区（以下简称景区）森林氧吧功能的空间变化规律，选择了具有代表性的蒙古栎阔叶混交林、针阔混交林、山杨矮曲林、落叶阔叶林、湖泊湿地等5种植被类型作为研究对象，依据《环境空气质量监测点布设技术规范》（HJ 644—2013）中环境空气质量监测点布设数量要求大于400平方千米的区域按每50～60平方千米设置1个监测点，根据景区植被类型共选取12个观测区（31个野外观测点），分别为龙门石寨、温泊、北药泉、老黑山、二龙眼泉、药泉山、水晶宫、焦得布山、格拉球山—天池、天赐湖、二池、五池等，对比分析不同区域空气负离子分布空间差异，如图3-1。

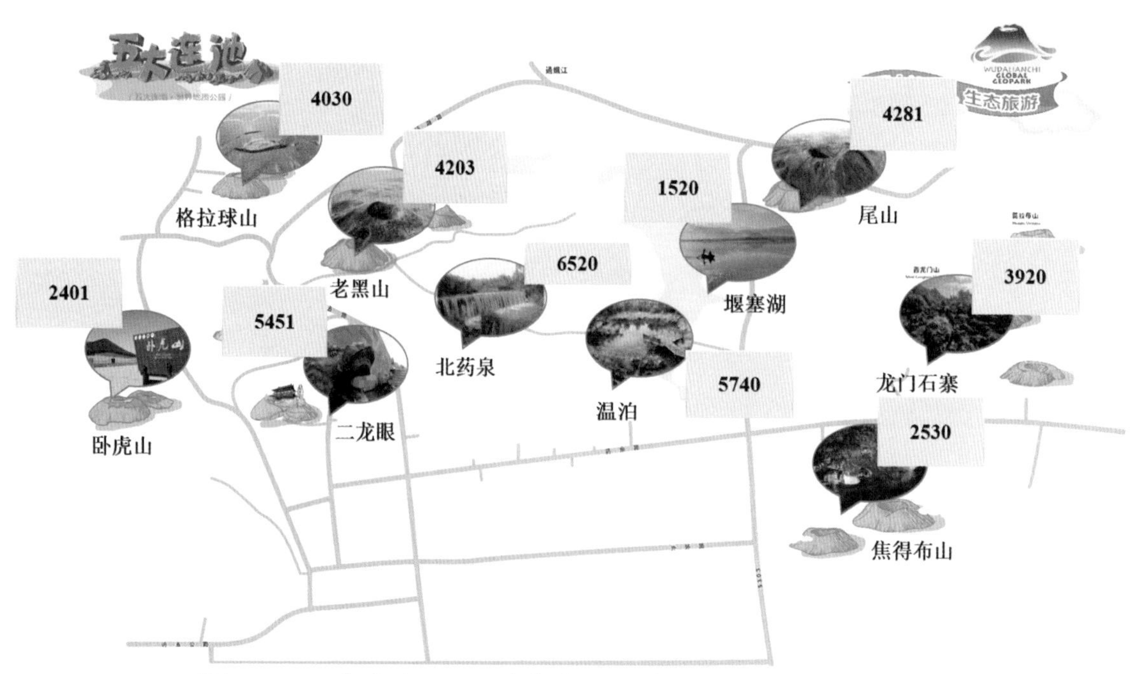

图3-1　五大连池风景区空气负离子浓度观测（个/立方厘米）

北药泉和温泊区域的空气负离子浓度较高，主要是因为局部区域有小型瀑布存在，一般流动的水体附近空气负离子浓度较高，在瀑布和溪流等周围空气负离子浓度明显增加。多方面研究证明空气负离子有益于人体健康，所以不同地域学者对空气负离子的发生机制、时空动态变化规律以及多种影响因素等进行大量研究。其中，大多集中于不同地区森林、室内、公园等环境要素因素对空气负离子浓度的影响（刘和俊，2013）。通常情况下，瀑布、沟谷、小溪等周围空气负离子浓度比林地高 1 个数量级，动态水附近的空气负离子含量以瀑布最高，人工喷泉次之，小溪流最低。而平静水域附近的空气负离子浓度较低，一般低于森林环境下空气负离子的浓度。在森林环境和流动的水域附近空气负离子浓度最高，在 5000 个 / 立方厘米以上（黄向华等，2013）；城郊的森林绿地环境下，空气负离子浓度在 1000～2000 个 / 立方厘米；在城市公园环境中，空气负离子浓度大多在 300～1500 个 / 立方厘米（Wu C C，2006），在公园内附属的绿地环境中，空气负离子浓度一般在 1000 个 / 立方厘米以下；在广场、道路、室内等无绿化的环境中空气负离子浓度较低，每立方厘米从几十个到几百个浓度不等，城市室内一般在 500 个 / 立方厘米以下；污染较重的区域空气负离子浓度几乎为零。赖胜男（2008）等研究结果表明，位于离喷泉中心不同距离处的空气负离子浓度差异很大，随着到达喷泉中心距离的增大，空气负离子浓度大幅降低，空气负离子浓度下降的程度随之变小。由于地域生境、植物种类各有不同，空气负离子浓度差异较大。不同林龄之间存在差异，幼龄林和过熟林释放空气负离子的能力要小于生命力旺盛的成熟林（张建伟，2009）。从不同林分类型看空气负离子的浓度存在差异，阔叶林＞针阔混交林＞针叶林（黄光庆，2012）。不同的森林层次结构空气负离子的浓度不同：在单层林分结构环境中，空气负离子浓度表现为乔木＞灌木＞草坪＞裸地（王庆，2005）。在双层植被群落结构环境中，空气负离子浓度表现为乔灌结合型＞乔草结合型＞灌草结合型（董运斋等,2005）。植物生长周期不同，所在地空气负离子浓度也不尽相同。空气负离子浓度的差异可能受到产生机制和维持机制的双重影响。空气负离子产生的方式可以分为自然生成和人工生成两种，电离作用、Lenard 效应、植物尖端放电和光电效应等物理和化学作用，跃迁的电子多与空气中的氧气分子和水分子相结合。植物通过光合作用产生氧气，在某种程度上决定空气负离子的空间分布。

第二节　森林氧吧功能时间变化规律

森林氧吧功能的形成是多因素综合作用的结果，且各因素对其影响程度不同、作用机制复杂。本节分别从空气负离子、颗粒物、气体污染物、小气候等因素及其相互之间作用进行分析，明确各因素对森林氧吧功能形成的作用，有助于充分理解森林氧吧功能时间格局的形成与内在变化的机制，为进一步提升森林氧吧功能提供依据和参考。

选取景区龙门石寨2018年1月15日、5月15日、8月15日和11月15日等晴天时同步观测的空气负离子浓度、空气颗粒物、气体污染物、小气候的数据来分析日动态变化。根据日动态数据，求取每月各要素的日均值，得出各月份各要素的波动范围。按照景区气象条件因素的划分方法，春季为3~5月、夏季为6~8月、秋季为9~11月、冬季为12~2月，将各要素的同步观测数据计算月均值分析季节动态变化。

一、空气负离子浓度时间变化规律

关于空气负离子的研究大多集中在森林、室内、公园环境等不同区域的季节、气候、植被、水体、海拔高度等因素对空气中负离子浓度的影响，以及不同时间段和季节下的空气负离子浓度的日变化、月变化、季节变化规律等（刘和俊，2013）。伴随着地球的公转和自转，四季变换昼夜交替，环境中的诸多因素都呈现出一定的周期性变化规律。经过长时间对空气负离子浓度的研究摸索、实地测量，证明空气负离子浓度具有明显的日动态变化、月动态变化和季节动态变化。

（一）空气负离子浓度日变化规律

众多学者都对空气负离子浓度的日动态变化进行了研究，普遍认为空气负离子浓度日变化总体趋势呈现为午夜至清晨高、中午较低、傍晚后逐渐上升，呈U形分布，但有时受外界因素影响，规律不是十分明显，如图3-2。

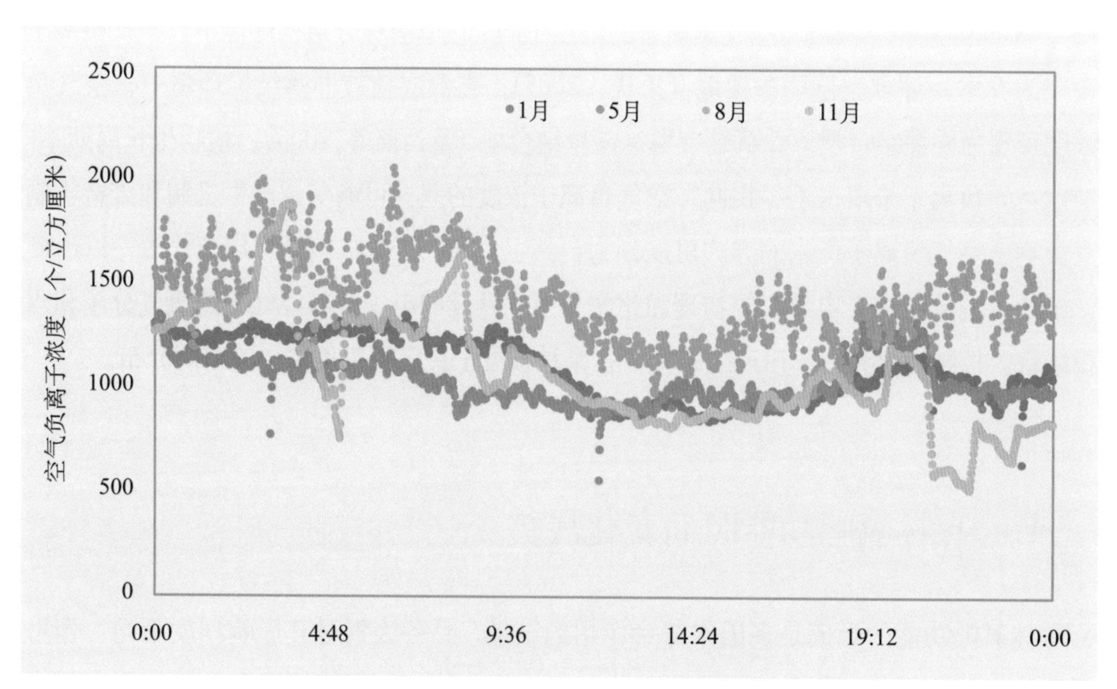

图3-2 空气负离子浓度日动态变化

选取景区龙门石寨观测的空气负离子浓度数据来分析日动态变化，1 月空气负离子浓度的峰值为 1267 个 / 立方厘米，清晨 7:00 最高，而后开始下降，至 13:00 降至最低，午后开始缓慢上升，在 21:00 出现第二个峰值。5 月空气负离子浓度的峰值为 1248.7 个 / 立方厘米，清晨 7:00 出现第一个峰值，而后开始下降，至 12:00 降至最低，午后开始缓慢上升，在 20:00 出现最高峰值。8 月空气负离子浓度的峰值为 1715.4 个 / 立方厘米，清晨 4:00 和 7:00 出现两个峰值，而后开始下降，至 14:00 降至最低，然后开始缓慢上升，在 22:00 出现第三个峰值。11 月空气负离子浓度的峰值为 1486 个 / 立方厘米，上午 9:00 和 12:00 出现两个峰值，而后开始下降，至 17:00 降至最低，然后开始缓慢上升，在 20:00 出现第三个峰值。景区空气负离子浓度的日动态变化与很多学者研究结论一致。各峰值和谷值出现的时间，随着地域及测量的植物群落、林分类型、人流量的不同而不同。有学者认为空气负离子浓度的日动态变化呈抛物线式单峰曲线（郭云鹤等,2015）；有学者认为负离子浓度峰谷交替出现，且峰值、谷值相差较大，日变化幅度较大（张双全等，2015）；还有学者认为日动态变化基本呈现 U 形曲线，但细微变化上更接近多峰式（崔晶等，2014）。不同地区所测得的日动态变化和昼夜动态变化各有不同差异较大，这可能受观测区域所属的纬度、气候特点、植被类型等环境因素影响，即使是在同一地区内也存在一定差异，这可能与空气负离子的产生及消亡机制有关，同一区域内空间环境异质性也较大，说明每个地区的空气负离子浓度都有各自的时间变化规律，受环境因素（如测量植物群落的差异、时间的不同、人流的扰动等）的影响较大（李冰，2016）。

（二）空气负离子浓度月变化规律

1 月空气负离子浓度日均值为 705～981 个 / 立方厘米（占 50%），空气负离子浓度最低日均值为 507 个 / 立方厘米，最高日均值为 1171 个 / 立方厘米。5 月空气负离子浓度日均值为 747～976 个 / 立方厘米（占 50%），空气负离子浓度最低日均值为 561 个 / 立方厘米，最高日均值为 1280 个 / 立方厘米。8 月空气负离子浓度日均值为 1091～1228 个 / 立方厘米（占 50%），空气负离子浓度最低日均值为 939 个 / 立方厘米，最高日均值为 1416 个 / 立方厘米。11 月空气负离子浓度日均值为 740～995 个 / 立方厘米（占 50%），空气负离子浓度日均值最低为 555 个 / 立方厘米，最高日均值为 1260 个 / 立方厘米。由此可见，景区 8 月空气负离子浓度普遍高于其他月份，其他 3 个月空气负离子浓度相对较低，彼此差别不大，如图 3-3。

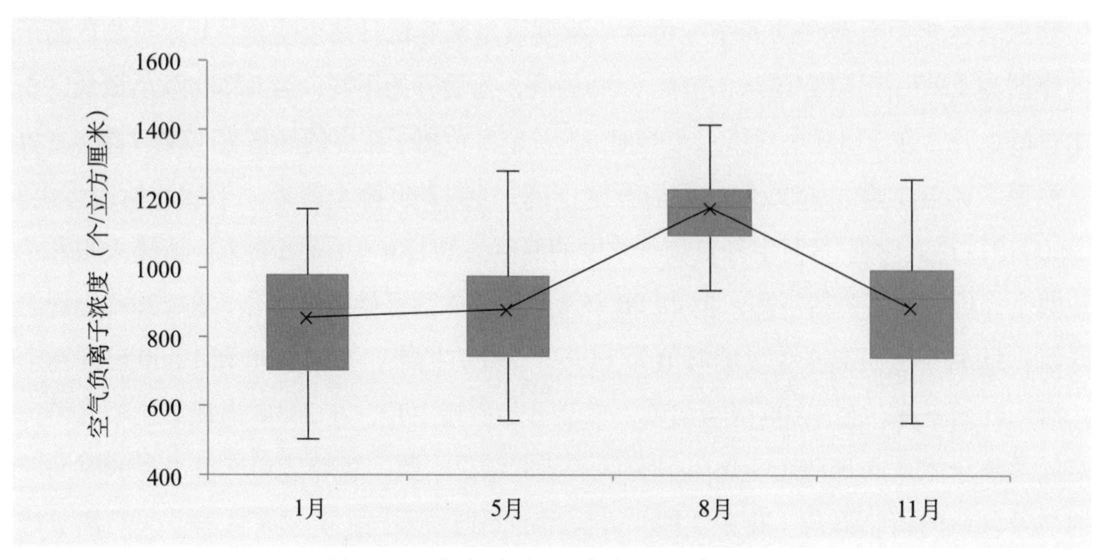

图 3-3　空气负离子浓度月动态变化

（三）空气负离子浓度季节变化规律

景区的空气负离子浓度季节总体变化趋势为夏季最高，冬季相对较低，春、秋季节居中，各季节空气负离子浓度均值由高到低依次为夏季 > 春季 > 秋季 > 冬季，如图 3-4。夏季空气负离子浓度最高，主要是因为夏季景区多雨、日照充足，水热条件好，植物光合作用强，植物生长茂盛，具备产生充足空气负离子且长时间停留的条件。冬季森林生态系统内的植物新陈代谢缓慢甚至停止生长，落叶树种枝条上的叶片全部脱落，植物光合作用效率几乎为零，降雨量与春、夏、秋季相比也较小，因此全年冬季负离子浓度低，这与许多学者研究的结果相一致。

对于不同季节空气负离子浓度的动态变化，有学者持其他不同的观点，认为空气负离子浓度的季节变化表现为夏季＞春季＞秋季＞冬季（司婷婷等，2015）、夏季＞秋季＞冬季

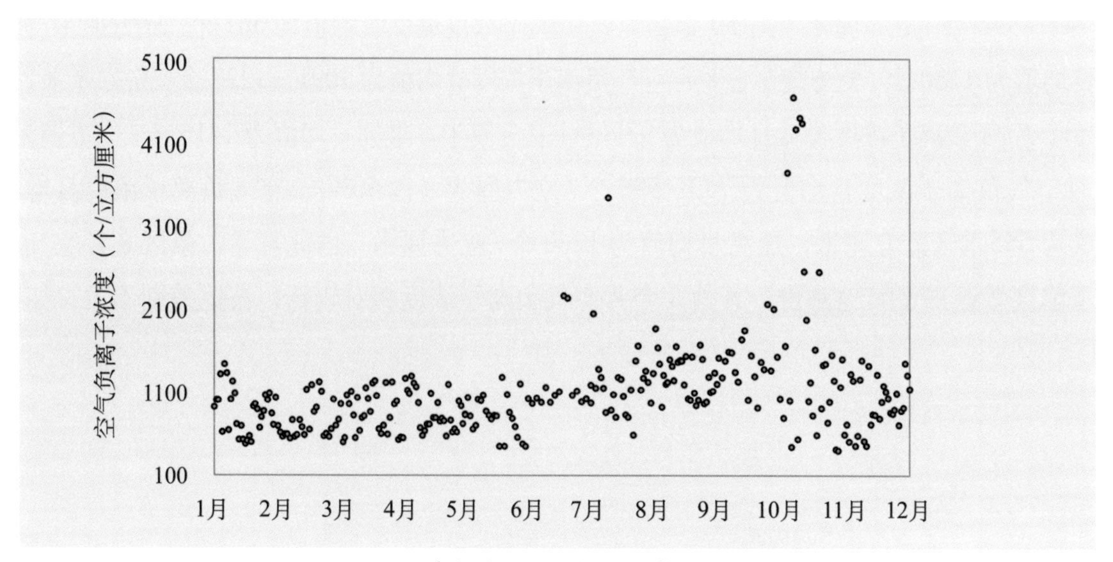

图 3-4　空气负离子浓度季节动态变化

>春季（彭辉武等，2013）、秋季>夏季>春季>冬季（肖红燕等，2014；梁红等，2014）、春季>夏季>秋季>冬季（韩明臣等，2013；蒙丽娜等，2014）。在季节动态上，各位学者的研究结果不尽相同甚至相左，随地理位置的变化发生显著的规律性变化，这可能是受到研究区域样地间的差异、观测时间、气象条件以及观测仪器的不同等原因所导致的，需要具体的分析。

二、空气颗粒物浓度时间变化规律

在不同地区，空气颗粒物浓度的日变化、月变化、季节变化特征有所不同，其变化规律不仅与监测的范围、区域有关，也与观测时的气象因素相关，因为气象因素（空气温度、空气湿度、风速和风向等）对空气颗粒物污染的扩散、稀释以及累积也有不同的作用结果(郭二果等，2013；赵晨曦等，2014)。选取景区 PM_{10}、$PM_{2.5}$ 的连续监测数据，分别从日动态、月动态和季节动态规律来探讨空气颗粒物的时间变化规律。

（一）PM_{10} 浓度的变化规律

1. PM_{10} 浓度日动态变化

5 月 15 日 PM_{10} 浓度上午 10:00 出现最大值为 58.2 微克 / 立方米，而后开始下降，至 18:00 出现谷值为 17.6 微克 / 立方米。8 月 15 日 PM_{10} 浓度上午 12:00 出现一个峰值为 16.10 微克 / 立方米，而后开始缓慢上升，至 16:00 出现一个日最高值为 27.90 微克 / 立方米，而后开始缓慢下降。11 月 15 日 PM_{10} 浓度上午 11:00 出现一个峰值为 29.80 微克 / 立方米，而后开始缓慢上升，至 20:00 出现一个日最高值为 46.80 微克 / 立方米。5 月 15 日、8 月 15 日和 11 月 15 日 PM_{10} 浓度的平均值分别为 32.5 微克 / 立方米、12.6 微克 / 立方米、23.8 微克 / 立方米，如图 3-5。

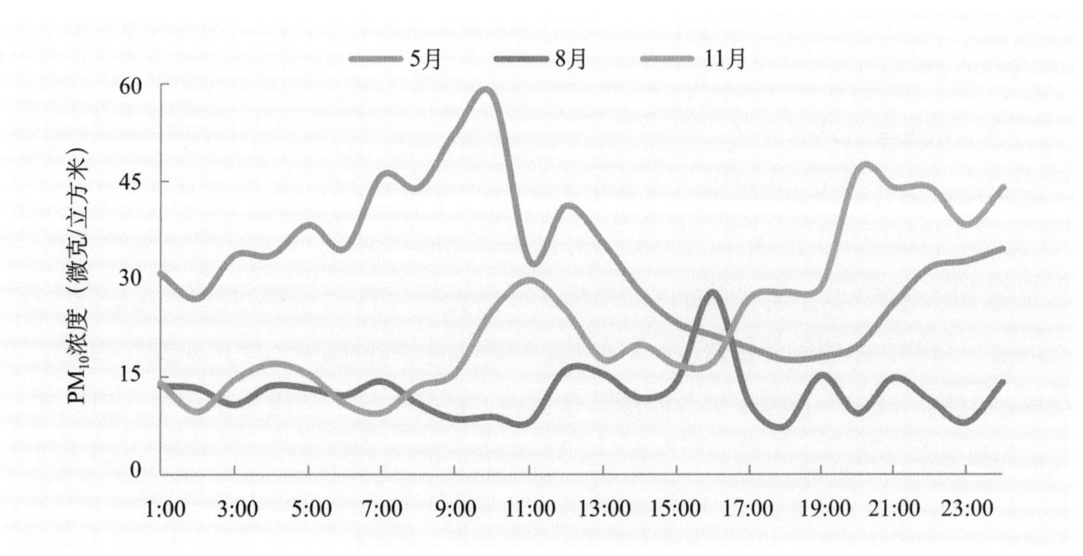

图 3-5　PM_{10} 浓度日动态变化

2. PM_{10} 浓度月动态变化

5 月 PM_{10} 浓度日均值为 11.6～30.1 微克 / 立方米（占 50%），最低日均值为 8.0 微克 / 立方米，最高日均值为 41.6 微克 / 立方米。8 月 PM_{10} 浓度日均值为 9.6～13.8 微克 / 立方米（占 50%），最低日均值浓度为 5.9 微克 / 立方米，最高日均值浓度为 18.0 微克 / 立方米。11 月 PM_{10} 浓度日均值为 20.0～36.0 微克 / 立方米（占 50%），最低日均值浓度为 7.6 微克 / 立方米，最高日均值浓度为 55.8 微克 / 立方米。由此可见，景区 8 月 PM_{10} 浓度普遍低于其他月份，5 月 PM_{10} 浓度低于 11 月，如图 3-6。

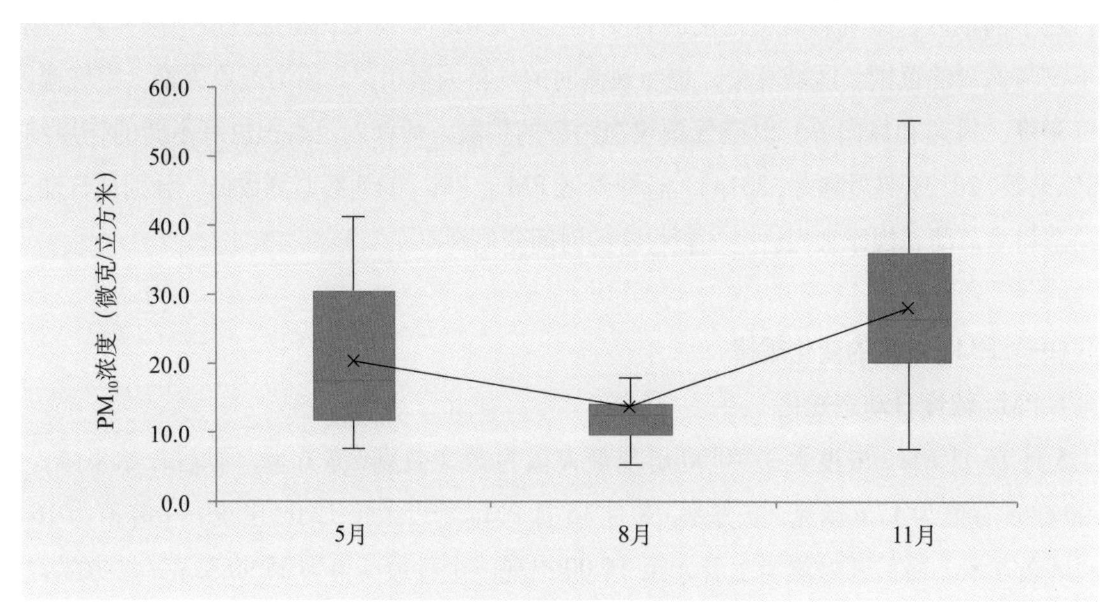

图 3-6　PM_{10} 浓度月动态变化

参照国家《环境空气质量标准》(GB 3095—2012)，5 月 PM_{10} 质量浓度均达到国家一级标准；8 月 PM_{10} 质量浓度有 30 天达到国家一级标准，1 天达到国家二级标准；11 月 PM_{10} 有 26 天质量浓度达到国家一级标准，有 2 天达到国家二级标准，有 2 天污染较严重，可能与冬季燃煤或燃烧秸秆有关。

3. PM_{10} 浓度季节动态变化

通过数据分析，PM_{10} 浓度季节动态变化表现为秋季＞春季＞夏季，季节变化基本符合“冬高夏低、春秋居中”的规律，如图 3-7。其主要原因：春季、夏季为景区集中降雨时期，雨水对空气的冲刷以及空气相对湿度的增加，都会对空气中的污染物起到一定的减少作用，秋季大部分阔叶乔木树种开始落叶，林分内总的叶面积数量减少，使得对颗粒物的吸附和滞纳的能力相对减少，且秋季因为温度降低原因，居民生活用的煤炭等燃料的燃烧增加了大气中污染物的浓度。

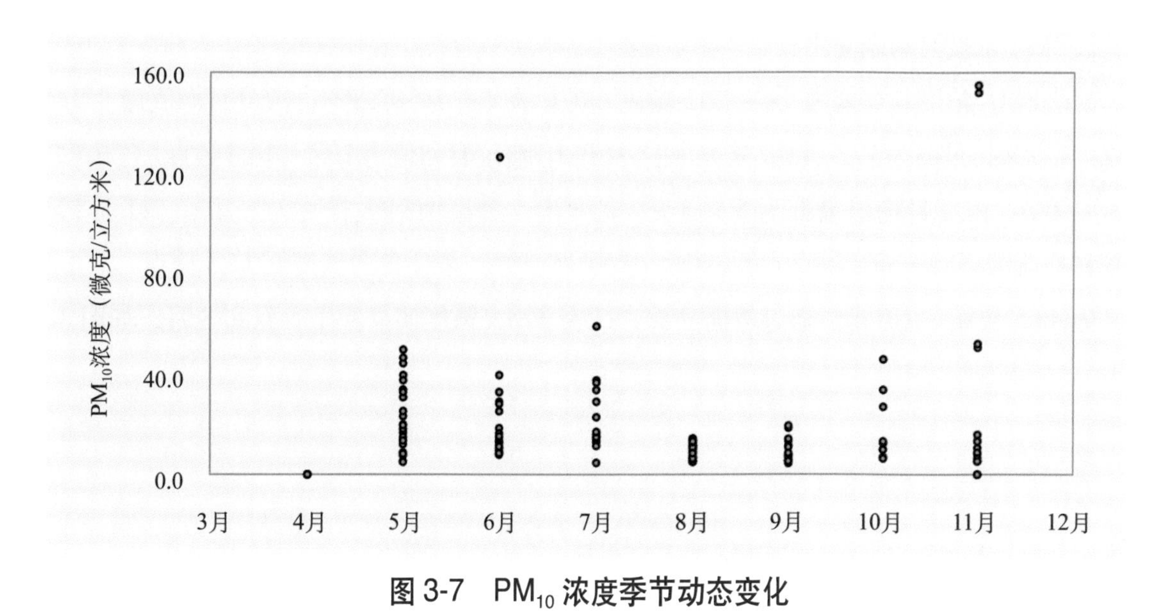

图 3-7　PM_{10} 浓度季节动态变化

（二）$PM_{2.5}$ 浓度的变化规律

1. $PM_{2.5}$ 浓度日动态变化

5 月 15 日 $PM_{2.5}$ 浓度清晨 4:00 和 6:00 出现两个峰值，而后开始下降，至 16:00 降至最低，而后开始直线上升，至 21:00 出现日最高峰值为 24 微克 / 立方米。8 月 15 日 $PM_{2.5}$ 浓度呈逐渐上升的趋势，至上午 11:00 出现第一个高峰，随后开始下降，13:00 降至最低，然后缓慢上升，15:00～18:00 时达到一天中的峰值为 13 微克 / 立方米，而后开始下降。11 月 15 日 $PM_{2.5}$ 浓度变化呈 U 形分布，9:00 出现第一个峰值为 20 微克 / 立方米，而后开始下降，至 13:00 降至最低为 9 微克 / 立方米，而后开始缓慢上升，至 19:00 出现日最高值为 20 微克 / 立方米。5 月 15 日、8 月 15 日和 11 月 15 日 $PM_{2.5}$ 浓度的平均值分别为 14.6 微克 / 立方米、8.0 微克 / 立方米、16.5 微克 / 立方米，如图 3-8。

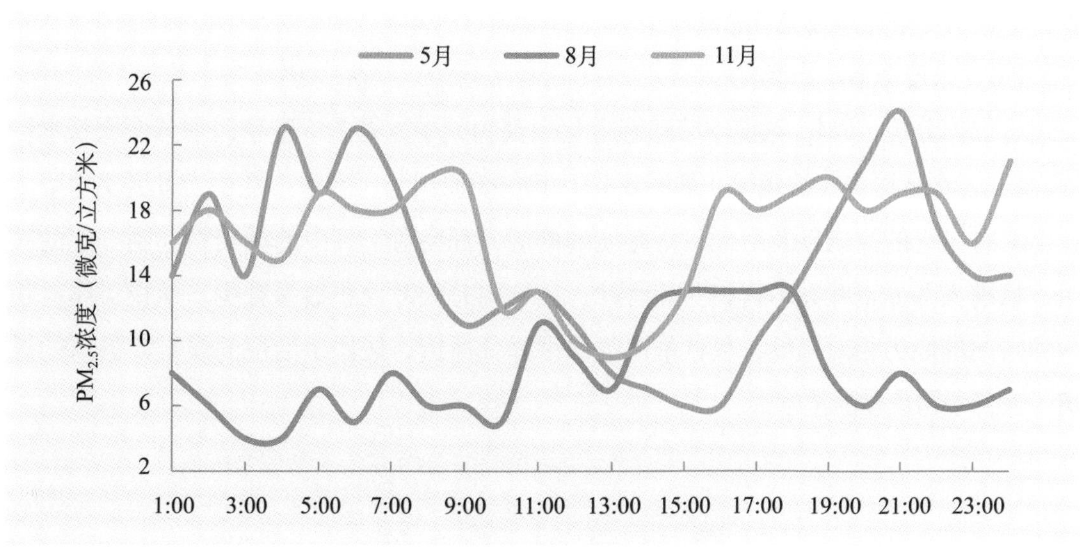

图 3-8　$PM_{2.5}$ 浓度日动态变化

2. $PM_{2.5}$ 浓度月动态变化

5 月 $PM_{2.5}$ 浓度日均值为 5.4～12.2 微克 / 立方米（占 50%），$PM_{2.5}$ 浓度日均值最低为 5.0 微克 / 立方米，最高为 17.4 微克 / 立方米。8 月 $PM_{2.5}$ 浓度日均值为 10.4～14.4 微克 / 立方米(占 50%)，$PM_{2.5}$ 浓度日均值最低为 5.6 微克 / 立方米，最高为 19.8 微克 / 立方米。11 月 $PM_{2.5}$ 浓度日均值为 20.5～35.2 微克 / 立方米（占 50%），$PM_{2.5}$ 浓度日均值最低 16.5 微克 / 立方米，最高为 43.5 微克 / 立方米。通过数据分析，11 月 $PM_{2.5}$ 浓度明显高于 5 月和 8 月，如图 3-9。

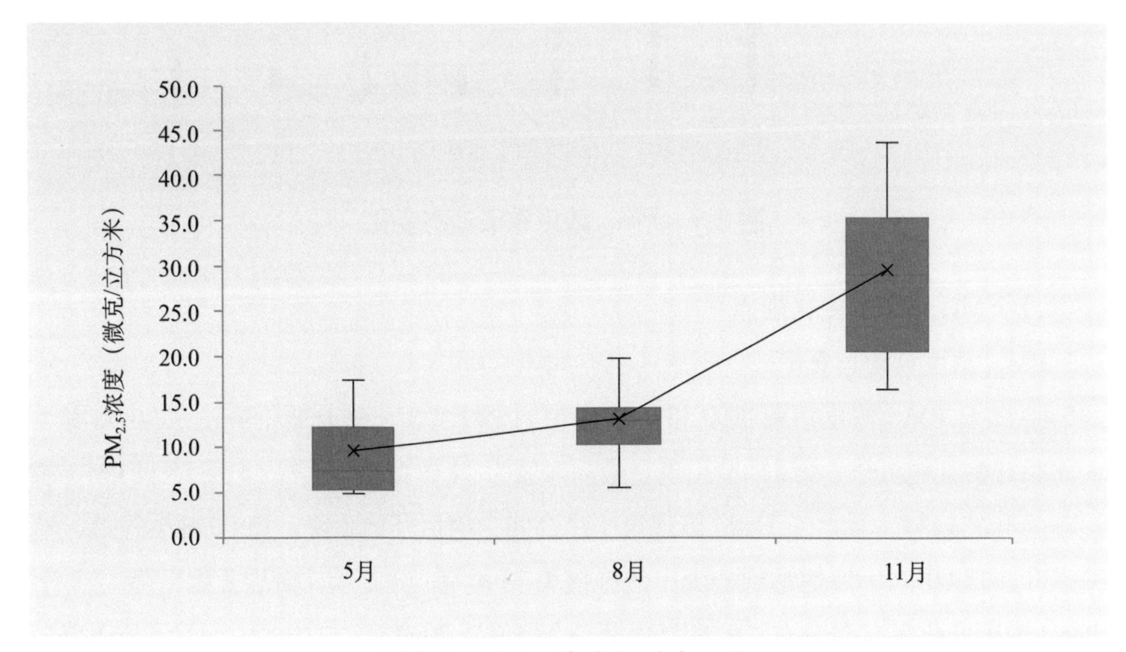

图 3-9　$PM_{2.5}$ 浓度月动态变化

参照国家《环境空气质量标准》(GB 3095—2012)，5 月和 8 月 $PM_{2.5}$ 浓度均达到国家一级标准；11 月 $PM_{2.5}$ 浓度有 23 天达到国家一级标准，5 天达到国家二级标准，2 天污染较严重，可能与冬季燃煤或燃烧秸秆有关。

3. $PM_{2.5}$ 浓度季节动态变化

通过数据分析，$PM_{2.5}$ 浓度季节动态变化表现为秋季＞夏季＞春季，季节变化基本符合“冬高夏低，春秋居中”的规律，如图 3-10。其主要原因为，春季、夏季为景区集中降雨时期，雨水对空气的冲刷以及空气相对湿度的增加，都会对空气中的污染物起到一定的减少作用，秋季大部分阔叶乔木树种开始落叶，林分内总的叶面积数量减少，使得对颗粒物的吸附和滞纳的能力相对降低，且秋季因为温度降低原因，居民生活用的煤炭等燃料的燃烧增加了大气中污染物的浓度。

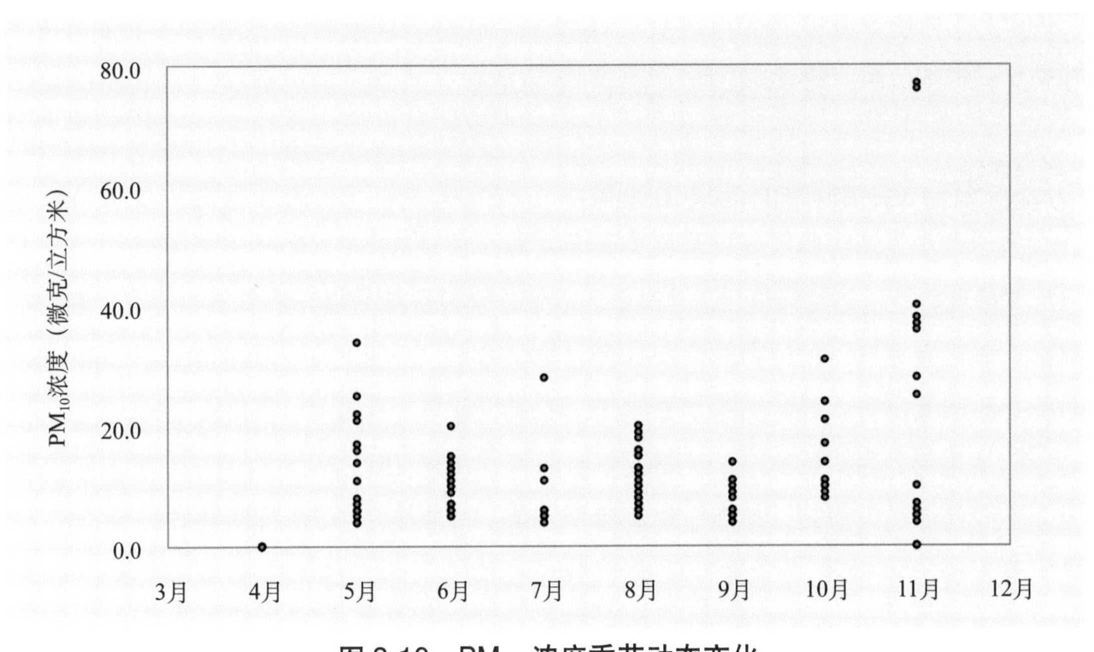

图 3-10　$PM_{2.5}$ 浓度季节动态变化

（三）不同树种空气颗粒物滞纳量

森林的冠层结构可以增加地表的粗糙度，降低风速，对空气颗粒物能够起到很好的阻滞作用，森林植被的蒸腾作用降低空气温度、增大空气湿度，有利于空气颗粒物的沉降和吸附。不同树种的枝干比例、叶片含量和冠层性状差异较大，使其滞尘的能力差异也很大。不同树种叶片表面结构和性状差异较大，如叶片表面绒毛、湿润性、表面自由能及其含量等对植物滞尘能力的影响最大。通过采集景区代表树种的树叶，测定不同树种滞纳颗粒物能力的差异，见表 3-1。

表 3-1　不同树种单位叶面积颗粒物滞纳量

树种	单位面积颗粒物滞纳量（微克/立方厘米）			
	TSP	PM_{10}	$PM_{2.5}$	$PM_{1.0}$
蒙古栎	0.072	0.047	0.028	0.018
白桦	0.087	0.053	0.03	0.02
山杨	0.071	0.046	0.028	0.019
椴树	0.104	0.061	0.032	0.019
云杉	0.138	0.084	0.044	0.024
落叶松	0.288	0.119	0.047	0.027
铺地柏	0.056	0.035	0.020	0.013

由表 3-1 可知，总体表现为针叶树种大于阔叶树种，落叶松滞纳空气颗粒物的能力最强，是其他植物叶片滞纳空气颗粒物的 2～5 倍。树种滞纳 TSP、PM_{10}、$PM_{2.5}$ 的能力表现一

致，依次为落叶松＞云杉＞椴树＞白桦＞蒙古栎＞山杨＞铺地柏，滞纳 $PM_{1.0}$ 的能力依次为落叶松＞云杉＞白桦＞椴树 = 山杨＞蒙古栎＞铺地柏。

三、气体污染物浓度时间变化规律

众多学者对气体污染物进行了相关研究发现，臭氧浓度日变化呈单峰分布，日出前后臭氧浓度最低，下午达到峰值，这是由于午后紫外辐射逐渐增强导致臭氧生成率最高。二氧化氮、一氧化碳等气体污染物的浓度日变化呈双峰形，一天之中出现早晚两个高峰期，但有时受外界因素影响，规律不是十分明显。二氧化硫日变化规律不明显。景区气体污染物浓度总体变化趋势为清晨最高，正午或午后降低，傍晚又比较高，具有一定的日动态变化规律。不同气体污染物的月动态变化规律不显著，可能受多方面因素的影响。不同气体污染物的季节变化呈一定的相似性，夏季气体污染物浓度较低，冬季气体污染物浓度较高。

（一）臭氧浓度的变化规律

1. 臭氧浓度日动态变化

臭氧逐日变化基本呈现出一致的变化规律，即单峰形变化。浓度峰值出现在12:00～16:00，谷值出现在5:00～7:00。5 月 15 日臭氧呈单峰形分布趋势，浓度峰值为116.3 微克 / 立方米，清晨逐渐升高，至 12:00 达到最高峰值，而后开始缓慢下降。8 月 15 日臭氧的峰值为 51.3 微克 / 立方米，17:00 出现峰值，而后开始逐渐下降。11 月 15 日臭氧的峰值为 55.7 微克 / 立方米，15:00 出现峰值，而后开始缓慢下降，如图 3-11。

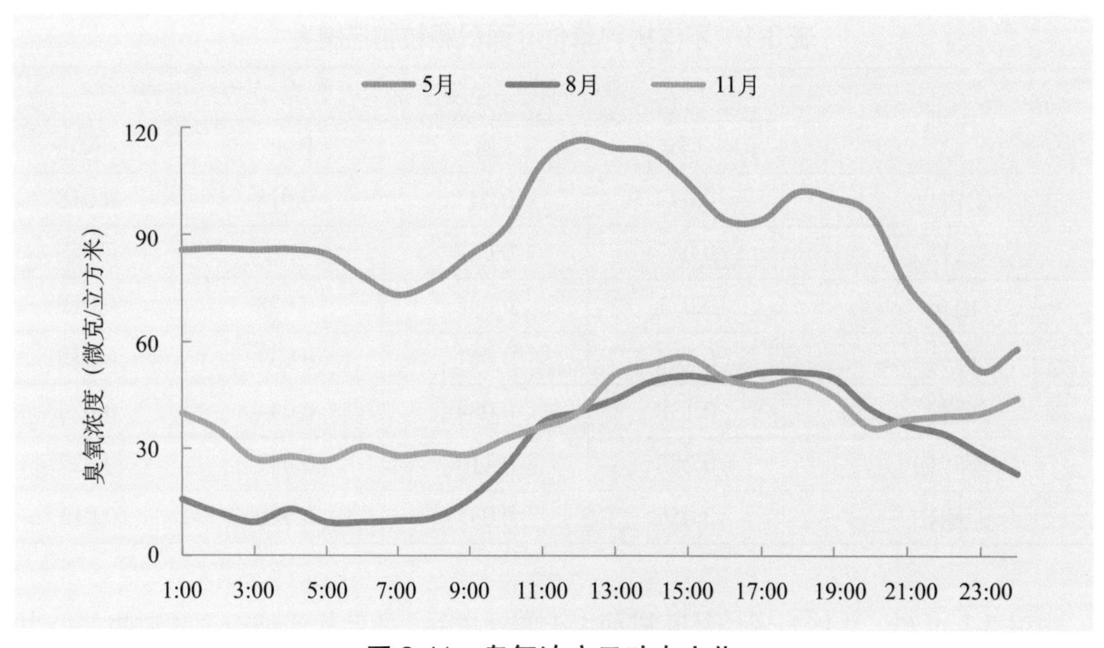

图 3-11　臭氧浓度日动态变化

景区臭氧的日动态变化与很多学者研究结果一致。大气中臭氧浓度的日动态变化，主要与太阳辐射强度有关。日出前臭氧浓度随时间波动幅度较小，呈缓慢下降的趋势，使得臭氧日变化浓度的最低值出现在清晨，在白天臭氧浓度随着太阳辐射的增强逐渐升高，臭氧日变化浓度的峰值出现在正午左右，随后开始下降到午夜臭氧浓度一直逐渐下降。

2. 臭氧浓度月动态变化

5 月臭氧浓度日均值为 65.8～88.5 微克 / 立方米（占 50%），臭氧浓度日均值最低为 33.8 微克 / 立方米，最高为 108.5 微克 / 立方米。8 月臭氧浓度日均值为 34.3～48.4 微克 / 立方米（占 50%），臭氧浓度日均值最低为 28.7 微克 / 立方米，最高为 57.6 微克 / 立方米。11 月臭氧浓度日均值为 38.7～48.8 微克 / 立方米(占 50%)，臭氧浓度日均值最低为 34.7 微克 / 立方米，最高为 55.5 微克 / 立方米，如图 3-12。

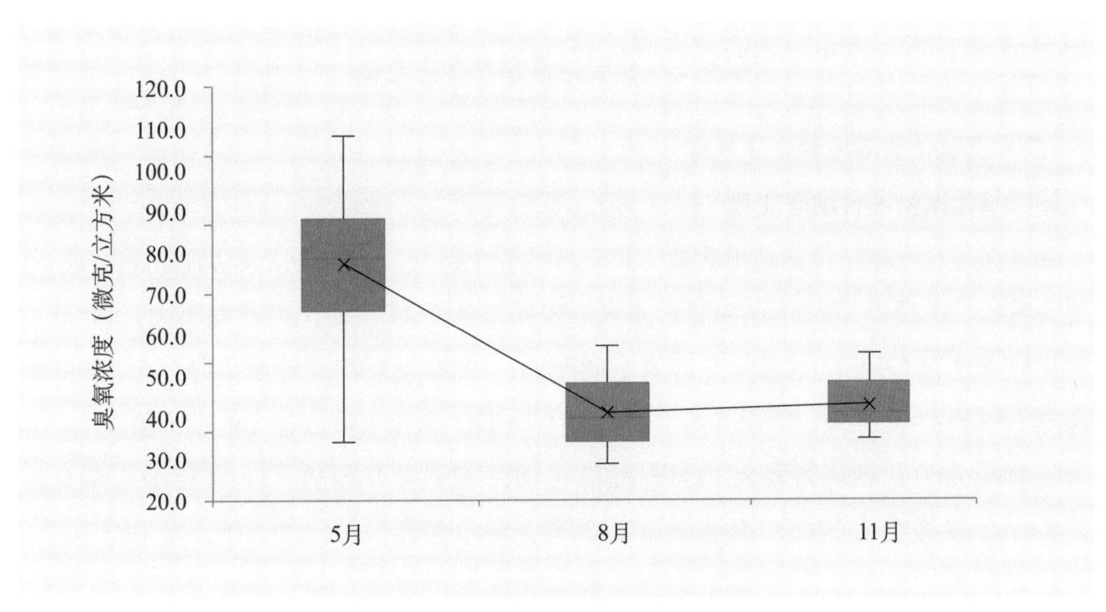

图 3-12 臭氧浓度月动态变化

由此可见，景区 5 月臭氧浓度的整体水平普遍高于 8 月和 11 月。参照国家《环境空气质量标准》(GB 3095—2012)，景区 5 月臭氧浓度 27 天达到国家一级标准，4 天达到国家二级标准，8 月和 11 月臭氧浓度均达到国家一级标准。

3. 臭氧浓度季节动态变化

景区臭氧的季节变化的特征总体呈现为春季 > 秋季 > 夏季，如图 3-13。这与众多学者研究结果不一致，夏季臭氧平均浓度低，主要是因为景区夏季植物生长旺盛，对臭氧的吸附能力要远高于其他月份，再加上夏季雨水充沛，对臭氧有着一定清除作用。还有可能由于臭氧不稳定，夏季温度较高，紫外线辐射强，较长的日照时间为光化学反应分解臭氧创造了良好的条件（唐孝炎等，2006)。而春季气温开始升高，光化学反应强烈，有利于更多的臭氧生成，因而高于其他两个季节。

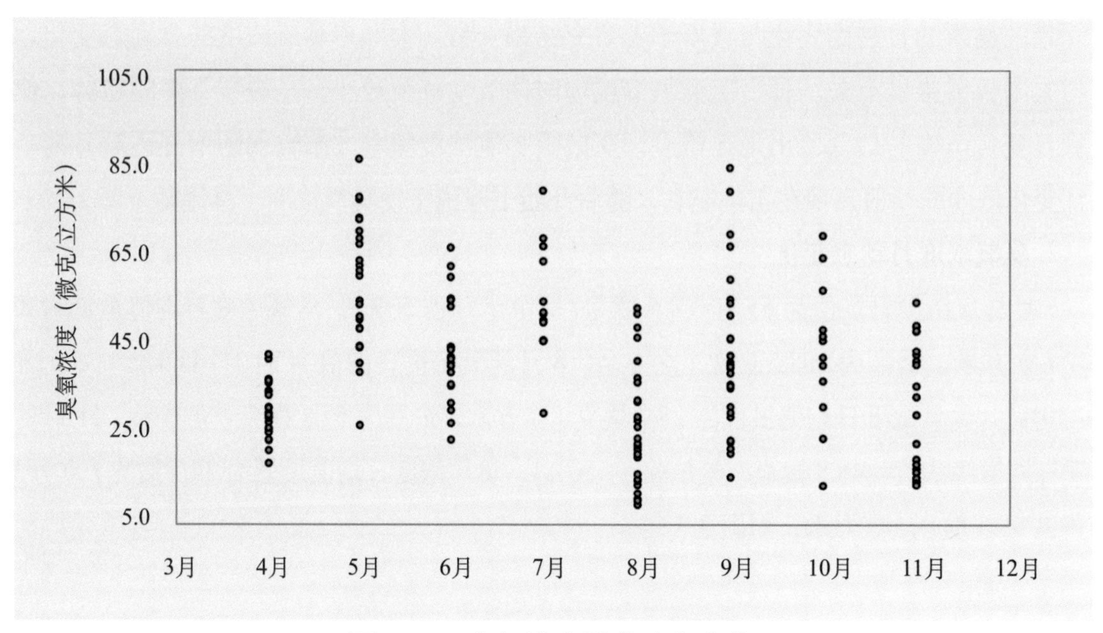

图 3-13　臭氧浓度季节动态变化

（二）二氧化氮浓度的变化规律

1. 二氧化氮浓度日动态变化

二氧化氮日变化整体呈现早晚高、正午低的变化趋势，这与许多学者研究的结果一致，如图 3-14。5 月 15 日二氧化氮浓度总体水平较低，全天 24 小时浓度波动不大，14:00 以前二氧化氮浓度在 5.4～7.6 微克 / 立方米之间波动，14:00 以后浓度开始下降，至 18:00 降至最低为 2.5 微克 / 立方米，随后开始上升。8 月 15 日二氧化氮浓度在 1.9～3.6 微克 / 立方米之间波动，14:00 浓度达到最低，呈现早晚高、正午低的变化趋势。11 月 15 日二氧化氮浓度在 8.6～29.9 微克 / 立方米之间波动，20:00 浓度达到最高，呈现白天低，变化较平缓，晚

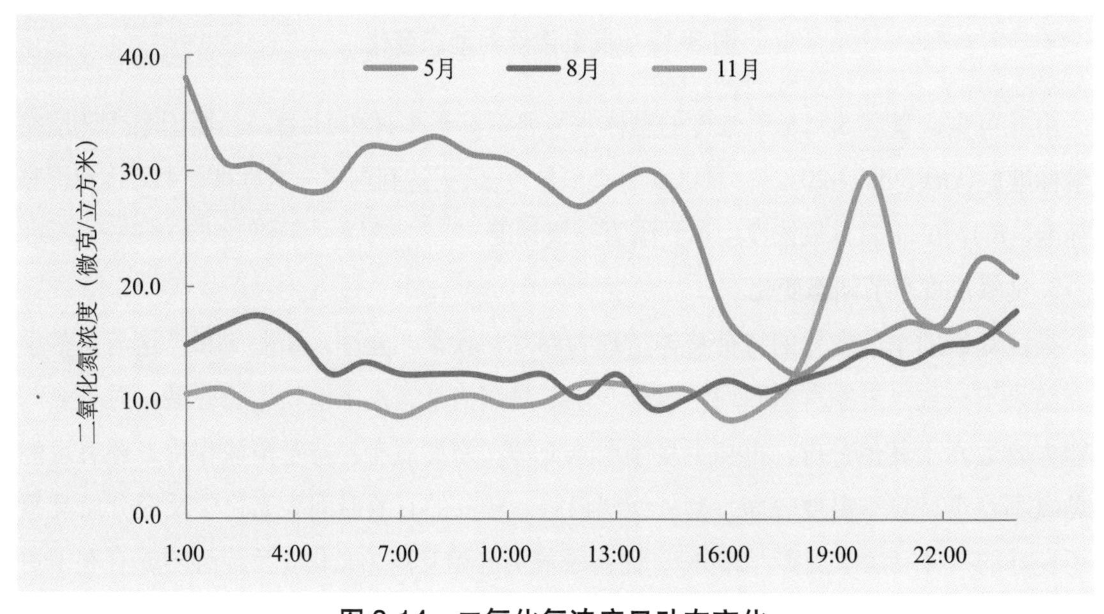

图 3-14　二氧化氮浓度日动态变化

上突然升高的变化趋势。

二氧化氮浓度日变化趋势呈双峰分布规律，一般表现为早晚高、中午低的特征，这可能由于光化学过程对 二氧化氮的消耗在中午达到最强，因此二氧化氮浓度在中午出现最低值，具体原因还有待于进一步研究。对不同季节二氧化氮浓度的日变化研究发现，4 个季节二氧化氮浓度的日变化趋势大体相同，均成双峰形变化，峰值分别出现在早晚（郑凤魁，2015）。

2. 二氧化氮浓度月动态变化

5 月二氧化氮浓度日均值为 3.1～5.2 微克 / 立方米（占 50%），二氧化氮浓度日均值最低为 2.0 微克 / 立方米，最高值为 6.9 微克 / 立方米。8 月二氧化氮浓度日均值为 5.4～6.1 微克 / 立方米（占 50%），二氧化氮浓度日均值最低为 4.9 微克 / 立方米，最高值为 7.0 微克 / 立方米。11 月二氧化氮浓度日均值为 4.7～11.4 微克 / 立方米（占 50%），二氧化氮浓度日均值最低为 1.9 微克 / 立方米，最高值为 20.8 微克 / 立方米，如图 3-15。

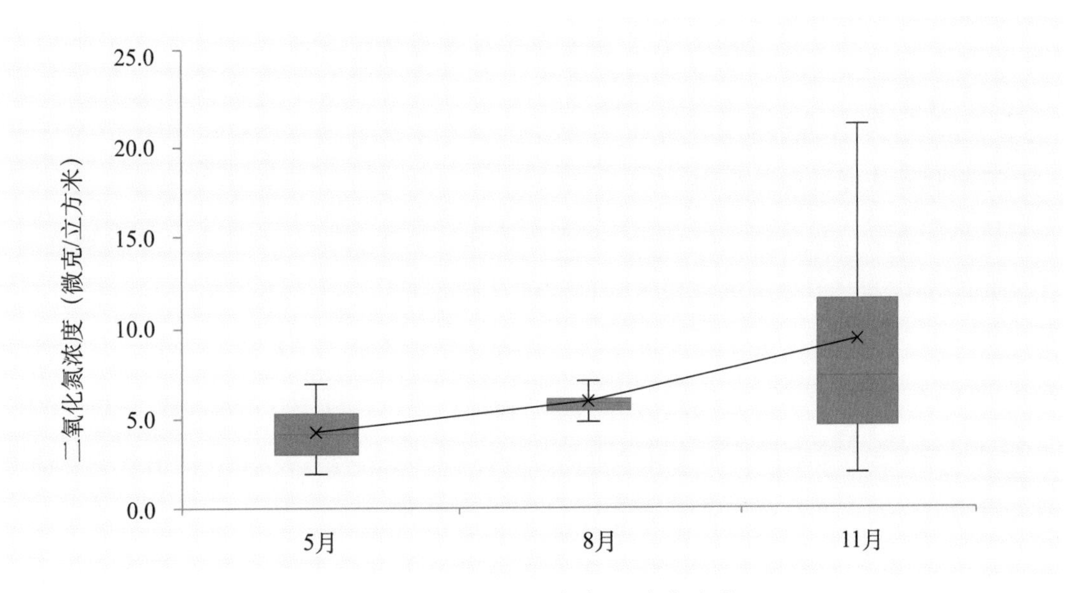

图 3-15 二氧化氮浓度月动态变化

由此可见，景区 11 月二氧化氮浓度的整体水平普遍高于 5 月和 8 月。参照国家《环境空气质量标准》(GB 3095—2012)，景区 5 月、8 月和 11 月二氧化氮浓度均达到国家一级标准，表明景区空气质量优良。

3. 二氧化氮浓度季节动态变化

景区二氧化氮浓度季节变化的特征总体呈现秋季 > 春季 > 夏季，如图 3-16，主要是因为景区 11 月已经开始供暖，煤炭燃烧量增大的同时相应地增加了排放废气的量，导致二氧化氮浓度的增加、空气污染程度加重。另外，冬季逆温天气出现的频率较大，不利于污染物的输送扩散，导致污染物聚集浓度增高，这种季节变化规律还与光化学反应强度、降雨量大小有直接关系（Meng Z et al.，2009；曹函玉，2013），景区二氧化氮污染主要是冬季燃煤取暖作用的结果。

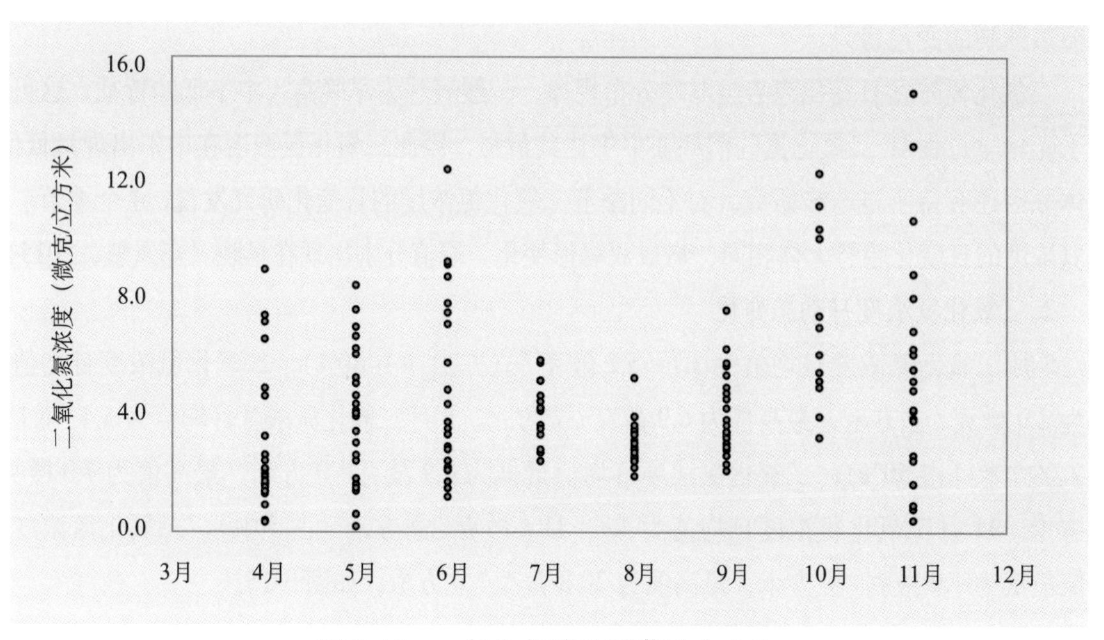

图 3-16　二氧化氮浓度季节动态变化

（三）二氧化硫浓度的变化规律

1. 二氧化硫浓度日动态变化

景区不同月份二氧化硫浓度日变化规律不明显，基本呈现 2～3 天有一个周期性的变化规律，如图 3-17。二氧化硫浓度总体呈现先增高后降低的变化趋势。5 月 13～14 日二氧化硫浓度在 1.5～7.2 微克 / 立方米之间波动，浓度变化较不明显。8 月 12～13 日二氧化硫浓度在 3.7～10.9 微克 / 立方米之间波动，浓度变化范围较大。11 月 12～13 日二氧化硫浓度在 7.4～23.2 微克 / 立方米之间，浓度波动范围最大，15:00 浓度达到峰值，而后开始急剧下降。不同月份二氧化硫浓度日变化总体呈现 11 月 >8 月 >5 月。

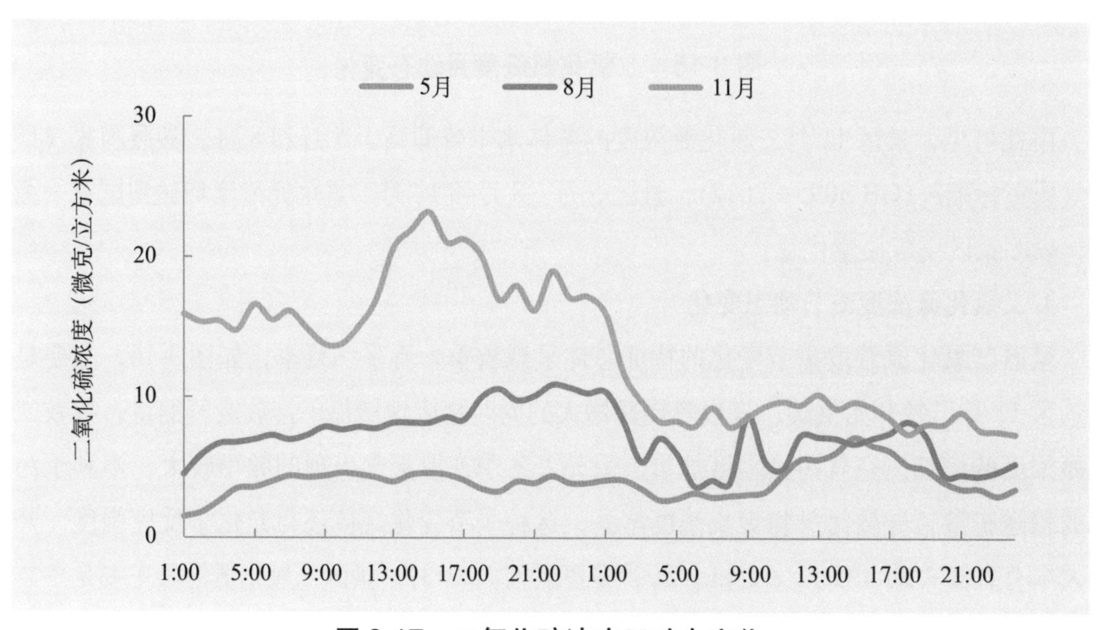

图 3-17　二氧化硫浓度日动态变化

2. 二氧化硫浓度月动态变化

5 月二氧化硫浓度日均值为 3.0～10.0 微克 / 立方米（占 50%），二氧化硫浓度日均值最低为 0.4 微克 / 立方米，最高为 16.1 微克 / 立方米。8 月二氧化硫浓度日均值为 5.5～9.3 微克 / 立方米（占 50%），二氧化硫浓度日均值最低为 3.3 微克 / 立方米，最高为 13.5 微克 / 立方米。11 月二氧化硫浓度日均值为 9.2～15.9 微克 / 立方米（占 50%），二氧化硫浓度日均值最低为 4.6 微克 / 立方米，最高为 18.1 微克 / 立方米，如图 3-18。

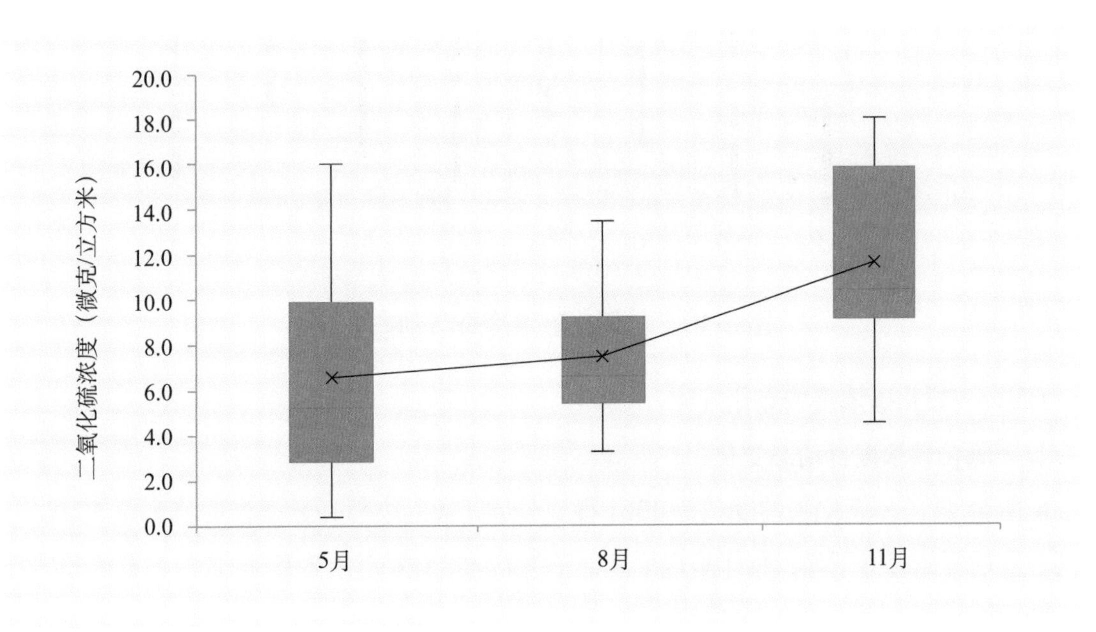

图 3-18　二氧化硫浓度月动态变化

由此可见，景区 11 月二氧化硫浓度普遍高于其他月份，有可能与冬季燃煤有一定关系。参照国家《环境空气质量标准》(GB 3095—2012)，景区 5 月、8 月和 11 月二氧化硫浓度均达到国家一级标准，表明景区空气质量优良。

3. 二氧化硫浓度季节动态变化

我国二氧化硫浓度的季节变化规律为夏季较低、冬季较高，而春、秋两季相差不大，主要是因为我国冬季采暖期煤炭的用量大幅度上升，加之冬季温度低，污染物疏散困难，导致污染物浓度过高，而夏季降雨多，对污染物起到冲刷作用，使二氧化硫的浓度明显下降（韩朴，2015）。

景区二氧化硫浓度变化规律为夏季最高、春季最低，秋季介于两者之间，季节总体变化特征为夏季 > 秋季 > 春季，如图 3-19。景区二氧化硫浓度的季节动态变化为夏季高于春季、秋季，主要是因为 6 月日变化有几天极高值，春季二氧化硫的波动较大使得季节平均值较低。

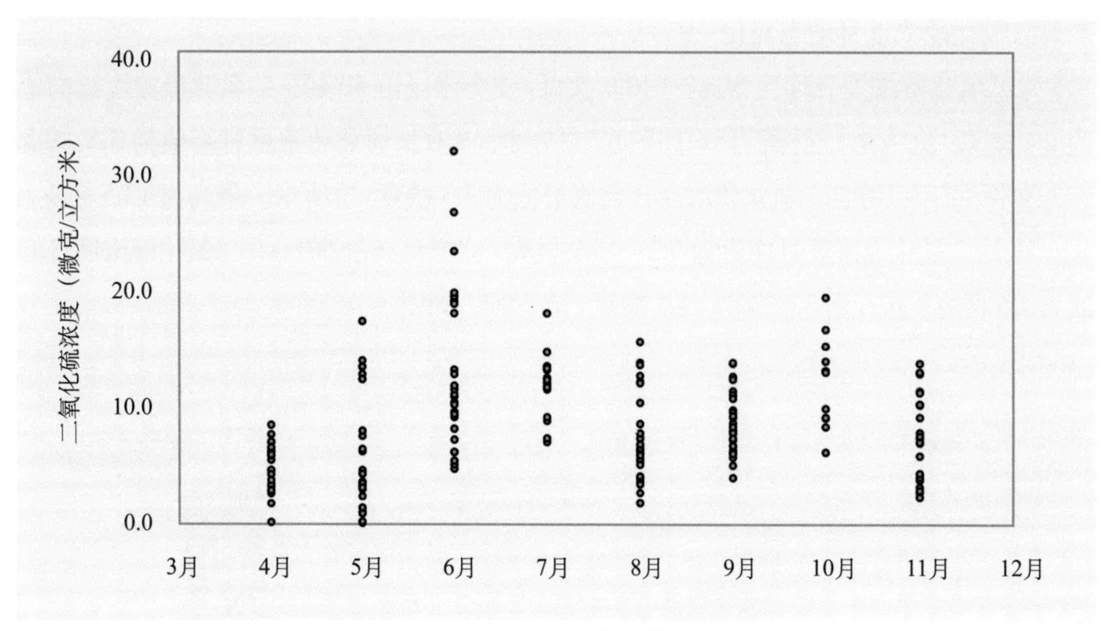

图 3-19 二氧化硫浓度季节动态变化

（四）一氧化碳浓度的变化规律

1. 一氧化碳浓度日动态变化

5 月 15 日，一氧化碳的峰值为 1351 微克 / 立方米，凌晨开始逐渐升高，至 13:00 达到最高，而后开始缓慢下降，总体呈现早晚低正午高的变化趋势。8 月 15 日，一氧化碳的峰值为 1586 微克 / 立方米，8:00 出现第一个峰值，而后开始下降，至 17:00 降至最低，而后开始急剧上升，在 19:00 出现最高峰值。11 月 15 日，一氧化碳的峰值为 1842.1 微克 / 立方米，8:00～9:00 出现低谷期，而后逐渐上升，13:00 出现第一个峰值，而后开始下降，至 16:00 降至最低，然后开始逐渐上升，在 20:00 出现最高峰值，如图 3-20。

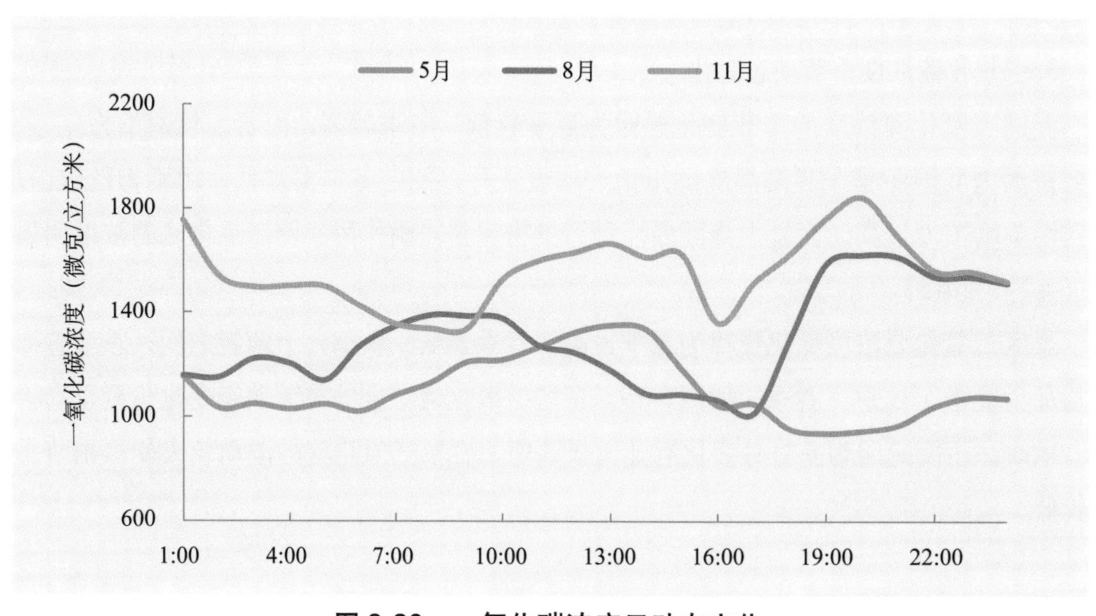

图 3-20 一氧化碳浓度日动态变化

景区一氧化碳的日动态变化与很多学者研究结果一致。各峰值和谷值出现的时间，随着地域和测量的植物群落、林分类型、人流量的不同而不同。一氧化碳浓度日变化呈双峰形，一天之中出现早晚两个高峰期。不同季节一氧化碳的日变化存在明显差异，冬季、秋季的日变化幅度大，而夏季、春季的日变化幅度小（薛敏等，2006）。

2. 一氧化碳浓度月动态变化

5 月一氧化碳浓度日均值为 753.0～1256.9 微克 / 立方米（占 50%），一氧化碳浓度日均值最低为 600.3 微克 / 立方米，最高为 1427.7 微克 / 立方米。8 月一氧化碳浓度日均值为 1256.3～1361.4 微克 / 立方米（占 50%），一氧化碳浓度日均值最低为 1193.9 微克 / 立方米，最高为 1517.0 微克 / 立方米。11 月一氧化碳浓度日均值为 691.3～1390.6 微克 / 立方米（占 50%），一氧化碳浓度日均值最低为 165.6 微克 / 立方米，最高为 2027.7 微克 / 立方米，如图 3-21。

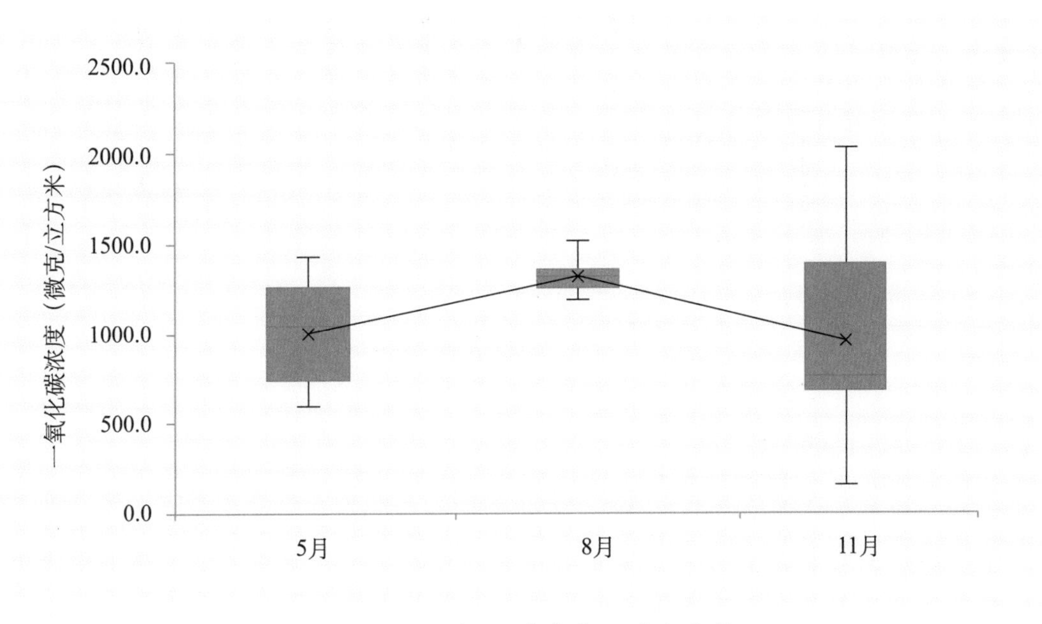

图 3-21　一氧化碳浓度月动态变化

由此可见，景区 8 月一氧化碳浓度普遍高于其他月份，一氧化碳的主要来源是工业废气和汽车尾气，可能与季节性旅游有关，道路行驶车辆增加。5 月和 11 月 一氧化碳平均浓度相差不大，11 月一氧化碳浓度有极高值出现，可能与秸秆的季节燃烧有一定相关。参照《环境空气质量标准》(GB 3095—2012)，景区 5 月、8 月和 11 月一氧化碳整体浓度偏低，均达到国家一级标准，表明景区空气质量优良。

3. 一氧化碳浓度季节动态变化

有学者认为，一氧化碳浓度的季节变化为冬季最高、夏季最低，春秋季介于两者之间（韩朴，2015）。夏季一氧化碳浓度最低，一方面是因为夏季的降雨量较大、空气温度较高，大气层中的湍流波动较强，水平方向的输送和垂直方向的扩散条件都比冬季好，还有就是夏季太阳辐射强温度高，降雨多湿度大，大气环境中对应的光化学反应速率也高，一氧化

碳作为光化学前体物化学活性强，经过光化学反应后浓度下降（王宏等，2015）。

景区一氧化碳浓度的季节变化表现为夏季 > 春季 > 秋季，夏季最高、秋季最低，春季介于两者之间，如图 3-22。景区一氧化碳的季节动态变化与很多学者研究结果不一致，主要是因为景区夏季是旅游旺季，车流量大，汽车尾气排放的一氧化碳浓度也随之增加。而春季和秋季天气转凉，景区旅游进入淡季，因此一氧化碳浓度也随之降低。

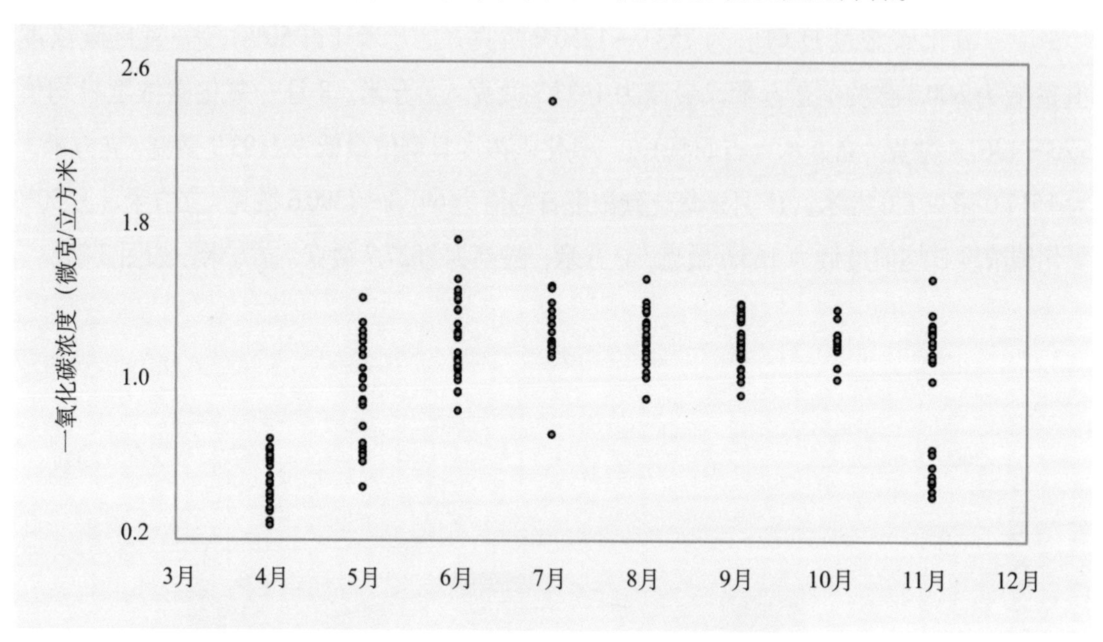

图 3-22　一氧化碳浓度季节动态变化

四、小气候时间变化规律

森林小气候的形成是诸多生物因素和非生物因素之间相互长期作用的结果，森林植被在局部小气候的形成过程中起着举足轻重的作用。从 20 世纪 50 年代开始，我国就开展了森林小气候的研究工作。森林不同程度地影响着林内空气温度，调节着大气与地表之间的湿度，削弱太阳辐射，对调节气候、净化空气、涵养水源具有非常积极而重要的意义。经过多年对森林小气候的研究摸索、实地测量的研究结果表明，森林小气候具有明显的日变化、月变化和季节变化规律。

（一）林内外温度变化规律

1. 林内外空气温度日动态变化

林内空气温度变化的影响机制相对复杂，树木冠层在白天减弱辐射降低林内温度，在夜晚又可以减少林内热量的散失起到增温的作用。由于冠层的作用，白天林内积累的热空气不易散逸，同样夜间林内冷空气也不易散走，因此，林内空气温度日差一般比林外的空气温度日差小。有学者研究表明，林冠上方的气温在白天高于林冠下，夜间林冠上的气温低于林冠下（常杰，1999）。

林内外的空气温度的变化规律基本一致（图 3-23）。1 月 15 日林外各时段空气温度普遍高于林内，13:00～16:00 林内气温高于林外，14:00 林内外气温均达到最高且林内高于林外 1.1℃，16:00 以后又低于林外。5 月 15 日 0:00～5:00 林外空气温度高于林内，在 5:00～13:00 又低于林内，林内在 12:00 气温达到最高为 22.7℃，林外在 15:00 气温达到最高为 21.9℃，14:00 以后林外气温又高于林内。8 月 15 日林外空气温度普遍高于林内，林内外温度在 16:00 达到最高为 24.2℃。11 月 15 日 0:00～10:00 林外空气温度高于林内，在 10:00～16:00 林外温度又低于林内，14:00～15:00 林内气温达到最高为 − 2℃，16:00 林外气温达到最高为 − 2.3℃，16:00 后林外气温又高于林内。景区龙门石寨林内外温度呈现早晚低、正午高的变化趋势，白天正午林内温度普遍高于林外温度，早晚林内温度普遍低于林外温度，总体表现为林内温差小于林外温差。

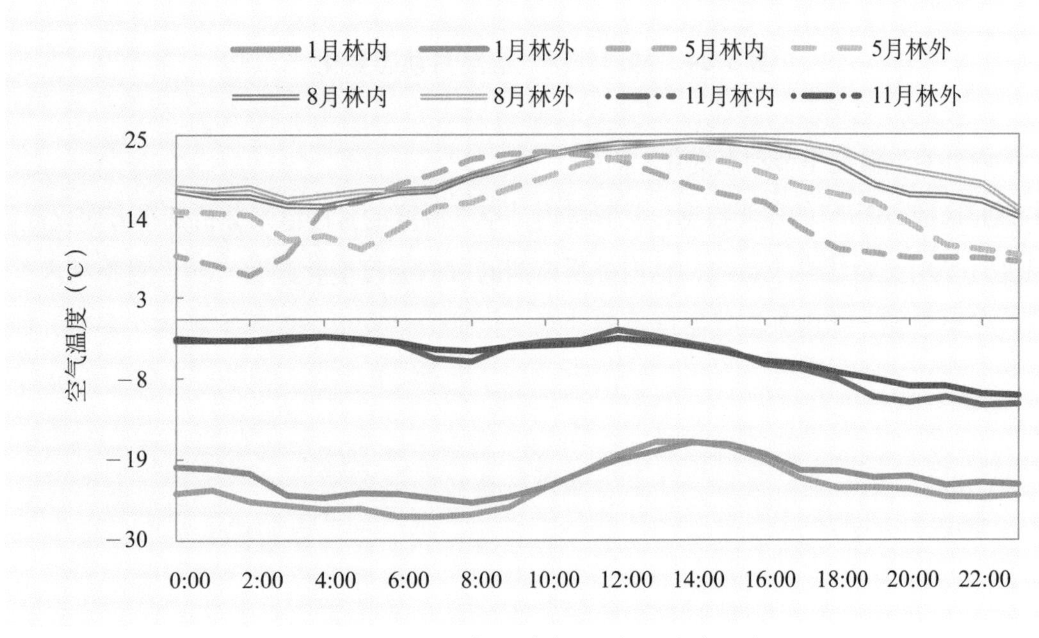

图 3-23 林内外空气温度日动态变化

2. 林内外空气温度月动态变化

林内外月均气温变化趋势基本一致，林外空气温度月均值均高于林内（图 3-24）。1 月林内温度日均值为 − 26.5～ − 18.8℃（占 50%），林外温度日均值为 − 25.1～ − 18.0℃（占 50%）。5 月林内温度日均值为 10.2～15.1℃（占 50%），林外温度日均值为 10.8～17.0℃（占 50%）。8 月林内温度日均值为 17.3～19.4℃（占 50%），林外温度日均值为 18.7～21.1℃（占 50%）。11 月林内温度日均值为 − 13.9～ − 3.0℃（占 50%），林外温度日均值为 − 12.7～ − 2.6℃（占 50%）。空气温度 8 月达到最高，1 月达到最低。林内空气温度全年平均值低于林外，该结论与刘允芬等（2001）研究结果相符。

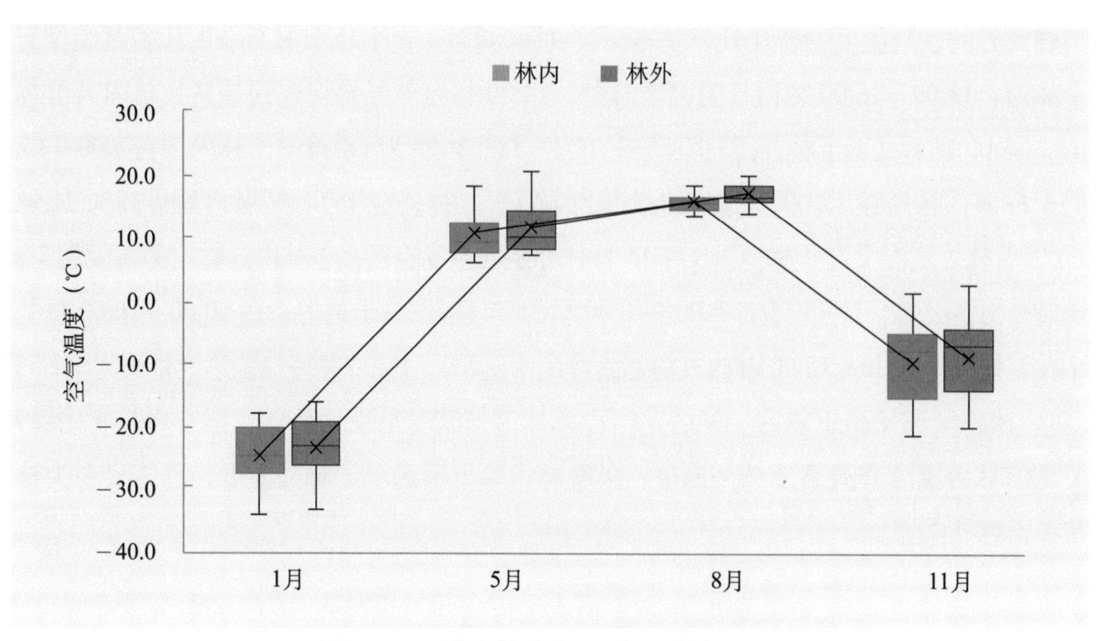

图 3-24　林内外空气温度月动态变化

3. 林内外空气温度季节动态变化

本研究选择2018年的监测数据，计算林内外空气温度的月均值来分析其季节变化规律。林外温度月平均值始终高于林内，林内外所监测时段内温度变化趋势一致，夏季林内外温度最高，冬季最低，林内外空气温度季节动态变化总体呈夏季 > 春季 > 秋季 > 冬季，如图3-25。

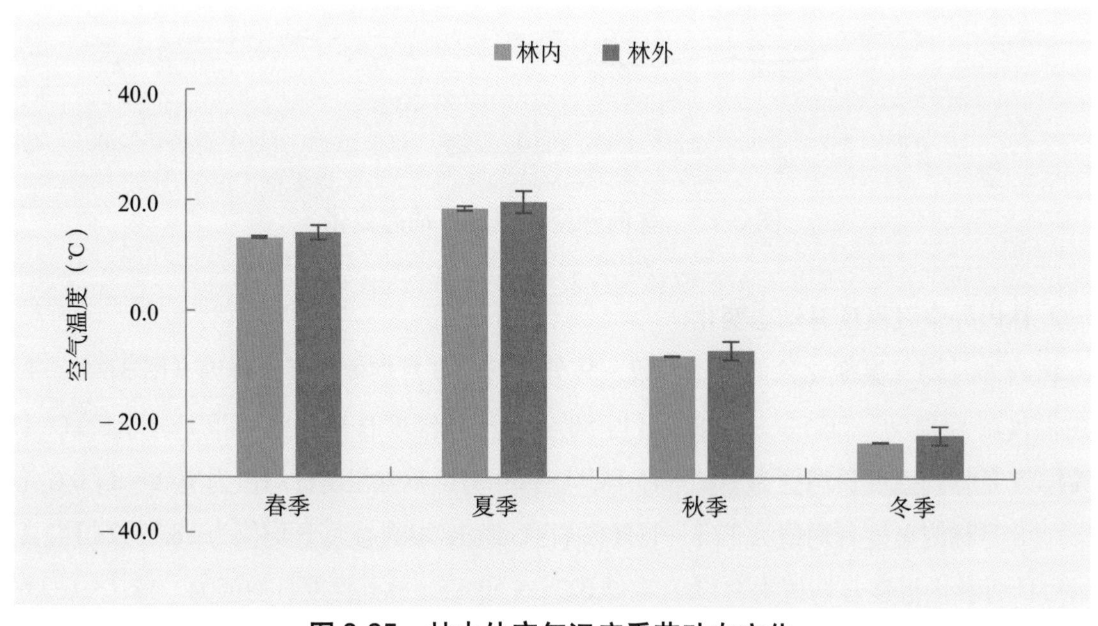

图 3-25　林内外空气温度季节动态变化

（二）林内外湿度变化规律

1. 林内外空气湿度日动态变化

空气湿度变化幅度的大小和高低受光辐射、气温、林冠郁闭度、林分结构、天气状况和风力等诸多因素的影响。郁闭的森林林冠层对地面进行覆盖，致使林内比林外保持了较高的湿度，通过连续观测发现林内外空气相对湿度的日动态呈 U 形变化，呈现早晚高、正午低的变化趋势。

林内外的空气湿度变化规律是基本一致的，与众多学者研究结果相一致，日动态呈 U 形变化，表现为早晚高、正午低的变化趋势，林内湿度大于林外（图 3-26）。5 月 15 日和 8 月 15 日林内湿度大于林外湿度，1 月 15 日在 12:00～14:00 林内湿度低于林外，其余各时段林内空气湿度普遍高于林外，11 月 15 日在 12:00～15:00 林内湿度低于林外湿度，其余的时段林内空气湿度普遍高于林外湿度。

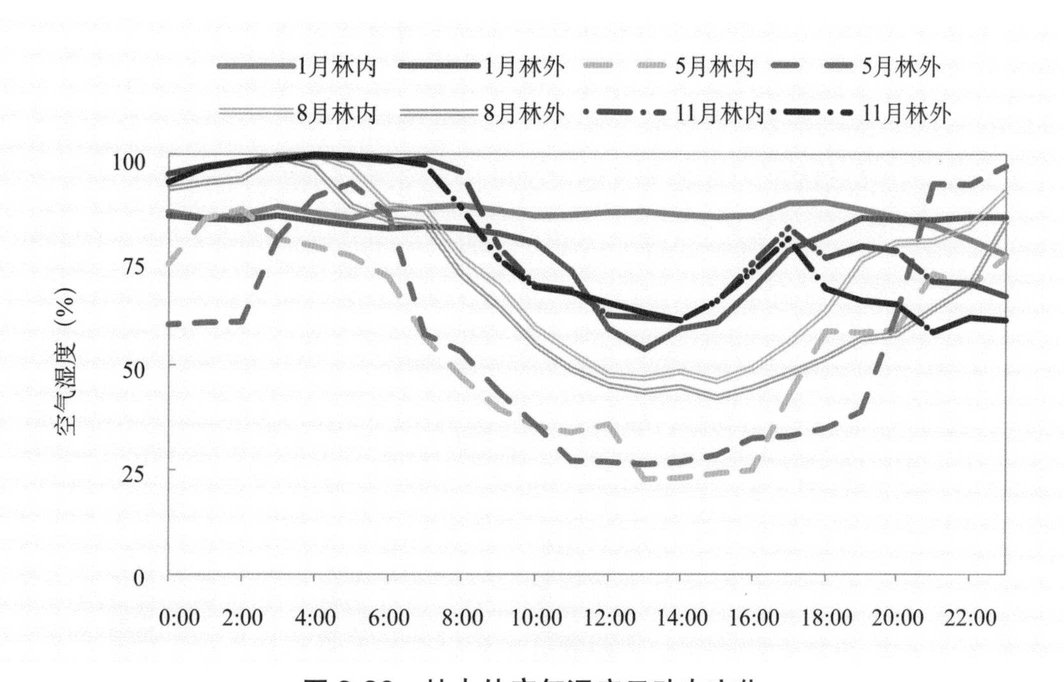

图 3-26 林内外空气湿度日动态变化

2. 林内外空气湿度月动态变化

1 月林内空气湿度日均值为 71.2%～80.7%（占 50%），林外湿度日均值为 68.8%～80.1%（占 50%）。5 月林内湿度日均值为 44.5%～68.7%（占 50%），林外湿度日均值为 35.4%～67.3%（占 50%）。8 月林内湿度日均值为 83.1%～90.8%（占 50%），林外湿度日均值为 73.2%～83.5%（占 50%）。11 月林内湿度日均值为 68.8%～83.8%（占 50%），林外湿度日均值为 62.2%～78.1%（占 50%），如图 3-27。

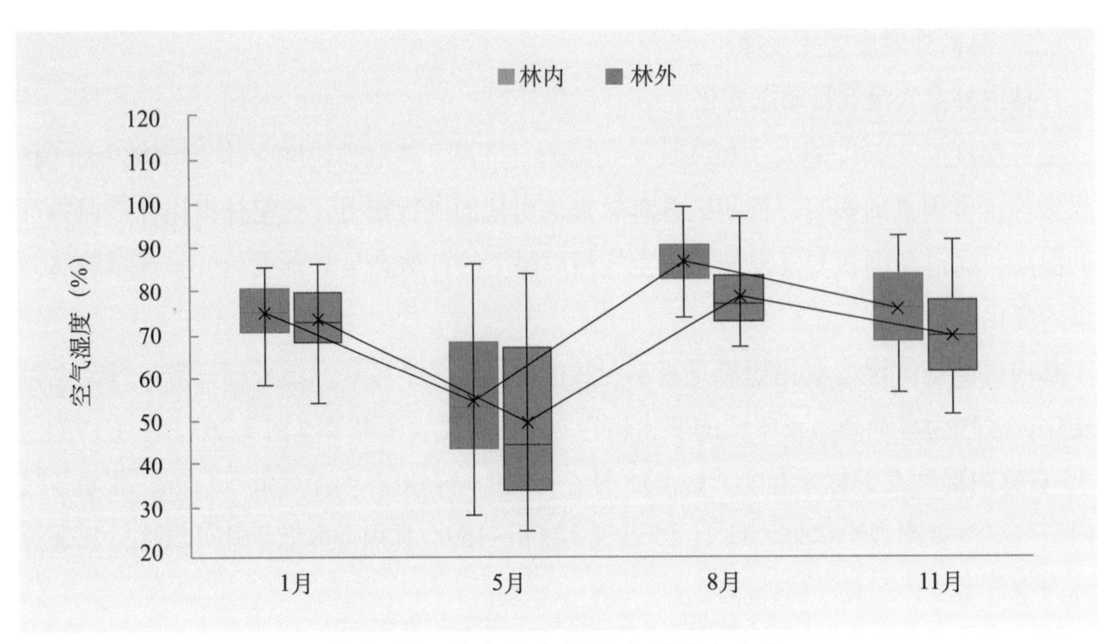

图 3-27 林内外空气湿度月动态变化

3. 林内外空气湿度季节动态变化

林内湿度月平均值始终高于林外（图 3-28）。林内外所监测时段内湿度变化趋势一致，夏季林内外湿度最高、春季最低，林内外湿度季节动态变化总体呈夏季最高，春季最低，秋季和冬季居中相差不大。

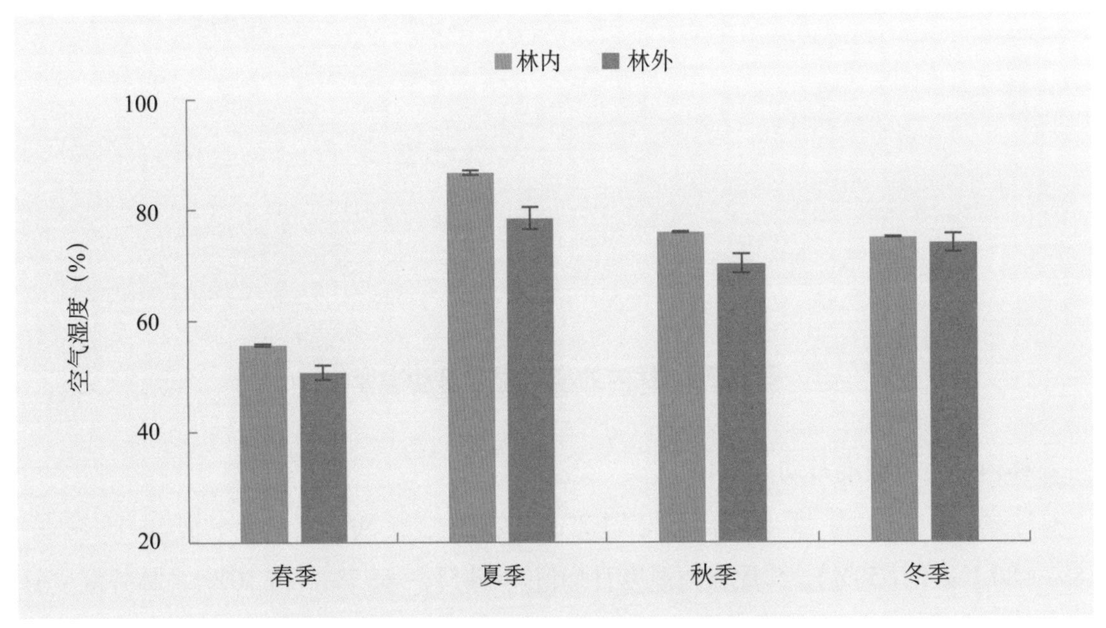

图 3-28 林内外空气湿度季节动态变化

（三）林内外太阳辐射变化规律

1. 林内外太阳辐射日动态变化

太阳辐射通过反射、吸收和透过三个过程直接或间接地影响着整个森林生态系统内部

以及与外部的能量传递，多种因素作用下促使林内形成热量小气候。太阳辐射穿透树木冠层进入林内的总辐射量与森林生态系统内部的结构层次、树种类型、枝条的繁茂及太阳的不同高度角等有关。不同类型和结构层次的森林在不同时间内，透过冠层到达林内的总辐射量差异很大。冠层的枝条和叶片对太阳辐射都有一定程度的阻挡，使林内太阳辐射远小于林外辐射。据有关学者测定，在茂密的森林中，透过冠层到达林地地表的太阳辐射仅有2%，然而在疏林中太阳辐射可达25%。

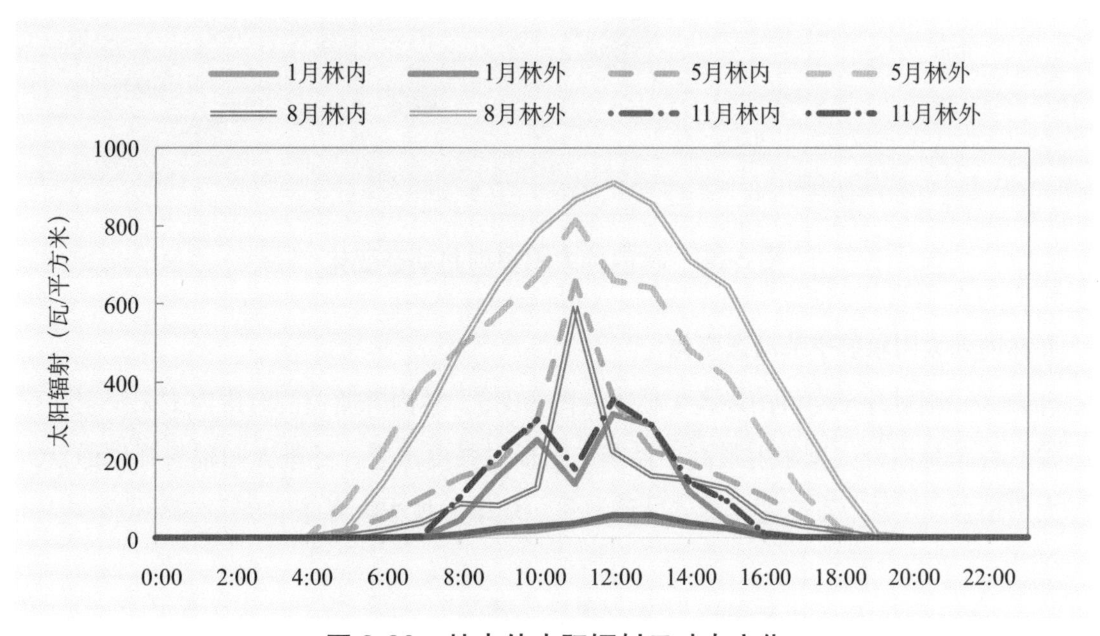

图 3-29　林内外太阳辐射日动态变化

林内外太阳辐射变化规律是基本一致的，即呈早晚低、中午高的倒 U 形变化趋势，与众多学者研究结果相一致（图 3-29）。1 月 15 日林内外太阳辐射在 8:00 开始升高，13:00 太阳辐射分别达到最大值，18:00 太阳辐射逐渐消失。5 月 15 日林内外太阳辐射在 6:00 开始升高，分别于 12:00 和 13:00 达到最大值，20:00 太阳辐射逐渐消失。8 月 15 日林内外辐射分别在 8:00 和 6:00 开始升高，再分别于 12:00 和 13:00 达到最大值，又于 17:00 和 20:00 太阳辐射逐渐消失。11 月 15 日林内外太阳辐射在 8:00 开始升高，12:00～13:00 达到最大值，于 18:00 太阳辐射逐渐消失。

2. **林内外太阳辐射月动态变化**

1 月林内太阳辐射日均值为 7.5～12.2 瓦 / 平方米（占 50%），林外太阳辐射日均值为 51.8～67.3 瓦 / 平方米（占 50%）。5 月林内太阳辐射日均值为 83.3～145.0 瓦 / 平方米（占 50%），林外太阳辐射日均值为 213.3～316.5 瓦 / 平方米（占 50%）。8 月林内太阳辐射日均值为 41.0～71.1 瓦 / 平方米（占 50%），林外太阳辐射日均值为 165.4～292.3 瓦 / 平方米（占 50%）。11 月林内太阳辐射日均值为 17.5～40.8 瓦 / 平方米（占 50%），林外太阳辐射日均值为 57.7～77.3 瓦 / 平方米（占 50%）。林外太阳辐射强度月平均值始终高于林内，如图 3-30。

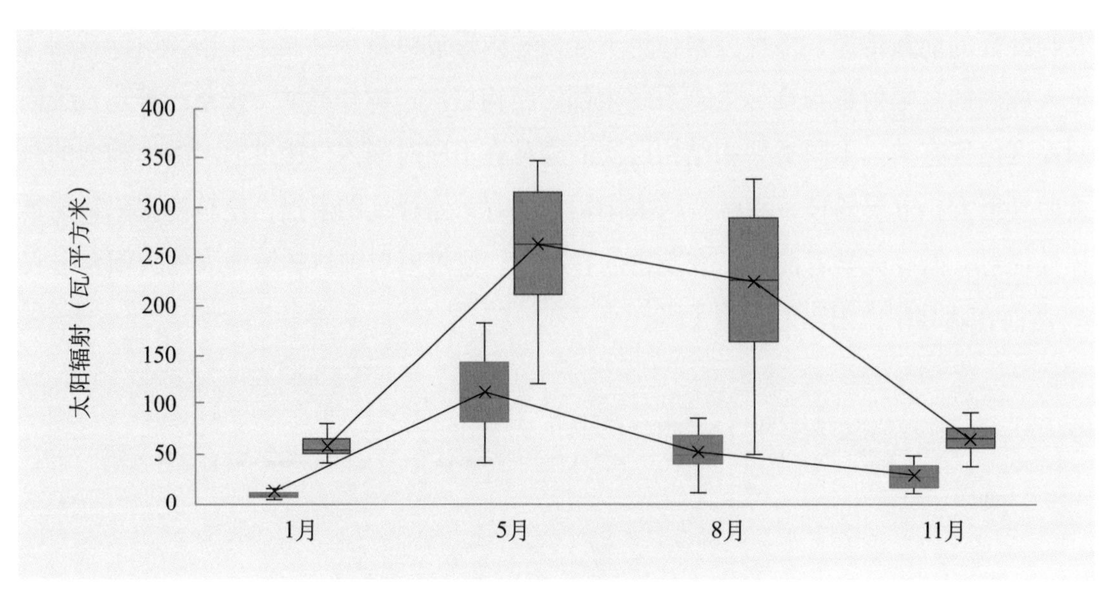

图 3-30　林内外太阳辐射月动态变化

3. 林内外太阳辐射季节动态变化

林外太阳辐射月平均值始终高于林内（图 3-31）。林内外所监测时段内太阳辐射变化趋势一致，春季林内外太阳辐射最高，夏季太阳辐射强度次之，冬季太阳辐射强度最低，林内外太阳辐射强度季节动态变化总体呈现春季 > 夏季 > 秋季 > 冬季。

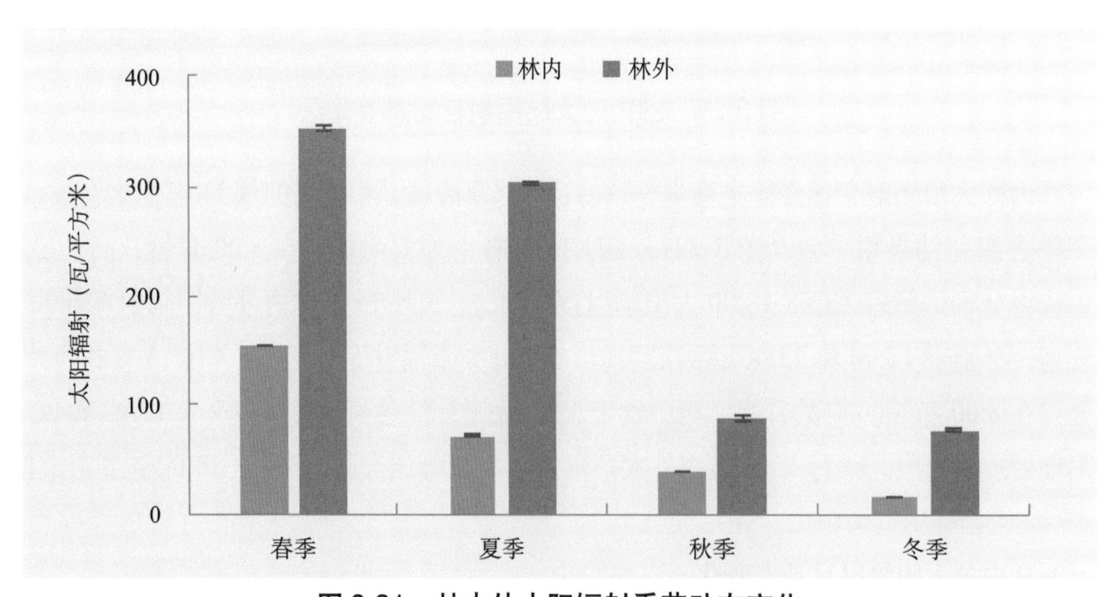

图 3-31　林内外太阳辐射季节动态变化

（四）林内外风速变化规律

1. 林内外风速日动态变化

林内外风速的日变化呈双峰或多峰状，且变化规律是基本一致的，表现出林内全天风速波动平缓，最高值并不明显，林外风速远高于林内，呈昼高夜低的变化趋势，这与众多学者研究结果相一致。林内外的风速最高值出现的时间大体一致，一般都出现在 11:00～16:00，

最低值一般出现在清晨以前（0:00～9:00）或深夜（21:00～23:00）。1 月、5 月、8 月和 11 月 15 日林内均出现无风或近乎无风时段，可见森林对风起到显著的阻挡作用（图 3-32）。

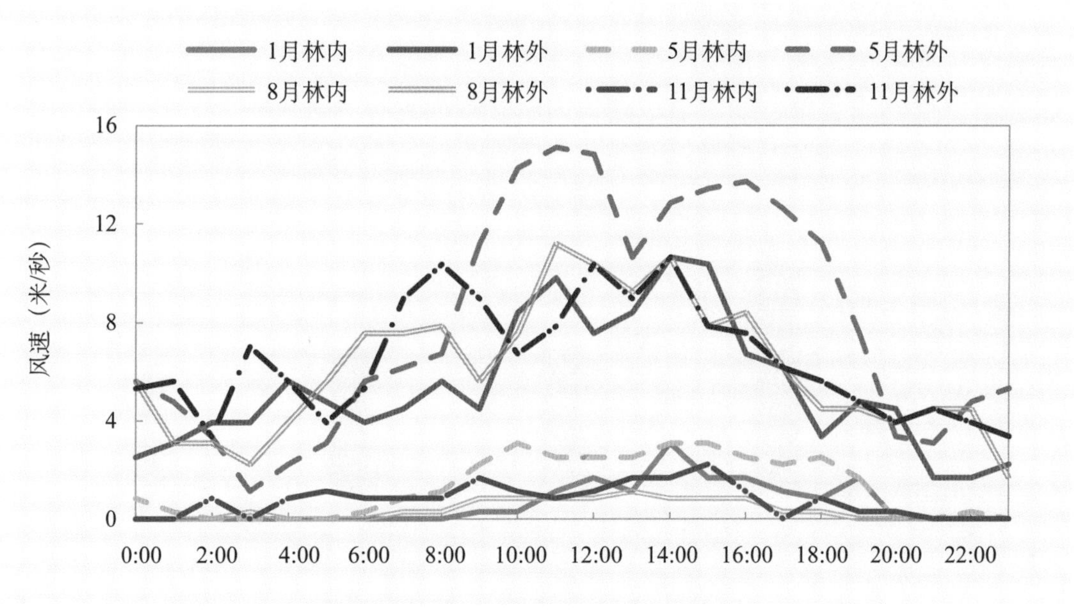

图 3-32　林内外风速日动态变化

2. 林内外风速月动态变化

1 月林内风速日均值为 0.1～0.3 米 / 秒（占 50%），林外风速日均值为 1.9～3.9 米 / 秒（占 50%）。5 月林内风速日均值为 0.3～1.0 米 / 秒(占 50%)，林外风速日均值为 4.0～6.5 米 / 秒(占 50%)。8 月林内风速日均值为 0.0～0.2 米 / 秒(占 50%)，林外风速日均值为 1.8～4.5 米 / 秒(占 50%)。11 月林内风速日均值为 0.3～0.6 米 / 秒(占 50%)，林外风速日均值为 2.3～5.0 米 / 秒(占 50%)。林外风速月平均值远高于林内，如图 3-33。

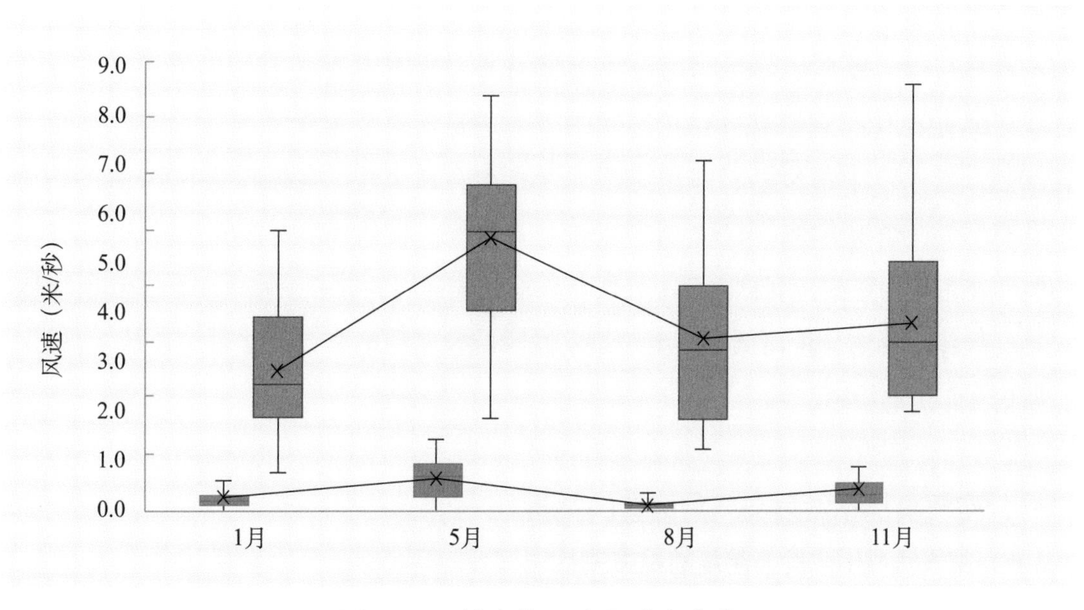

图 3-33　林内外风速月动态变化

3. 林内外风速季节动态变化

林外风速月平均值始终远高于林内（图 3-34）。春季林内外风速最大，夏季和秋季风速次之，冬季风速最低，林内外风速季节动态变化总体呈现春季 > 夏季 = 秋季 > 冬季。

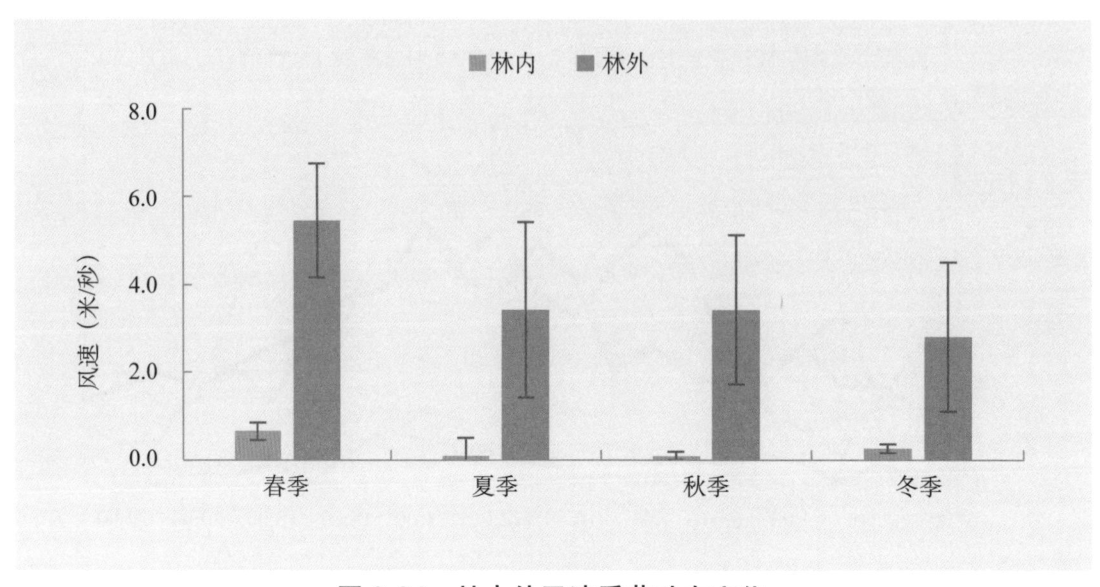

图 3-34　林内外风速季节动态变化

第三节　森林氧吧功能形成的驱动力分析

自然环境因素对森林氧吧功能形成有重要的驱动作用，通过影响树木生长发育、群落结构、植被演替、森林生态系统能量流动和物质循环等方面来驱动森林氧吧功能时空格局的形成。自然环境是森林氧吧功能形成的基础，对其驱动作用主要表现在地理位置、气象因素、森林结构、植被类型等 4 方面，是地理分异和生态系统交互作用的结果。良好的自然环境能够有效地促进植物群落的生长和发育、能量流动及养分循环，从而使森林的氧吧功能增强。恶劣的自然环境条件限制植物群落的生存和生长。森林环境中空气负离子的影响因素有气候、植被类型、气象、水体、海拔高度等。自然环境对森林氧吧功能地理分异性的驱动作用较为复杂，森林内部小气候与外部气候之间的差异，空气负离子和植物精气、颗粒物、气体污染物含量高低等，主要是不同区域自然环境要素的差异与森林生态系统之间长期相互作用的结果。

一、空气负离子浓度与气象因素的关系

（一）空气负离子浓度与温度的相关关系

温度是影响植物体内光合作用酶活性的重要因素，植物光合作用越强，释放的氧气量

越多，氧气扩散到空气中与电子结合形成新的负离子。从另一方面来讲，温度还会影响空气污染物的扩散速度，从而间接影响空气负离子的浓度（李冰，2016）。有些学者的研究结果表明，空气负离子浓度和温度呈现显著正相关，而更多的学者认为空气负离子浓度与温度之间呈现负相关关系。还有部分学者认为空气负离子浓度与温度的相关关系不是全年一致，两者关系可能会随着季节的变化而变化。通过分析五大连池不同时间空气负离子浓度和温度之间日变化时发现，不同时段空气负离子浓度与温度之间的变化规律不一致，1 月空气负离子浓度与温度呈正相关，5 月和 8 月空气负离子浓度与温度呈负相关，并且在 5 月空气负离子浓度对温度的变化比较敏感（图 3-35）。由此可以看出，不同时段温度的高低对空气负离子浓度的影响不同。

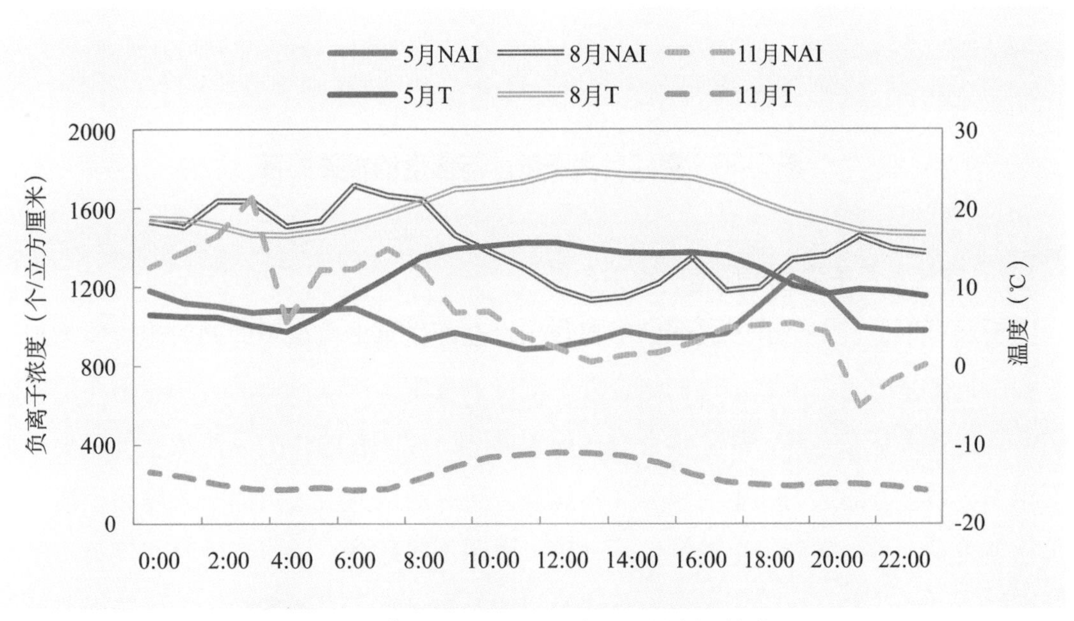

图 3-35 空气负离子浓度与温度的相关关系

（二）空气负离子浓度与湿度的相关关系

湿度是影响空气负离子浓度的重要因素之一。空气湿度增大意味着空气中水分子的含量也增加，大量水分子的存在能够增大电子与水分子结合的概率从而增加空气负离子的含量，同时由水分子形成大体积的负离子还会被空气中的气体污染物、颗粒物吸附发生沉降。如果研究区域空气质量差，那么发生沉降的概率就很大，湿度对空气负离子浓度同时起到的正负两方面的作用，所以很多学者针对空气湿度这一要素的影响作用在不同的地方开展相关研究（李冰，2016）。一个较为普遍的结论是认为研究区空气负离子浓度与湿度呈正相关关系（图 3-36）。

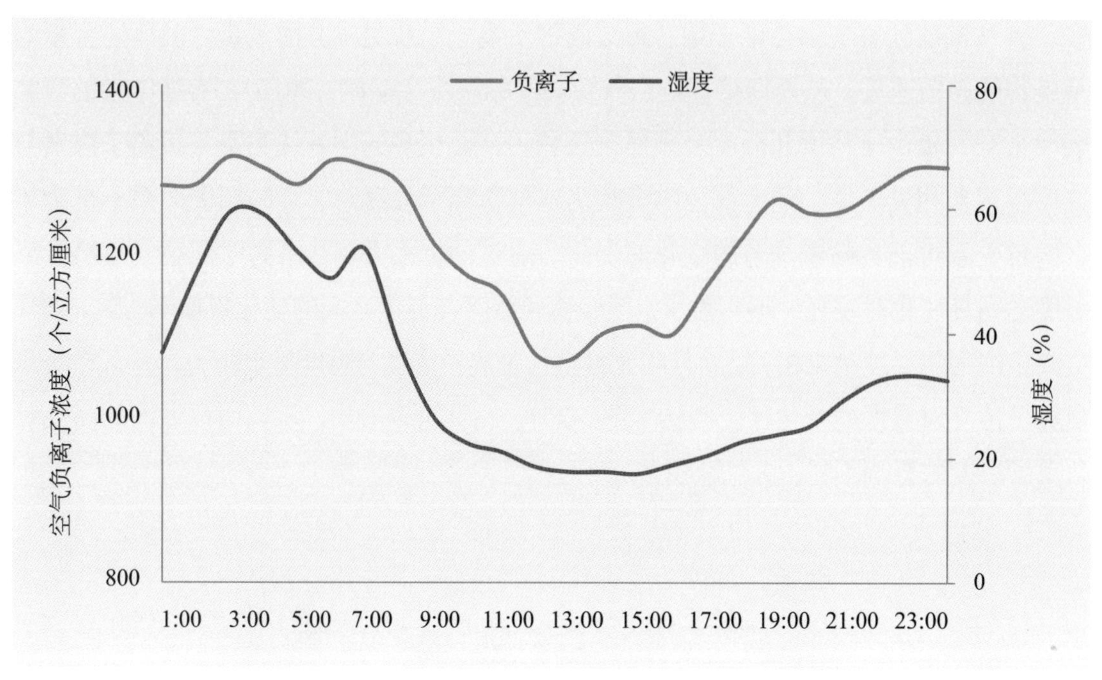

图 3-36　空气负离子浓度与湿度的相关关系

（三）空气负离子浓度与风速的相关关系

因为风可以促进空气分子之间的摩擦作用，在产生更多负离子的同时也可能增加了负离子和由风带来的正离子和尘埃的结合发生沉降的概率，所以风速的大小在不同的地区会产生的作用效果存在差异，部分学者对此因素展开研究。有的认为风速和空气负离子浓度是正相关关系，有的认为二者的相关性不显著，还有的认为空气负离子浓度和风速呈现显著负相关关系，不同学者得出的结论不一致，说明不同环境下风速浓度对空气负离子浓度可能产生不同的作用，也可能是由于观测时间的差异导致了不同的结论，仍然需要进一步的研究论证。从五大连池 5 月、8 月和 11 月空气负离子浓度与风速的日动态变化来看，空气负离子与风速呈负相关。这可能是因为五大连池空气负离子浓度较低，当有风时空气负离子会随着风移动，从而使仪器检测到的空气负离子的浓度减少。有些学者测得空气负离子浓度与风速成正相关，这可能是因为风速较小，空气负离子浓度较大，当有风时进入仪器的气体增多，使得空气负离子的总量增加，从而测得空气负离子的浓度增加，与风速呈正相关（图 3-37）。

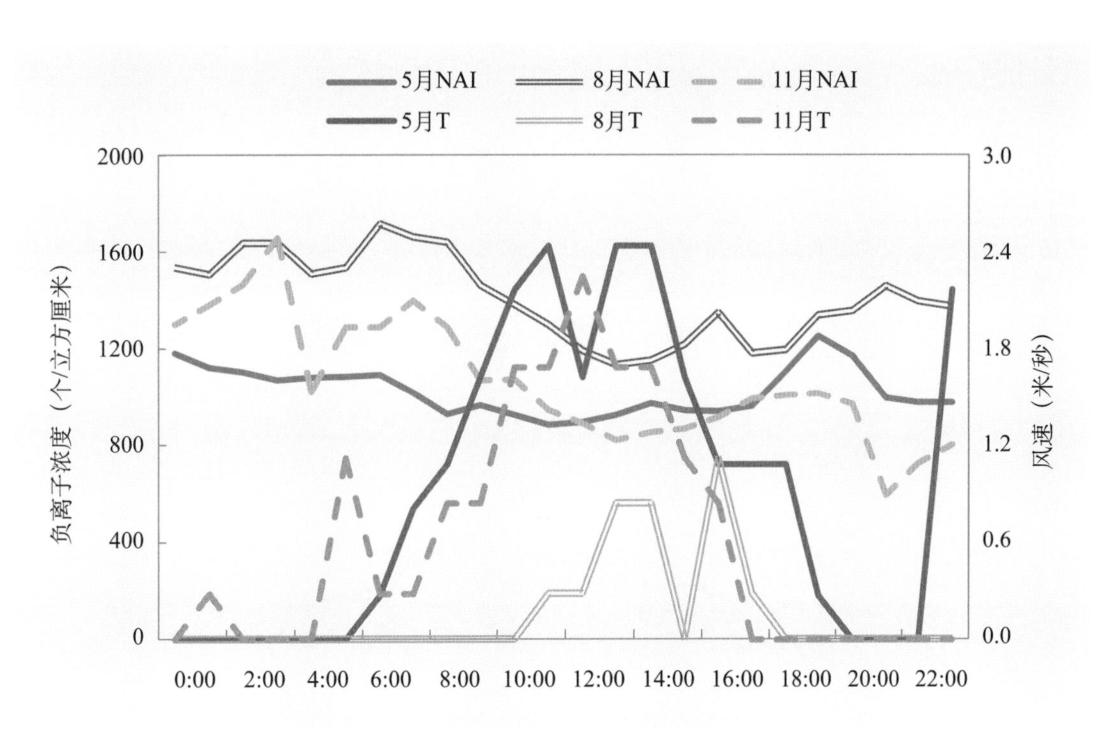

图 3-37　空气负离子浓度与风速的相关关系

（四）空气负离子浓度与辐射的相关关系

影响空气负离子浓度的另一个重要因素就是太阳辐射。其中，光和有效辐射的强度影响植物叶片的光合作用，紫外辐射的强度影响叶尖的光电效应等，不同组分影响不同的生理生化作用，大量学者对辐射这一影响因素开展针对性研究（李冰，2016）。有的学者认为空气负离子浓度和辐射强度呈现正相关；有的却认为和辐射强度是没有相关性的；还有的认为空气负离子浓度与辐射强度呈现显著负相关关系；还有学者认为这一关系会随着季节发生变化；还有学者认为空气负离子和辐射强度呈现 U 形或 V 形变化趋势。研究结论各不相同，这让空气负离子浓度与辐射强度的相关性更为引人注意，需要进一步的测量分析。从五大连池空气负离子浓度和林内外辐射的日动态变化来看，空气负离子浓度与太阳辐射呈负相关（图 3-38）。辐射会影响空气的温度，空气温度与空气负离子的浓度关系不确定，那么辐射与空气负离子的关系也会受到影响，这估计是研究结果不一致的原因。

从紫外波段到红外波段的电磁辐射作用于物体时，原子的质量相对光子能量来说太大，不会有明显反应，只与其中的电子直接作用。振荡电子通过再辐射又释放吸收的能量，或者与原子频繁碰撞将能量传给原子。太阳光又被称为太阳辐射，被大气或地面吸收转化成热量，决定了地球的气象环境。太阳辐射是太阳以地磁波的形式向外传递能量，又以热量的形式传递到地球表面。热量是能量的一种特殊形式，流体在运动过程中的热量传输也遵循能量守恒定律，包括显热输送和潜热输送的贡献，并不一定带来温度上升或转移。显热通量（sensible heat flux）为地表和近地表之间通过传导和对流运动转移的能量，当热量加入

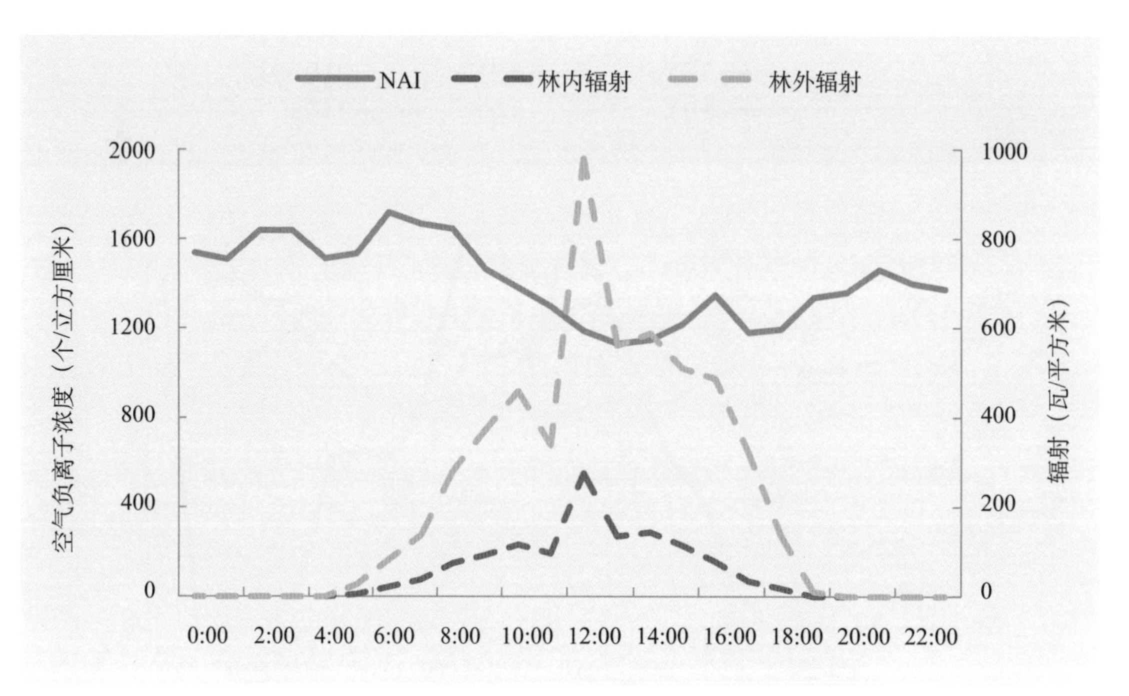

图 3-38 空气负离子浓度与林内外辐射的相关关系

或移除后，会导致物质温度的变化，而不发生相变。潜热通量（latent heat flux）通过水分蒸发和水蒸气凝结进行的地表与大气间的能量交换，单位质量的物质在等温等压情况下，从一个相变到另一个相吸收的热量。地面热量平衡是指地面净辐射与其转化成其他形式的热量收入与支出的守恒，表达式如下：

$$R+\mathrm{LE}+P+A=0$$

式中：LE 为地面与大气间的潜热交换；P 为大气间的显热交换；R 为净辐射；A 为地面与下层之间的热量传输和平流输送之和，年平均 A=0。

显热通量是地表与大气间的湍流热通量，由地面与大气之间的温差造成的。

$$H=-\rho C_p k_t \frac{\partial T}{\partial Z}$$

式中：H 为显热通量；ρ 为空气密度；C_p 为空气定压比热；k_t 为湍流热交换系数；T 为温度；Z 为高度。

太阳辐射是温度为 5800 开尔文的地磁波，其温度比一般的工业温度高很多，并且辐射的波长范围和能量与分布一般的热辐射也不相同。太阳辐射的波长范围在 0.2～3 微米之间，包括紫外线、可见光、红外线。其中，远红外波段（8～14 微米），是物体热辐射的主要能量，可以使人直接感受到热量的存在，与地表的显热通量有直接作用。在可见光与近红外波段（0.3～2.5 微米），地表物体自身的热辐射为零。

潜热为地表蒸发时液态水汽化所吸收的热量，通过大气中凝结液态水而向大气释放热量：

$$LE=L\rho K_g\frac{\partial q}{\partial Z}$$

式中：LE 为潜热通量；L 为蒸发潜热；ρ 为空气密度；K_g 为水汽交换系数；q 为特征比温。

潜热通量主要形式为水的相变，包括地面蒸发或植被蒸腾的能量，又称为蒸散，与下垫面温度、饱和水汽压、参考高度水汽压、空气动力学、下垫面表面阻抗等有关。吸收电磁辐射是物质的普遍属性，是指电磁辐射与物体作用后，转化为物体内能。大气中主要有氮气、水、二氧化碳、臭氧、氧气等空气分子的吸收地磁辐射，其中，水的强吸收带为近、中红外波段，所以近、中红外线对潜热通量影响较大。臭氧吸收 0.3 微米的紫外全波段，氧气主要吸收 0.69 微米和 0.76 微米可见光的波段。原子吸收能量后电子易跃迁形成负离子，增加空气中负离子的含量。

紫外辐射的波长范围为 0.01～0.4 微米，空气负离子浓度与紫外辐射强度呈正相关，紫外辐射强度大，空气负离子浓度高。紫外辐射能够直接激发空气离子化，臭氧就是氧在小于 200 纳米的紫外辐射下分离产生的，如果是光电敏感物质（包括金属、水、冰、植物等），即使不是紫外辐射直接作用，也可以通过光电效应促使光电敏感物质释放电子，并与空气中的其他分子结合形成空气负离子。这就是紫外辐射增强时空气负离子浓度也增强的原因。

植物光合作用只能利用波长 0.38～0.76 微米的光合有效辐射（PAR），直射辐射中约有 45% 的能量为 PAR 波长范围的辐射，散射辐射中其比例更高，平均来看，PAR 波长范围的辐射量约占总辐射的 50%。光合有效辐射是植物能够吸收进行光合作用的辐射，光合作用分为光反应和暗反应，光反应是指 P680 接受能量后，从稳态变为激发态 P680*，再将电子传递给去镁叶绿素（原初电子受体），P680* 带正电荷，从原初电子供体 Z（反应中心 D1 蛋白上的一个酪氨酸侧链）得到电子而还原，Z^+ 再从放氧复合体上获取电子，氧化态的负氧复合体从水中获取电子，使水光解（林金明等，2006；师玥，2012）。

产生的氧气经过气孔释放到空气的过程中，氧气与产生的电子结合生成负离子。此为天然产生负离子的方法，在一定范围内，光合有效辐射增强，光合作用也增强，释放的氧气量增加，那么空气中的负离子含量也增加。五大连池位于高纬度，太阳夹角小，太阳辐射直射量少，加之波长段容易被散射，使得到达地面的辐射中与产生空气负离子作用较小的长波辐射所占比例更大，这可能是空气负离子与辐射呈负相关的主要原因。

二、空气负离子浓度与空气颗粒物的关系

空气负离子浓度与空气颗粒物结合加速沉降，其实从理论上讲，二者是互相制约的两个因素，即空气负离子浓度越高，就可以吸附沉降更多的颗粒物发生沉降，从而降低空气中颗粒物的含量净化空气，从而延长其余空气负离子的寿命；反过来，如果颗粒物浓度越低，空气负离子就受其影响越少。$PM_{2.5}$ 和 PM_{10} 作为一种粒径小于或等于 2.5 微米(10 微米)

的空气颗粒物，严重危害人类健康，空气负离子浓度与空气颗粒物的相关性更是备受关注。从不同学者通过研究空气负离子浓度与颗粒物之间关系得出的结论来看，多半认为两者呈负相关，且结果比较统一。他们研究结论的差异可能也是受到研究地区的不同、实验样地的差异、植被群落的不同和气象条件的变化等原因导致的。从五大连池空气负离子浓度与 $PM_{2.5}$、PM_{10} 的日动态变化来看，空气负离子浓度与 $PM_{2.5}$、PM_{10} 呈负相关（图 3-39）。

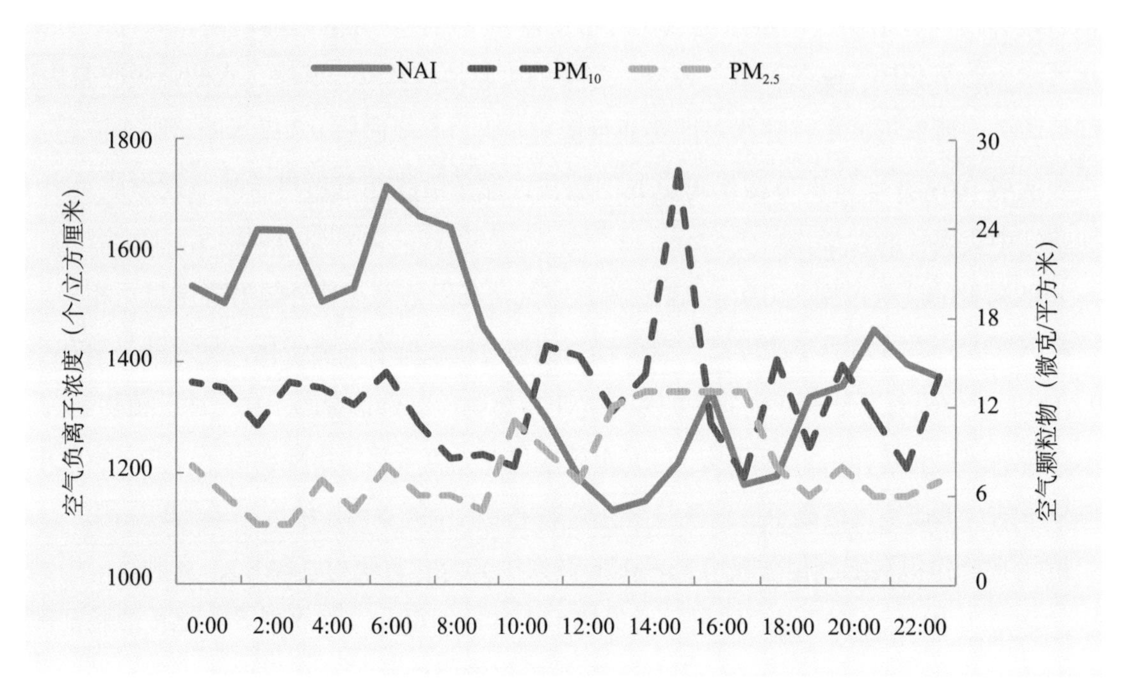

图 3-39 空气负离子浓度与 PM_{10}、$PM_{2.5}$ 的相关关系

三、空气负离子浓度与气体污染物的关系

在城市中由于人口密集，工业染污的废气，汽车排放的尾气等气体污染物浓度较高，导致空气中负离子浓度降低。在城市的不同功能区，空气中的负离子浓度也不尽相同，研究认为从公园游览区、生活居住区、商业交通繁忙区到工业区，空气负离子浓度和空气质量逐渐下降，说明人为活动和环境污染降低了空气负离子浓度。在人群分布比较集中的地方，例如车站、餐厅、网吧等，尤其是由于吸烟引起的二氧化碳、烟雾等气体污染物浓度增加的环境中，大大增加了空气负离子的沉降速率使得负离子浓度明显下降（曾曙才等，2006）。从五大连池空气负离子浓度与臭氧、二氧化硫、一氧化碳和二氧化氮的日动态变化来看，空气负离子浓度与臭氧、二氧化硫和二氧化氮呈负相关，空气负离子浓度与一氧化碳呈正相关（图 3-40）。

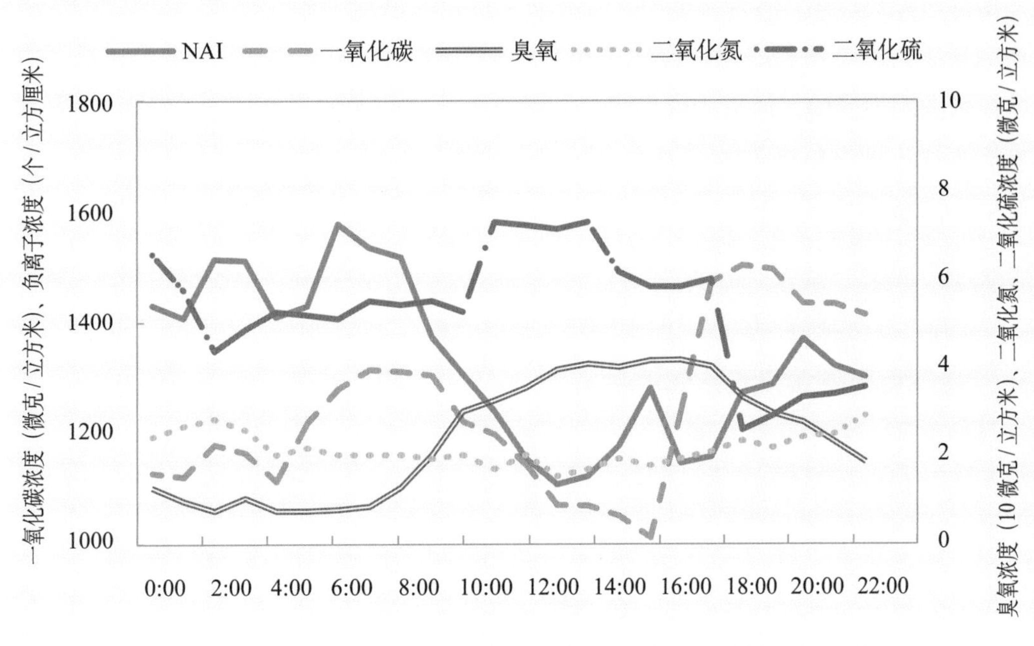

图 3-40 空气负离子浓度与气体污染物浓度的相关关系

四、空气负离子浓度与森林结构的关系

森林自身结构也影响森林氧吧功能的形成。首先是起源结构的不同会影响森林氧吧功能的形成，人工林的增多可能会导致森林抵抗自然灾害和自身修复能力的下降。不同的起源结构对人体的舒适度的影响不同，天然林夏、秋季的舒适期持续时间较长（华超，2011）。林种结构也影响森林氧吧功能的形成，抚育更新时应该以生态保护为主，不要使林种结构有明显改变。释放空气负离子、吸收二氧化硫表现为阔叶树大于针叶树，不同的冠层结构表现为乔灌 > 乔草 > 灌草（曾曙才等，2007；杨士弘，1996）。就不同群落结构绿地对二氧化氮的消减作用，表现为灌草 > 乔灌草 > 乔草 > 乔木 > 草坪（罗曼，2013）。林龄结构也会影响森林氧吧功能的形成。在相同生物量条件下，幼林龄释放氧气的能力较强，成熟林和中林龄释放负离子、滞纳颗粒物、吸收气体污染物的能力较强（孙世群等，2008；张建伟等，2009；房瑶瑶等，2015；高登涛等，2016）。

五大连池位于黑河市西南部，气候属中温带大陆性半湿润气候，受蒙古高原和西伯利亚冷空气以及海洋季风的影响，四季分明、冬季寒冷干燥、夏季温热多雨，温度变化急剧，年平均气温在 0.2～3.2℃之间，1 月平均气温为 −25.5～−20.3℃，7 月平均气温为 20.5～22.4℃，年平均降水量为 470～585 毫米。五大连池地处于小兴安岭森林与松嫩草原过渡的森林草原带，植被类型以东西伯利亚、蒙古和东北植物区系成分为主，植被类型复杂、种类繁多，一般丘陵阴坡有蒙古栎林、黑桦林，偶尔分布有小片的山杨林和白桦林，个别小区域内还残存分布着极少量的小兴安岭红松阔叶混交林，在水分较好的波状平原地段还生长着白榆林。这些森林容易遭受外界的干扰，通常为“灌丛”状态或者“矮林”状态。五大连池是小兴安岭—长白山植物区系和大兴安岭植物区系之间的过渡地区，加之由于火山喷发作用的剧烈影响，区域内保存了完整的火山不同阶段的生物进化及植被演替的过程，使得五大连池生物多样性丰富。五大连池森林破碎、分布不均匀，其中，北药泉、龙门石寨、温泊、白龙洞、二龙眼泉、药泉山等为植被条件好、释放负离子和氧气多、森林氧吧的功能较强的区域。

五、空气负离子浓度与水体的关系

一般情况下，有水域存在的区域空气洁净度相对较高，空气负离子的寿命相应增加使得空气负离子浓度也增加，流动水体有助于水分子的裂解，主要是因为急流、瀑布以及喷泉引起的水流促使小水珠的形成和水分子之间碰撞，水珠吸附空气中颗粒物清洁空气，减少空气中负离子凝结核的数量，在射线或紫外辐射的作用下，水分子裂解产生大量的电子，增快空气负离子生成速率的同时也延长了负离子在环境中的寿命，造成瀑布和流动的活水附近空气负离子浓度较大（林金明，2006；刘和俊，2013）。众多研究结果一致表明，喷泉、瀑布等有流动水体附近空气中的负离子浓度比其他类型景观环境下高出一个量级，河流、溪水等周围环境空气负离子浓度低于前者。通常情况下水体流动速度越高，空气负离子浓度高，湖泊、水塘等环境下的空气负离子浓度一般低于森林内负离子浓度含量（刘和俊，2013），见表3-2。

表3-2　不同水体环境的空气负离子浓度

水体	瀑布	海边	溪流水口	溪流下游
平均负离子浓度（个/立方厘米）	26500	6008	2407	638

六、空气负离子浓度与海拔的关系

研究表明，空气负离子浓度随海拔高度的变化呈单峰形曲线变化趋势，空气负离子浓度先随海拔高度的升高而升高，达到一定的海拔高度后再随海拔的升高而降低（刘和俊，2013）。由于空气中影响负离子浓度的因素很多，单因素考虑海拔高度对负离子浓度的影响过程中不能剔除其他影响因素的变化，故而空气负离子浓度与海拔高度之间呈现的先增加再减少的变化趋势是否成立，需要进一步研究验证（刘和俊，2013）。在高度与空气负离子浓度的关系方面的研究结果认为，海拔高度与空气负离子浓度的关系显著。

第四节 森林氧吧功能多指标耦合关联分析

不同地域空气负离子的含量差异显著，这与各地区的温度、湿度、风速、风向、太阳辐射、压强、粉尘含量、人群活动量等环境因子有关（图3-41）。一般情况下，流动水域周围空气清洁度较高，负离子含量高。植物释放氧气受诸多环境因素的影响，包括非生物因素（如温度、水分胁迫、大气二氧化碳浓度和光照强度等）和生物因素（如树龄、叶龄、发育部位、树种、临近物种竞争和人为干扰等）。环境因素和物种自身生理特征的差异，使植物释放氧气的能力不同，总体来说，森林环境中氧气的含量相对较高。在不同地区，空气颗粒物浓度的时空变化特征有所不同，其变化规律不仅与所监测的范围、区域有关，也与当时的气象因子有关，主要是因为气象因子对空气颗粒物的扩散、聚集及沉降有一定的作用。人类活动（工业污染、机动车尾气）排放的含硫化合物和含氮化合物是气体污染物的主要来源。森林内具有冬暖夏凉、夜暖昼凉、日温差较小、湿度大、风速小、辐射低等特点，其变化特征取决于森林的林龄、组成、结构、生物多样性和郁闭度等。

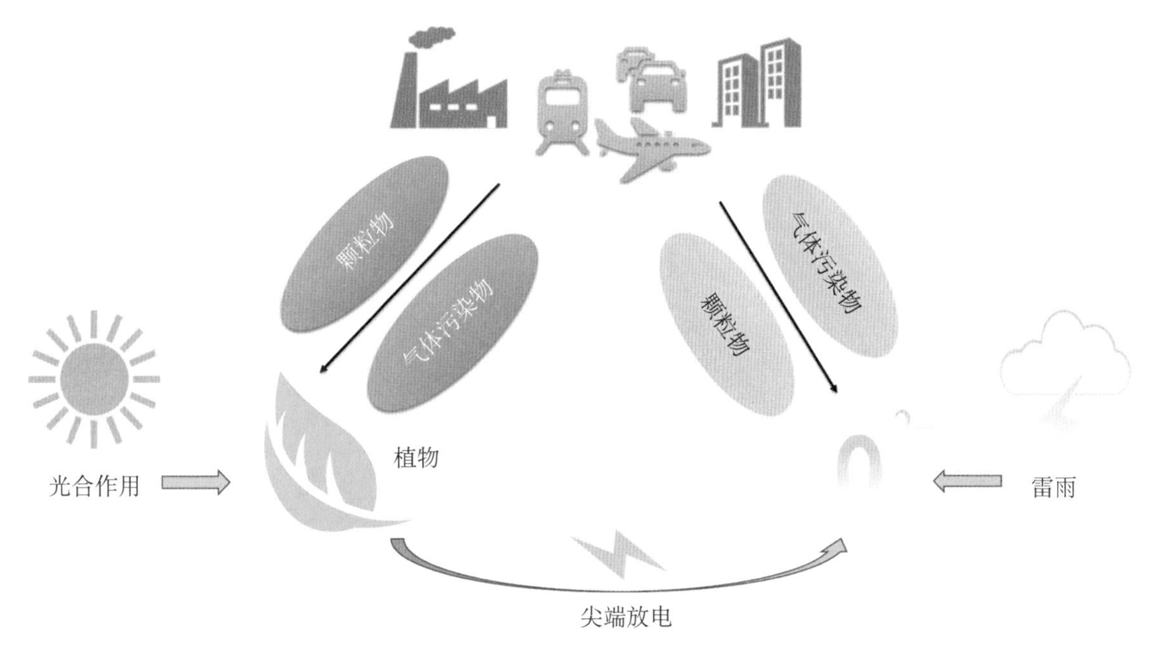

图3-41 森林氧吧功能与各指标耦合关联

森林氧吧功能各指标不是独立存在的，相互之间存在一定的作用关系，各区域呈现的森林氧吧功能是多因素综合作用的结果，且区域内不同影响因素的作用程度不同。本节分别从空气负离子、颗粒物、气体污染物、小气候之间的相互作用关系进行分析。通过分析可明确各因素对森林氧吧功能形成的作用，有助于充分理解森林氧吧功能时空格局形成的内在变化机制。

基于森林氧吧各功能实时监测数据，分别选择不同季节不同月份的同一时段的空气负离子、二氧化硫、一氧化碳、臭氧、氮氧化物、二氧化氮、一氧化氮、$PM_{2.5}$、PM_{10}进行协同影响分析。首先依据小气候条件和污染物等单因素数据进行分析，确定环境特征对空气负离子浓度的影响分析，再运用统计回归分析的方法对各因素的数据进行协同影响分析，采用主成分分析的方法探讨影响空气负离子浓度的关键因素，并采用随机回归森林法进行关键因素的重要性排序。

一、森林氧吧功能各指标之间相关性分析

从分析结果（表3-3）可以看出，不同季节影响空气负离子浓度的因素不一致，春、秋季节空气负离子浓度易受各种环境因素影响，夏季空气负离子含量不易受其他环境因素影响。夏季温度高、太阳辐射强，则植物的光合作用强，同时夏天下雨雷电等天气均有利于负离子的产生。同时，夏季气体污染物含量相对低，对负离子的影响也相对较少。

表3-3　空气负离子浓度与环境因素相关性

因素	春季	夏季	秋季	全年
温度	0.153**	−0.148**	−0.199**	0.242**
湿度	0.309**	0.153**	−0.177**	0.332**
太阳辐射	0.217**	−0.043	0.097	0.142**
风速	−0.240**	−0.080*	0.195**	−0.261**
二氧化硫	−0.087*	0.077*	−0.473**	−0.091**
一氧化碳	0.078	−0.064	−0.443**	0.283**
臭氧	−0.444**	−0.268**	−0.065	−0.440**
氮氧化物	−0.065	0.014	−0.345**	−0.086**
二氧化氮	−0.316**	−0.045	−0.374**	−0.387**
一氧化氮	0.412**	0.072	−0.166*	0.468**
PM_{25}	0.114**	−0.039	−0.572**	−0.059*
PM_{10}	−0.349**	−0.058	−0.492**	−0.227**

注：** 为0.01级别显著相关；* 为在0.05级别显著相关。

从Pearson检验可以看出，空气负离子浓度与多个环境因素显著相关，但是不确定哪个因素为影响负离子的主要因素以及重要性，所以需要进一步统计分析。

二、森林氧吧功能各环境特征的协同作用分析

首先依据气候条件、气体污染物、空气颗粒物等单因素的长期定位观测数据，进行多元回归分析和主成分分析确定不同时期影响空气负离子浓度的关键因素，再采用随机森林

算法确定关键因素的重要性排序。

（一）环境特征的多元线性回归分析

将春、夏、秋三个季节的空气负离子浓度与显著影响因素进行多元回归分析。在标准化处理的基础上进行回归分析，得到以下回归方程，其中 12 个影响因素分别为：N 为空气负离子浓度（个 / 立方厘米），T 为温度（℃），H 为湿度（%），R 为太阳辐射（瓦 / 平方米），W 为风速（米 / 秒），S 为二氧化硫浓度（微克 / 立方米），C 为一氧化碳浓度（微克 / 立方米），b 为臭氧浓度（微克 / 立方米），N_t 为氮氧化物浓度（微克 / 立方米），N_1 为一氧化氮浓度（微克 / 立方米），N_2 为二氧化氮浓度（微克 / 立方米），a 为 $PM_{2.5}$ 浓度（微克 / 立方米），g 为 PM_{10}（微克 / 立方米）。

春季空气负离子浓度与温度、湿度、太阳辐射、风速、臭氧、二氧化氮、$PM_{2.5}$ 因素显著相关，将以上影响显著的因素和空气负离子浓度进行多元回归分析，得到以下方程：

$$N=0.137T+0.061H+0.019R-0.096W-0.273b-0.0302N_2+0.105N_1+0.024a-0.051g$$

$$(r^2=0.325、F=82.317，P<0.001)$$

由方程可知，对春季空气负离子浓度影响显著的因素为臭氧和二氧化氮。

夏季空气负离子浓度与温度、湿度、臭氧有显著相关性，进行多元回归分析，得到方程如下：

$$N=0.334T+0.088H-0.375b$$

$$(r^2=0.238，F=158.964，P<0.001)$$

由方程可知，对夏季空气负离子浓度影响显著的因素为臭氧和湿度。

秋季空气负离子浓度与风速、二氧化硫、一氧化碳、$PM_{2.5}$ 有显著相关性，进行多元回归分析，得到方程如下：

$$N=0.098T+0.167H-0.148W+0.057S-0.035C+0.424N_t-0.756N_2+0.024a-0.064g$$

$$(r^2=0.289，F=69.537，P<0.001)$$

由方程可知，对秋季空气负离子浓度影响显著的因素为二氧化氮、氮氧化物。

（二）环境特征的主成分分析

针对气象因子和空气污染物之间可能存在的共线性关系，对 12 种影响因素进行主成分分析，再进行协同影响研究。分别对五大连池 2017 年 11 月至2018 年 12 月的数据进行不同季节的分析，通过对与空气负离子浓度有关的 12 种影响因素进行主成分分析，达到降维以及避免因素共线性的目的。

(1) 通过对春季的 12 种影响因素分析，得到四个主成分：

$$Y_1=0.182X_1-0.896X_2-0.028X_3+0.743X_4-0.102X_5-0.292X_6+0.912X_7-0.274X_8+0.102X_9-0.577X_{10}-0.04X_{11}+0.513X_{12}$$

$$Y_2=0.884X_1-0.004X_2+0.608X_3-0.112X_4+0.623X_5+0.752X_6+0.071X_7+0.227X_8-0.166X_9+0.577X_{10}+0.011X_{11}-0.162X_{12}$$

$$Y_3=-0.097X_1+0.203X_2-0.257X_3-0.134X_4+0.439X_5+0.29X_6+0.133X_7+0.852X_8+0.924X_9-0.18X_{10}+0.063X_{11}+0.494X_{12}$$

$$Y_4=0.071X_1+0.186X_2-0.198X_3+0.134X_4-0.095X_5+0.177X_6-0.061X_7+0.129X_8-0.038X_9+0.227X_{10}+0.937X_{11}+0.153X_{12}$$

式中：$X_1 \sim X_{12}$ 为数据标准化后的温度、湿度、太阳辐射、风速、二氧化硫、一氧化碳、臭氧、氮氧化物、二氧化氮、一氧化氮、$PM_{2.5}$、PM_{10}。

其中，Y_1 的主要影响因素为湿度、臭氧，称之为湿氧组；Y_2 的主要影响因素为温度、一氧化碳，称之为热污组；Y_3 的主要影响因素为氮氧化物、二氧化氮，称之为氮气污组；Y_4 的主要影响因素为 $PM_{2.5}$，称之为颗粒物组。

将以上四种主成分与空气负离子浓度进行多元回归，得到以下方程：

$$Y=910.877+0.369Y_1-0.37Y_2-0.042Y_3+0.121Y_4$$
$$(r^2=0.290、F=56.187，P<0.001)$$

由公式可得，Y_2 和 Y_1 即热污组和湿氧组对负离子的影响显著。

(2) 通过对夏季的 12 种影响因素分析，得到四个主成分：

$$Y_1=0.883X_1-0.874X_2+0.718X_3+0.437X_4+0.115X_5+0.133X_6+0.802X_7-0.26X_8-0.217X_9-0.151X_{10}-0.186X_{11}+0.184X_{12}$$

$$Y_2=-0.032X_1+0.162X_2-0.056X_3-0.36X_4-0.035X_5+0.276X_6-0.114X_7+0.814X_8+0.87X_9+0.21X_{10}-0.255X_{11}+0.165X_{12}$$

$$Y_3=-0.155X_1+0.059X_2+0.029X_3+0.282X_4+0.787X_5-0.071X_6-0.001X_7+0.477X_8+0.047X_9+0.766X_{10}+0.221X_{11}-0.051X_{12}$$

$$Y_4=-0.088X_1+0.115X_2-0.415X_3+0.196X_4+0.054X_5+0.756X_6+0.219X_7+0.007X_8+0.055X_9-0.065X_{10}-0.04X_{11}-0.581X_{12}$$

其中，Y_1 的主要影响因素为温度、湿度，称之为温湿组；Y_2 的主要影响因素为氮氧化物、二氧化氮，称之为氮气污组；Y_3 的主要影响因素为二氧化硫、一氧化氮，称之为氮气污组；

Y_4 的主要影响因素为一氧化碳、PM_{10}，称之为气污颗粒物组。

将以上四种主成分与空气负离子浓度进行多元回归，得到以下方程：

$$Y=1159.023-0.19Y_1-0.06Y_2-0.064Y_3-0.065Y_4$$
$$(r^2=0.048、F=8.258，P<0.001)$$

由公式可得，Y_1 即湿热组对空气负离子浓度的影响显著，夏季湿热组是影响最为显著的因素。

（3）通过对秋季的 12 种影响因素分析，得到四个主成分：

$$Y_1=0.440X_1+0.675X_2+0.004X_3-0.078X_4+0.047X_5+0.599X_6-0.020X_7$$
$$+0.338X_8-0.004X_9+0.449X_{10}+0.812X_{11}+0.762X_{12}$$
$$Y_2=0.013X_1-0.132X_2-0.007X_3-0.042X_4+0.526X_5+0.147X_6+0.107X_7$$
$$+0.885X_8+0.823X_9+0.762X_{10}+0.295X_{11}+0.337X_{12}$$
$$Y_3=0.256X_1-0.421X_2+0.911X_3+0.855X_4-0.035X_5+0.238X_6-0.089X_7$$
$$+0.011X_8+0.006X_9+0.012X_{10}-0.175X_{11}+0.048X_{12}$$
$$Y_4=0.748X_1-0.325X_2+0.037X_3+0.025X_4-0.102X_5+0.393X_6+0.927X_7$$
$$+0.190X_8+0.119X_9+0.192X_{10}+0.056X_{11}+0.250X_{12}$$

其中，Y_1 的主要影响因素为 $PM_{2.5}$、PM_{10}，称之为颗粒物组；Y_2 的主要影响因素为氮氧化物、二氧化氮，称之为氮气污组；Y_3 的主要影响因素为太阳辐射、风速，称之为风辐射组；Y_4 的主要影响因素为臭氧、温度，称之为热氧组。

将以上四种主成分与空气负离子浓度进行多元回归，得到以下方程：

$$Y=873.005-0.476Y_1-0.307Y_2-0.102Y_3-0.044Y_4$$
$$(r^2=0.333、F=52.247，P<0.001)$$

由公式可得，Y_1 和 Y_2 即颗粒物组和气污组对空气负离子浓度的影响显著。

综合三个季节的主成分分析可知：春季的湿氧组和热污组对空气负离子的影响显著；夏季的湿热组对空气负离子的影响最为显著；秋季的颗粒物组和气污组对空气负离子的影响显著。

（三）核心环境特征因素的敏感性排序

随机森林算法是一种基于分类回归树的数据挖掘方法，通过聚集大量分类树来提高模型预测精度，可用来进行分类、回归、评估变量的重要性、检测数据中的奇异值、对缺失数据进行插补等。随机森林通过自助法重采样技术，从原始训练集中有放回地重复随机抽取 n 个样本数据集生成新的训练自助样本集合（每个样本量为 b），再根据自助样本集生成

n个分类树组成随机森林，新数据分类结果按分类树投票多少形成的分数而定（刘耀杰等，2019；唐浩等，2013；杨凯，2014）。

在以上因素筛选的基础之上，采用R语言进行随机森林回归算法分析，得出温度、湿度、太阳辐射、臭氧、PM_{10} 5种影响因素的重要性排序。输出结果见表3-4。

表3-4　林内环境下空气负离子浓度5种影响因素R语言多元回归分析输出结果

因子	估值	方差	t	P
温度	6.29168	0.47505	13.244	2×10^{-16}***
湿度	0.27523	0.42656	0.645	0.519
太阳辐射	0.38568	0.08829	4.368	1.34×10^{-5}***
臭氧	−4.38824	0.37486	−11.706	2×10^{-16}***
PM_{10}	−1.49575	0.25357	−5.899	4.57×10^{-9}***

注：*** $P<0.001$。

用随机森林算法做回归分析，设定树的数量为100，得到模型的拟合优度为57.80，拟合优度作用类似于回归分析中R^2，即R^2=57.80%、r=0.760拟合结果较好。在此基础上在随机森林算法对特征因素进行重要性排序，结果见表3-5。

表3-5　林内环境下随机森林特征因素重要性评分

因子	均方误差	节点纯度
温度	20.69560	20242071
湿度	19.41940	13594322
太阳辐射	16.82203	9257477
臭氧	19.72744	19007691
PM_{10}	22.81259	22568635

使用随机森林算法对特征因素进行重要性排序时，当2个指标重要性排序结果一致时，方可说明自变量对因变量的影响程度。由图3-42可知，2个指标排序相同，5个自变量的重要性程度为PM_{10} > 温度 > 臭氧 > 湿度 > 太阳辐射。

以上结果通过随机森林排序得到PM_{10}为最关键的影响因素，这主要是由颗粒物对空气负离子的吸附作用引起的。当空气中的PM_{10}含量增多时，增大与空气负离子的接触面积，吸附更多的负离子并形成重离子而沉降。其次温度影响空气负离子的含量，随着温度的升高，分子或原子的运动速度加快，相互碰撞的几率大大增加，也就是说随着温度的升高氧

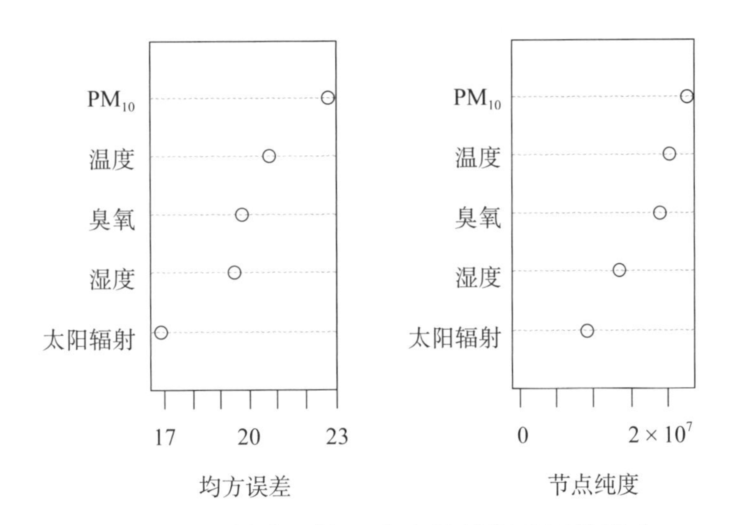

图 3-42　林内环境下自变量特征重要性排序

的分子或原子的运动速度增加平均动能增大，氧气被电离的几率也增大，负离子的生成率增加浓度升高。此外，随着温度升高，相对湿度保持不变时，单位体积内水分子的含量也增加，湿度增大在一定程度上也会使负离子的浓度增加。PM_{10} 对空气负离子浓度的影响强于温度，这可能与林内小气候相对稳定有关，从而使 PM_{10} 对负离子的作用更强。

基于景区环境，采用 R 语言进行随机森林回归算法分析，得出温度、湿度、风速、臭氧 4 种典型影响因素的重要性排序，见表 3-6。在 R 语言中导入整理好的原始数据，以温度、湿度、风速、臭氧为因变量做多元回归分析，输出结果（部分）见表 3-6。

表 3-6　景区环境下空气负离子浓度 4 种影响因素 R 语言多元回归分析输出结果

因子	估值	方差	t	P
温度	8.7867	0.6141	14.309	2×10^{-16}***
湿度	1.1073	0.3779	2.930	0.00344**
风速	−1.8859	0.6134	−3.075	0.00214**
臭氧	−3.9541	0.3409	−11.601	2×10^{-16}***

注：*** $P<0.001$。

用随机森林算法做回归分析，设定树的数量为 100，得到模型的拟合优度为 41.11，拟合优度作用类似于回归分析中 R^2，即 R^2=41.11%、r=0.641 拟合结果较好。在此基础上，在随机森林算法对特征因素进行重要性排序，结果见表 3-7。

表 3-7　景区环境下随机森林重要性评分

因子	均方误差	节点纯度
温度	33.56725	32087378
湿度	20.35716	26558465
风速	17.31732	15108089
臭氧	30.13758	31776859

使用随机森林算法对特征因素进行重要性排序时，当 2 个指标重要性排序结果一致时，方可说明自变量对因变量的影响程度。由图 3-43 可知 2 个指标排序相同，4 个自变量的重要性程度为温度 > 臭氧 > 湿度 > 风速。

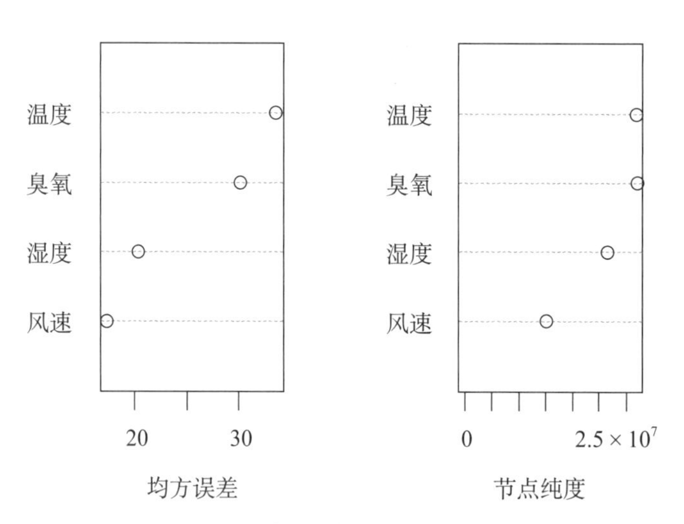

图 3-43　景区环境下自变量特征重要性排序

在景区环境下，通过随机森林排序得到温度是影响负离子浓度的最关键因素，温度对分子或原子间的碰撞、平均动能、单位体积内水分子含量及植物的光合作用等都有一定影响，从而对负离子浓度影响较大。臭氧为仅次于温度对空气负离子浓度影响较大的环境因素，平流层中微量的臭氧可以阻挡太阳辐射中紫外辐射起到保护作用，但在近地表高浓度的臭氧则是重要的次生大气污染物。高浓度的臭氧导致大气氧化性增强，促进二次细颗粒物的形成，可以作为光化学烟雾污染的重要指示气体污染物。随着空气中臭氧浓度的增加，将会有更多的空气负离子被吸附；同时，由臭氧生成的二次细颗粒物的结构更复杂、表面更大，更容易吸附空气负离子。由此可以看出，臭氧可能从多个方面影响空气负离子浓度。臭氧对空气负离子影响作用较大，从另一个角度来讲，可以理解为臭氧的污染情况较普遍。

第四章 生态康养功能区划

20世纪二三十年代，我国比较系统地开始了单因素区划的研究工作。我国的区域分异概括为两个主要特点：纬度高低和海陆位置产生的水平地带性水热分布不均；地势西高东低，呈阶梯状分布的地貌分异特点。结合社会经济发展需要和地域分异特点，不同学者从不同的角度和影响因素开展综合自然区划工作。林超等（1954）编制的《中国自然区划大纲》主要依据地形构造和气候状况；罗开富等（1954）在《中国自然区划草案》中主要考虑季风影响；黄秉维等（1959）的《全国综合自然区划》主要从自然区划在实践中的作用出发；任美锷等（1961）《中国自然地理纲要方案》主要依照自然情况差异性和改造自然方向的不同；赵松乔等（1983）的《自然区划新方案》以主导因素和综合性相结合、多级体系划分、服务农业为原则；席承藩等（1984）在《中国自然区划概要》中综合考虑了季风、温度和地貌条件。

从全国生态区划方面来讲，侯学煜以植被地域分布的差异为出发点，综合大农业发展战略，共划分出20个自然生态区。郑度等（1999）考虑地带性原则拟定界线，完成了《中国生态地域划分方案》。傅伯杰等（2001）在制定《中国生态区划方案》时更注重生态环境影响的问题，2007年制定的《全国生态功能区划》，其中包括3类一级区9类二级区。随着不同学科建设和区划工作的推进，使得我国的生态区划工作快速取得可观的成效，为维护环境可持续发展提供决策依据。

随着我国生态学理论体系的逐渐发展，生态区划从自然地理区划中独立出来，开始强调自然地理单元中的生态系统及其功能特征的分异，是从生物地理区划到生态功能区划的转变过程。生物地理区划的目标过于单一，将划定的生态区默认为不考虑人类影响和气候变化的生物多样性分布区。生态区划的价值和意义不止于对生物多样性的保护，还应进一步关注生态系统与气候变化之间的响应和反馈，对人类扰动的敏感性和恢复性等方面开展生态功能区划研究。鉴于生态功能区划的应用范围越广，适用群体对区划成果的认可程度可能会下降，提升认可度的难度也会增加，提高区划结果的精度就需要从理论、方法、数据等多方面进行探索，相关研究可以概括为以下4部分内容：完善区划理论体系、探索生态区划方法集成、突出生态系统服务权衡、聚焦人地关系动态演化（刘焱序等，2017），如图4-1。在生态区划中，特征区划和功能区划存在一定的差别，自然地域的特征相对稳定，而功能区划需要更多的关注生态系统功能的协调性和长时间序列的稳定性；功能区划的核心是对生态系统服务的空间表达，生态系统具有多功能性，有必要关注在外部扰动下各功能之间的关联方式的变化，以及气候变化背景下生态功能年际变化之间的差异；还有城市化进程中生态服务、生态功能与人类需求之间供需关系的改变。

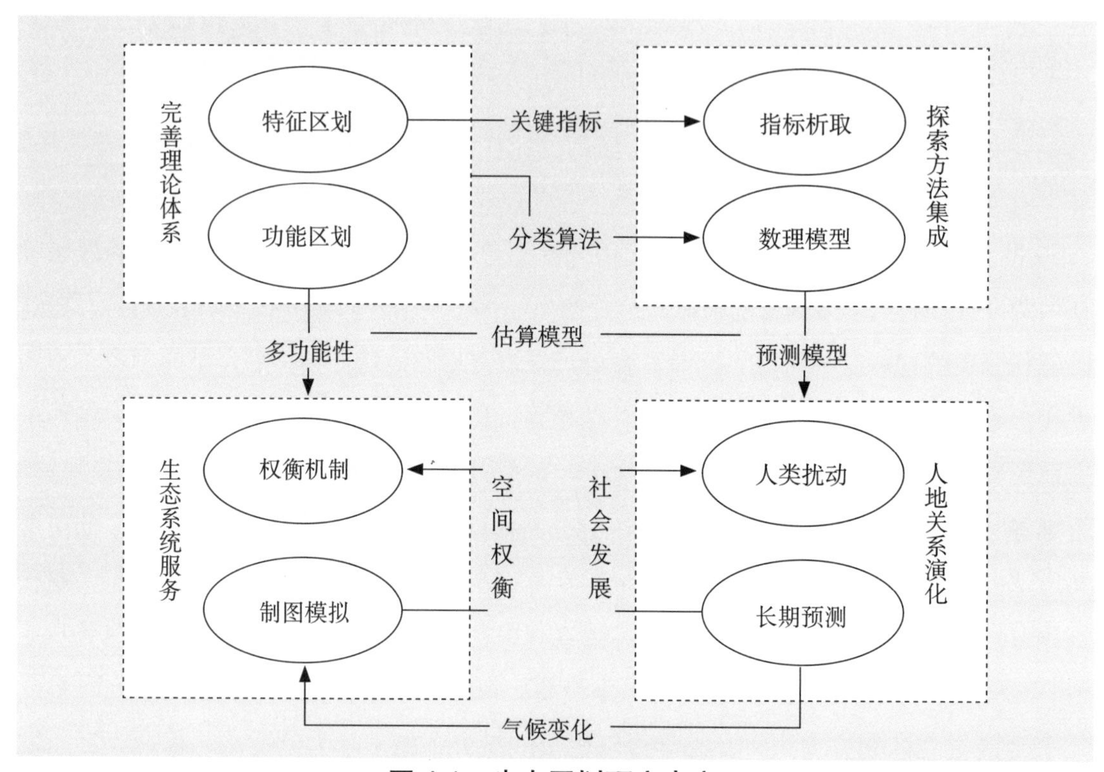

图 4-1　生态区划研究内容

随着科学技术的发展，多种可利用空间数据的不断公开，供选用的表征生态系统特征的指标逐渐增多，不同指标可以表征的信息存在一定的重叠性，区划指标的选择直接影响生态功能区划的结果。常见的指标通常用于生态系统服务的估算，还可以考虑土地利用类型、高程坡度等要素对生态区划的影响。通过土地利用表示人类对自然的利用方式，表征人类与土地进行物质、能量的交换，并从中获得所需的物质产品和服务（肖文魁，2019）。土地利用的改变必定带来生态系统服务的改变，可以借助土地利用的变化来表征人类对生态系统服务的需求和干扰带来的影响（图4-2）。

营养过剩、压力过大、生活作息不规律，致使不同年龄段的人群引发各种健康问题，我国人群中有60%～70%处于亚健康状态（李权等，2017）。加之，我国正逐步迈入老龄化社会，预计2020年60岁以上老年人口将达到2.54亿人，到2053年中国老年人口将达到4.87亿（Wühr Erich，2013）。生存环境污染、亚健康群体不断增加、人口老龄化速度加快，人们对健康养生的需求使康养产业成为市场的主流趋势和时代发展的潮流，回归自然的生态

图 4-2 基于土地利用模拟与生态系统服务的生态功能区划

康养也得以应运而生（丛丽等，2017）。随着城市化进程的推进，城市中四处都充斥着各种环境污染，城市不再是人类理想的居住地。森林环境中有多种自然健康因子，尤其是植物杀菌素、氧气、空气负离子等对人体健康有益的物质（刘朝望，2017），具有缓和心理紧张、提高免疫细胞活性、增加抗癌蛋白数量等康养功能（吴后建，2018）。生态系统中除了森林之外还有海滨、山地、矿泉等优质的生态资源，使得森林、城郊、山区、海边成为人类适宜的居住地。有着宁静的空间、清新的空气、洁净的地表水等良好的环境变成了稀缺的资源（叶文，2008），应该综合利用区域生态资源，合理开发满足人类需求的康养产品。

“生态康养”是一种国际潮流，它起源于德国，流行于美国、日本等发达国家，被称为没有被人类社会文明发展而破坏污染的原生态，同时还是不需要采用人工医疗方法就可以开展自我康复活动的天然医院。目前国内“生态康养”项目规模及产业化程度仍处在起步的阶段，其内容仅限于森林徒步旅游、森林娱乐等方面，还没有形成与生态康养相对应的产业链和经济效应。“生态康养”这个概念已经引起社会的广泛关注，面对“生态康养”这个新事物，如何才能确切的评价和划分特定区域内不同的生态康养功能。五大连池生态资源多样，包括空气环境、气候环境、水环境和地磁环境等方面的要素，如空气负离子、空气质量、气候舒适度、矿泉、地磁等。我们从以上方面去研究与探索，构建五大连池生态康养产业发展的模式，推动五大连池乃至黑龙江健康产业的可持续发展。

由于植被类型、气候条件、水资源环境、地质环境等自然条件的差异，不同区域内的生态康养资源类型多样且具有不同的特色，因此身处其中享受的生态康养功能也有差别。生态康养资源的存在不受人为意识的影响，但是不同人群的需求又有差异，如何解决供给与需求之间的冲突。那么就需要对研究区域进行生态康养功能区划，明确不同局部区域生态康养功能的特点，让体验者清楚了解体验区生态康养功能的特色和分布情况，按需选择享受生态康养功能。基于研究区域的生态康养资源的特色，根据森林氧吧、植被、泉水、地磁等资源空间分布差异，依据地域上总体和部分之间的差异性与相似性，结合监测点的规划布局，划分出不同等级且具有不同生态康养功能区域。最终，科学合理规划五大连池生态康养资源，是有效研究生态资源变化、科学量化生态康养功能、符合林业发展战略的必要条件。

第一节　区划布局特点和原则

一、区划布局特点

生态康养功能区划是针对各地生态康养资源条件与发展状况差异较大提出的，充分发掘和利用区域资源发展独具区域特色的生态康养产业，对应全域旅游的发展方向，促进协调发展的区域生态康养格局的形成。区划是一个区域规划发展的基础，生态康养功能区划强调依托以区域资源快速高质量发展，明确空间可利用资源的指导性和约束力，并依据区划结果开展后续的有关生态康养资源配置、人力资源分配、基础设施布局、公共服务产品设计以及区域旅游政策的制定等，将在理论体系、产品概念、空间格局及保障措施等方面对区域生态康养发展产生具有创新性的影响。因而，在面对人们生活新需要时，生态康养功能区划比依据单一自然条件所制定的区划具有更大的利用价值和指导意义，其特点可概括为以下几个方面：

(1) 资源综合性。生态康养功能区划应该综合区域内所有可利用的生态资源，发挥其“集体效应”，考虑生态康养资源对区域经济的结构和组成的影响作用，避免某一单一资源的过度利用和开发而造成的资源快速匮乏，而其他可利用的资源被忽略和闲置，整合分析不同要素之间的内在联系，依据区域内的生态康养资源的组成特点、主导功能资源和发展潜力进行分区。

(2) 功能整体性。不同资源之间相互作用，使系统内部的规律有序地展现出来，组成完整的功能区，在进行功能区划时要考虑到功能区的结构功能的完整性和对外形成的整体功能。

(3) 区划单元多级性。生态康养功能区划的对象是自然资源，同一区域内，局部的水热条件分配的差异是受到地形、地势、海拔等多种因素的影响而产生的，以至于内部生态系统表现出对应的差异，所以在进行生态康养功能区划时应该注意内部生态系统之间的差异。

（4）区划单元不重复性。不同生态康养功能分区单元是生态资源有序组合的结果，不同单元之间都有特定的空间连续性，应该分清其特点和自身的特性，并将具有一定共享辨识性的区域组合在一起，避免对某一区域进行重复划分，所以在进行生态康养功能区划时，应注意区域分区单元的不重复性。

五大连池属于风景区，所以该区域的生态康养功能区划必然拥有自然属性和人文属性。这些属性都是由研究区域本身的角色和社会属性确定的，将其具有的自然属性和人文属性组合起来才能构成完整的生态康养功能集合体。生态资源本身具有的功能是自然更是人类生存和社会发展所必须的基础，某一区域本身具有并且能提供多种功能，充分利用和合理开发是我们人类自己需要思考的内容，依据人类健康和社会发展的需求来分析和对比而选定的最佳功能是生态康养功能区划的出发点。根据功能区划实施资源的开发和利用活动是最终的目的，保证区域生态康养资源与人类需求之间的协调性是考量区划结果的一个标准，最后要实现区域生态康养业与社会、经济、环境可持续发展。

二、区划布局原则

生态康养功能区划与自然地理区划有相似之处但也有更多的不同，自然地理区划是将自然地理综合体及其组成部分从某个确定方向进行分区，在另一个确定的方向上则表现为差异性，从而揭示区域的整体特征和局部差异。生态康养功能区划本身属于对不同生态系统功能的划分，即受地理分异的影响也受生态系统的影响，地理分异与生态系统之间又有内在的作用关系，所以生态康养功能的类型也有明显的地域性。全国生态康养功能分区可以利用宏观的地理格局空间特征、大区域的地形地貌、气候带及植被类型的分布等特点，依据由水热结构、海拔、地质构造等自然条件的空间异质性进行划分。区分不同区域内部生态康养功能的差异是生态康养功能区划的重要工作和基础，应该遵循以下基本原则：

（1）全面覆盖原则。生态康养功能区划应该要表现一个区域的基本实情和当前的经济发展状况，从理论上讲必须是一个区域全覆盖的概念，只有做到区域全覆盖才能真正做到准确反映区域内的真实情况和发展状况。就区域生态康养功能区划而言，其所有区域在特定阶段内的开发和保护方向应该是明确和清晰的，经过全面覆盖得出的结论才能给出真实客观的后续发展建议，否则难以通过生态康养功能区划来实现优化区域空间结构和加强区域空间管理的目的。生态康养功能区划是全域层面制定区域经济、社会发展和规划的基础，也是开展落实具体详实项目建设、城镇布局、人口分布的基础，应该基于区域土地的资源禀赋、生态承载力、现有资源开发强度、未来预期潜力等因素进行区域功能分工定位和布局。

（2）科学性和可行性并重原则。生态康养功能区划是一项具有较强理论性和科学性的工作，同时也是一项具有很强应用性和政策性的工作。本身具有的科学性是指实施过程应该充分考虑开展区划工作所涉及的生态学、植物学、地理学以及社会经济学方面的理论知识，并将其合理的运用和融合。可行性是指在整合相关理论基础的同时，还要考虑到预期结果的实现度。因此，生态康养功能区划应坚持科学性和可行性并重的原则，建立符合研究区实情和生态康养产业开发需求的生态康养功能区划理论体系和实施方案，借此给予资源开发管制的对策。

（3）动态调整原则。生态康养功能区划应该对应区域生态康养产业的中长期开发计划和布局安排，所以具有一定的相对稳定性，但是还需要必要的局部性和阶段性调整。随着阶段性发展区域资源的空间格局可能会发生变化，使得一定生态康养功能分区的边界、范围发生变化，应该依据阶段性发展现状做出适当的变化和动态调整。

生态系统及其功能具有一定的尺度效应，在五大连池区域内，由于自然因素和人为活动使得局部单元结构的内部、组成、内部物质循环存在差异，进而表现为生态康养功能的局部差异，五大连池生态康养功能区划应遵循以下原则：① 整体性与相似性原则。物质在空间上存在某种程度的相似性，使得邻近区域内的物质表征出一定的整体性。一定区域范围内各物质之间由外界多种因素的共同作用又不可能表现为完全的一致性，所以彼此之间存在一定的差异性。但是这种差异性还含有一定的相似性，开展区划工作既要考虑单元的整体性，又要兼顾单元之间的相似性。② 可持续发展原则。结合实际情况合理区划充分利用资源，发挥区域资源的优势和特色，明确开发服务功能的方向和辅助措施，达到可持续发展的目的。③ 生态优先、经济平衡发展原则。区划应该本着资源的开发利用方式以保证生态质量为前提，经济发展应该以生态保护为主方向，通过均衡生态与经济发展实现区域生态质量和经济效益双增长的目标。④ 特色传承原则。遵循自然发展规律、尊重历史文化、弘扬区域特色，注重特色产品的延续性，深度挖掘市场背后的真实需求状况，综合分析社会经济发展和生态保护与建设的主导因素为基础，突出区域特色，系统深入开发创新性产品，减弱其他竞争产品的取代性，增强市场竞争力和更加明确发展方向。

第二节　区划布局体系构建步骤

生态康养功能区划需要多项空间数据，数据收集主要包括：① 基础数据：五大连池风景区空间范围、行政区划、地形地貌数据、土地利用、气象数据、森林区划、植被区划；② 生态系统服务数据：空气负离子浓度监测数据、矿泉水质质量监测数据、火山地磁异常监测数据。

生态康养功能区划所收集的空间数据主要为矢量数据，矢量数据通过记录点、线、面等实体要素的坐标，来表现要素之间的拓扑关系。矢量数据具有紧凑的结构、精度高、显示效果好等特点，同时定位明显，在计算要素边界长度、面积、形状以及在图形编辑操作中具有很高的效率，所以在五大连池生态康养功能区划布局体系中矢量数据是重要的基础数据。

本研究通过对国内外生态康养调查研究的发展和森林氧吧观测研究的发展状况展开分析研究，提出以“分层抽样＋地统计学”为主体的思想构建生态康养区划观测布局体系。分析各要素分布状况和整体空间格局的特征，提出区划布局体系原则、研究方法、构建步骤。通过对五大连池典型生态康养功能区划进行对比分析，采用分层抽样、复杂区域均值模型、克里金插值、空间叠置分析、合并面积指数和地统计学等方法完成生态康养功能区划。技术流程如图 4-3 所示。

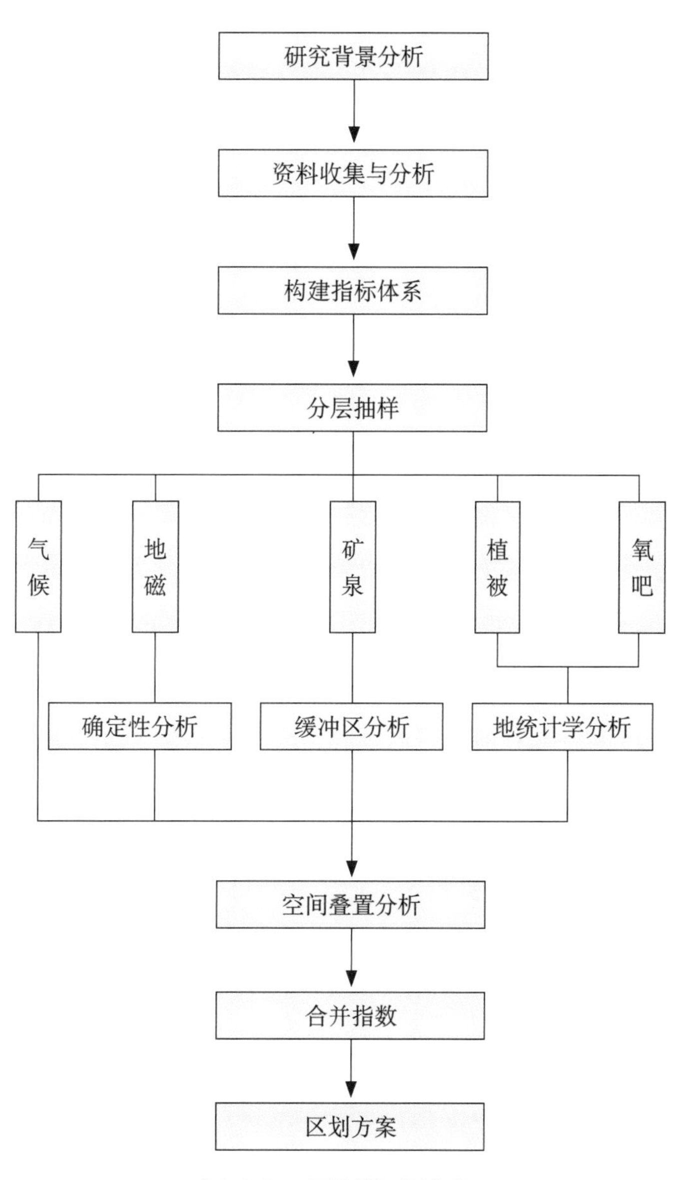

图 4-3　区划技术流程

第三节 基于分层抽样与地统计分析的区划研究

在很多研究中都需要实地进行样本采集，使用采集样本估计区域变量空间分布时，研究者往往希望估计精度最大，采样费用最小，因此就需要进行采样策略的设计与规划，使得样本精度和费用之间达到较好的平衡。在实际采样过程中，由于研究变量在空间上存在变异性和不均匀性，从采样精度方面考虑，除了采样策略的影响外，样地的形状和大小均对采样精度有明显的影响。顺利开展区划工作，需要贯彻"分层抽样＋地统计学分析"(Stratified sampling and geostatistical analysis, SG）思想，并且要结合区划布局的特点和原则以及观测要素的属性特征和分布状况构建区划布局体系，依据研究区的气候特征、生态系统组成、野外监测数据，选择典型具有代表性的区域进行基础数据处理、缓冲区分析、空间确定性插值分析、克里金插值分析和空间叠置分析等。

一、基础数据处理

对于收集的基础数据来讲，投影转换是进行空间分析的前提，由于采用的空间参考系统的不同、格式的不同，需要进行格式和投影转换，统一所有的数据格式，将大地坐标转换为平面坐标，便于进行面积的统计分析；另外，还需要通过大量的空间分析操作来提取相应的生态要素信息作为划分生态功能的基础，为生态康养功能区划布局提供依据。地球是一个不规则的球体，为了能够将其表面内容显示在平面上，需要将球面地理坐标系统转换为平面投影坐标系统，通过运用地图投影方法，建立地球表面坐标系和平面坐标系统两个点之间的函数关系。目前，投影转换主要有正解变换、反解变换、数值变换等 3 种方法，其中正解变换是将投影数字化坐标转化为投影直角坐标，反解变换借助地理坐标将原始投影坐标转换为目标投影坐标，数值变换借助数学函数方法将原始投影坐标转换为目标投影坐标。以上 3 种投影坐标转换方法，正解变换是使用较多的方法。

本区划的目标投影为高斯—克吕格投影，该投影是一种横轴等角切椭圆柱投影，高斯投影条件为：中央经线和地球赤道投影成为直线且为投影的对称轴、等角投影、中央经线上没有长度变形。本区划中主要采用正解变换法完成已知图层投影和目标投影之间的坐标变换。根据高斯投影的条件推导其计算公式如下：

$$X=S+\frac{\lambda^2 N}{2}\sin\phi\cos\phi+\frac{\lambda^4 N}{24}\sin\phi\cos^3\phi\ (5-\mathrm{tg}^2\phi+9\eta^2+4\eta^4)+\cdots$$

$$Y=\lambda N\cos\phi+\frac{\lambda^3 N}{6}\cos^3\phi\ (1-\mathrm{tg}^2\phi+\eta^2)+\frac{\lambda^5 N}{10}\cos^5\phi\ (5-18\mathrm{tg}^2\phi+\mathrm{tg}^4\phi)+\cdots$$

式中：ϕ、λ 为点的地理坐标，以弧度计，λ 从中央经线起算。

$$\eta^2=e'^2\cos^2\phi$$

在投影变换中涉及的参数之间的关系见下说明：

$$\left.\begin{array}{l} a=b\sqrt{1+e'^2},\ b=a\sqrt{1-e^2} \\ c=a\sqrt{1+e'^2},\ a=c\sqrt{1-e^2} \\ e'=e\sqrt{1+e'^2},\ e=e'\sqrt{1-e^2} \\ V=W\sqrt{1+e'^2},\ W=V\sqrt{1-e^2} \\ e^2=2\alpha-\alpha^2\approx 2\alpha \end{array}\right\} \qquad \left.\begin{array}{l} W=\sqrt{1-e^2}\,V=(\frac{b}{a})\,V \\ V=\sqrt{1+e'^2}\,W=(\frac{a}{b})\,W \\ W^2=1-e^2\sin^2B=(1-e^2)\,V^2 \\ V^2=1+\eta^2=(1+e'^2)W^2 \end{array}\right\}$$

式中：a 为椭圆的长半轴；b 为短半轴，$\alpha=\frac{a-b}{a}$为椭圆的扁率；$e=\frac{\sqrt{a^2-b^2}}{a}$为椭圆的第一偏心率；$e'=\frac{\sqrt{a^2-b^2}}{b}$为椭圆的第二偏心率；$W$为第一基本纬度函数；$V$为第二基本纬度函数。

野外观测数据为栅格图像，通过定义投影，进行几何纠正和矢量化获得野外采样点分布层；五大连池地形地貌分区为栅格图像，通过定义投影，进行几何纠正和矢量化获得五大连池地形地貌分区图层；森林氧吧监测图为栅格图像，定义投影后，再进行几何纠正和矢量化，获得森林氧吧监测数据图层。

二、抽样方法

在充分分析五大连池区域生态资源的基础上，从生态康养功能的整体性出发，根据温度、泉水、地磁、植被、地形和土地利用等对重点区进行生态康养功能区划布局，结合现有景区景点分布特点，实现多目标观测，充分发挥综合监测和区划的特点。五大连池生态康养功能区划野外观测数据是通过“典型抽样”方法获得，依据该区域的生态系统结构特点和资源组成特色，选择典型的、具有代表性的区域完成区划布局，构建生态康养功能区划布局体系。五大连池生态康养功能区划主要采用空间抽样的方法，空间抽样技术是进行区划布局的基本方法。抽样主要分为概率抽样和非概率抽样两大类型，有简单随机抽样、系统抽样、分层抽样、整群抽样、多阶段抽样、PPP 抽样等多种抽样方法，由于简单随机抽样不考虑样本关联，系统和分层抽样主要对抽样框进行改进，一般情况下后两者的抽样精度优于简单随机抽样（郭慧，2014）。

（1）简单随机抽样是经典抽样方法中的基础模型。简单随机抽样是抽样调查方法中最简单、最基本的抽样组织形式，也是其他抽样方法的基础，可用于多种问题的调查（Pu et al.，2016）。它是按照随机原则直接从总体中抽取若干个单位构成一个样本，抽取的样本称为简单随机样本。根据用户给出的期望误差计算样本量，然后根据样本量从总体中随机抽取样本，要求每个样本都有可能被抽选到。抽样的随机性通过抽样的随机化程序实现，而实现随机化程序则可以使用随机数字表，或者使用能产生符合要求的随机数字序列的计算机程序。该方法适合当样本在区域上随机分布，且样本值的空间分异不大的情况下，可通过简单随机抽样得到较好的估计值。该方法简单直观，适合于目标总体N不是很大的条件下单独使用。但是，当总体N很大时，该方法就遇到了局限。另外，这种方法选出的单元很分散，给调查实施过程带来很大困难。并且，该方法也没有利用其他辅助信息来提高估计的效率（金勇进等，2008）。大规模调查很少直接采用简单随机抽样，通常是与其他抽样方法结合使用。

（2）系统抽样是经典抽样中较为常用的方法。系统抽样是一种将总体中的抽样单元按某种次序排列，在规定的范围内随机抽取一个（或一组）初始单元，随后按一套事先确定的规则确定其他样本单元的抽样方法（陈宁劼，2012；张玮，2009）。最典型的系统抽样是从数字 $1\sim k$ 之间随机抽取一个数字 m 作为抽选起始单元，然后依次抽取 $m+k$，$m+2k$，…，$m+nk$ 单元，所以可以把系统抽样看作是将总体内的单元按顺序分成 k 群，用相同的概率抽取出一个群的方法。系统抽样的优点是只有初始单元需要抽取，组织、操作实施较为简便。该方法特别适合总体分布具有规律性的情况，其估计精度可以通过设定抽样规则、利用样本辅助信息等方式得到完全保证（Viplav K S et al.，2016）。

（3）分层抽样又称为分类抽样或类型抽样。分层抽样是指按照某种规则把总体划分为不同的层，然后在层内再进行抽样，各层的抽样是独立进行的。估计过程先在各层内进行，再由各层的估计量进行加权平均或求和最终得到总体的估计量（郑勇成，2011；张玮，2009）。分层抽样能够分别估计出总体和各层的特征值。当层间差异较大、层内差异较小时，该抽样方法能够显著提高估计精度。在抽样单元比较集中的情况下，使用分层抽样组织、实施调查就更为容易。基于上述优点，分层抽样成为应用最为广泛的抽样方法之一，广泛使用于动物分布、森林调查中（Roqu C F，Fernando R M，2016）。区域生态系统结构复杂，符合分层抽样的要求，区域生态康养功能区划布局可通过分层抽样的方法来实现，如图4-4。

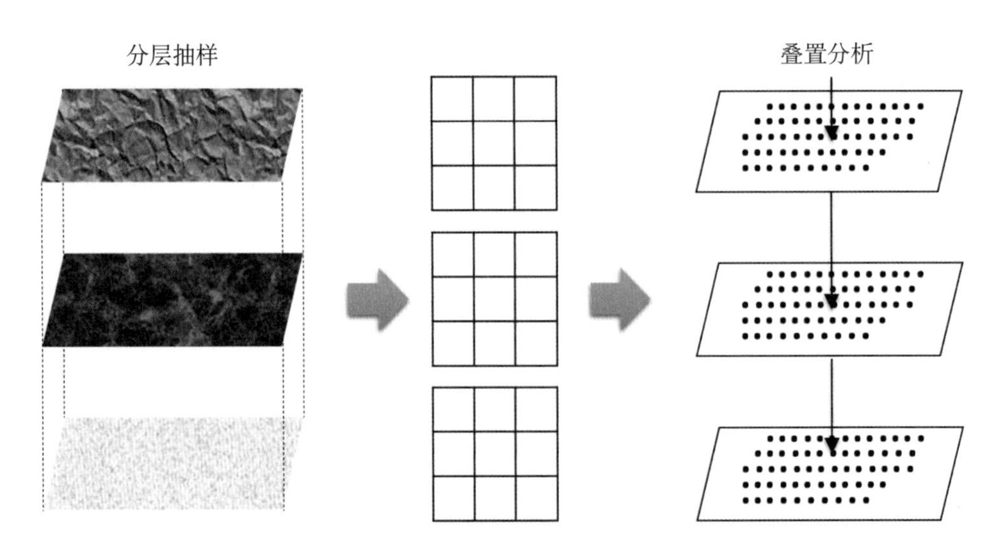

图4-4　分层抽样和叠置分析

由于在大区域范围内空间采样不仅有空间相关性，还有极大的空间异质性。因此，传统的抽样理论和方法较难保证采样结果的最优无偏估计。王劲峰等（2009）提出“复杂区域均值模型（Mean of Surface with Non-homogeneity，MSN）”，将分层统计分析方法与分层抽样方法结合，根据指定指标的平均估计精度确定增加点的数量和位置（Wang et al.，2009）。该模型是将非均质的研究区域根据空间自相关划分为较小的均质区域，在较小的均质区域满足平稳假设，然后计算在估计方差最小条件下各个样点的权重，最后根据样点权重估计总体的均值和方差（Hu et al.，2011）。模型结合蒙特卡洛和粒子群优化方法对布局进行优化，加速完成期望估计方差的计算。该方法可用于对区划布局数量的合理性进行评估，主要思路是结合已存在样点，分层抽样的分层区划和期望的估计方差，根据蒙特卡洛和粒子群优化方法逐渐增加样点数量，直到达到期望估计方差的需求。MSN 空间采样优化方案具体公式如下：

$$n=\frac{\left(\sum W_h S_h \sqrt{C_h}\right)\sum\left(W_k S_h\right)/\sqrt{\mathrm{C}_h}}{V+\ (1/N)\ \sum W_h S_h^2}$$

式中：W_h 为第 h 层的权重；S_h^2 为第 h 层样本方差；N_h 为 h 层中所有的样本数；N 为样本总数；V 为用户期待方差；C_h 为第 h 层中单个样本的抽样费用；n 为达到期望方差后所获得的样本个数。

依据研究区自然地理特征、生态环境状况，充分借鉴国内其他对空气负离子、泉水、地磁等供给功能的评价，确定五大连池生态系统服务重要性评价指标，包括空气负离子供给功能、矿泉供给功能、地磁供给功能 3 项。空气负离子供给功能：基于景区植被特征，选取 31 个野外观测点，选择晴天连续测定 48 小时的空气负离子浓度，观测频率为 15 分钟。泉水供给功能：根据景区内矿泉分布位置，选择 6 个监测点，依据《饮用天然矿泉水检验方法》（GB 8538—2016）测定泉水中不同元素的含量。地磁供给功能：依据《地面勘查技术规程》（DZ/T 0144—94）的规定，用高精度磁力仪测定景区内 12 座火山锥及熔岩台地附近的磁异常强度。

三、空间分析

地理信息系统（GIS）是在计算机软硬件系统的支持下，对现实世界（资源与环境）的研究和变迁的各类空间数据及描述这些空间数据及其属性特征进行分析的技术系统（黄文嘉，2011；张弛，2012）。伴随着地理学、计算机科学、生态学、经济学等学科之间相互融合的边缘学科发展，地理信息系统就是新兴交叉学科之一。其中，地理信息系统是基于空间和非空间数据联合运算的空间分析方法，是实现规划目的的最佳方法。

空间分析是地理信息系统经常使用的一个最基础而又重要的方法，也是以 GIS 为工具的基于生态康养功能区划布局的关键环节。在基于 GIS 技术的生态康养功能区划布局研究中，通过空间分析方法实现典型抽样，主要包括以 GIS 为工具的基于生态康养功能区划布局的分析与建模方面的关键技术：缓冲区分析，绘制矿泉分布图；空间确定性分析，绘制地磁分布图；地统计学分析，绘制景点植被、森林氧吧分布图；运用空间叠置分析，结合合并指数，绘制五大连池生态康养功能区划图。

（一）缓冲区分析

缓冲区（buffer）是对一组数据或一类地图要素（点、线或面）按设定的距离条件，围绕这组要素而形成具有一定范围的多边形实体，从而实现数据在二维空间扩展的信息分析方法（付鑫，2010；李楠，2012；张继权，2012；胡珂，2011；汤国安，2012；黄文嘉，2011）。一定空间要素或几何体通过缓冲区分析得到对应的邻域范围，其大小可以根据需求设定邻域半径，那么对于给定对象 A 的缓冲区可以用公式表达：

$$P=\{x|d(x,a)\leqslant r\}$$

式中：P 为缓冲区；x 为对象的集合；a 为对象；d 为欧氏距离也可以是其他距离；r 为邻域建立条件。

缓冲区主要是以建立条件为基础确定邻域范围。根据需求设置不同形态的缓冲区满足应用要求。矢量要素中有点、线、面，其中点的缓冲区包括圆形、三角形、矩形和环形等形状，线的缓冲区包括双侧对称、双侧不对称或单侧缓冲区等形状，面的缓冲区包括内侧和外侧（黄文嘉，2011；汤国安，2002；吕铭志，2010；杨婧等，2012；王欣星，2013；李铁平，2008；黄文嘉，2011；李楠，2009），点状要素、线状要素和面状要素的缓冲区如图 4-5。

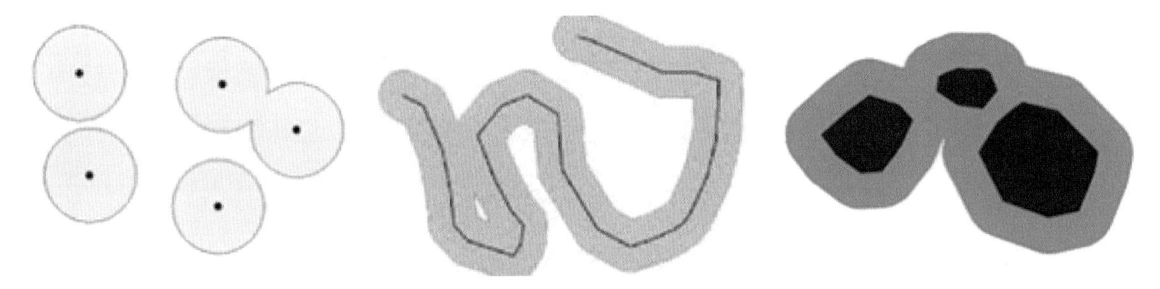

图 4-5　点、线和面状要素的缓冲区

本书中五大连池泉水资源分布图（图 4-6）主要是依据收集、调查和监测数据资料确定泉水点要素的空间分布再进行缓冲区分析，不同缓冲区的建立方法存在一定的差别，根据实际应用中不同的需要来选择合适的建立方法。在世界众多矿泉中，温泉多、冷泉少；洗泉多、饮泉少；或保健、或医疗，绝大多数只具有单一功效，而五大连池矿泉却是罕见的冷泉，能饮、能浴，并且属于具有极高医疗保健作用的经矿化、磁化后带有电荷的离子水。五大连池矿泉泉温普遍低于 4℃，二氧化碳含量最多，多达 99.99%，且矿化度适中，在 1.3～4.3 克 / 升之间的复合型泉水，其中二氧化碳、铁、硅酸盐、重碳酸盐 4 项指标均达到医疗矿泉标准，主要类型可分为 3 种：大部分天然出露的矿泉均为偏硅酸型矿泉，如二龙

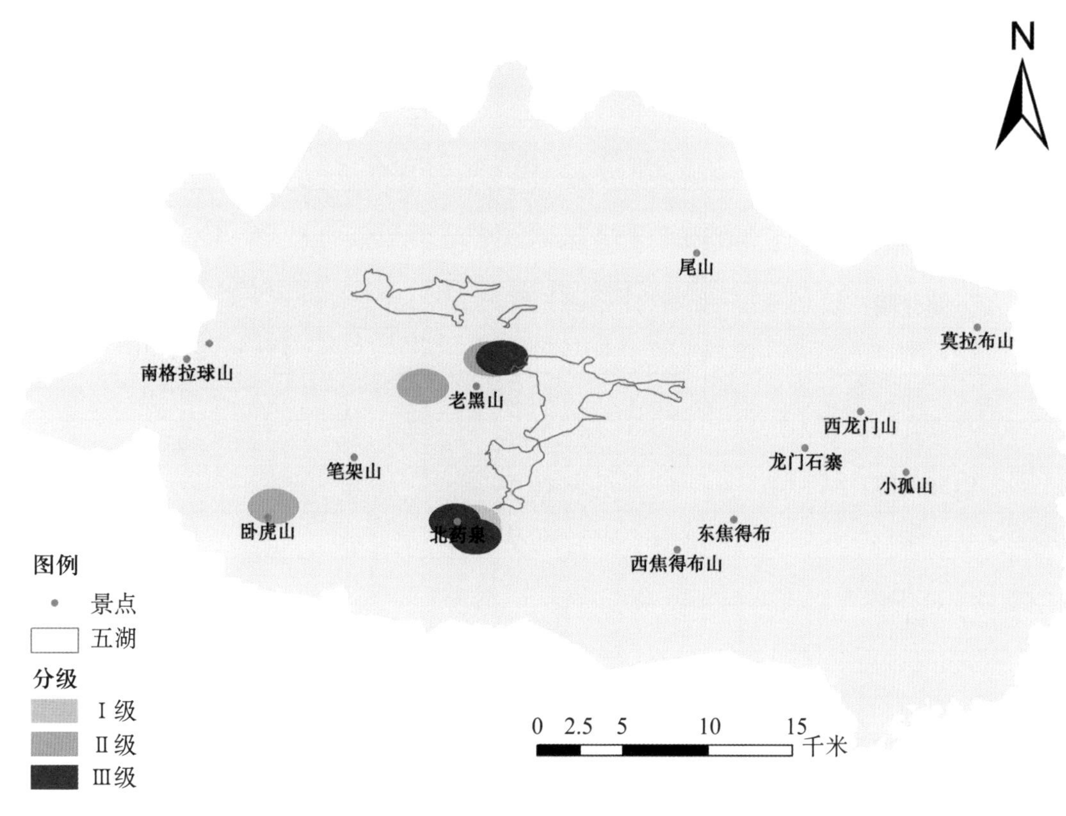

图 4-6　黑河五大连池风景区泉水资源分布

眼泉；一种是高品质铁硅质重碳酸钙镁型矿泉，含有大量钠离子、镁离子和铁离子，如北药泉；还有一种是洗浴冷矿泉，水中含有几十种离子态的矿质元素和大量碳酸气，如南洗泉、翻花泉等。各类矿泉中的多种不同矿质元素对人体消化系统、血液系统、呼吸系统、运动系统及皮肤等多种疾病都有良好的疗效。

泉水资源空间分布图：冷矿泉资源的辐射服务范围主要根据查阅资料得到。世界卫生组织享受安全管理的饮用水服务为在 30 分钟往返行程内有改善的饮用水源，即是指距离矿泉核心位置步行 15 分钟的范围辐射服务区。再依据有关学者的研究结果得到，成人 15 分钟的步行路程为 1～1.5 千米，考虑到景区的体验者主要是以游玩为目的，且体验者中还有小孩和老人，所以矿泉资源服务最佳区域应该是以泉水功能核心区为中心半径为 1 千米的范围。依据《饮用天然矿泉水》（GB 8537—2018）的水质指标标准、《生活饮用水卫生标准》（GB 5749—2006）的水质指标标准、《天然矿泉水资源地质勘查规范》（GB/T 13727—2016）的水质评价和《温泉旅游泉质等级划分》（LB/T 070—2017）的温泉泉质等对温泉进行等级划分，具体见表 4-1 至表 4-3。根据泉水的不同用途，将泉水分为Ⅰ级医用饮用矿泉、Ⅱ级饮用矿泉、Ⅲ级洗浴矿泉（图 4-6）。

表 4-1 矿泉水质等级划分标准

项目	GB 5749—2006（毫克/升）	GB 8537—2018（毫克/升）
锂	—	≥0.2
锶	—	≥0.2
锌	<1.0	≥0.2
碘化物	—	≥0.2
偏硅酸	—	≥25
硒	—	≥0.01
砷	<0.01	<0.01
镉	<0.005	<0.003
铬（六价）	<0.05	<0.05
铅	<0.01	<0.01
汞	<0.001	<0.001
硒	<0.01	<0.05
锑	<0.005	<0.005
铜	<1.0	<1.0
钡	<0.7	<0.7
锰	<0.1	<0.4
铍	<0.002	—
硼	<0.5	—
钼	<0.07	—
镍	<0.02	<0.02
银	<0.05	<0.05
铊	<0.0001	—
铝	<0.2	—
铁	<0.3	—
氯化物	<250	—
氰化物（以CN^-计）	<0.05	<0.01
氟化物（以F^-计）	<1.0	<1.5
硫酸盐	<250	—
硝酸盐	<10	<45
三氯甲烷	<0.06	—
四氯化碳	<0.002	—
溴酸盐（使用臭氧时）	<0.01	<0.01
硼酸盐（以B计）	—	<5
甲醛（使用臭氧时）	<0.9	—
挥发酚（以苯酚计）	<0.002	<0.002
亚氯酸盐（使用二氧化氯消毒时）	<0.7	—

（续）

项目	GB 5749—2006（毫克/升）	GB 8537—2018（毫克/升）
亚硝酸盐（以二氧化氮计）	—	<0.1
总β放射性	<1	<1.5
氯酸盐（使用复合二氧化氯消毒时）	<0.7	—
矿质油	—	<0.05
阴离子合成洗涤剂	<0.3	<0.3

表 4-2　理疗天然矿泉水质指标（GB/T 13727—2016）

项目	指标（毫克/升）	水的命名
溶解性总固体	>1000	矿（泉）水
二氧化碳（CO_2）	>500	碳酸水
总硫化氢（H_2S、HS^-）	>2	硫化氢水
偏硅酸（H_2SiO_3）	>50	硅酸水
偏硼酸（HBO_2）	>35	硼酸水
溴（Br^-）	>25	溴水
碘（I^-）	>5	碘水
总铁（Fe^{2+}、Fe^{3+}）	>10	铁水
砷（As）	>0.7	砷水
氡（^{222}Rn）	>110	氡水
水温	>36 ℃	温矿（泉）水

表 4-3　温泉旅游泉质等级划分（LB/T 070—2017）

成分	温（冷）泉（毫克/升）	优质温（冷）泉（毫克/升）	优质珍稀温（冷）泉（毫克/升）	矿泉名称
二氧化碳	250	250	1000	碳酸水
总硫化氢	1	1	2	硫化氢水
氟	1	2	2	氟水
溴	5	5	25	溴水
碘	1	1	5	碘水
锶	10	10	10	锶水
铁	10	10	10	铁水
锂	1	1	5	锂水
钡	5	5	5	钡水
偏硼酸	1.2	5	50	硼水
偏硅酸	25	25	50	硅水
氡	37	47.14	129.5	氡水

（二）地统计学分析

地统计学主要是利用随机函数对不确定的现象进行探索分析（孙英君，2004）。地统计学与经典统计学存在一定的共性，同时还存在一定的差异。两者都是建立在大量样本的基础上，通过对样本属性的数值大小、分布频率、均值、方差等关系及其对应的规律进行分析，确定空间格局分布的特点（汤国安，2012；李楠，2012）。与经典统计学不同的是地统计学不仅考虑样本值的大小，还重视样本的位置和样本之间的距离，减少空间方位分析带来的误差。人们为了了解各种自然现象的空间连续变化，采用了若干空间插值的方法，用于将离散的数据转化为连续的曲面，主要分为两种：空间确定性插值和地统计学方法。

1. 空间确定性插值

空间确定性插值包括反距离加权插值法、全局多项式插值法、径向基函数插值法等具体的方法和内容，见表 4-4。

表 4-4　空间确定性插值

方法	原理	适用范围
反距离权重插值法	基于相似性原理，以插值点和样本点之间的距离为权重加权平均，离插值点越近，权重越大	样点应均匀布满整个研究区域
全局多项式插值法	用一个平面或曲面拟合全区特征，是一种非精确插值	适用于表面变化平缓的研究区域，也可用于趋势面分析
局部多项式插值	采用多个多项式，可以得到平滑的表面	适用于含有短程变异的数据，主要用于解释局部变异
径向基函数插值法	适用于对大量点数据进行插值计算，可获得平滑表面	如果表面值在较短的水平距离内发生较大变化，或无法确定样点数据的准确度，则该方法并不适用

(1) 反距离权重插值法。是观测要素距离越近个体间的相似性越高，相反不同个体之间距离越远相似性就越小，计算公式如下：

$$\hat{Z}(s_o)=\sum_{i=1}^{N}\lambda_i Z(s_i)$$

式中：$\hat{Z}(s_o)$ 为 s_o 处的预测值；N 为计算 $\hat{Z}(s_o)$ 所用的周围已知样点的个数；λ_i 为 $\hat{Z}(s_o)$ 时已知样点的权重，λ_i 随着已知样点与未知点之间距离增加而减少；$Z(s_i)$ 为在 s_i 处的测量值。

权重 λ_i 的计算公式（林楠，2012；汤国安，2012；韩金保，2015；廖双斌，2015）：

$$\lambda_i=\frac{d_{io}^{-p}}{\sum_{i=1}^{N}d_{io}^{-p}},\quad \sum_{i=1}^{N}\lambda_i=1$$

式中：P 为用于控制权重值的降低，一般取均方根预测误差的最小值，采用地统计学分析时通常 P 大于 1，反距离权重插值法分析时 P 通常为 2。d_{io} 为预测点 s_o 与各已知样点 s_i 之间的距离。

（2）全局性插值方法。以研究区的所有样点数据组成的数据集为基础，运用多项式计算预测值，通过一个平面或曲面拟合整个区域的空间分布特征（刘素平，2011；廖双斌，2015；王召会，2018；李自力，2011；韩金保，2015）。全局多项式插值为非精准插值法，运用其拟合的表面很少能与实际的已知样点完全重合。还有就是检验长期变化的、全局性趋势的影响时，一般采用全局多项式插值法，也称作趋势面分析。

（3）局部多项式插值法。它可以得到一个平滑的表面，特别是数据集中含有短程变异，但并非是精确的插值法。相较于全局多项式插值来讲，局部多项式插值采用多个多项式，可以作为全局多项式方法和移动平均过程的结合，应用最小二乘法多项式拟合数据，通常选择一次、二次或三次多项式，每个多项式都处在特定重叠的邻近区域内，只用于拟合一个串口定义的局部子集，窗口大小应该足够大，以保证处理包含的数据点的数目满足要求。该方法的另一个改进是基于距离的加权，最小二乘模型实质上是加权最小二乘法拟合，权重作为窗口大小一部分的距离幂函数来计算。最简单的情况是移动窗口是半径为 R 的圆。如果圆内格网点（x_i，y_i）与数据点（x，y）之间的距离定义为 d_i，那么权重 w_i 定义为

$$w_i = (1-\frac{d_i}{R})(1-\frac{d_i}{R})^p$$

其中 p 是用户自定义的幂值。最小二乘法要最小化表达式：

$$p = \sum_{i=1}^{n} w_i(f(x_i,\ y_i)-z_i)^2$$

如果 p=0，则所有权重都为 1。Sufer 中 p 的默认值为 2，最大值为 20。

（4）径向基函数内插值法。如同将一个橡胶膜插入并经过各个已知样点，同时又是表面的总曲率最小（廖双斌，2015；王召会，2018）。不同于全局多项式和局部多项式插值法，径向基函数内插值法属于精确插值方法，主要函数包括规则样条函数、张力样条函数、高次曲面样条函数、反高次曲面样条函数和薄板样条函数等（廖双斌，2015；韩金保，2015；王召会，2018）。通常情况下，采用的方法与地统计内插方法相似，但是不具有对变差提前分析的优点，且不需要有关输入数据点的任何假设，可以提供高质量的内插算子。

五大连池火山全磁环境分为地表部分、地下部分、空间部分。地表部分是由含有磁铁矿和钛磁铁矿的熔岩台地裸露所形成的 64 平方千米的强大地表磁场，它呈游离状态存在，原因在于自东向西流动的地表水和大面积湿地的作用；地下部分的地下磁场是由距地表 24 米带有强磁的黄铁矿所形成的。地下磁场在地下水和带有多种元素的地下矿泉的作用下呈游离状态存在。空间磁场是由于蒸腾的作用使地下和地表含有电荷的水再变为水蒸汽，在不同气流作用下产生不规则的空间磁场运动。地磁异常形态呈现出以中部北东向连续负磁异常为界，形成南西和北东两种不同的地磁异常组合，笔架山—老黑山火山、药泉山、格拉球山位于正异常中，其中老黑山、尾山附近的地磁异常现象明显。

地磁资源分布图：基于景区火山锥及熔岩台地的分布，选取 20 个野外观测点测定地磁强度，利用反距离权重法对区域内地磁强度进行插值，得到五大连池地磁资源空间分布图，基于全国不同地磁观测台地的地磁异常等级划分、地磁与长寿发生几率的关系、地磁异常的计算等对五大连池地磁异常进行分级，将评价结果分为 6 个等级，见表 4-5 和表 4-6，其中地磁最适区分别位于西部、中南部和东缘中部区域，如图 4-7 和图 4-8。

表 4-5　地磁异常研究相关文献

研究者	研究年份	研究结果
安振昌等	1992	地磁异常=观测年平均值－计算年均值 磁异常等级：0～100纳特正常，100～300纳特弱磁异常，300纳特以上强磁异常
冯彦等	2010	广西巴马县地磁场总强度为46000纳特
覃玉容等	2016	在广西巴马县当地磁强度小于46650纳特阈值时，长寿发生几率随地磁强度的增加而升高
张森琦	2017	五大连池实测地磁异常ΔT等值线图

表 4-6　地磁异常等级划分

等级	地磁异常（纳特）
Ⅰ级	$0 \leqslant \Delta T < 100$
Ⅱ级	$100 \leqslant \Delta T < 300$
Ⅲ级	$300 \leqslant \Delta T < 650$
Ⅳ级	$650 \leqslant \Delta T < 1000$
Ⅴ级	$1000 \leqslant \Delta T < 1350$
Ⅵ级	$\Delta T \geqslant 1350$

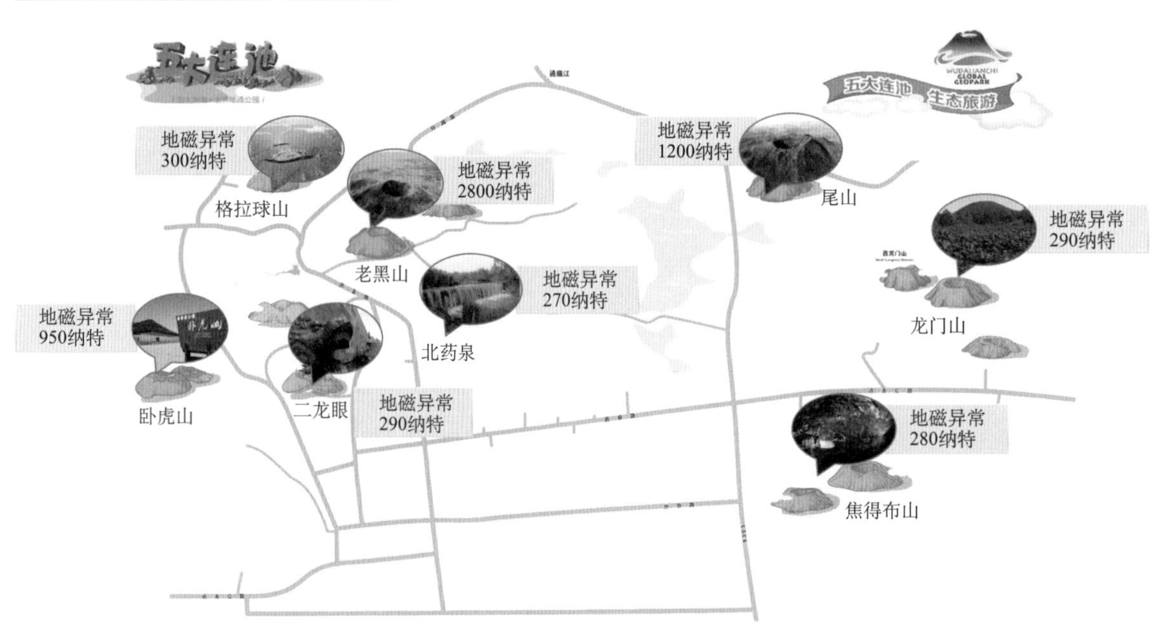

图 4-7　黑河五大连池风景区重要景点地磁异常值

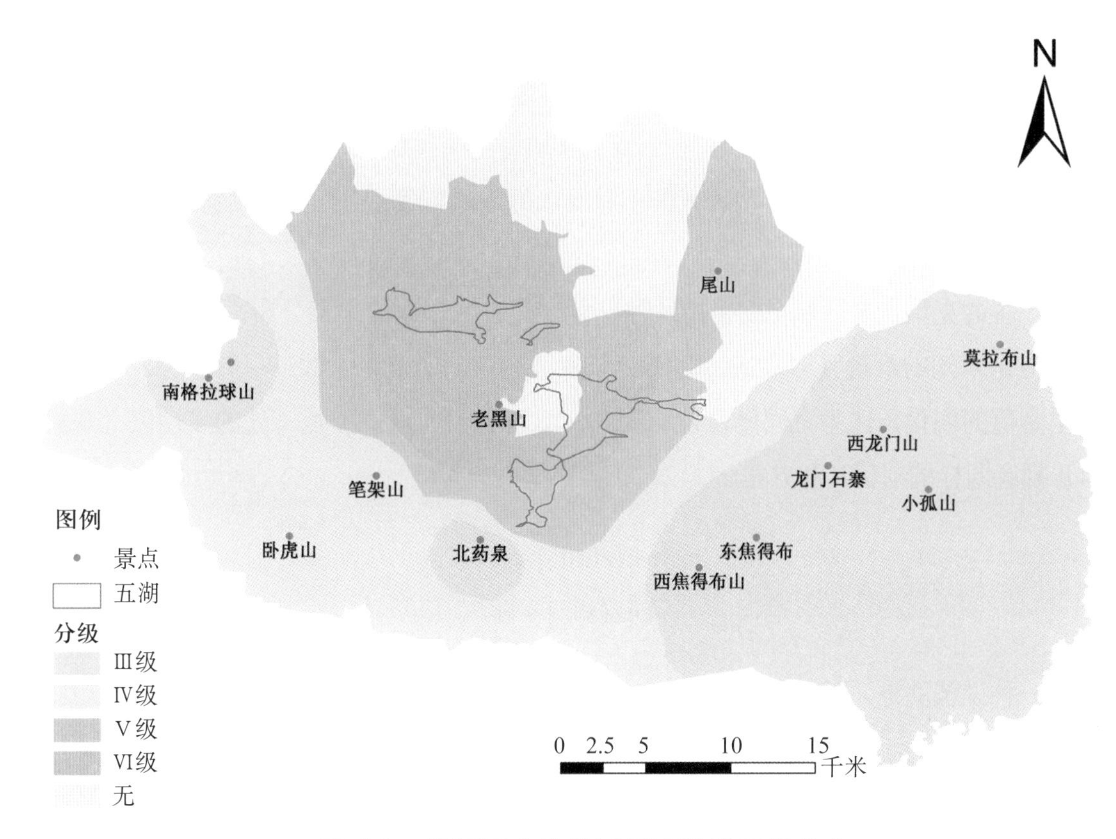

图 4-8　黑河五大连池风景区地磁异常分布

2. 地统计插值

地统计学是以区域化变量理论为基础，以变异函数为主要工具，研究在空间分布上既有随机性又有结构性、空间相关和依赖性的自然现象的科学（刘爱利等，2012；廖双斌，2015；贾树海，2012；李楠，2012；陈志强，2011；黄彦，2010；舒彦军，2012）。地统计学主要用于研究空间分布数据的结构性、随机性、相关性和依赖性，以及空间格局与变异等。以区域化变量理论为基础，利用半变异函数，对区域化变量的位置采样点进行无偏最优估计。空间估值方法统称为 Kriging 方法，是一种广义的最小二乘回归算法，半变异函数公式如下：

$$\gamma\ (k)=-\frac{d_i}{R}\sum_{a=1}^{N(h)}[z(u_a)-Z(u_a+h)]$$

式中：$z(u_a)$为位置在 a 的变量值；$N(h)$为距离 h 的点对数量。

Kriging 方法通常用于气象方面的研究，可对降水、温度等要素进行区域最优内插，在本研究中可使用该方法对研究区的空气负离子观测数据进行分析。通常球状模型用于普通克里格插值精度较高，并且优于常规插值方法，因此本书采用球状模型进行变异函数拟合，获得研究区空气负离子要素的最优内插，球状模型见公式如下：

$$\gamma(h)=\begin{cases}0 & h=0\\ C_0+C(\frac{3}{2}\times\frac{h}{a}-\frac{1}{2}\times\frac{h^3}{a^3}) & 0<h\leqslant a\\ C_0+C & h>a\end{cases}$$

式中：C_0 为块金效应值，表示 h 很小时两点间变量值的变化；C 为基台值，反映变量在研究范围内的变异程度；a 为变程；h 为滞后距离。

(1) 普通克里金是区域化变量的线性估计，假设数据化成正态分布，认为区域化变量 Z 的期望值是未知的常量（廖双斌，2015；郭慧，2014；刘素平，2011；韩金保，2015）。普通克里金值的假设条件为空间属性是均一的，即对于空间任意一点 x 处的属性值（观察值）z（x）都有同样的期望 c 和方差 σ^2。

$$E[z(x)]=c$$

$$D[z(x)]=\sigma^2$$

换一种说法就是，任意一点的值 $z(x)$ 都由区域平均值 c 和该点处的随机偏差 $R(x)$ 组成，即其中 R（x）表示点 x 处的偏差，其方差均为常数。

$$D[R(x)]=\sigma^2$$

基于以上假设，普通克里金的插值公式：

$$\hat{z}(x_0)=\sum_{i=1}^{n}\lambda_i Z(x_i)$$

式中：x_1，x_2，…，x_n 为空间（区域）中的 n 个观测点；$z(x_1)$，$z(x_2)$，…，$z(x_n)$ 分别为相应的观测值，空间 $\hat{z}(x_0)$ 可以采用已知点观测值的一个线性组合来估计。

应用条件：普通克里金要求随机二阶平稳或符合内蕴假设，包括一阶平稳即协方差（变差函数）平稳。

(2) 简单克里金插值基于二阶平稳假设，是区域化变量的线性估计，它假设数据变化成正态分布，认为区域化变化 Z 的期望值为某一常量，即 $E[Z(u)]=E[Z(u+h)]=m$（常数）（廖双斌，2015；刘素平，2011；韩金保，2015）。这样，$m(u)$ 和 $m(u_\alpha)$ 均为常数 m，故简单克里金估值方程如下：

$$Z^*_{SK}(u)=\sum_{\alpha=1}^{n}\lambda_\alpha(u)Z(u_\alpha)+m[1-\sum_{\alpha=1}^{n}\lambda_\alpha(u)]$$

基于二阶平稳假设，两点间协方差与位置无关，只与距离有关，即 $C(u,u+h)=C(h)$，则简单克里金方程组如下：

$$\sum_{\alpha=1}^{n}\lambda_\alpha(u)C(u_\alpha-u_\beta)=C(u-u_\beta)\ (\beta=1,\cdots,n)$$

简单克里金估计方差如下：

$$\sigma_k^2=C(0)-\sum_{\alpha=1}^{n}\lambda_\alpha(u)C(u-u_\alpha)$$

应用条件：第一，简单克里金计算要求随机函数二阶平稳，适用于空间变异性相对较小的变量的估值，不能用于具有任何趋势的情况；第二，随机函数的期望值（均值）m为常数并已知；估值方程中的权系数为观测值与其数学期望之差对待估点估值的贡献，不是观测点的绝对值对待估点估值的贡献，权系数之和不一定等于1。因此，在协方差与变差函数求取时，采用的数据是观测值与其数学期望的差值，不是实际观测值。

（3）泛克里金插值，建设数据中存在主导数据，且该趋势可以用一个确定的函数或多项式来拟合（杨阳，2007）。泛克里金需要估计趋势函数，适应于漂移函数解析式的估计和在某一点处漂移函数数值的估计。对于残缺部分$R(u)$，通常是用均值为0、协方差函数为$C_R(h)$的平稳随机函数（RF）来模拟。

据此，可以得到泛克里金估计值和线性方程组。估值方程如下：

$$Z_{KT}^*=\sum_{\alpha=1}^{n}\lambda_\alpha^{(KT)}(u)Z(u_\alpha)$$

泛克里金方程组实际上为具有限制条件的正规方程组，称为KT线性系统：

$$\begin{cases}\sum_{\beta=1}^{n}\lambda_\beta^{(KT)}(u)C_R(u_\beta-u_\alpha)+\sum_{k=0}^{k}\mu_k(u)f_k(u_\alpha)=C_R(u-u_\alpha),\ \alpha=1,2,\cdots,n\\ \sum_{\beta=1}^{n}\lambda_\beta^{(KT)}(u)f_k(u_\beta)=f_k(u),\ k=0,1,\cdots,k\end{cases}$$

式中：$\lambda_\beta^{(KT)}$为KT的权值；$\mu_k(u)$为k+1个权值的限制条件相对应的k+1个拉格朗日数。

习惯上，$f_0(u)=1,\forall u$，因此k=0的情况对应于具有稳定的但是均值未知的$m(u)=a_0$的普通克里金。泛克里金即可用于具有内部趋势的克里金估计，又可用于具有外部漂移（如外部地震信息）的克里金估计。

（4）协同克里金，数据集通常包括一个初始变量和多个二级变量，二者都包含了初始变量中的有用信息且在空间上是相关的。协同克里金利用变量之间存在的空间相关性，通过已知样本数据估计研究区域内其他位置的未知变量。在缺少相关数据信息的情况下，运用协同克里金方法可以提高估计精度，初始变量和二级变量的线性组合形式如下：

$$\hat{u}_0=\sum_{i=1}^{n}a_iu_i+\sum_{j=1}^{m}b_jv_j$$

式中：$\hat{u}_0$为随机变量u在位置0处的估计值，u_1，…，u_n为初始变量的n个样本数据；v_1，…，v_n为二级变量的m个样本数据；a_1，…，a_n和b_1，…，b_n为需要确定的系统顾克里金加权系数。

估计误差表达式：

$$R=\hat{U}_0-U_0=\sum_{i}^{n}a_iu_i+\sum_{j}^{K}b_iv_i-U_0$$

式中：$\hat{U}_0$ 为 u 在位置 0 处的估计值；U_0 为 u 在 0 处的取样值。

协同克里金估计计算过程与其他克里金方法的估计过程是相似的，通过无偏性估计和最小二乘法推导出协同克里金估计的方程组如下：

$$\begin{cases}\sum_{i=1}^{n}a_i\,C\{u_i-u_j\}+\sum_{i=1}^{m}b_iC\{v_i-v_j\}+\mu_1=C\{u_0-u_j\},\ j=1,2,\cdots,n\\ \sum_{i=1}^{n}a_i\,C\{u_i-v_j\}+\sum_{i=1}^{m}b_iC\{v_i-v_j\}+\mu_2=C\{u_0-v_j\},\ j=1,2,\cdots,m\\ \sum_{i=1}^{n}a_i=1,\ \sum_{i=1}^{m}b_j=0\end{cases}$$

式中：u_1，…，u_n 为初始变量的 n 个样本数据集；v_1，…，v_n 为二级变量的 m 个样本数据集；a_1，…，a_n 和 b_1，…，b_n 为协同克里金加权系数；μ_1 和 μ_2 为拉格朗日因子；$C\{u_i-u_j\}$ 为初始变量 Z 的协方差；$C\{v_i-v_j\}$ 为二级变量 Y 的协方差；$C\{u_i-v_j\}$ 为两个变量的交互协方差。

标准化后的协同克里金权系数如下：

$$\sum_{i=1}^{n}a_i+\sum_{i=1}^{m}b_j=1$$

估值方程如下：

$$Z_0^*=\sum_{i=1}^{n}a_iu_i+\sum_{j=1}^{m}b_j\ (v_j+m_u+m_v)$$

式中：m_u 和 m_v 为一级变量和二级变量在 j 处的数学期望。

(5) 贝叶斯克里金，可以用贝叶斯估计把两者结合起来进行空间变量的估计。设 $\{z(u);u\in A\}$ 表示区域 A 上的一个区域化变量，待估的观察数据，其相应的随机函数可记为 $\{Z(u);u\in A\}$。考虑另外一个定义在区域 A 的区域化变量 $\{m(u);u\in A\}$，代表猜测数据，对应的随机函数为 $\{M(u);u\in A\}$。如下：

$$E[M(u)]=\mu_M(u)$$

则：

$$E[Z(u)|M(u)]=a_0+M(u)$$

式中：$M(u)$ 是对 $Z(u)$ 的一种猜测，误差为 a_0。

定义一个新的随机函数，作为猜测误差函数：

$$Z^T(u)=Z(u)-\mu_M(u)$$

则$Z(u)$的贝叶斯克里金估计量如下：

$$Z_{BK}^*(u)=\sum_{i=1}^{N}a_iZ^T(u_i)+\mu_M(u)$$

贝叶斯克里金方程组的建立也是基于无偏性估计和最小方差两个条件，利用拉格朗日乘数法可得到以加权系数a_i为未知数的贝叶斯克里金方程组：

$$\begin{cases}\sum_{i=1} a_i[\gamma_{Z|M}(u_i-u_j)+\gamma_M(u_i-u_j)]+\beta_1=\gamma_{Z|M}(u_0-u_j)+\gamma_M(u_0-u_j),\ j=1,\cdots,n \\ \sum_j a_j=1 \\ \gamma_M(u_i-u_j)=\gamma_Z(u_i-u_j)-\gamma_{Z|M}(u_i-u_j)\end{cases}$$

式中：β_1为拉格朗日参数；$\gamma_M(u_i-u_j)$为猜测数据的变差函数；$\gamma_M(u_i-u_j)$猜测数据条件下观测数据的变差函数。

(6) 指示克里金为一种非参数统计方法，指示克里金的估值、变差函数、权系数求取均值不是针对原始数据本身进行的，可有效地整合原数据。指示克里金是用来估计对指示值而不是用来预测某个具体值的，这是它有别于其他克里金方法的地方。未知点指示值的计算可以运用多种克里金方法，根据不同情况，使用不同的克里金方法。

设区域A内有n个已知值$z(u_i)$，i=1, ⋯, n，对应着n个指示值：$i(u,z)$，i=1, ⋯, n，以普通克里金为例，指示值估算的表达式如下：

$$[i(z;u)]^*=\sum_{j=1}^{n}a_j(z;u)\,i(z;z_j)$$

式中：a_j=$(z;u)$为权重系数，通过求解克里金方程组得到：

$$\begin{cases}\sum_{j'=1}^{n} a_j(z;u)\,C_I(z;u_{j'}-x_{j'})+\mu(z;u)=C_I(z,u-u_j),\ j=1,\cdots,n \\ \sum_{j'=1}^{n} a_{j'}(z;u)=1\end{cases}$$

每个位置对应每个门槛值就有一个这样的方程组，有多少个门槛值z，就需要多少个方程组。

$i^*(u;z)$为$I(u;z)$的条件数学期望$E[I(u;z)|(n)]$的估计值，等于在已知n个样品的条件下$P\{Z(u)\leqslant z\}$概率的大小。

$$
\begin{aligned}
i^{*}(u;z) &= E[I(u;z) \mid (n)] \\
&= 0 \times P[I(u;z) = o(n)] + 1 \times P[I(u;z) = 1 \mid (n)] \\
&= P[I(u;z) = 1 \mid (n)] \\
&= P[Z(u) \leqslant z \mid (n)] \\
&= F[u;z \mid (n)]
\end{aligned}
$$

以上是常见的克里金方法相关的介绍。克里金以空间自相关为基础，利用原始数据，借助半方差函数的结构性，对区域化变量进行无偏估值的插值方法，是地统计学研究的重要内容之一。

空气负离子资源分布图：基于景区植被特征，选取 31 个野外观测点，选择晴天连续测定 48 小时的空气负离子浓度，观测频率为 15 分钟，依据所有数据确定空气负离子日高峰时段并计算其平均值，利用普通克里金方法对区域内空气负离子进行空间插值，得到五大连池空气负离子资源空间分布图，如图 4-9。基于《空气负（氧）离子浓度等级观测技术规范》（LY/T 2586—2016）的分级标准、《空气负（氧）离子浓度等级》（QX/T 380—2017）的分级标准和WHO对空气负离子的划分级别进行叠加，将评价结果分为9个等级，见表4-7和4-8，其中北药泉附近区域空气负离子浓度较高，如图 4-10。

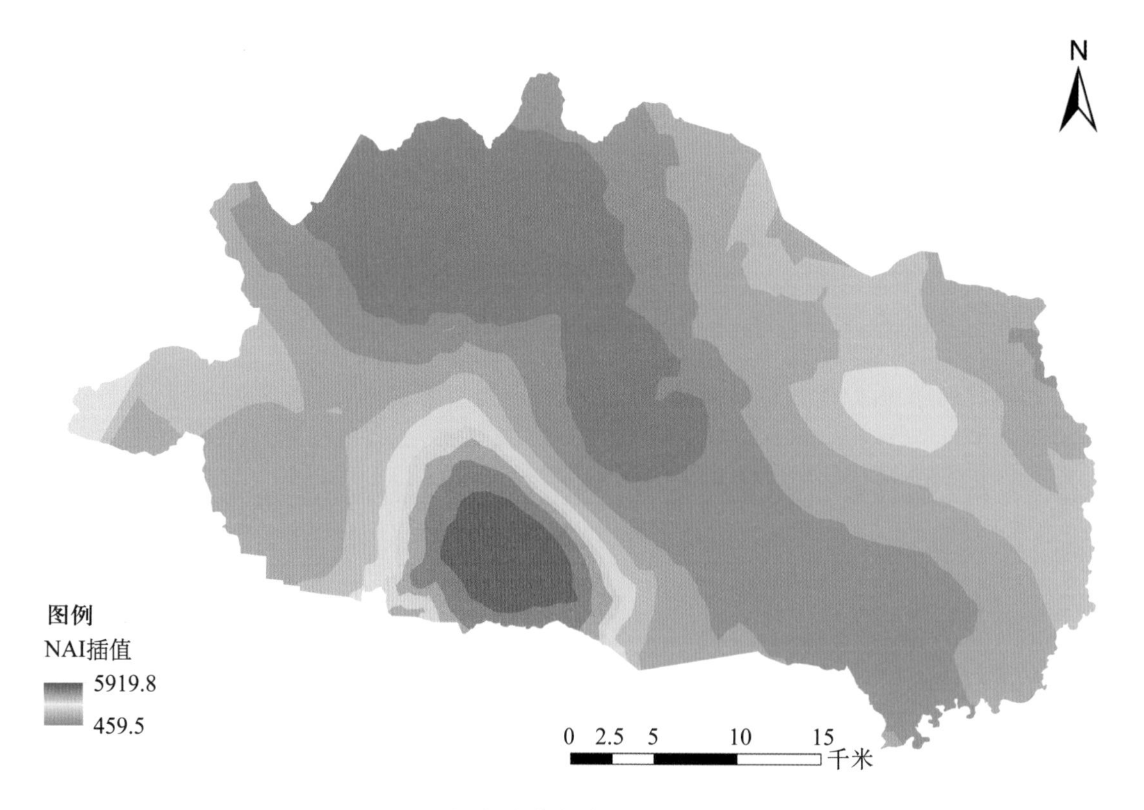

图 4-9 五大连池空气负离子克里金插值空间分布

表 4-7 空气负离子等级标准

QX/T380—2017 空气负离子浓度 （个/立方厘米）		WHO 空气负离子浓度 （个/立方厘米）		LY/T2586—2016 空气负离子浓度 （个/立方厘米）	
Ⅰ级	$N \geq 1200$	森林、瀑布区	$10000 \leq N < 50000$	Ⅰ级	$N \geq 3000$
Ⅱ级	$500 \leq N < 1200$	高山、海边	$5000 \leq N < 20000$	Ⅱ级	$1200 \leq N < 3000$
Ⅲ级	$100 \leq N < 500$	田野	$500 \leq N < 10000$	Ⅲ级	$500 \leq N < 1200$
Ⅳ级	$0 < N < 100$	都市公园	$100 \leq N < 2000$	Ⅳ级	$300 \leq N < 500$
		都市住宅封闭区	$40 \leq N < 50$	Ⅴ级	$100 \leq N < 300$
		室内冷暖空调房	$0 \leq N < 25$	Ⅵ级	$N < 100$

表 4-8 空气负离子浓度等级划分

等级	空气负离子浓度（个/立方厘米）
Ⅰ级	$N \geq 10000$
Ⅱ级	$5000 \leq N < 10000$
Ⅲ级	$3000 \leq N < 5000$
Ⅳ级	$2000 \leq N < 3000$
Ⅴ级	$1200 \leq N < 2000$
Ⅵ级	$500 \leq N < 1200$
Ⅶ级	$300 \leq N < 500$
Ⅷ级	$100 \leq N < 300$
Ⅸ级	$0 \leq N < 100$

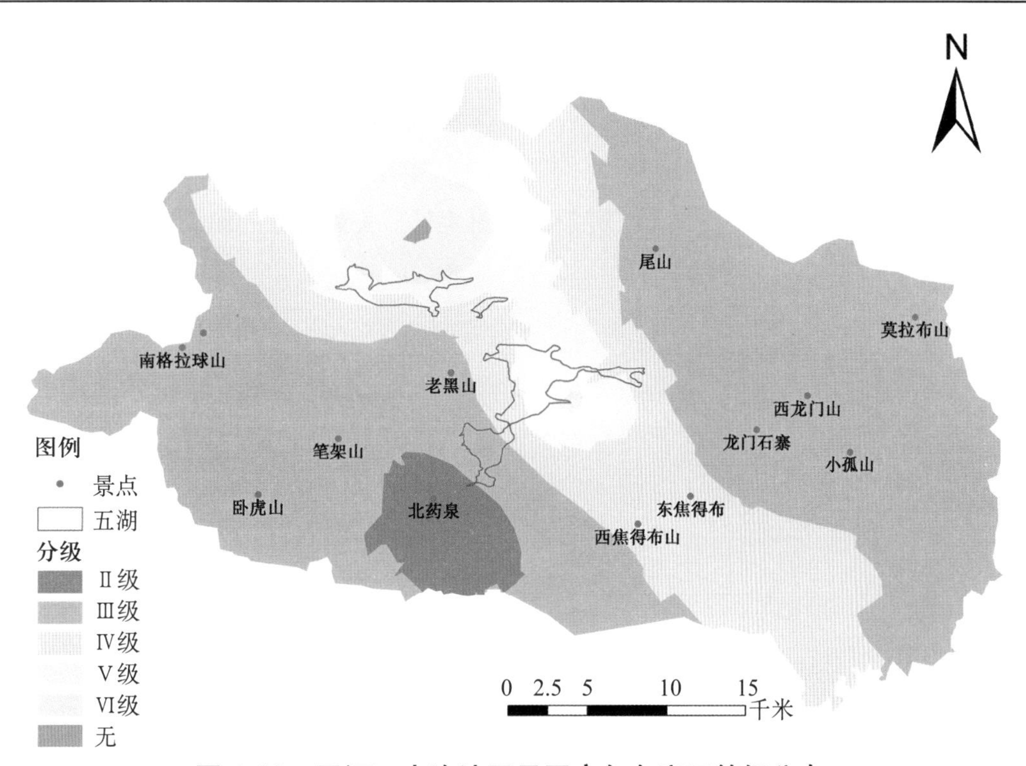

图 4-10 黑河五大连池风景区空气负离子等级分布

（三）空间叠置分析

空间叠置分析是地理信息系统具有的基本空间分析功能之一，是依据研究对象的地理位置和空间形态提取空间信息的分析技术，包括逻辑交、逻辑差、逻辑并等运算（汤国安，2012）。因此，本区划利用这种空间叠置分析技术，在五大连池生态康养功能区划布局的指导下，结合区域植被类型、气候条件、水资源环境、地质环境等因素，利用地理信息系统，在基于每个因素进行抽样的基础上，实施叠加分析，建立五大连池生态康养功能分区，明确生态康养功能要素的分布和规划数量。

由于区域生态系统的复杂性，单一因素的生态康养功能区划无法满足分层抽样的需求。因此需对比分析典型生态功能区划的特点，筛选适合指标进行生态康养功能区划布局，通过空间叠置分析可提取具有较大共性的相对均质区域。本研究中主要叠置分析对象为多边形，采用操作为交集操作（intersect）。

$$x \in A \cap B$$

式中：A，B 为进行交集的两个图层；x 为结果图层。

叠加分析通过空间关系运算，将参与分析的要素进行分类，并将关联要素的属性重新组装，所以目标要素的属性包含“要素分组”中各要素的属性值，另外该分析功能还可判断矢量图层的包含关系。叠加分析以空间层次理论为基础可用来提取空间隐含信息，将代表不同主题（植被、生态功能类型、生物多样性优先区域、地形地貌等）的数据图层通过空间叠加得到一个全新的数据图层，新数据图层综合了单独要素图层所具有的属性。生态功能区划布局中，叠加分析应用十分广泛，例如将泉水、地磁指标图层与植被、地形地貌和景点分布等图层进行叠加分析，获得生态康养功能区划的基本图层，作为进行生态康养功能区划布局的基础；其中要求被叠加空间叠加分析涉及两个以上的图层，由于分析计算对象所处的区域在多个参与该运算的图层中，如图 4-11。矢量图层的叠加是本规划中主要使用的方式。该种叠加是拓扑叠加，结果是产生新的空间特性和属性关系。本研究中主要为点与多边形图层和多边形与多边形图层之间的叠加操作。

点与多边形图层的叠加分析实质上是判断点与多边形的包含关系，即 Point-Polygon 分析，具有典型意义。可通过著名的铅垂线算法判断某点是否位于某多边形的内部，只需由该点作一条铅垂线，如果铅垂线与该多边形的焦点为奇数，则该点位于多边形内；否则，位于多边形外（点与多边形边界重合除外），如图 4-12。

多边形与多边形的叠加分析同样源于对两者之间拓扑关系的判断。多边形之间拓扑关系的判断最终也可以转化为点与多边形关系的判断（李大军等，2005），主要有分离、包含与包含于、相等、覆盖与被覆盖、交叠、相接、相交等几种关系。因此，本区划利用这种空间分析功能，依据生态康养资源分布情况，结合五大连池的具体情况和植被类型分布特

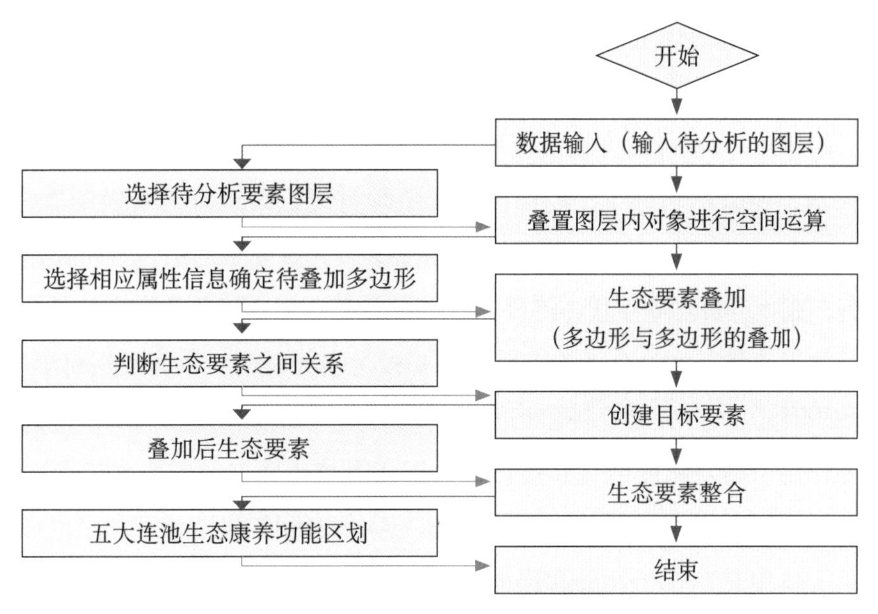

图 4-11　叠加分析基本流程

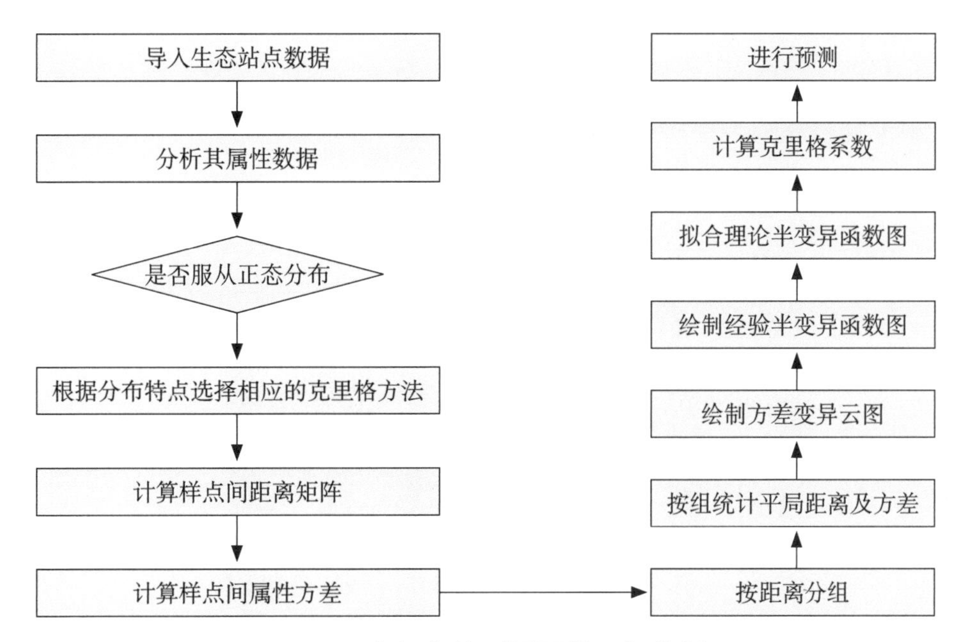

图 4-12　点与多边形图层的叠加分析

点等因素，将每个因素看作是一个指标，通过地理信息系统软件与抽样理论，明确生态康养功能区划要素的分布和规划数量。叠加分析中主要操作包括切割，图层合并，修正更新，识别叠加等。

本区划通过使用叠加分析，根据景区景点分区指标切割景区植被分布图，基于普通克里格插值和球状模型变异函数拟合后的空气负离子分布图，借助饮用水辐射区概念的泉水分布图，利用保守估计区的地磁分布区，以及气候资源分布图等 5 个生态康养资源要素的分布，进行裁切形成生态康养资源分布图。矢量数据的裁切主要通过分析工具中的提取剪裁工具实现，是进行多边形叠合，通过后期的相关操作获取五大连池生态康养功能区划图。

除氧吧、植被、地磁等生态康养资源以外，五大连池还有其他重要的生态康养资源。避暑旅游是以目的地凉爽舒适的夏季气候为主要吸引物和动机而实施的旅游休闲度假活动（吴普等，2014）。气候舒适度经常被用于评价一个地区气候条件的适宜性状况，它能够反映在无任何消寒避暑的措施下，能保证人体生理过程正常进行的气候条件（Terjung W，1966）。日照、气压、气温、湿度等气象要素以及不同气候要素的组合，可作用于人体并产生综合的影响。在20世纪80年代，国外学者已经开始研究气候要素对人体的影响，结果表明影响人体与外界热量与水分交换的主要气候要素是空气温度、风速及相对湿度（任建美，2004；长安，2007）。其中气温直接影响人体的各种生理功能和体内热量散发的快慢，对体温调节起主要作用。相对湿度通过直接影响大气与人体表面之间的水汽梯度而影响人体的热代谢及水盐代谢；风可以一定程度上调节人体与大气之间的温度梯度和水汽梯度，让热量辐射和汗液从人体中正常排出。五大连池风景区临近西伯利亚，属寒温带大陆性气候，夏季气候宜人，5月下旬至8月下旬，日平均气温≥30℃的日数短暂为7～12天，平均相对湿度为70%～80%，风速约为2米/秒，是避暑胜地，如图4-13。

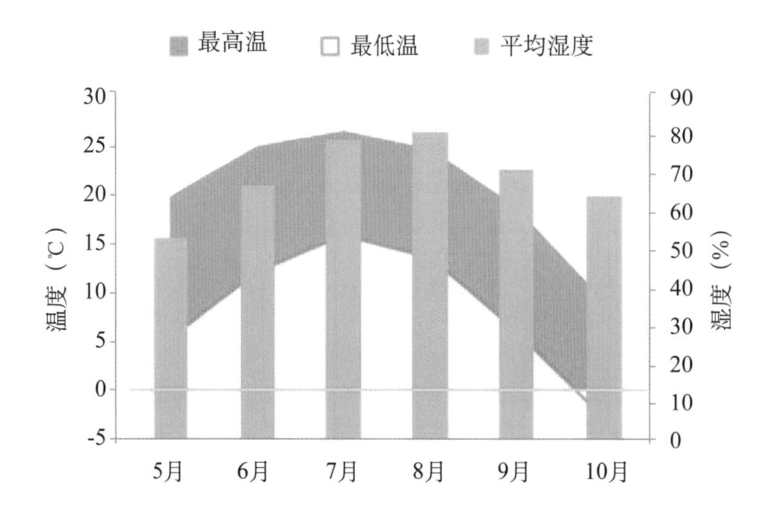

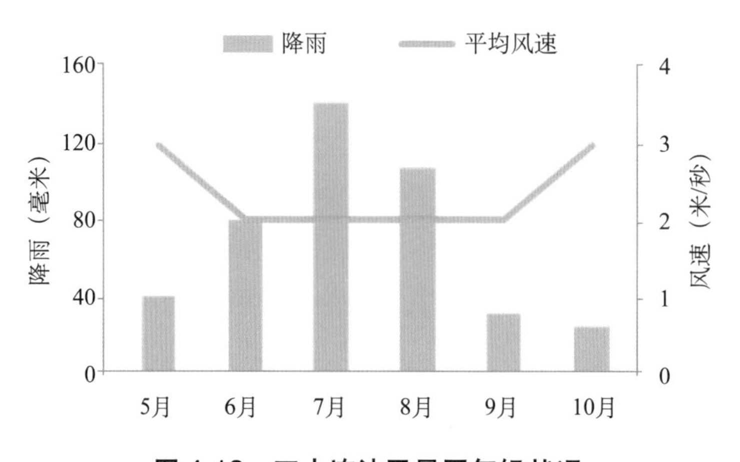

图4-13　五大连池风景区气候状况

四、合并指数

通过裁切处理获取的五大连池生态康养功能区共有多个森林生态地理区域。但这些区域并不都符合独立成为一个森林生态地理区域的面积要求和条件，需要利用合并标准指数进行计算分析其是否需要合并。在选择空间合适的生态区划指标经过空间叠置分析后，各区划指标相互切割获得许多破碎斑块，如何确定被切割的斑块是否可作为独立的区划区域，是完成区划布局体系必须解决的问题。合并标准指数（merging criteria index，MCI），以量化的方式判断该区域是被切割，还是通过长边合并原则合并至相邻最长边的区域中，公式：

$$MCI = \frac{\min\ (S, S_i)}{\max\ (S, S_i)} \times 100\%$$

式中：S_i 为待评估分区中被切割的第 i 个多边形的面积，i=1, 2, 3, …, n；n 为该分区被空气负离子和地磁指标切割的多边形个数；S 为该分区总面积减去 S_i 后剩余面积。

如果 MCI ≥ 70%，则该区域被切割出作为独立的区域；如 MCI ＜ 70%，则该区域根据长边合并原则合并至相邻最长边的区域中；假如 MCI ＜ 70%，但面积很大（该标准根据区划布局研究区域尺度决定），则也考虑将该区域切割出作为独立生态功能区域。

第四节　区划方案

五大连池世界地质公园从开发建设到至今的 30 年内，荣获了国家重点风景名胜区、国家森林公园、国家 5A 级旅游区、国家自然保护区等 13 项国家级荣誉和世界地质公园、世界生物圈保护区、世界自然遗产题名地 3 项世界级桂冠。在生态科学、地球发展史、生物学、水文学、矿泉环境医学等方面，五大连池对人类有着重大的研究意义和独特的价值。景区周边住宿、休闲、娱乐、购物、医疗等设施的不断完善，使得五大连池风景区成为 2016 年国家旅游局评定首批“国家康养旅游示范基地”之一。五大连池风景区将矿泉资源优势与全磁日光浴、矿泉泥疗等相结合，完善生态康养软硬件设施的布局，提供康复理疗方面的优质服务，对休闲养生类度假产品进行多元化、多层次的开发，开通旅游产品的多种预定模式，满足不同需求的人群，促进旅游与健康服务相互融合式的发展，让五大连池风景区成为深受游客喜爱和放心的国际康养旅游胜地。

在过去 10 万年间，五大连池火山地质活动持续不断地发生，火山喷发造成了已有植被连续毁灭和重生，留下了类型多样、品类齐全、保存完好的新老期火山地貌。黑河森林生态站的建立，填补了火山岩森林生态系统观测研究的空白。黑龙江黑河森林生态系统国家定位观测研究站五大连池风景区分站，可以对五大连池风景区森林生态系统进行长期系统观测，如空气负离子、PM_{10}、$PM_{2.5}$、氮氧化物、二氧化硫、一氧化碳、小气候等，为五大连池风景区生态康养提供强有力的数据支撑。五大连池风景区有丰富的旅游产品、珍稀的冷矿泉、纯净的天然氧吧、灵验的洗疗泥疗、宏大的全磁环境、天然的熔岩晒场、绿色的健康食品和丰富的地域民族习俗等资源，依据主要生态康养资源绘制五大连池风景区生态康养资源分布图。

通过典型抽样挑选景区若干有典型代表的样本开展研究，这样既体现了全局认识，又有侧重且兼顾的思想。生态康养区划是根据研究区域内生态康养资源特点，将研究区域依据景点植被、空气负离子、泉水、地磁和温度等情况的不同而划分的相对均质的区域（Omernik，1998），每个生态康养功能区都具有自己的特色。基于对植被、空气负离子、泉水、地磁和温度等与生态康养资源相关规划综合系统分析的基础上，根据影响景区生态康养功能有关驱动力的内在联系和结构，构建了包含景点植被、泉水、地磁、气候和森林氧吧等生态资源要素指标体系；采用分层抽样方法，通过地理信息系统软件 ARCGIS，利用地统计学、叠置分析等空间分析技术，以及景观格局分析对五大连池风景区进行了生态康养功能分区。在科学分区的基础上，科学计算观测点密度、依据分区结果和重点生态康养功能区优先等相关原则科学布局景区野外监测点。依照景点位置、植被典型性、生态环境等因素，将五大连池风景区生态康养功能区划分为三级，共分为 5 个一级区、17 个二级区和 37 个三级区（图 4-14、表 4-9）。

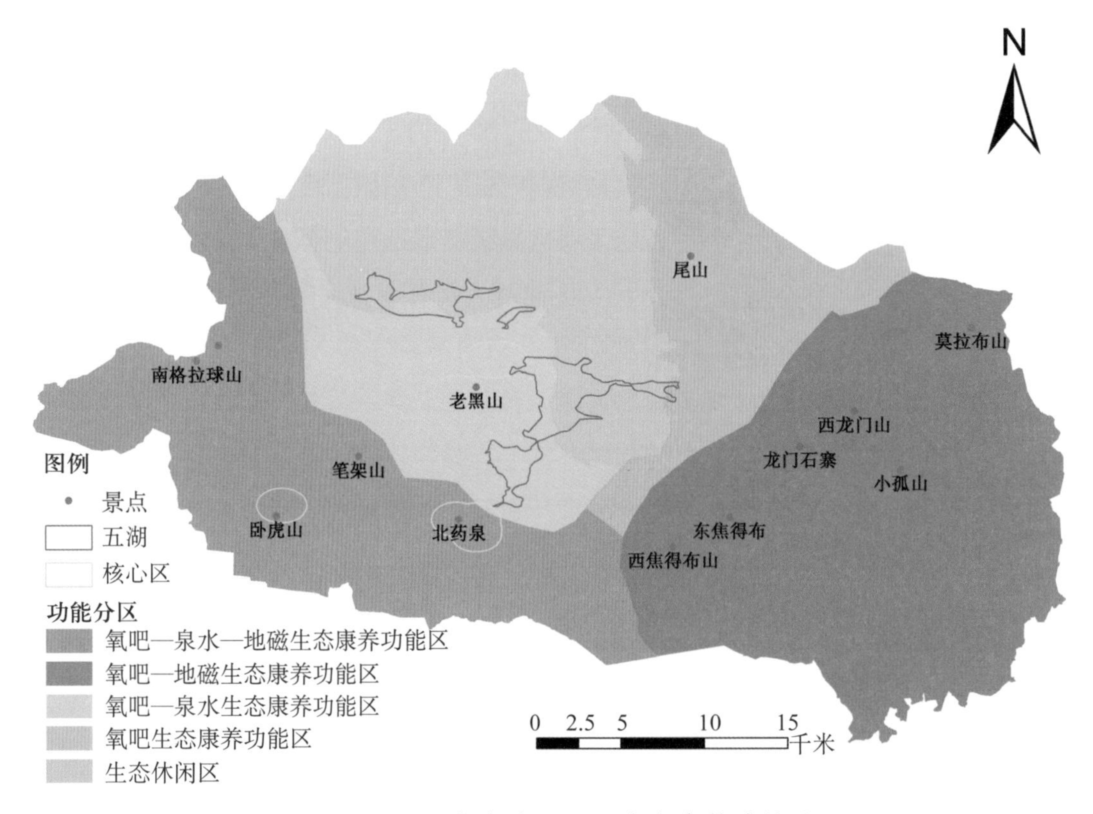

图 4-14 黑河五大连池风景区生态康养功能分区

表 4-9　五大连池生态康养功能分区

一级区名称	二级区名称	三级重要生态功能点	氧吧（个/立方厘米）	地磁（纳特）	矿泉	植被
氧吧—泉水—地磁生态康养功能区	药泉泉水生态康养区	北药泉泉水区	5000～10000	300～650	医用饮用矿泉	沼泽
		北药泉氧吧区	5000～10000	300～650	医用饮用矿泉	沼泽
		南药泉洗疗区	5000～10000	300～650	洗浴饮用矿泉	沼泽
		北药泉地磁区	5000～10000	300～650	医用饮用矿泉	沼泽
	卧虎山地磁生态康养区	卧虎山火山口区	3000～5000	650～1000	饮用矿泉	蒙古栎阔叶混交林
		卧虎山氧吧区	3000～5000	650～1000	饮用矿泉	蒙古栎阔叶混交林
		卧虎山泉水区	3000～5000	650～1000	饮用矿泉	蒙古栎阔叶混交林
	药泉山泉水山生态康养区	二龙眼泉泉水区	5000～10000	300～650	饮用矿泉	蒙古栎阔叶混交林
		药泉山氧吧区	5000～10000	300～650	饮用矿泉	蒙古栎阔叶混交林
		药泉山火山口区	5000～10000	300～650	饮用矿泉	蒙古栎阔叶混交林
	格拉球山地磁生态康养区	南格拉球山	3000～5000	300～650	—	蒙古栎阔叶混交林
		北格拉球山	3000～5000	300～650	—	蒙古栎阔叶混交林
氧吧—泉水生态康养功能区	温泊氧吧生态康养区	温泊氧吧区	5000～10000	650～1000	饮用矿泉	阔叶矮曲林
		温泊泉水区	5000～10000	650～1000	饮用矿泉	阔叶矮曲林
		温泊地磁区	5000～10000	650～1000	饮用矿泉	阔叶矮曲林
	老黑山泉水生态康养区	老黑山火山口区	3000～5000	≥1350	饮用矿泉	兴安落叶松针阔混交林
		火烧山火山口区	3000～5000	≥1350	饮用矿泉	兴安落叶松针阔混交林
		水帘洞泉水区	3000～5000	≥1350	饮用矿泉	兴安落叶松针阔混交林

（续）

一级区名称	二级区名称	三级重要生态功能点	氧吧（个/立方厘米）	地磁（纳特）	矿泉	植被
氧吧—泉水 生态康养功能区	老黑山 泉水生态康养区	桦林沸泉水区	3000～5000	≥1350	洗浴矿泉	兴安落叶松针阔混交林
		老黑山—火烧山氧吧区	3000～5000	≥1350	饮用矿泉	兴安落叶松针阔混交林
氧吧—地磁 生态康养功能区	龙门石寨 地磁生态康养区	龙门石寨火山口区	3000～5000	300～650	—	蒙古栎阔叶混交林
		龙门石寨氧吧区	3000～5000	300～650	—	蒙古栎阔叶混交林
	龙门山 地磁生态康养区	龙门山火山口区	3000～5000	300～650	—	兴安落叶松针阔混交林
		龙门山氧吧区	3000～5000	300～650	—	兴安落叶松针阔混交林
	小孤山 地磁生态康养区	小孤山火山口区	3000～5000	300～650	—	蒙古栎阔叶混交林
		小孤山氧吧区	3000～5000	300～650	—	蒙古栎阔叶混交林
	笔架山 地磁生态康养区	笔架山火山口区	3000～5000	650～1000	—	蒙古栎阔叶混交林
		笔架山氧吧区	3000～5000	650～1000	—	蒙古栎阔叶混交林
	焦得布山 地磁生态康养区	焦得布山火山口区	2000～3000	300～650	—	阔叶混交林
		焦得布山氧吧区	2000～3000	300～650	—	阔叶混交林
氧吧 生态康养功能区	尾山 氧吧生态康养区	尾山火山口区	3000～5000	1000～1350	—	兴安落叶松针阔混交林
		尾山氧吧区	3000～5000	1000～1350	—	兴安落叶松针阔混交林
生态休闲区	一池子体验休闲区	一池子氧吧区	1200～2000	—	—	沼泽
	二池子体验休闲区	二池子氧吧区	1200～2000	—	—	沼泽
	三池子体验休闲区	三池子氧吧区	1200～2000	—	—	沼泽
	四池子体验休闲区	四池子休闲区	1200～2000	—	—	沼泽
	五池子体验休闲区	五池子休闲区	1200～2000	—	—	沼泽

一级分区反映大的生态康养功能区，反映一定空间范围和生态资源特征的一致性。一级区采用“康养功能+”的命名方式，结合五大连池生态康养功能区域特点，将五大连池生态康养功能划分为5个一级区，分别为氧吧—泉水—地磁生态康养功能区、氧吧—泉水生态康养功能区、氧吧—地磁生态康养功能区、氧吧生态康养功能区和生态休闲区。在一级分区框架内进行二级区的划分，考虑到保持各功能区内景点的原真性和完整性，以及生态系统类型；二级区主要以景点、地形和植被的差异为单位区划依据。本级区划选取的指标主要有：①植被；②地形范围；③地带性森林类型、植被覆盖类型，采用“生态系统服务+生态康养区”的命名方式。三级区主要依据氧吧监测数据、地磁、泉水等生态资源要素的命名方式进行命名。由于生态康养功能区划的目标是反映生态资源的康养属性，所以本规划采用五大连池的一级区划作为反映生态康养功能区划的分布，二级区划作为生态康养功能区的体验选择依据。

以五大连池风景区生态康养功能区二级区划为单位，依据各区划单位内的不同生态康养资源进行五大连池风景区生态康养功能评价，见表4-10。

表4-10 五大连池生态康养功能等级划分

生态康养功能区划	编号	单元	植被	氧吧	地磁	矿泉
氧吧—泉水—地磁生态康养功能区	AⅠ	药泉	沼泽	Ⅱ级	Ⅲ级	Ⅰ、Ⅲ级
	AⅡ	卧虎山	蒙古栎阔叶混交林	Ⅲ级	Ⅳ级	Ⅱ级
	AⅢ	药泉山	蒙古栎阔叶混交林	Ⅱ级	Ⅲ级	Ⅱ级
	AⅣ	格拉球山	蒙古栎阔叶混交林	Ⅲ级	Ⅲ级	Ⅱ级
氧吧—泉水生态康养功能区	BⅠ	温泊	阔叶矮曲林	Ⅱ级	Ⅳ级	Ⅲ级
	BⅡ	老黑山	兴安落叶松针阔混交林	Ⅲ级	Ⅵ级	Ⅱ、Ⅲ级
氧吧—地磁生态康养功能区	CⅠ	龙门石寨	蒙古栎阔叶混交林	Ⅲ级	Ⅲ级	—
	CⅡ	龙门山	兴安落叶松针阔混交林	Ⅲ级	Ⅲ级	—
	CⅢ	小孤山	蒙古栎阔叶混交林	Ⅲ级	Ⅲ级	—
	CⅣ	笔架山	蒙古栎阔叶混交林	Ⅲ级	Ⅳ级	—
	CⅤ	焦得布山	蒙古栎阔叶混交林	Ⅳ级	Ⅲ级	—
氧吧生态康养功能区	DⅠ	尾山	兴安落叶松针阔混交林	Ⅲ级	Ⅴ级	—
生态休闲区	EⅠ	一池子	沼泽	Ⅴ级	—	—
	EⅡ	二池子	沼泽	Ⅴ级	—	—
	EⅢ	三池子	沼泽	Ⅴ级	—	—
	EⅣ	四池子	沼泽	Ⅴ级	—	—
	EⅤ	五池子	沼泽	Ⅴ级	—	—

五大连池生态康养功能区划有助于深入了解和认识景区所在区域的生态资源状况，基于生态康养功能区划，可为景区体验者的决策、生态资源的开发、生态康养产品的设计提供基础数据和科学参考。借助生态康养功能区划科学评价生态康养资源对人体健康的影响，有利于挖掘康养功能更精准的为人类提供服务。社会的发展和人们生活方式的转变，人类需求也发生改变，生态康养产业将会迎来新的发展和机遇，科学地评价生态康养资源，有助于更好地带动林业、旅游、卫生等多个产业协同发展，为各行业的发展带来新方向。

一、氧吧—泉水—地磁生态康养功能区

从五大连池风景区生态康养功能等级划分表可以看出，氧吧—泉水—地磁生态康养功能区主要位于以北药泉、卧虎山、药泉山和格拉球山等景区为核心的西南局部区域。其中，二级分区的北药泉生态康养区为集聚泉水、地磁和氧吧的三大功能的生态康养最优区，区域内负离子等级为Ⅱ级、地磁等级为Ⅲ级、泉水等级为Ⅰ级；在“氧吧＋泉水＋地磁”为主导的整体生态康养功能中发挥着重要作用，北药泉景区内瀑布附近空气负离子高峰时段平均大于5000个/立方厘米，是负离子呼吸的最佳区域，区内还拥有高品质铁硅质重碳酸钙镁型矿泉，含有大量钠离子、镁离子和铁离子，对肠胃疾病有一定治疗效果；同时南药泉景区内具有可以冷浴的药洗泉；药泉生态康养区内的生态资源质量较高，可以满足皮肤病、肠胃病等一些特定群体的康养需求，在整体的氧吧—泉水供给功能中具有不可替代的作用。二级分区的药泉山生态康养区为享受氧吧和泉水供给功能的最优生态康养区，负离子等级为Ⅱ级、泉水等级有Ⅱ级、地磁等级为Ⅲ级；卧虎山生态康养区的生态康养资源类型多样，地磁资源优质，是氧吧—泉水—地磁生态康养功能区的重要组成部分。卧虎山生态康养区内的负离子供给功能较强，负离子高峰时段平均在3000～5000个/立方厘米，也是氧吧—泉水—地磁生态康养功能区的重要组成部分。

（1）药泉。药泉位于北药泉石龙台地上的这座古门楼（图4-15）西面，透过繁花似锦的药泉湿地，紧紧地依偎着晨钟暮鼓的药泉山。一条偏硅酸矿泉水的药泉河，从古门楼旁蜿蜒而过，白天，这座楼阁与碧空祥云同入游人的镜头画面，夜晚，华灯齐放、溢光流彩，是夜生活的文化广场。在北药泉高高凸起的火山熔岩台地上，展示着一抹精巧的如玉飞瀑，诗人赞扬说“非江非河非长流，泉湖仙子舞绫绸。飞花泻玉石龙壁，不爱雄奇只温柔”，如图4-16。这个小巧的瀑布是由药泉山二龙眼泉偏硅酸冷矿水，吸纳了药泉湖地下水而形成（图4-17）。在高寒地区零下–40～–30℃的严寒中依然雾气蒸腾、涛声依旧，是世界上少见的矿泉瀑布。因为有流动的水源，瀑布附近空气负离子含量很高，平均浓度高于5000个/立方厘米。还有一个新期火山岩浆填塞北海眼古湖后留下的十个边缘湖湾之一的药泉湖，东西宽300多米，南北长1000米，平均水深5米左右，湖底有多处碳酸气自涌泉眼和暗河，二龙泉矿水也在不知疲倦地倾注。清晨朝霞满天，湖上波光粼粼，鸟语声声，傍晚轻风拂柳，落日

图 4-15 北药泉

图 4-16 北药泉瀑布

图 4-17 药泉湖

的余辉给矿泉湖涂上一层金黄，初夏数千只湖鸥在湖面与矿泉鱼儿嬉戏，入夜“湖光如水月如霜，晚风飘送芦花香，钓丝拉破池中月，鱼翔惊醒睡鸳鸯”，真是美不胜收。“南药泉”与北药泉隔道相望（图 4-18），被当地人合称为“南北药泉”，是五大连池重要的重碳酸矿水区，其中南泉有益治疗血液循环系统和神经系统有关的疾病，北泉有益于治疗消化系统有关的疾病。南北泉是铁锶硅质重碳酸盐碳酸气泉，属复合型的低温冷矿泉，二氧化碳含量 1944～2175 毫克 / 升，矿化度 1333～1418 毫克 / 升，pH 值 6.1，镁钾含量高，铁、钡、锌、碘、硒、溴等 14 种微量元素，和人体所需相符，不含热量，是人类理想的矿物质补充源，与法国的维希、俄罗斯北高加索矿泉并称为“世界三大低温冷矿泉”，三泉中尤以五大连池矿泉水口感好、品位高。

图 4-18 南洗泉

（2）药泉山。药泉山位于五大连池风景区药泉古镇的西南角，是千百年来各族人民崇拜的神山圣山。当地人常说“南走北颠，离不开药泉山”指的就是这座山，爆发于 105

万～142 万年，海拔 355.8 米，相对高度是 65.8 米，火山口内径 240 米，深 32 米，山体是黑色浮岩及火山碎屑物组成，呈圆台形（图 4-19）。这里还有老期火山生态旅游资源，又有喝圣水、拜寺庙的多重人文旅游资源，景区内的景观有药泉山、二龙眼泉、翻花泉、矿泥泉、钟灵禅寺、火山玉观音、普同塔、阿尔丁基督教堂等 34 处。“二龙涓涓汇百泉，四季汩汩普众生”，药泉山下钟灵寺前的二龙眼泉，并非是火山爆发的直接产物，它是北海眼古湖湾湿地上数以百计的原始“小海眼”中流量较大的泉眼之一，溢出量达到每天 3000 立方米（图 4-20）。它赋存于白垩纪与燕山期花岗岩古地层之中，珍稀价值不亚于南北药泉，含锶，微甜，口感极佳，被日本专家称为可以免检的天然偏硅酸矿泉水。其成分中还有：钠、氡、重碳酸根等，矿化度 187～211 毫克 / 升，pH 值 6.8～7.7，水温低于 5 ℃，是做食品、白酒、啤酒、饮料最好的基础水。著名的矿泉豆腐，用此水加工。药泉山下“翻花泉”矿泉洗疗作用灵验，被疗养员赞扬说：“人间仙池翻花湖，神水一泓百病除。健胃洗肠脱发生，泥糊日晒一身舒。”这个冷矿泉洗浴区的历史久远，是百年前民间泥疗区旧址，园区总面积 10 万平方米。区内有冷矿泉洗浴场、药泉湿地，每年接待数万名国内外康体养生游客，其中有一定数量的日本、韩国、美国、新加坡等国家游客，最多的还是俄罗斯游客。翻花泉是硅质碳酸气泉，二氧化碳含量 2000 毫克 / 升、矿化度 272 毫克 / 升、偏硅酸 31.2 毫克 / 升，矿水中大量气泡溢出，沸如翻花。

图 4-19　药泉山

图 4-20　二龙眼泉

（3）格拉球山—天池。格球山火山口内外的生态环境差别很大，环火山口的观赏栈道上，可以将体会到与热带雨林类似的温带“天池雨林”，火口内缘湖沼湿润，是五大连池 3 处温带雨林之一。在格拉球山火口内的水乡泽国中，木质藤本植物长的粗壮高大，山葡萄、五味子缠绕着粗大的蒙古栎和桦树，苔藓和真菌植物在枯树和粗壮树干上组成大家族，火口内植物最密集的地方游人很难通过，这里有灌木 23 种、草本 50 余种、水生植物 30 余种。与南格拉球山天池一道之隔，北格拉球山海拔 543 米，比高仅仅 37 米，北西向的火口宽 230 米。山体呈圆球状，与南山植物类似，以蒙古栎、桦树、榆杂木为主，但药材较多。

二、氧吧—泉水生态康养功能区

温泊和老黑山景区的森林生态环境较好，是享受氧吧—泉水生态康养的优选区域，是氧吧康养功能主体的重要组成部分。

（1）老黑山。老黑山位于五大连池火山群核心部位，呈截顶圆锥形，海拔515.9米，相对高度165.9米，基座直径1300米，如图4-21。在老黑山的腹地，可以观察到不同的地质现象，说明它并非是同一时期喷发。据地质专家考证，这里属于夏威夷式喷发，自公元1000年开始陆续喷发，存在完整的记载，只是到了1720—1721年，持续一年多的斯特朗博利式猛烈喷发才引起了官方的重视。这里的景观是火山多期喷发的体现，前期喷发形成的渣状熔岩、结壳熔岩、被后期喷发的火山渣、火山砾掩盖，地质资源保护要求游客仅限百米以内观光游览。在老黑山可以看到植物从低等到高等的演变过程，这里常见的有：葫芦藓、金发藓、紫萼藓、砂藓、丛藓、真藓等，它们是地球高等植物中最原始的陆生群体。五大连池众多洞穴中，唯一的水洞奇观就在这里，它是一处盾形火山台地上探秘性质的景观点，前面突兀凸起的熔岩岗丘一带，本来与水无缘，根本找不到地表水的来源，水滴却能从岩缝中渗出。洞壁上常常悬挂着冰柱，洞底存有常年不化的积冰，洞内盛满了3米多深清澈的泉水，甘甜可口，四季不变，像一只巨大的酒樽盛载着火山甘露，水源来自何方，是黑龙山未解之谜。中国两块名牌地质景观“石海”和“石林”，石林是指南方典型的喀斯特地貌，而石海则是指北方的火山地貌，它们都是地壳岩浆推移运动形成的特殊地形地貌，五大连池的火山锥就是奇绝的景观之一，如图4-22。白桦林边草丛中的“桦林沸泉”指的是不断有响声和重碳酸气体冒出的泉眼，医学试验证明此泉水可以治愈胃肠病、脱发等慢性病，加之火山周边的全磁环境，使治病效果更加明显。

图4-21 老黑山

图4-22 石海

（2）温泊。火山喷发，为人类创造了千姿百态的熔岩微地貌，同时也造就了千柔百媚的泉溪水泊风光，温泊就是其中最秀美的一处（图4-23）。珊瑚泊的“源头泉”位于北部石龙陡坎的夹隙之中，是一组最娇美精巧的“龙珠状”水泊盆景，位于古北海眼湖泊的南部中心，四周被结壳熔岩围堰，在西南角奇迹般出现了二组翻花岩，像连池仙子散落的石菊花，南畔翠绿的水葱犹如这只石龙慧眼美丽的睫毛。熔岩水泊面积最大的第二泊为“碧水泊”，是温泊的核心景观，这里既有四季不冻的温泉彩溪，又有水中的滩涂小岛。此处为火山喷发时形成了台地中最大的凹陷水泊，加之原始古地貌地势较高，也是碧水泊面积大的另一个成因。由栈道起步进入第三泊观赏带，由于这里水平如镜，也被称作“晶泊”。寂静时能听到远处的鸟鸣，听到溪水潺潺的歌声。尝一尝温泊水，甜甜的偏硅酸矿泉水很可口。第三泊不愧被称为“翠玉泊”，不仅水下翠玉琉璃，就连作陪衬的石龙崖畔也别有情趣。火山青苔多为黄绿二色，而这里却是“五彩苔藓”，毛绒绒、金灿灿、多彩交织，如果在白雪的映衬下更会使您叹为观止。

图 4-23　温泊

三、氧吧—地磁生态康养功能区

尾山、格拉球山—天池、龙门石寨、龙门山和小孤山等景区的森林生态环境较好，火山分布较密集，是享受氧吧—地磁生态康养的优选区域，是地磁康养功能主体的重要组成部分。

（1）龙门山、小孤山、莫拉布等火山区。龙门山原始森林探险区是国家森林公园的核心区，位于莫拉布山与东西龙门山、小孤山之间，管理处坐落在风光秀丽的固西河畔。东龙门山海拔 537 米，形成于 57 万～59 万年间，西龙门山海拔 581.4 米，形成于 17 万～19 万年间，是斯特朗博利式喷发所形成的层状火山锥体，由红色浮石和黑色玄武岩组成。小孤山位于龙门山和焦得布山之间，傲然耸立在古塘林海之中。海拔 453 米，火口直径 400 米，深 35 米，山体铺满了 28 万～34 万年沉积的火山砾和黑色浮石岩渣。四方形的火口是它的一大特色，漫山的桦、蒙古栎和兴安落叶松，特别是秋末冬初，小孤山是森林自助游的最佳去处。莫拉布这座火山是由 2 个火山锥体集合而成，海拔 524 米，火口内径 350 米，比高 140 米，火口深 44 米呈梯形，两大锥体间还有 3 个小火山锥。岩体由黑、红、深紫色的浮岩和白榴石、玻基橄榄玄武岩组成。山上野生动物种类是古火山区之冠。

（2）龙门石寨。在 28 万～34 万年间，东龙门山西南方向的盾火山喷发，当上部岩浆冷却凝固后，下部的岩流将其托举向前运动造成岩石大面积破碎，大块浮上，小块落下，如图 4-24。在重力的作用下岩流驮伏着巨石继续向低洼处滚动，似大河奔流，使岩石的破碎程度加大。当运动停止，便形成了大面积的块状熔岩石塘，这种喷发属于夏威夷式。石塘林最具有代表性的，在观光栈道上可看到桦树、蒙古栎、胡枝子、椴树、柳兰苑、接骨木等。

图 4-24 五大连池龙门石寨

四、氧吧生态康养功能区

尾山是爆发于40万～59万年的古老火山，主要由浮岩、集块岩、火山弹、火山砾组成。海拔 518 米，火山口深 89 米，火口内径 350 米，远望山体呈半坡状，像民间传说中小黑龙被砍断的半截尾巴，其周围附近的空气负离子含量较高，空气负离子高峰时段平均浓度高于 3000～5000 个 / 立方厘米，是氧吧呼吸的优质区域。

五、生态休闲区

五大连池是由火山熔岩堵塞河道，遂形成五个串珠状相连的火山堰塞湖，以及周围含有一定的空气负离子，空气负离子高峰时段平均浓度在 1200～2000 个 / 立方厘米之间，是游湖观景氧吧呼吸很好的选择区，同时也是整体区域水生生态系统的重要组成部分。

五大连池唯一有睡莲的袖珍湖泊为第一池，也被称为“莲花湖”，平均水深 2～4 米。景致别具特色，串珠似的水泊群形成了莲花状的水寨景观。二池由于湖水紧紧环抱着一座燕山古岛，所以被称为“燕山湖”。夏秋两季湖面常常晨雾茫茫，是五池中看朝霞最理想的区域。燕山湖是大胖头鱼花鲢最集中的地方，除花鲢以外，还有浮动的眼子菜、沉在水中的孤尾藻、金黄色的莲叶杏菜等。水边的芦苇、香蒲、水葱、水菖蒲配着岸畔的湿地花卉，以及堰塞湖的浮水植物群，形成了一个湿生植物环境。

在新期火山爆发岩浆填塞北海眼古湖的地质运动中，把北岸两处较大的原始湖湾保留为四池和五池，湖畔海西侧巨大的沼泽湿地上，仙鹤繁衍栖息的家乡没受到任何波及，旅行团在这里可以进行自助生态观光游，可以观赏到鹤鸣湖、如意湖、金沙滩、南北月牙泡等自然和人文景观。远望像两个弯弯的月牙，南泡水深 3～4 米，面积 22 万平方米，北湖泡水深 5～6 米，面积 40 万平方米，两个自涌泉湖表面虽然无风无浪，但暗道溪流仍然与五池相通，两个小湖中盛产鲫鱼等十几种鱼虾，是冷水垂钓生态游的活动区，同时也是区域水生生态系统不可缺少的组成部分。

第五章 归一化生态康养指数研究

第一节 生态康养指数构建

我国确诊的慢性病患者已超过2.6亿人，其中精神类疾病患者占比超过38%（项丹平，2013）。我国正逐步迈入老龄化社会，预计2020年60岁以上老年人口将达到2.54亿人，到2053年中国老年人口将达到4.87亿（中国老龄事业发展报告,2013）。随着人口老龄化加速、亚健康群体不断增加，生态康养作为一种非传统医学手段的理疗方式正被越来越多的人所喜爱。生态康养是依托优质的生态资源及环境，借助服务设施开展运动、体验、养生、养老、疗养等有益人类身心健康的活动，它强调的是人与环境的融合，以及外部环境对人体健康的影响，通过外部优质适宜的环境，如优美的景观、清新的空气、舒适的温度、安静的环境、纯净的水质等，改善人体机能，提高人体健康水平。自然环境具有多样性的特点，在没有认识到生态环境价值之前，生态环境只是作为人类或生物的生存背景事物，往往被忽略或低估其对人体健康的价值。

城市环境中处处围绕着光源污染、噪声污染、空气污染、水域污染、放射性污染和有毒建筑材料污染等，使得城市环境不再是人类理想的居住选择地，在经济发达的国家和地区，拥有优美安静环境的城郊、山地和海边等成为富人的居住选择地，宁静的空间、清新的空气、洁净的地表水等良好的环境变成了稀缺的资源（中国生态旅游发展报告，2018）。影响人体健康的因素很多，目前，森林、海滨、山地等优越的生态环境成为度假和休养的理想地，生态资源成为判断生态康养的重要依据。生态康养资源是各种自然环境要素的综合体，具有自然环境的基本属性，同时也具有康养资源的属性和内涵，其主要表现为无形性、保健性、再生性和多样性。

一、指标选取原则

生态康养功能评价中指标体系的建立是至关重要的内容，指标体系的合理性和科学性直

接关系到评价结果的准确度和可信度。评价生态康养功能的指标很多，但是在实践过程中不可能将所有的指标囊括在内，要考虑数据的可获得性、评价体系的可行性，结合研究区域的资源特色，选择具有主导作用和特色代表作用的因子进行评价，指标的选取应遵循以下原则：

（1）导向性原则。评价指标在对评价目标有导向作用的同时，还需要保持适当的一致性。

（2）系统性原则。指标体系的建立要准确、全面反映出被评价对象的整体情况，对生态康养功能进行评价时，要系统、全方位地考虑每个康养功能，还需要考虑生态康养功能的发展动态和趋势，发现其规律为评价提供有力依据。

（3）科学性和可持续性原则。各项指标的概念要清晰明确，可以真实地描述被评价区域在某一方面的本质特征。生态康养功能评价指标体系的建立要考虑区域可持续经营，不仅能反映现阶段区域生态康养功能的状况，还能给予体验者正确的指示和引导作用，从而更好地实现区域生态康养产业的可持续发展。

（4）可操作性原则。评价指标的选取应该以可量化为前提，所选取的指标应具有可监测性，指标内容简单明了，概念明确，容易获取。

（5）可比性原则。评价指标体系中的指标之间具有规范的计算方法，同一指标采用统一的量纲，便于不同区域或者不同类型生态系统之间的比较。避免人为客观因素的影响，科学、客观地评价所有指标。

二、指标体系建立

生态环境对人体身心健康的有利因素是多元化且综合性的，当人身处自然环境中很难分出某一单一因素对人体身心健康的作用效果。其中，健康因素主要包括空气质量要素、气象要素、生物要素、水环境要素、声环境要素等，涉及空气负离子、小气候、芬多精，空气质量相关的研究主要分为环境因子保健作用、体验适宜性以及人类心理和生理指标等。从研究尺度和范围的不同来讲，常见的研究尺度可以分为生态系统和景观 2 个尺度，例如森林生态系统、城市森林生态系统等，绝大多数的研究是选择自然森林生态系统和城市森林生态系统的康养功能的某一具体指标，对其单项指标的作用进行重点研究。从景观尺度来讲，环境适宜性评价可分为定性评价和定量评价，前者是采用经验法用文字描述体验地具备的环境条件，主要是人为赋值、层次分析法、指标赋权重值等；后者是运用数学理论和评价模型进行统计分析。

通过查阅整理有关资源要素、景观美学评价等方面的文献，结合国家标准和行业标准，遵循科学性、实用性、可比性的原则，构建生态康养资源评价指标体系，并对不同评价指标进行级别划分。考虑到生态康养产业的需求和发展趋势，将多项指标进行分层，生态康养资源评价体系由 4 项总目标层和 21 项具体指标构成（表 5-1）。

生态康养是将一定区域内拥有的所有生态资源要素耦合，形成一个多元康养功能的共

表 5-1　生态康养资源评价指标

目标层	代码	指标层	代码
森林洁净度	A	植物芬多精含量	A1
		空气负离子浓度	A2
		气体污染物	A3
		空气颗粒物	A4
		空气氧气含量	A5
		空气含菌量	A6
		地表水质量	A7
		土壤环境质量	A8
气候舒适度	B	热辐射	B1
		温度	B2
		湿度	B3
		风速	B4
		声环境	B5
景观美景度	C	郁闭度	C1
		林分类型	C2
		垂直空间结构	C3
		植物形态	C4
		绿视率	C5
资源丰富度	D	森林面积	D1
		康养活动场地	D2
		空间位置	D3
		人文资源	D4
		自然资源	D5

生体。生态康养突出的是人在生态环境之中与其的相互适应性和自然融合性，重点体现的是外部生态环境对人体健康的影响，即通过外部生态环境改变影响人类的身体状态，因其对人体机能的改善作用，促使人体健康水平的提高。生态康养比其他的养生方式更加强调生态环境要素对康养的主导作用，强调人的自然属性、尊重自然规律、注重人与自然的亲密接触，通过人与外部生态环境的和谐互动获得健康长寿。根据生态康养功能评价所依据的理论基础和指标体系的选择原则，借鉴学者们对所研究对象如森林旅游、森林浴、生态旅游和森林康养等评价指标的选择，本研究统计了所能搜索到的数据和通过调查以及监测所得到的与生态康养功能评价密切相关的重要指标，并初步构架了生态康养功能评价指标

体系，其层次结构如图 5-1。

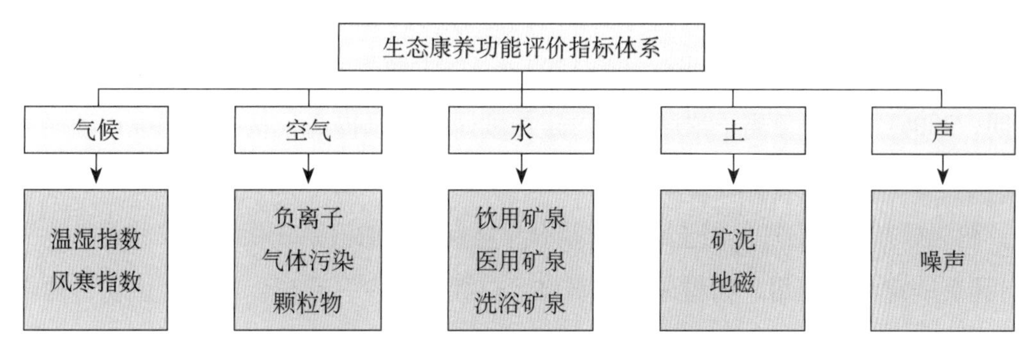

图 5-1 生态康养功能评价指标体系

三、生态康养指数

生态康养指数应该既能真实、客观反映被评价区域生态康养资源状况，又能表现出区域特色。生态康养指数包括空气环境、气象环境、水环境和声环境等方面内容，主要有空气负离子、空气颗粒物、气体污染物、森林小气候、地表水质、声环境等指数，并将归一化各指数得分累加，公式如下：

$$\mathrm{NDHI}=\sum_{i=1}^{n}\left(x_1+x_2+\cdots+x_n\right)$$

式中：NDHI 为归一化生态康养总得分（即归一化生态康养指数）；x_i 为第 i 项生态康养指数归一化后的得分。

归一化生态康养指数（normalized difference ecological healthcare index，NDHI）是定量描述生态康养资源状况的指数。借助归一化生态康养指数科学评价生态康养资源对人体健康影响，有利于康养功能的挖掘更精准地为人类服务，同时有助于生态康养产业的发展。

第二节 生态康养指数标准化依据

一、空气负离子指数标准化依据

空气负离子是一种带负电荷的空气微粒，在空气中多数与氧气分子或者水分子结合。空气负离子被誉为空气中的“维生素”，具有除尘、杀菌、除臭等清洁空气的作用，并对多种疾病有抑制、缓减和辅助疗效的功效（如消化系统、呼吸系统、神经系统等）。植物叶片的光合作用和尖端放电等生理生化过程有助于生成更多的空气负离子，空气负离子通过口鼻或直接通过皮肤进入机体，可以引起 5- 羟色胺分解成一种无毒的副产物 5- 羟吲哚基乙酸，它像食物中的维生素一样，对人的生命活动具有重要作用，有助于人体恢复到天然平衡的状态，空气中的正离子过量或负离子太少（少于 800 个 / 立方厘米），这样的空气进入人体各器官组织后，5- 羟色胺阻碍氧气的吸收（典型的症状表现为疲倦、头晕、偏头疼、注意力涣散、沮丧、呼吸短促），而当含量为 1200 个 / 立方厘米的空气进入人体能抵消这种症状（林金明，2006）。空气负离子浓度达到一定浓度时，可以提高记忆力、增强运动耐力、维持良好的情绪，同时还能缓解不良气候反应、改善和调节人体高度作业的紧张度（高凯年，1995）。在医疗方面，空气负离子对代谢及内分泌疾病、血液系统疾病、皮肤及外科等多种疾病均具有一定治疗作用，如糖尿病、贫血、白细胞减少、皮炎、湿疹、烧伤、烫伤等疾病（孙继良等，2010）。

水域面积越大，空气负离子浓度越高，并且距离水体越近，空气负离子浓度越高（吴楚材等，2001）。水作为载体能够提高周边空气负离子浓度，由于空气湿度的不同，空气负离子含量也出现比较明显的变化，空气湿度越高，空气负离子浓度越高。石强等（2002）利用湖南桃源洞、湖南张家界、湖南阳明山、衡山、江西三爪仑、广东金坑、广西姑婆山、广东鼎湖山、广西大瑶山等 10 个森林风景区所测得的 610 个空气负离子样本值（不包含瀑布附近的样本）进行计算。首先将不服从正态分布的原始数据进行正态变换。

$$\widetilde{y}_k=\frac{(y_k-\bar{y})}{s}\quad(k=1,2,\cdots,n)$$

$$y=\frac{1}{n}\sum_{i=1}^{n}y_i$$

$$S=\left[\frac{1}{n-1}\sum_{i=1}^{n}(y_i-\bar{y})^2\right]^{\frac{1}{2}}$$

正态变换处理如下：

$$a=\min_k\{\widetilde{y}_k\}$$

$$C=-\mathrm{INT}(a)$$

$$X_k=y_k+C\quad(k=1,2,\cdots,n)\ (C\text{为正态变换常数})$$

将样本 $\{\widetilde{y}_k\}$ 变换为数值，再对数组 $\{X_k\}$ 进行变换。公式如下：

$$Z_k=\begin{cases}\dfrac{X_k^{\lambda}-1}{\lambda} & \lambda\neq 0\\ \ln X_k & \lambda=0\end{cases}\quad(k=1,2,\cdots,n)$$

$$Z_k=\begin{cases}\dfrac{y_k^{\lambda}-1}{\lambda} & \lambda\neq 0\\ \ln X_k & \lambda=0\end{cases}$$

得随机变量 Z_k 为 Box-Cox 变换，其中 λ 为变换参数，可用逐步逼近法求得。

计算数组 $\{Z_k\}$ 的均值与标准差，如下：

$$\mu = \frac{1}{n}\sum_{i=1}^{n} Z_i$$

$$\delta^2 = \frac{1}{n-1}\sum_{i=1}^{n}(Z_i - \mu)^2$$

得数组 $\{Z_k^*\}$：

$$Z_k^* = (Z_k - \mu)/\sigma$$

从 $\{Z_k^*\}$ 到 $\{y_k\}$ 的关系为：

$$y_k = \begin{cases} S\{[\lambda_0(\sigma Z_k^* + \mu)+1]^{1/\lambda_0} - C\} + \bar{y}, & \lambda_0 \neq 0 \\ S\{\exp(\sigma Z_k^n + \mu) - C] + \bar{y}, & \lambda_0 = 0 \end{cases}$$

式中：λ_0、C、μ 为可测定的系数。

利用代表点的值和公式求得样本值的分级标准，将森林环境下空气负离子浓度划分为 6 个等级，Ⅰ级 >2862 个 / 立方厘米；Ⅱ级 2036～2862 个 / 立方厘米；Ⅲ级 1494～2035 个 / 立方厘米；Ⅳ级 954～1493 个 / 立方厘米；Ⅴ级 393～953 个 / 立方厘米；Ⅵ级 <393 个 / 立方厘米。将上述标准值修订为，Ⅰ级 >3000 个 / 立方厘米、Ⅱ级 2000～3000 个 / 立方厘米、Ⅲ级 1500～2000 个 / 立方厘米、Ⅳ级 1000～1500 个 / 立方厘米、Ⅴ级 400～1000 个 / 立方厘米、Ⅵ级 <400 个 / 立方厘米（韩名臣，2011）。

空气中负离子含量对人体新陈代谢活动最适宜范围是每立方厘米数千个到 500 万个。当人们身处森林、瀑布、海滨环境中，或者是雷电后，就会感到空气特别清新，就是因为在以上情况下环境中空气负离子浓度含量很高。空气负离子的寿命存活时间从几秒钟到几分钟不等。当空气污染严重时，空气负离子会很快与灰尘、烟雾结合沉降。在人口比较密集的区域，空气负离子的寿命也很短仅存活几秒钟。在瀑布和海滨等空气洁净度较高地区附近，空气负离子的寿命会增长到 20 分钟。在海边、流动的湖畔、山泉、瀑布、山区这些地方空气负离子含量较高，有数万乃至百万个。世界卫生组织对不同环境下空气负离子等级划分及其含量对人体健康影响（林金明，2006），见表 5-2。

随着空气负离子基础理论研究的深入，其实用价值进一步得到肯定。在医学上，如果空气负离子浓度在 1000～5000 个 / 立方厘米之间时，人体免疫系统的功能在某种程度上可以增强，如果空气负离子浓度在 5000～10000 个 / 立方厘米之间时，可以起到杀菌消毒的作用，减少疾病传染中间途径；如果空气负离子浓度高于 10000 个 / 立方厘米时，就会激起人体自然痊愈的功能，自痊细菌、病毒攻击引起的炎症反应和疾病，以及可以恢复和治疗精神抑郁类疾病。然而空气负离子浓度也并非越高越好，如果负离子浓度高于 10^8 个 / 立方厘

表 5-2　各种环境中空气负离子含量及其与健康的关系

环　境	负离子浓度（个/立方厘米）	作用
森林、瀑布区	100000～500000	具有自然痊愈力
高山、海边	50000～100000	杀菌、减少疾病传染
郊外、田野	5000～50000	增强人体免疫力及抗菌力
都市公园	1000～2000	维持健康基本需求
街道绿化区	100～200	诱发生理障碍边缘
都市住宅封闭区	40～50	诱发头疼、失眠、神经衰弱、倦怠、呼吸道疾病、过敏性疾病
室内冷暖空调房间	0～25	引发各类生理疾病，如“空调病”症状等

米时，就会对肌体产生一定的毒副作用（李琳等，2017）。中国气象局标准《空气负（氧）离子浓度等级》(QX/T 380—2017) 中设置评分规则规定，最低等级为小于 100 个 / 立方厘米、最高等级为大于 1200 个 / 立方厘米，并将空气负离子含量分为Ⅳ级，Ⅰ级≥ 1200 个 / 立方厘米，500 个 / 立方厘米≤Ⅱ级 <1200 个 / 立方厘米，100 个 / 立方厘米≤Ⅲ级 <500 个 / 立方厘米，Ⅳ级 <100 个 / 立方厘米。

与城市相比，森林能产生大量的空气负离子，一般为城市平均含量的 5～15 倍，现在已经把空气负离子作为必须考虑的因子放到对森林旅游资源的开发评价中（常艳等，2010），每个省份的森林康养基地建设中对空气负离子浓度的要求标准各有不同，贵州省规定空气负离子浓度平均值大于 1200 个 / 立方厘米（陈令君等，2017），而湖南省和四川省规定空气负离子平均值大于 1000 个 / 立方厘米。依据《空气负（氧）离子浓度等级观测技术规范》(LY/T 2586—2016) 的分级标准、《空气负（氧）离子浓度等级》(QX/T 380—2017) 的分级标准和 WHO 对空气负离子浓度的划分级别进行叠加，本书将评价结果分为 9 个等级，见表 4-8。

二、空气质量指数标准化依据

随着人们生活方式的改变，气体污染物的来源逐渐变为以汽车尾气和工业废气的排放为主。煤炭的燃烧使得区域内空气污染物主要是二氧化硫、一氧化碳和颗粒物等还原型气体污染物；与煤炭不同，石油的燃烧使得区域空气污染物为氧化型的一次污染物氮氧化物、碳氢化合物等气体污染物，在太阳辐射作用下易发生光化学反应，形成以臭氧为主的二次污染物。空气颗粒物对人体健康危害的程度主要和颗粒物的粒径有密切关系，PM_{10} 主要对上呼吸道有危害，$PM_{2.5}$ 粒径更小可以进入肺泡，对下呼吸道危害较大。目前 $PM_{2.5}$ 主要来源于汽车、工业和日常生活的尾气和废气，超微颗粒主要来源于机动车尾

气。国内外研究结果表明，空气污染与人体心肺疾病的发病率和死亡率有密切关系（王海英等，2014），主要表现在肺部炎症反应、动脉硬化、血管功能失调和冠心病等。不同的颗粒物吸附的成分可造成急性和慢性等病症的危害（刘哲剑等，2012；Utell MJ et al.，2000）。

国内外的研究结果表明，在空气污染的环境下增强运动，更多的空气颗粒物会随心肺功能的增强被摄入到人体的肺部组织和器官，导致生理指标功能下降（Carlisle A J，2001），高浓度的$PM_{2.5}$和PM_{10}还导致心肌缺血患者的发病风险增高3倍（Dong G H et al.，2012）。在空气污染环境下，臭氧浓度每增加50毫升/克，中等强度登山活动下最大呼气量和用力肺活量等生理指标平均下降2.6%和2.2%（Korrrick S A，1998）。与在污染环境下不进行运动的人相比，经常进行体育锻炼的人血清中的TNF-α会显著升高；相较于空气质量正常环境内不运动的人群，在污染环境下进行规律体育锻炼的人白细胞介素也会升高（刘晓莉等，2007）。将参与为期12周试验的志愿者分成城市环境训练组和乡村环境训练组，试验结束后前者体内的白细胞和中性粒细胞数量增多，后者的生理指标无明显变化（Bos I，2013）。

通常用空气污染指数（API）和空气质量指数（AQI）两种方法反映和评价空气质量，空气污染指数就是将常规检测的几种空气污染物的浓度简化为单一的数值形式，并分级表征空气质量状况与空气污染程度，空气污染指数表征的是人吸入污染空气后几小时甚至是几天内人体健康可能受到的影响，空气污染指数包括0～50，51～100，101～150，151～200，201～250，251～300和大于300等7个不同的等级，指数的级别越高说明空气环境污染越严重，对人体健康的危害越大（韩明臣，2011）。美国环保局以人体健康为出发点建立了国家空气质量标准，在美国不同区域设置了数千个监测点，对《联邦空气清洁法案》中规定的二氧化硫、一氧化碳、臭氧、$PM_{2.5}$、PM_{10}、二氧化氮等6种常见的空气污染物开展监测，按照程度将其划分为6个等级，并采用统一的标准方程将测定的原始数据转化为空气质量指数，市民通常根据当日实时的空气质量指数安排适宜的户外运动。

据世界卫生组织调查，全球92%的人没有呼吸安全的空气，2012年全球估计约有650万人死于空气污染，占全球死亡总人数的11.6%，2016年，城市、郊区和农村地区的环境（室外）空气污染导致估计全世界420万人过早死亡，如图5-2和图5-3。城市空气质量的空间分布存在较大地域差异，空气污染往往不受行政界线的限制，沙尘暴、大雾天气、风场、煤烟污染、汽车尾气、热岛效应、建筑工地扬尘和森林火灾等因素对空气质量的影响较大（陈永林，2015），环境保护部要求的空气质量标准[环境空气质量标准》（GB 3095—2012）]，见表5-3。

图 5-2 空气污染：无声的杀手
（引自世界卫生组织 https://www.who.int/zh/）

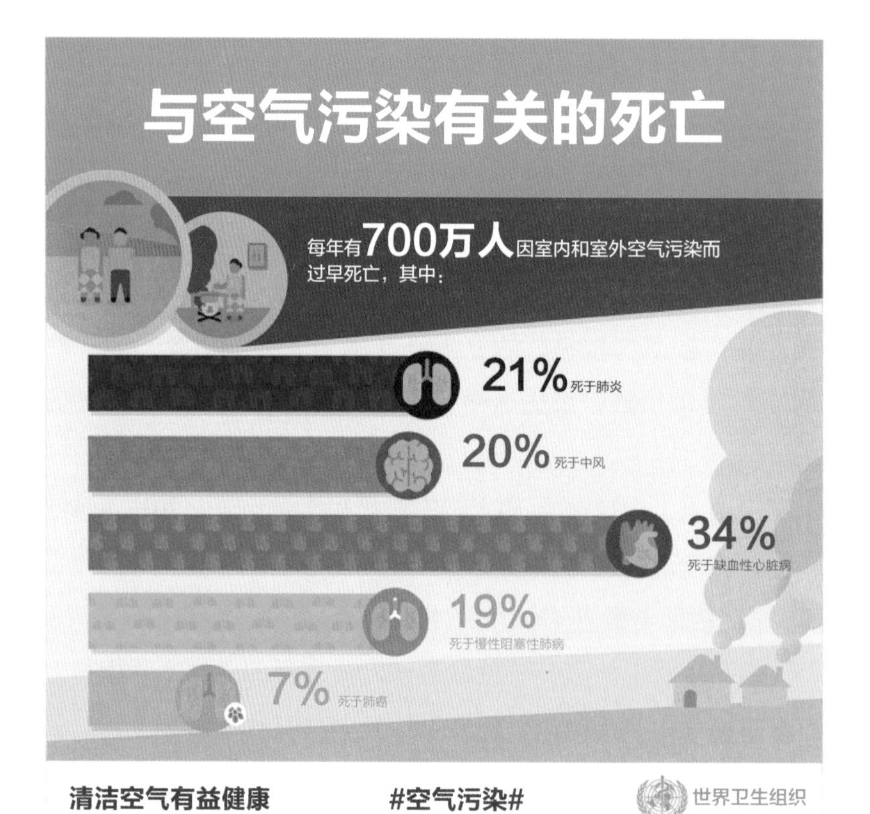

图 5-3 与空气污染有关的死亡
（引自世界卫生组织 https://www.who.int/zh/）

表 5-3 空气质量标准

污染物	GB 3095—2012（一级）（微克/立方米）	AQG（微克/立方米）
PM_{10}（AVGn）	40	20
PM_{10}（24小时平均）	50	50
$PM_{2.5}$（AVGn）	15	10
$PM_{2.5}$（24小时平均）	35	25
二氧化氮（AVGn）	40	40
二氧化氮（24小时平均）	80	—
二氧化硫（AVGn）	20	—
二氧化硫（24小时平均）	50	20
一氧化碳（AVGn）	4000	—
一氧化碳（24小时平均）	10000	—
臭氧（日最大8小时平均）	100	100
臭氧（1小时平均）	160	—
TSP（AVGn）	80	—
TSP（24小时平均）	120	—
氮氧化物（AVGn）	50	—
氮氧化物（24小时平均）	100	—
铅（Pb）（AVGn）	0.5	—
铅（Pb）（季平均）	1	—
苯并[a]芘（BaP）（AVGn）	0.001	—
苯并[a]芘（BaP）（24小时平均）	0.0025	—

注：AQG 为世界卫生组织公布的空气质量准则，AVG_n 为年平均值。

三、气候舒适度指数标准化依据

20 世纪 80 年代以来，全球气候变暖，夏季高温日数显著增多。IPCC 评估报告表示进入 21 世纪以来，北半球高纬度地区极端高温天气和热浪天气出现的频率也增加且单次持续时间增长（吴普等，2014）。随着全球气候持续变暖，酷夏和高温天气可能成为近期天气的常态。夏季高温热浪天气属于灾害天气，严重时可能导致人体死亡事件的发生。世界卫生组织（WHO）统计了世界上发生的几次重大热浪事件以及死亡的人数，见表 5-4，影响最大的是 2003 年夏季的热浪事件，高温热浪席卷包括法国、英国、西班牙、葡萄牙、法国、意大利等多个国家，其中法国因此次热浪事件成为死亡人数最多的国家（韩名臣，2011）。

表 5-4　主要的热浪事件及对死亡率的影响

发生时间	发生地区	对死亡率的贡献
1976年	英国伦敦	超额死亡增 15.4%
1981年	葡萄牙里斯本	超额死亡 406 人
1983年7月1～31日	意大利罗马	65 岁以上人群超额死亡增 35%
1987年7月21～31日	希腊雅典	超额死亡 2000 人
1991年7月12～21日	葡萄牙	超额死亡 997 人
1994年7月19～31日	荷兰	超额死亡增 24.4%
1995年7月30日至8月3日	英国伦敦	超额死亡 184 人（增 23%）
2003年7月1日至8月15日	意大利	超额死亡 3134 人（增 15%）
2003年8月1～20日	法国	超额死亡 14802 人（增 60%）
2003年6月1日至8月31日	葡萄牙	超额死亡 2099 人（增 26%）
2003年8月4～13日	英格兰/威尔士	超额死亡 2045 人（增 16%）

“热岛效应”加重了极端热天气的剧烈程度（IPCC，2007）。随着经济快速发展，城市中人类活动频繁加剧，导致局部“热岛效应”现象严重，个别城市局部热岛强度可达 6℃以上（吴普，2014）。在气候逐渐变暖和城市“热岛效应”加剧的双重影响下，以及城市人口老龄化带来的高温热浪易感人群的增加，避暑成为夏季出游的重要动机和需求（韩名臣，2011）。夏季具有低温凉爽气候资源的山区、海滨、草原等成为出行休闲的目的地，黑龙江地区、环渤海海湾地区和云南是避暑的三大热点目的地，湿地 / 湖泊类型等避暑资源集中分布在黑龙江、贵州和云南，特色小镇避暑资源主要集中在云南，海滨避暑资源主要集中在环渤海地区，森林避暑资源主要集中在东北三省，山地避暑资源分布最广，在东北、华北和西南地区都有分布。避暑旅客以 26～35 岁的青年人居多，南方城市的避暑游客更年轻，北方城市的避暑游客更多为亲子游形式，其中，女性是避暑旅游的消费主力群体。同时，依据大量统计数据显示，毗邻重庆、长沙两大传统“火炉”城市的贵阳，具有典型的山地气候，夏季 7 月平均气温 24℃，成为西南山区重要的避暑胜地。

人体体感最适温度基本在 18～25℃之间，在这个温度环境条件下，人体器官和组织的新陈代谢、生理节奏和生理机能均处于最佳状态，人体舒适度最佳（马盼等，2012）。人体对环境中的温度、湿度、风速等气象条件的感知主要受皮肤表面与外部环境的水分和热量之间的物质和能量传递影响。温度、湿度、风速等气候因素的共同作用影响人的体感舒适度，三者之间不同的组合以及不同体验人群之间承受能力的差异使得体验者对气候条件的感知程度存在很大的差异（吴普等，2014），夏季适中的湿度条件为 60%。人体舒适的感知度除了和气温、风速、相对湿度、云量有很大关系，还与地形和海拔等因素有关（杨俊等，2016）。

与地理纬度和气候区域划分的方法相比，气候舒适度能够反映出某一区域的气候特点以及对人类生活环境的影响（李亚滨，2009）。气候舒适度经常用于评价一个地区气候条件的适宜性（吴普，2014），国外开展有关气候要素对人体舒适度影响的研究相对较早已经有40年的历史，国内针对气象要素对人体舒适度影响的研究开展的较晚，任建美（2004）和长安（2007）等的研究结果可以得出，气温、相对湿度和风力直接影响人体与外界环境的热量与水分交换。空气温度对人体体温起着重要的调节作用，直接影响人体各项有关新陈代谢的生理功能。气温的上下浮动直接影响人体热量向外界发散的速率，大气中水分子的含量是影响大气与人体表面的水汽梯度差异的直接决定因素，从而影响人体各器官和组织之间有关热量、水分和盐分等物质的代谢，风到来的同时将原本空气中高温的水汽分子带走，有利于在人体和大气之间建立和维持一定的温度梯度和水汽梯度，风带来的流动空气促进人体正常的热量扩散和汗液排出，从而起到调节水热的作用。不同学者对气候舒适度评价的研究已经有很多年，形成了如温湿指数、风寒指数、着衣指数、辐射指数、雨淋指数等很多的评价方案和专项指标，本研究采用温湿指数（THI）和风寒指数（WCI）来量化气候舒适度指数。

温湿指数（THI）是指空气温度与空气湿度的综合作用，反映了人体水分和热量交换与环境水分和热量之间的交换，计算公式如下：

$$\mathrm{THI}=(1.8t+32)-0.55\times(1-f)(1.8t-26)$$

式中：t 为空气温度（℃）；f 为相对湿度（%）。

风寒指数（WCI）是指风速的大小与气温的高低对裸露的人体热量散失的影响，计算公式如下：

$$\mathrm{WCI}=(33-t)\times(9.0+10.9\sqrt{v}-v)$$

式中：t 为空气温度（℃）；v 为风速（米 / 秒）。

温湿指数、风寒指数从不同的角度反映气候环境对体感的影响程度，但是单独使用又具有一定的局限性，可将两项指数综合起来，将各指数划分为 9 个等级，以 1～9 按照间隔为 2 进行复制，值越大，表明其舒适度越高，并利用加权模型重新构建综合气候舒适度指数，综合考虑温度、湿度、风速等对体感的影响，其计算公式：

$$\mathrm{CC}=0.6\mathrm{THI}+0.4\mathrm{WCI}$$

根据人体对空气温度、空气湿度、相对风速的感受建立气候舒适度模型，见表 5-5，夏季人体感受最舒适的温度为 24℃ 、湿度为 70% 、风速为 2 米 / 秒 ，以此为依据计算不同环境条件下的气候舒适度指数（吴普，2014）。

表 5-5　气候舒适度指数的分级标准

级别	温湿指数（THI）		风寒指数（WCI）	
	分级值	人体感受	分级值	人体感受
1	<40	极冷，不舒适	≤－1000	很冷
2	40～45	寒冷，不舒适	－1000～－800	冷
3	45～55	偏冷，较舒适	－800～－600	稍冷
4	55～60	清凉，舒适	－600～－300	凉
5	60～65	凉爽，非常舒适	－300～－200	舒适
6	65～70	暖，舒适	－200～－50	暖
7	70～75	偏热，较舒适	－80～－50	稍热
8	75～80	闷热，不舒适	+80～+160	热
9	>80	极闷热，不舒适	≥+160	极热

四、矿泉指数标准化依据

生命离不开水，生命诞生于水并在其中生长和发育。水占人体重量的65%左右，人体排泄的水每日约为2.4升，水在排泄粪便、耐热（经皮肤呼吸和肺呼吸）、运载水溶性维生素（维生素B、C）和参与矿物盐、微量元素的新陈代谢等方面都起着重要作用。人不可能长时间不饮水，48小时不饮水则可危及生命。水对于人体起着重要作用，水质的好坏直接影响人体的健康（王立民，1993）。五大连池地区由于多期火山运动使产生的大量二氧化碳气体存在于地下水内，最后形成含有大量二氧化碳气体的碳酸水，碳酸水具有较强的溶蚀作用，碳酸水在漫长的演化过程溶解周围岩石中所含的多种矿质元素（赵忠福等，1994），五大连池冷矿泉水中富含多种对人体健康有益的矿质元素，见表5-6。

表 5-6　五大连池矿泉水元素与人体正常含量及每日需要量

名称	元素	含量（毫克/升）	人体（毫克/升）	每日需要量（克/日）
大量元素	钙	125.00	14000	1.1
	钠	62.20	1600	4.4
	硅	22.00～65.00	260	0.003
	钾	92.50～102.10	2000	3.3
	镁	121.15～122.50	290	0.31
	硫	3～8	2300	0.85
	磷	<0.5	12000	1. 4
	氯	18.66～21.02	1400	5.1

（续）

名称	元素	含量（毫克/升）	人体（毫克/升）	每日需要量（克/日）
微量元素	铁	37.08～40.84	60	0.013
	锰	4.50～7.40	0.2	0.003
	氟	0.10～0.20	37	0.003
	铬	0.0004～0.0005	0.2	0.0005
	锌	0.057～0.066	33	0.013
	铜	0.001～0.0039	1.0	0.005
	钴	0.046～0.049	0.02	0.0003
	钼	0.002～0.003	0.1	0.0002
	碘	0.027～0.0131	0.2	0.0001
	硒	0.0002	0.2	0.00001
	锂	0.023～0.027	—	—
	砷	0.0013	—	—
	镍	0.111～0.145	0.1	—
	钒	0.001	0.3	—
其他	游离二氧化碳	2140.9	—	—
	可溶二氧化硅	65	—	—
	锶	2.28	—	—
	溴	0.086	—	—
	锗	<0.005	—	—
	偏硼酸	0.449	—	—
	铝	0.023	—	—
	砷	0.0013	—	—
	镉	0.0007	—	—
	银	<0.0002	—	—
	铅	<0.001	—	—
	钡	0.44	—	—
	硫化氢	<0.01	—	—

五大连池矿泉中富含的二氧化碳、铁、硅、重碳酸盐等物质都达到国家标准中医用矿泉水命名的标准，为铁硅质重碳酸镁钙型冷矿泉水。除以上物质外，五大连池矿泉水中还含有多种离子态的矿质微量元素，通过饮用、泡澡等方式被人体皮肤和消化器官直接吸收，再通过循环系统运输到全身不同的组织和器官，通过一定时间的治疗对多种疾病都有很好的疗效，泉水中各种元素的含量见表 5-7。

表 5-7　五大连池矿泉水离子含量

名称	各期平均含量（毫克/升）
K^+	97.73
Na^+	62.20
Ca^{2+}	125.00
Mg^+	121.78
NH^{4+}	<0.17
Fe^+	38.98
正离子总计	445.85
HCO_2^-	1373.37
Cl^-	20.21
SO_4^{2-}	8.10
NO_2^-	<0.5
HPO_4^{2-}	<0.5
CO_3^{2-}	0
负离子总计	1402.67

五大连池北药泉区域的冷矿泉水中含有大量的 Fe^{2+}，通过入口饮用后人体可以直接吸收补充体内的铁元素；冷矿泉中 Zn 和 Cu 等微量元素能够增强机体的造血功能；冷矿泉中的二氧化碳通过刺激胃黏膜，增强肠胃的蠕动能力，促进胃酸和胆汁等消化液的分泌，从而增强对食物中必要元素的吸收功能，同时有利于膳食规律和贫血症状的恢复。经对缺铁性贫血患者的观察数据显示，在五大连池进行康复疗养的贫血症患者进行为期 4 周左右的治疗后，有 98% 的患者体内血红蛋白恢复正常（张万金等，1985）。五大连池冷矿泉中含有大量的二氧化碳和 CO_3^{2-}，可以在人体内形成一种温和的酸碱缓冲剂，能够平衡消化道酸碱度，同时冷矿泉中的铁、锌、钙、镁等元素，进入人体后起到调节消化液比例和促进分泌功能的作用，促进局部炎症消失和溃疡面愈合。冷矿泉特有的温度、压力、矿化物等物理化学因素的综合作用下，可以改善人体的植物神经系统对消化系统疾病的影响作用，五大连池矿泉对肠、胃、胆囊、肝等消化类疾病的有效率为 92%，对各类皮肤病的有效率为 82.2%（张万金等，1999）。五大连池矿泉和泥疗通过刺激血管末梢达到利尿的效果使得血压下降，消化道吸收

的钾、钠、铁、钙、镁离子等是心肌物质代谢、能量转换的重要物质，对原发性高血压有效率达98%，对冠心病无心绞痛患者心电图的ST—T有效改善率达到84%，其他有明显改善作用的还有心肌炎、神经衰弱、神经功能紊乱、盆腔炎、内分泌系统、风湿、类风湿性关节炎、运动系统外伤功能障碍和脑溢血意外后遗症等（张万金等，1999）。

运用矿泉治疗的方式有很多，如饮用、洗胃、灌肠、吸入、含漱、浸浴及淋浴等方法。无论温矿泉还是冷矿泉，都是利用矿泉的矿物质元素和温度的高低等来刺激人体的器官，使人体恢复健康，到达对人体的保健和治疗作用（李福，2003）。矿泉治疗不同的疾病已有几千年的历史了，其中被广泛应用的为慢性疾病的治疗，如强直性脊柱炎、腰部疼痛、风湿性和类风湿性关节炎、牛皮癣、银屑病和特应性皮炎等皮肤病。近期研究表明，矿泉洗浴对心血管疾病恢复有一定的促进作用，能改善心情状态、能辅助治疗抑郁症，综合矿泉疗法（泥包＋温泉）及在矿泉中的康复训练可以显著提高肿瘤坏死因子抑制剂的活性，对强直性脊柱炎有一定的治疗效果（耿晓东，2015）。《温泉旅游泉质等级划分》（LB/T 070—2017）中温泉泉质等级划分，利用矿泉的化学成分和含量将矿泉划分为3个不同的等级，品质从低到高依次为温泉、优质温泉（或优质冷泉）、优质珍稀温泉（或优质珍稀冷泉），见表5-8。

表5-8　矿泉泉质等级划分

成分	温（冷）泉（毫克/升）	优质温（冷）泉（毫克/升）	优质珍稀温（冷）泉（毫克/升）	矿水名称
二氧化碳	250	250	1000	碳酸水
总硫化氢	1	1	2	硫化氢水
氟	1	2	2	氟水
溴	5	5	25	溴水
碘	1	1	5	碘水
锶	10	10	10	锶水
铁	10	10	10	铁水
锂	1	1	5	锂水
钡	5	5	5	钡水
偏硼酸	1.2	5	50	硼水
偏硅酸	25	25	50	硅水
氡	37	47.14	129.5	氡水

注：从地下自然涌出或经钻井采集，且水温≥25℃的矿水，其矿物质及微量元素的指标中有一项符合上表中“温泉”的要求，即可认定为温泉，水温<25℃的矿水，即可认定为冷泉；从地下自然涌出或经钻井采集，且水温>34℃的矿水，其矿物质及微量元素的指标中有一项符合上表中“优质温（冷）泉”项的要求，即可认定为优质温泉，水温<25℃的矿水，即可认定为优质冷泉；从地下自然涌出或经钻井采集，且水温≥37℃的矿水，其矿物质及微量元素的指标中有一项符合上表中“优质珍稀温（冷）泉”项的要求，即可认定为优质珍稀温泉，根据达标成分命名，水温<25℃的矿水，即可认定为优质珍稀冷泉，根据达标成分命名。

五、地磁指数标准化依据

地球地磁是随着地球的演化而形成的，地球就像一个巨大的磁石，它的磁场分布充满了整个地球空间（燕春晓，2012）。通过对地球磁场长期的观测和研究发现，地球磁场随时间和空间的变化而变化。地磁场及其空间和时间的变化是地球内部和近地面空间物理过程的重要信息之一，地震、火山喷发、局部地磁异常、地磁脉动和磁暴等都是产生地磁异常的因素。火山的形成一般是由大陆板块之间的相互作用和大陆裂谷引发的，而火山周围的磁异常通常和火山岩石的磁化作用有关，温度和引力的变化是火山磁异常引起的压磁效应、热磁效应和电动磁效应的结果。多数磁异常发生在火山爆发之前，在火山活动地区以地磁作为一种主要工具进行监测和预报（曾小萍，2003）。

地磁场是极不稳定的，受太阳黑子爆发时的巨大影响，含有大量的带电质子和高能粒子的地磁风暴会以每秒 400～800 千米的速度袭击地球。由地磁风暴引起的磁异常对人类身体健康会产生一定的负面影响，具体表现为人类的心血管疾病的发病率增高，还伴随着交通事故的明显增多，甚至地磁风暴还影响自杀发生几率（郭德才，2007）。地磁场强度的波动，会不同程度地影响人体的大脑神经、血液循环系统和小的细胞（辛克勒，1985）。王家华（1981）是我国较早提出地球电磁扰动对人体有影响的学者，通过研究发现克山病和麻疹病的发病率与太阳黑子的活动有关，克山病的发病率在 1952—1971 年间以 1959 年特别高，这很可能与 1958—1959 年之间太阳黑子活动特别强烈相关。郭增建（1984）通过整理 1951—1973 年间天津医学院附属医院相关病例资料发现，急性心肌梗塞发病率与太阳黑子活动存在很大的相关性，急性心肌梗塞病例数随时间的大致表现为太阳活动高的年份急性心肌梗塞病人多，且病人数目大致每年增加 7 例。曾治权等（1995）通过整理 1984—1991 年间北京地区 70 万自然人群中冠心病和脑卒中急性发作的发病率的资料发现，急性冠心病发作与地磁活动也存在很大的相关性，在地磁干扰很强烈的第 1～4 天的冠心病日发病率显著高于 1984—1991 年期间的平均日发病率；当地磁异常恢复平静后的第 1～4 天的冠心病日发病率低于 8 年间的日平均发病率。张英荃等（1990）对江西于都县 1985—1988 年肺结核发病并确诊数据统计发现，出生于 1927—1950 年间的肺结核患者中，在太阳黑子活动周期的高峰段（即 1927—1929 年、1936—1938 年、1947—1949 年）出生人数占比最多。吕厚东等（1991）通过对比分析发现，甲型流感的暴发和流行与太阳黑子活动周期的极大年密切相关。

人体长期生存在宇宙磁场之中，通过净化适应产生适磁性的结构（金和俊，2008）。通常情况下，人体本身就具有微弱的电磁流动，自身可以通过调节使内外达到阴阳平衡的状态。人体的穴位也具有电磁特性，是磁场的聚焦点。人体生物电荷失衡可能会致使疾病的发生。磁作用于人体的特定部位，促进机体代谢达到调节健康的作用。磁疗主要是借助经络学说，用磁场的磁疗作用代替针灸按摩等作用于病患者身体表皮的一些特定穴位达到治

疗效果的一种理疗方法，调节机体生物电磁的平衡，达到治疗疾病的效果。磁疗对一般常见病和多发病等具有良好的治疗效果。磁场作为一种物理因素治疗的方法，通过磁场作用于人体局部部位后产生的一系列生物学效应，从而引起系统、器官、组织和细胞等发生对应的变化，达到治疗疾病和恢复健康的功效（周万松，2004）。磁疗可增加细胞膜的通透性，扩张血管，加速血液循环，还可以起到消肿镇痛作用；可以抑制中枢神经系统的兴奋，降低血压、改善睡眠状态、延长睡眠时间，缓解肌肉痉挛；通过研究发现，高强度电磁场有抑制癌细胞的生长和扩散的功效，低强度电磁场有延缓身体机能衰老的功效（金和俊，2008）。

磁疗法的类别可以分为贴磁法、旋磁法、磁电法等，通过临床应用对神经系统、泌尿系统、消化系统、循环系统等都有一定的作用效果（刘振满，2003；陆静芬，2005；黄加权，2005）。多位学者进行磁场对血液流变学影响的研究发现，当磁场作用于人体之后，可以使血液黏度降低、红细胞的聚集性减低、红细胞之间的排斥力增强、心脑血管病的发病率减少、同时还可以影响血液的微循环（周万松，2004）。磁场对人体的神经系统、血液和循环系统都有一定的影响作用，对一些疾病也有一定治疗效果，但是其作用机制比较复杂。这些属于电磁疗或者是由于太阳的短时间的作用引起的，地球自身磁场的变化对人体也有一定促进作用。地磁场是由主磁场和异常场组成的，其中主磁场为国际通用参考地磁场（IGRF）计算得到，地磁异常场则通过地磁台的观测年平均值减去计算年均值得到，安振昌（1992）在研究全国 25 个地磁台的磁异常时，规定ΔT<100 纳特，则为正常磁场区，若 100 纳特≤ΔT <300 纳特时，为弱磁异常区，当ΔT>300 纳特，则为强异常区。覃玉容（2016）在研究地磁环境对广西巴马人群长寿影响发现，当地磁总强度小于 46650 纳特时，长寿发生几率随地磁总强度的增大而升高；当地磁强度超过该阈值时，长寿发生几率随地磁强度的增加而减少。根据 IGRF 计算，广西巴马县地磁场总强度为 46000 纳特，即当地磁异常阈值为 650 纳特，依据地磁异常特征以及量级化和强区分布进行划分，可将地磁场分为 6 个等级，见表 4-6，Ⅰ级 <100 纳特，100 纳特≤Ⅱ级 <300 纳特，300 纳特≤Ⅲ级 <650 纳特，650 纳特≤ IV 级 <1000 纳特，1000 纳特≤ V 级 <1350 纳特，Ⅵ级≥ 1350 纳特。

六、声环境指数标准化依据

噪声一般是指由杂乱无章的非周期性振动产生的宽频谱声音（马大猷，2006）。长期处于强噪声环境中，将会导致听力系统产生不可逆转的神经性听力损伤，Whittaker 等（2014）通过尼泊尔冶金工人的听力调查数据发现，职业性噪声对尼泊尔冶金工人听力损伤的患病率为 30.4%。Kitcher 等（2014）对磨房工人的调查研究发现，长期处于 85.9～110.8 分贝的环境中有 39.6% 的工人出现听力损伤。噪声对听觉系统的损伤机制比较复杂，其中耳蜗毛细胞的损伤是感音性耳聋的原因，内耳组织损伤则与活性氧的产生有关（Stucken E Z，2014）。长时间处于强噪声干扰环境中，会引起大脑皮层的兴奋和抑制功能紊乱。Yoon 等

(2014) 的研究结果表明，长期的噪声干扰会产生抑郁和悲观等精神症状，增加自杀倾向。长期噪声干扰可影响月经功能，还有可能导致孕妇流产和早产（李佩芝等，2004；王燕等，2011），噪声可使血管的收缩反应增强导致血压升高（Zawilla N，2014），且噪声强度每增加 10 分贝，高血压及心肌缺血的患病风险就会增加 7%～17%（Davies H，2012）。于金宁等（2013）通过 Meta 分析发现，噪声作业会导致工人的窦性心律不齐、窦性心动过速、窦性心动过缓、左心室高血压、电轴偏转等，显著影响工人心电图异常率。经常处于强噪声环境中，可能导致眼睛光适应能力减弱、敏感性降低，还能使消化液分泌下降，影响胃肠道蠕动功能和排空速度（王勇，2000）。

噪声对人体的危害因噪声的强度、频率和作用时间而异，对听觉系统、神经系统（包括神经衰弱、行为功能、情绪）和心血管系统（包括血压、血脂、心率）等造成不同程度的影响（Whittaker J，2014）。然而，自然界中又有很多种天然的声音，它们可以作为刺激物分散或者集中人们的注意力，使人放松，是一种积极的环境刺激。自然界中水声、叶子的沙沙声、鸟鸣、虫鸣、蛙声等都是非常好听的声音资源。这些自然中的声音可以与人体内的生理活动相契合，产生很好的医疗效果，将起到很好的康复作用。安静的环境对失眠人群、亚健康人群、心血管病患者等有显著的康复作用。《国家康养旅游示范基地》（LB/T 051—2016）标准中规定了康养旅游核心区的声环境质量应达到国家规定的 1 类标准，康复疗养区等特别需要安静区域的环境噪声小于 0 类限制。《声环境质量标准》（GB 3096—2008）中规定 0 和 1 类限值见表 5-9。

表 5-9　环境噪声限值

级别	昼间（分贝）	夜间（分贝）
0类	50	40
1类	55	45

第三节　生态康养指数标准化方法

标准化是一种简化计算的方式，即将有量纲的表达式，经过变换，转化为无量纲的表达式，成为纯量。生态康养指数为区域生态康养功能的综合评价指标，通过公式和方程把被评价的指标进行标准化处理，根据国家标准和行业标准进行等级划分，并将最后的得分加和得到综合得分的一种评价方法。不是所有被评价的指标都能通过直接相加组合进行对比，所以在综合评价区域资源时将指标进行标准化显得尤为重要。不同生态康养指标具有各自的特征，通过观测数据掌握各指标的变化特征，依据统一的方法选择原则，针对每个指标选择合适的标准化方法，科学表达各指标内部的差异，准确传达内部差异带来的功能差异，减少因为选择方法不当而带来的评价结果不合理。

一、方法选择原则

（1）同一指数相对差距不变原则。标准化后的数值应该保持标准化之间的相对差距，选择合适的标准化方法保证评价对象间原有的相对差距。

（2）指数之间的相对差距不确定原则。不同评价对象具有自身的属性和特征，所以不同指数的发展水平也不同。有些指数发展较快，还有些指数发展较慢，标准化后的等级和得分应该体现出这种差距。

（3）区间稳定性原则。任意一个评价指数经过标准化后的得分都要在一个确定的标度内（本研究选取 0～10），根据等级的划分进行赋值。

（4）单调性原则。标准化后的指数要保留原有数据的顺序关系。

二、方法特点分析

指标标准化方法的选择不同，将影响指标的权重，从而影响评价结果。设第 i 个样本的第 j 个指标原始值为 x_{ij}，标准化后为 y_{ij}（i=1，2，…，n；j=1，2，…，m），各方法之间的性质存在一定的差异（刘竞妍，2018），见表 5-10。

表 5-10　各种标准化方法及性质

标准化方法	同意指标内部相对差距不变	不同指标内部相对差距不确定	区间稳定性	总量恒定性	单调性	差异比不变性	平移无关性	缩放无关性
Z-score 方法	×	√	×	√	√	√	√	√
极差法	√	×	√	×	√	√	√	√
极大化法	√	√	×	×	√	√	×	√
极小化法	√	√	×	×	√	√	×	√
均值化法	√	√	×	√	√	√	×	√
比重法	√	√	√	√	√	√	×	√
向量标准法	×	√	√	×	√	√	×	√
功效系数法	√	×	√	×	√	√	√	√

（一）Z-score 方法

$$y_{ij}=\frac{(x_{ij}-\bar{x}_j)}{s_j}\quad (i=1，2，\cdots，n；j=1，2，\cdots，m)$$

式中：（$\bar{x}_j$）为指标 j 的平均值；s_j 为指标 j 的方差。

特点：标准化后指标的均值为0，方差为1，并且此方法样本量较少的情况不适用，一般来说，样本数大于30才能用（刘竞妍，2018）。

（二）极差化方法

$$y_{ij}=\frac{x_{ij}-\min(x_j)}{\max(x_j)-\min(x_j)}\ (i=1,\ 2,\ \cdots,\ n;\ j=1,\ 2,\ \cdots,\ m)$$

式中：$\min(x_j)$ 为指标 j 的最小值；$\max(x_j)$ 为指标 j 的最大值。

特点：标准化后指标最小值为0，最大值为1，且对于指标值恒定的情况不适用（刘竞妍，2018）。

（三）极大化法

$$y_{ij}=\frac{x_{ij}}{\max(x_j)}\ (i=1,\ 2,\ \cdots,\ n;\ j=1,\ 2,\ \cdots,\ m)$$

特点：标准化后指标有最大值为1，无固定最小值。

（四）极小化法

$$y_{ij}=\frac{x_{ij}}{\min(x_j)}\ (i=1,\ 2,\ \cdots,\ n;\ j=1,\ 2,\ \cdots,\ m)$$

式中：$\min(x_j)$ 为指标 j 的最小值。

特点：标准化后指标有最小值1，无固定最大值。

（五）均值化法

$$y_{ij}=\frac{x_{ij}}{\bar{x}_j}\ (i=1,\ 2,\ \cdots,\ n;\ j=1,\ 2,\ \cdots,\ m)$$

式中：$\bar{x}_j$ 为指标 j 的平均值。

特点：标准化后各指标的均值都为1，方差是变异系数的平方，均值化保留了各指标变异程度的信息（刘竞妍，2018）。

（六）比重法

$$y_{ij}=\frac{x_{ij}}{\sum_{i=1}^{n}x_{ij}}\ (i=1,\ 2,\ \cdots,\ n;\ j=1,\ 2,\ \cdots,\ m)$$

特点：标准化方法要求 $\sum_{i=1}^{n}x_{ij}>0$，当样本值 $\geqslant 0$ 时，标准化后的样本值在0和1之间，并且总和为1，$\sum_{i=1}^{n}x_{ij}=1$。

（七）向量标准法

$$y_{ij}=\frac{x_{ij}}{\sqrt{\sum_{i=1}^{n}x_{ij}^{2}}}\ (i=1,\ 2,\ \cdots,\ n\ ;j=1,\ 2,\ \cdots,\ m)$$

特点：当样本值≥0时，标准化后的样本值在0和1之间，并且$\sum_{i=1}^{n}y_{ij}^{2}=1$。

（八）功效系数法

$$y_{ij}=c+\frac{x_{ij}-m_j}{M_j-m_j}\cdot d$$

式中：M_j和m_j分别为指标j的满意值和不容许值；c、d为已知的正常值；c为平移指数；d为缩放指数，评价值根据实际需求设定。

特点：标准化后指标的最大值为$c+d$，最小值为c。但是此方法中满意值和不容许值较难确定，通常用极大值和极小值来代替（刘竞妍，2018）。

三、指标性质划分

生态康养指数中，不同指标间存在不可公度性，主要表现在指标的度量单位（量纲）和类型不一致，其中类型分为以下4类：① 正向指标，指标值越大越好；② 逆向指标，指标值越小越好；③ 适度指标，指标值趋于一个适度值或适度区间为宜；④ 功效系数指标，标准化后指标的最大值为10，最小值为0。在生态康养指数标准化时，首先必须将指标进行标准化处理，在本研究中，所包含的指标包括正向指标、逆向指标和适度指标3种（表5-11）。

表5-11　生态康养指数指标类型

指标选取	指标含义	指标属性
空气负离子	单位体积空气内负离子浓度	正向
空气质量	单位体积空气内气体污染物、颗粒物浓度	逆向
气候舒适度	某一区域的气候特点以及对人类生活环境的影响	适度
矿泉	有益于人体健康的天然矿泉水	正向
地磁	磁场作用于人体后产生一系列的生物学效应	适度
声环境	噪声对人体危害受强度、频率和作用时间的影响	逆向

第四节　归一化生态康养指数分析

生态康养指数是将一定区域内拥有的所有生态资源要素耦合，看作一个多元康养功能的共生体。根据生态康养功能评价所依据的理论基础和指标体系的选择原则，本研究统计了所能搜索到的数据和通过调查以及监测所得到的与生态康养功能评价密切相关的重要指标，并初步构架了生态康养功能评价指标体系。由于各生态康养指数的数值和方向不同，为了更好的体现研究区域整体生态康养状况，必须将各指数进行归一化。参照各生态康养指数，为了将上述 6 个指数的分级及计算转化为归一化的值，将其划分为对应的等级，用 0～10 标度，其中标度越高，生态康养适宜性越高，见表 5-12 至表 5-20。

一、空气负离子指数标准化值

空气负离子为正向指标，观测值越大越好的指标，见表 5-12，采用等级系数赋值。

表 5-12　空气负离子指数的分级标准及赋值

级别	空气负离子浓度（个/立方厘米）	符号	赋值
1	$N \geq 10000$	a	9
2	$5000 \leq N < 10000$	b	8
3	$3000 \leq N < 5000$	c	7
4	$2000 \leq N < 3000$	d	6
5	$1200 \leq N < 2000$	e	5
6	$500 \leq N < 1200$	f	4
7	$300 \leq N < 500$	g	3
8	$100 \leq N < 300$	h	2
9	$0 \leq N < 100$	i	1

注：以符合最高空气负离子级别的分数为得分数，不累积加分。

二、空气质量指数标准化值

空气质量为逆向指标，观测值越小越好的指标。与空气负离子指数不同，空气质量指数包含多个评价指标，其中有颗粒物（PM_{10}、$PM_{2.5}$）、气体污染物（二氧化硫、氮氧化物、臭氧、一氧化碳等）、重金属等，空气质量指数应该属于综合指数，将涉及的监测指标综合起来，每一个指标满足标准要求，则可得到对应的分数，见表 5-13。

表 5-13　空气质量指数的分级标准及赋值

空气质量指数	GB 3095—2012（一级）（微克/立方米）	赋值
PM_{10}（AVG_n）	40	0.5
PM_{10}（24小时平均）	50	0.5
$PM_{2.5}$（AVG_n）	15	0.5
$PM_{2.5}$（24小时平均）	35	0.5
二氧化氮（AVG_n）	40	0.5
二氧化氮（24小时平均）	80	0.5
二氧化硫（AVG_n）	20	0.5
二氧化硫（24小时平均）	50	0.5
一氧化碳（AVG_n）	4000	0.5
一氧化碳（24小时平均）	10000	0.5
臭氧（日最大8小时平均）	100	0.5
臭氧（1小时平均）	160	0.5
TSP（AVG_n）	80	0.5
TSP（24小时平均）	120	0.5
氮氧化物（AVG_n）	50	0.5
氮氧化物（24小时平均）	100	0.5
铅（Pb）（AVG_n）	0.5	0.5
铅（Pb）（季平均）	1	0.5
苯并[a]芘（BaP）（AVG_n）	0.001	0.5
苯并[a]芘（BaP）（24小时平均）	0.0025	0.5
合计		10

注：每到达一项指标的标准得对应的分数，总分为各项的累积分值。

$$y_{ij}=\frac{x_{ij}}{\text{reg}(x_j)}\quad (i=1,\ 2,\ \cdots,\ n\ ;\ j=1,\ 2,\ \cdots,\ m)$$

$$Z_{ij}=\begin{cases}0,\ y_{ij}>1\\ 0.5,\ y_{ij}\leqslant 1\end{cases}$$

式中：y_{ij} 为标准化的值；Z_{ij} 为赋值。

三、气候舒适度指数标准化值

气候舒适度为适中指标，观测值在身体的最适范围内最好，根据不同的体感进行分级，并赋值见表 5-14。

表 5-14　气候舒适度指数的分级标准及赋值

级别	温湿指数（THI）		风寒指数（WCI）		符号	赋值
	分级值	人体感受	分级值	人体感受		
1	＜40	极冷，不舒适	≤－1000	很冷	e	1
2	40～45	寒冷，不舒适	－1000～－800	冷	d	3
3	45～55	偏冷，较舒适	－800～－600	稍冷	c	5
4	55～60	清凉，舒适	－600～－300	凉	b	7
5	60～65	凉爽，非常舒适	－300～－200	舒适	a	9
6	65～70	暖，舒适	－200～－50	暖	b	7
7	70～75	偏热，较舒适	－50～+80	稍热	c	5
8	75～80	闷热，不舒适	+80～+160	热	d	3
9	＞80	极闷热，不舒适	≥+160	极热	e	1

四、矿泉指数标准化值

矿泉为正向指标，观测值越大越好的指标，根据标准规定不同物质的浓度含量进行分级，并赋值见表 5-15。

表 5-15　矿泉指数的分级标准及赋值

泉质级别	符号	赋值
医疗价值浓度	c	3
矿水浓度	b	6
命名矿水浓度	a	9

注：以符合最高泉质级别的分数为得分数，不累积加分。

五、地磁指数标准化值

地磁为适中指标，地磁异常计算值等于 650 纳特时为最适值，根据不同地磁强度进行分级，赋值见表 5-16。

表 5-16　地磁指数的分级标准及赋值

等级	地磁异常（纳特）	符号	赋值
Ⅰ级	$0 \leq \Delta T < 100$	c	5
Ⅱ级	$100 \leq \Delta T < 300$	b	7
Ⅲ级	$300 \leq \Delta T < 650$	a	9
Ⅳ级	$650 \leq \Delta T < 1000$	b	7
Ⅴ级	$1000 \leq \Delta T < 1350$	c	5
Ⅵ级	$\Delta T \geq 1350$	d	3

注：以符合最高ΔT级别的分数为得分数，不累积加分。

六、声环境指数标准化值

声环境为逆向指标，观测值越小越好的指标。声环境指数应该属于综合指数，将涉及的监测指标综合起来，每一个指标满足标准要求，则可得到对应的分数见表 5-17。

表 5-17　声环指数分级标准及赋值

级别	昼间	赋值	夜间	赋值
0类	50	5	40	2.5
1类	55	5	45	2.5
合计		10		5

注：每到达一项指标的最高标准得对应的分数，总分为各项的累积分值。

七、生态康养指数标准化累加值

以五大连池风景区生态康养功能区二级区划为单位，依据各区划单位内的不同生态康养资源进行五大连池风景区生态康养功能评价。从五大连池风景区生态康养功能评价表可以看出，氧吧—泉水—地磁生态康养功能区主要位于北药泉、药泉山、格拉球山和卧虎山等景区，归一化生态康养指数分别为 55，49，48 和 46（表 5-18 和图 5-4）。其中，北药泉景区为泉水、地磁和氧吧的综合生态康养功能最优区，空气负离子浓度高峰时段平均大于 5000 个 / 立方厘米，是空气负离子呼吸的最佳区域，区内拥有高品质铁硅质重碳酸钙镁型矿泉，含有大量钠离子、镁离子和铁离子，对肠胃疾病有一定治疗效果；卧虎山景区的生态康养资源类型多样，地磁资源优质。老黑山和温泊等景区内空气负离子含量较高，归一化生态康养指数分别为 50 和 49，是享受氧吧和泉水的区域。

表 5-18　五大连池生态康养功能评价

生态康养功能区划	编号	单元	氧吧	地磁	空气质量	气候舒适度	声环境	矿泉	NDHI
氧吧—泉水—地磁生态康养功能区	AⅠ	南北药泉	Ⅱ级	Ⅲ级	Ⅰ级	Ⅰ级	0级	Ⅰ、Ⅲ级	55
	AⅡ	卧虎山	Ⅲ级	Ⅳ级	Ⅰ级	Ⅰ级	0级	Ⅱ级	46
	AⅢ	药泉山	Ⅱ级	Ⅲ级	Ⅰ级	Ⅰ级	0级	Ⅱ级	49
	AⅣ	格拉球山	Ⅲ级	Ⅲ级	Ⅰ级	Ⅰ级	0级	Ⅱ级	48
氧吧—泉水生态康养功能区	BⅠ	温泊	Ⅱ级	Ⅳ级	Ⅰ级	Ⅰ级	0级	Ⅲ级	50
	BⅡ	老黑山	Ⅲ级	Ⅳ级	Ⅰ级	Ⅰ级	0级	Ⅱ、Ⅲ级	49
氧吧—地磁生态康养功能区	CⅡ	龙门石寨	Ⅲ级	Ⅲ级	Ⅰ级	Ⅰ级	0级	—	45
	CⅢ	龙门山	Ⅲ级	Ⅲ级	Ⅰ级	Ⅰ级	0级	—	45
	CⅣ	小孤山	Ⅲ级	Ⅲ级	Ⅰ级	Ⅰ级	0级	—	45
	CⅤ	笔架山	Ⅲ级	Ⅳ级	Ⅰ级	Ⅰ级	0级	—	43
	CⅥ	焦得布山	Ⅳ级	Ⅲ级	Ⅰ级	Ⅰ级	0级	—	44
氧吧生态康养功能区	DⅠ	尾山	Ⅲ级	Ⅴ级	Ⅰ级	Ⅰ级	0级	—	41
生态休闲区	EⅠ	一池子	Ⅴ级	—	Ⅰ级	Ⅰ级	0级	—	34
	EⅡ	二池子	Ⅴ级	—	Ⅰ级	Ⅰ级	0级	—	34
	EⅢ	三池子	Ⅴ级	—	Ⅰ级	Ⅰ级	0级	—	34
	EⅣ	四池子	Ⅴ级	—	Ⅰ级	Ⅰ级	0级	—	34
	EⅤ	五池子	Ⅴ级	—	Ⅰ级	Ⅰ级	0级	—	34

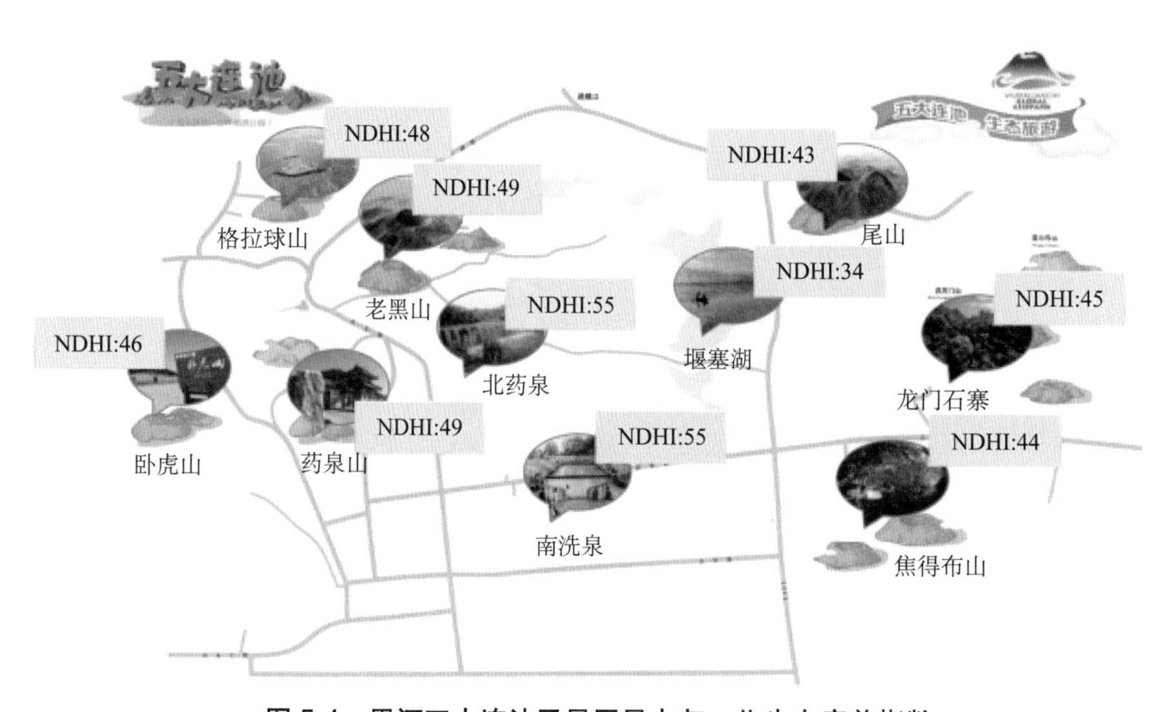

图 5-4　黑河五大连池风景区景点归一化生态康养指数

龙门石寨、龙门山、小孤山、焦得布和笔架山等景区的地磁和森林生态环境较好，归一化生态康养指数分别为45，45，45，44和43，火山分布较密集，是享受氧吧—地磁生态康养的优选区域。五大连池是由于火山熔岩堵塞的河道，遂形成5个串珠状相连的火山堰塞湖，其周围的熔岩石海等空气负离子含量较高，空气负离子高峰时段平均浓度高于1000个/立方厘米、归一化生态康养指数为34，是游湖观景氧吧呼吸很好的选择区。

每个区域都具有一定的特色，依据五大连池景区内不同区域的NDHI得分进行归一化生态康养指数等级划分。同一生态康养功能指数归一化后的得分存在一定的差异，依据局部区域NDHI占满分的比例进行不同内部区域之间的评价，85%≤Ⅰ级≤100%，75%≤Ⅱ级<85%，60%≤Ⅲ级<75%，Ⅳ级<60%，对应本研究为48≤Ⅰ级≤56，42≤Ⅱ级<48，34≤Ⅲ级<42，Ⅳ级<34。从图5-5可以看出，五大连池景区归一化生态康养指数等级最高的区域位于“格拉球山—老黑山—温泊—药泉”一线上，为区域生态康养功能综合供给的核心区域，是维持区域生态康养功能的重要组成部分，也是区域可持续发展重点关注和保护区域。

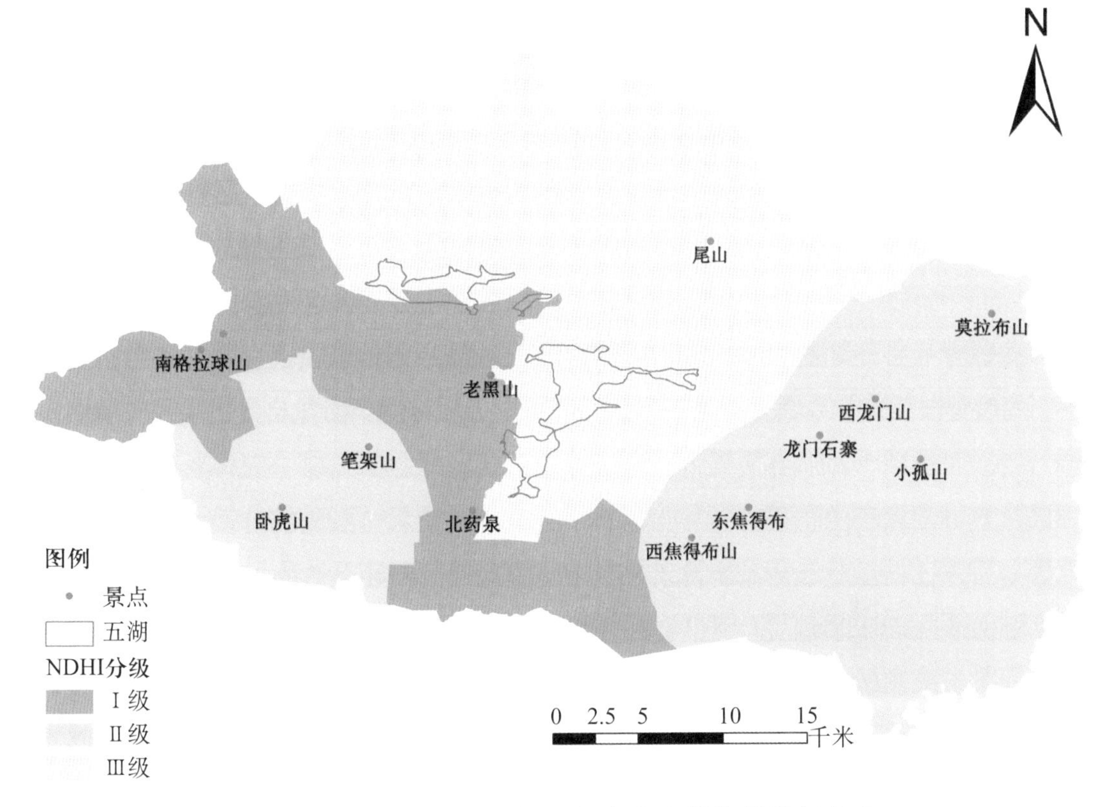

图5-5 黑河五大连池风景区归一化生态康养指数等级分布

（一）森 林

1. 氧吧—负离子呼吸区

根据对五大连池风景区各景点的连续监测以及空气负离子的分级划分，得出北药泉、二龙眼泉、温泊、龙门石寨、药泉山、天池等地的空气负离子浓度较高，空气负离子高峰时段平均浓度高于3000个/立方厘米。其中，尤其是北药泉和温泊区域附近空气负离子高峰时段平均大于5000个/立方厘米，是负离子呼吸的最佳区域。这主要是与该区域有一个小型瀑布有关，在流动的水体附近空气负离子含量急剧增高。其余空气负离子含量较高的区域，其植被生长较好，植物释放氧气更多，负离子含量就高，加之空气洁净度高也大大增加了空气中负离子的存活时间。在这几个景点游玩、散步、休憩能够最大程度地享受空气负离子，能够增强人体免疫力及抗菌力，大大缓解情绪压力，从紧张疲劳、萎靡不振、忧郁烦闷状态中解脱出来，变得心情愉悦，精神矍铄，精力充沛。

2. 森林教育区

(1) 植物演替"连续剧"。五大连池境内经过7次大规模的火山喷发保存了14座完整的火山锥，伴随着火山的多次喷发地表植被经历一次次地毁灭和再生，最终形成了不同群落类型交替出现特有的火山演替植被，包括地衣苔藓、草甸、湿地、水域、灌丛、森林等，其中主要分布于老黑山、火烧山、石龙台地和龙门石寨等地。在这里会出现在同一地区存在不同的植物群落的现象，不同演替阶段的地衣苔藓，与乔、灌、草相互交错混合生长形成复合群落，在枯倒木上还有地衣、藻菌、苔藓生长在一起的群落（图5-6）。同时，水生生境中，发育着不同演替序列、不同演替阶段的各类植物群落（周志强，2011），如图5-7。无论是陆地植被演替还是水生植物演替，都体现了五大连池植被演替的原生性与完整性，

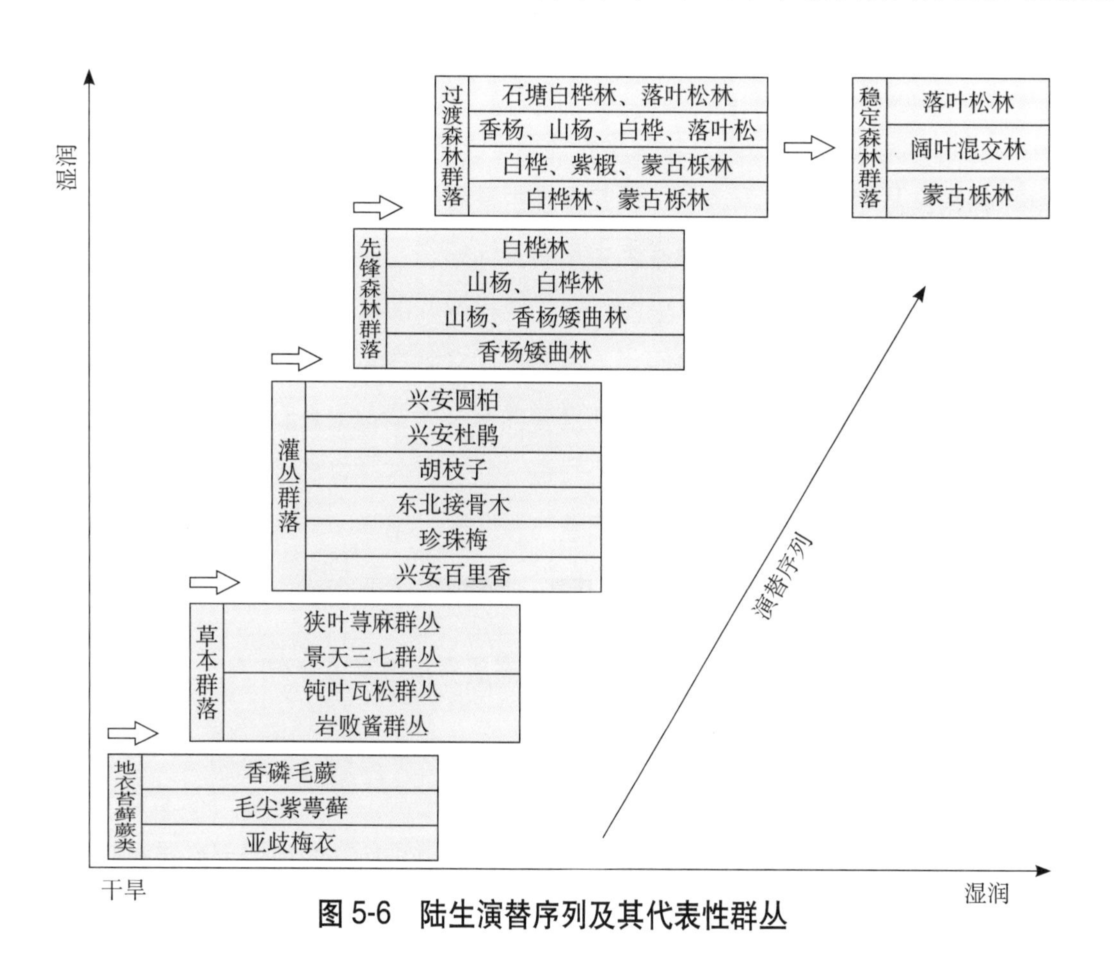

图5-6 陆生演替序列及其代表性群丛

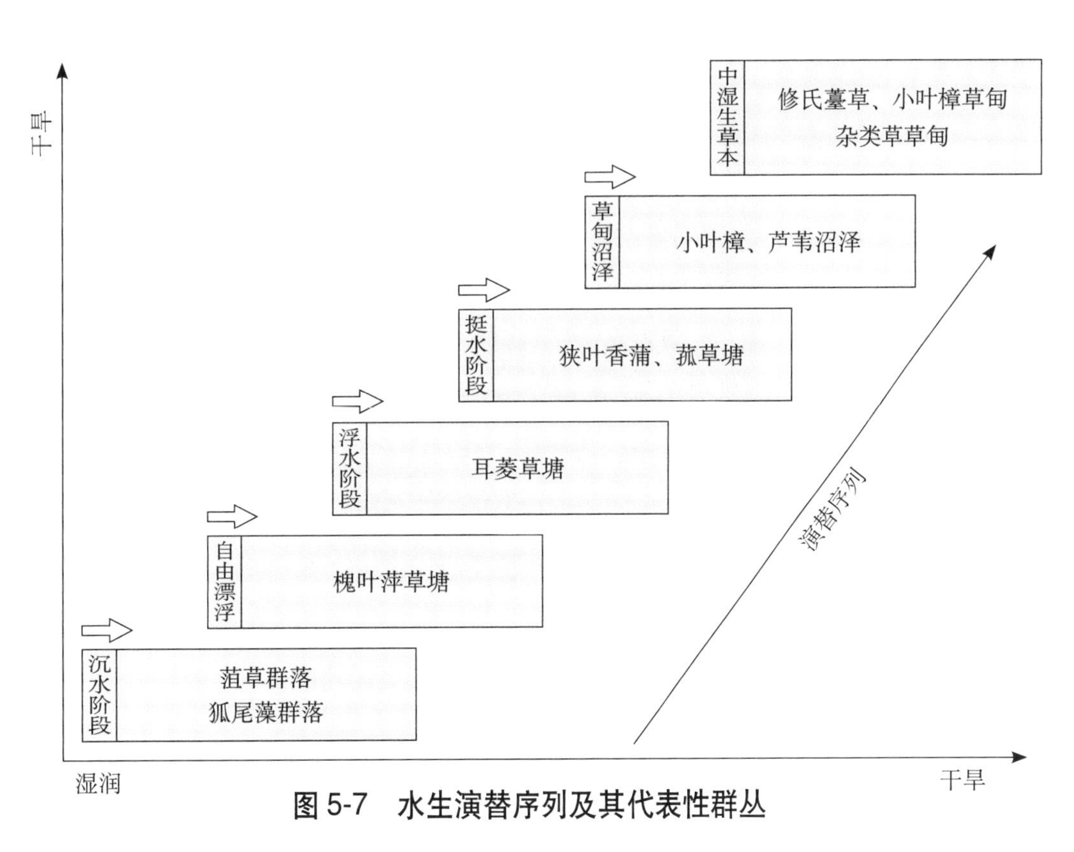

图 5-7 水生演替序列及其代表性群丛

展示了火山喷发后陆生和水生植被演替发育的整个过程（周志强等，2011）。复杂多变的火山地貌形成多层次变化的生境，随着时间的推移，逐渐演替出多样的植物群落。

五大连池现有植物种类繁多、类型复杂，共 976 种，分 143 科 428 属，其中有胡桃楸、水曲柳、黄檗、野大豆等珍稀濒危植物。植物群落具有多样性、不稳定性等特点，石塘林是火山熔岩特有的复杂群落类型中最具代表性的群落，而五大连池的石塘林更具特色，很小的范围包含了我国北方森林群落中几乎所有的生活型植物，苔藓、地衣等植物结合成群成斑块状，在火山岩石的缝隙和阴面、石塘林、云杉和白桦林下随处可见。

在夏秋季节，可以由景区专业的植物学导游，带领人们认识景区植物，感受植物的多样性、复杂性，将人们带入几百万年的植物演替变迁中，了解植物演替变化的历史，体会到植物的生存能力，也真正认识到景区植物种类的纷繁复杂，让人们就像看电影一样有一个直观的、连续的、整体的印象。

(2) 候鸟栖息“自由国度”。五大连池分布的鸟类几乎都属古北界，共 268 种，分属 14 目 54 科 134 属，占黑龙江省登记鸟类种数的 81.21%，占全国鸟类种数的 31.22%。其中有 54 种留鸟，10 种越冬候鸟。夏季前来繁殖的鸟类（主要来自南方）有 149 种，并且春秋季节，有 55 种旅鸟从北西伯利亚来到五大连池繁育，进一步壮大了这支队伍。在这里的各类鸟类分布不均，分布最大的类群为鸣禽（雀形目），种类极其丰富，共 114 种，其中包括莺科 15 种、鹟科 17 种、鸦科 14 种、燕雀科 14 种。第二大类群为水禽，共计 97 种，包括鹳形目、鸻形目、佛法僧目等；其他常见类共有 32 种。

图 5-8 五大连池风景区鸟类

介于黑河湿地和扎龙自然保护区之间的五大连池是鸟类迁徙主路线的一个停驻点（图5-8）。它属于东亚至澳大利亚之间鸟类迁徙的路线范围，是多个鸟群迁徙的必经之地，如极度濒危物种黑水鸡、白鹤等。国际鸟类联盟已经认可了五大连池对于鸟类的重要性，并将其划定为国际鸟区范围，指出五大连池是 5 个全球濒危物种的重要栖息地，这 5 个物种分别是鸿雁、丹顶鹤、花脸鸭、青头潜鸭及乌雕。

在春秋两季能够观看到群鸟翔空的美丽壮观场面，在夏季能够看到鸟类在森林、水塘中嬉戏、捕食，这里是人们认识鸟类的美好地域，也是孩童们进行鸟类认知和鸟类保护的良好教育基地，同时也是观鸟爱好者的天堂，让到这里的不同人群，得到不同的美好体验，让怀着不同目的而来的体验者，在青山绿水、群鸟环绕的五大连池收获满满。

同时，也可以在景区专业的动物学导游的带领下开展野生动物探险，探索发现景区动物，感受动物的多样性，观察和体验动物的生存能力和栖息环境，真正认识和亲身感受到动物界弱肉强食的自然生存法则，以及动物世界的丰富多彩。

3. 森林体验区

森林探险旅游是指借助专业工具的帮助，以探索森林中的景观、植物、动物等为目的旅游方式之一，体现了游客充满激情的生活方式和对待生活的态度积极，是对游客耐力、信心、应变能力等多方面综合素质的考验，诠释游客挑战自我、战胜自我的信念，是发展高端旅游和精品旅游的模式之一，如图 5-9。森林探险旅游的特征主要表现在：一是神秘性，运用人迹罕至、动植物多样的森林去吸引游客探索。二是体验性强，主要是依靠游客们的亲身体验去感受不同的森林环境。三是自然景观独特，森林探险旅游的地区一般都景色优美，环境复杂多变，物种多样，各种景色状态原始，保存良好，与城市和乡村的景观文化有很大的差异性。四是地势险要，森林探险旅游的目的地一般选在密林深处、尚未开发、没有道路与食宿等基础设施、需要借助专业户外运动工具和专业人员的指导才能进行。

森林探险旅游需具有完善的基础设施、警示、救助指示系统、立体化的应急系统、

图 5-9 五大连池风景区白龙洞

高级探险服务人才和专业的规范机构。在五大连池风景区可以开发以下几类森林探险旅游产品：

(1) 野外露营。在森林内建立露营区域为游客提供野外露营探险体验。

(2) 自驾车游。在森林周围或内部开辟自驾路线，在安全条件下可以考虑设置一些惊险刺激的路段或者障碍，满足游客的探险需求。

(3) 探险旅馆。在森林内建筑以原始部落或野人部落为主题的森林旅馆，除了为游客提供短暂休息和整理装备、补给提供方便外，还可让游人体验与野人同生活的新鲜与刺激。

(4) 探险学校等培训机构。通过学校或者夏令营等形式为探险爱好者或者学生进行野外探险方面的知识和技能培训，类似拓展训练，主要培养学员在野外探险时出现各种状况后的应变、求生、合作等方面的能力。

(5) 探险类主题公园。借助森林环境和各种地势建设安排一些以森林探险为活动主题的公园，借助历史传说、神话故事、奇幻小说等内容赋予其内涵，建设以森林历险寻宝、森林迷宫突围等为主题的森林探险公园。

(6) 森林狩猎。建立围场，养殖野生动物，为有需要的游客体验在森林中打猎的惊险与刺激。

以上旅游探险产品不仅要充分发掘“惊”“险”“奇”“特”的特点，同时还要注意保护自然环境和物种栖息地。不能采用“焚林而田，竭泽而渔”的方式发展旅游，要保护好森林生态环境，保证可持续发展。

(二) 矿 泉

1. 饮用药泉

五大连池矿泉是世界三大低温冷矿泉之一，是多种成分均达到矿泉水标准的复合型泉水，成分十分复杂，主要类型有两种：大部分天然出露的矿泉均为偏硅酸型矿泉，出水量大，水质优良，口感甚佳，水体清澈，饮之甘甜，清凉可口，是不可多得的饮用佳品，二龙眼泉是这类矿泉的典型代表；五大连池最为珍贵的是北药泉，是世间稀有的高品质铁硅质重碳酸钙镁型矿泉，被著名科学家吴阶平誉为“世界一流的医用冷矿泉”。在 1987 年 3 月，这些矿泉水通过中国科学院、卫生部等六部委的鉴定，被评定为“医疗矿泉水”级别，也是唯一被国家认定的医用天然矿泉资源。这些矿泉水化学类型多为碳酸 - 钠钙型，水中的除钠离子以外，还含有大量的镁离子和钙离子，以及锶和偏硅酸硅等多种成分，多种元素含量都达到了矿泉水标准。此外，五大连池矿泉水的泉温最低，普遍低于 4℃；二氧化碳含量最多，多达 99.99%，且矿化度适中，在 1.3～4.3 克 / 升之间，口感清爽适宜，具有神奇的保健功效。来到这里的人们就可以享受到五大连池的优质矿泉水，长期饮用，对多种慢性疾病会有意想不到的效果。

2. 洗浴冷矿泉

五大连池南洗泉属铁硅质重碳酸钙镁型低温冷矿泉，都是复合型的医疗矿泉，其中二氧化碳、铁、硅酸盐、重碳酸盐 4 项指标均达到医疗矿泉标准，对消化系统、血液系统、运动系统、神经系统、内分泌系统、心血管系统及皮肤等多种疾病都有良好的疗效。

五大连池有南洗泉、翻花泉、桦林沸泉 3 处洗浴名泉。南洗泉的水中含有几十种离子态的矿质元素和大量碳酸气，具有活化细胞的功能，促进血液循环，增强人体新陈代谢，对缓解关节炎、肩周炎、高血压、神经性头痛、失眠等病症大有好处。翻花泉的周围是火山矿泥区，泡过冷泉之后，在全身上下遍涂矿泥，这些矿泥中含有钙、镁、钾等 61 种对人体有益元素和特殊矿物质，有超强的吸附能力和优异的清洁功效，能有效吸收油脂污垢，软化去除老化角质，加快肌肤新陈代谢；矿泥中的活性成分具有很高抗氧化能力，能修补因紫外线曝晒而产生的肤色暗沉和偏黄，达到自然美白、保持肌肤健康的效果。

（三）地　磁

1. 磁疗晒场

在五大连池的晒场，并非是一般的日光浴，而是火山磁场特异功能下的太阳热能熔岩台地理疗场，进行太阳热能浴的最佳地点在南洗泉、北药泉的熔岩台地和五彩沙滩上。大片火山熔岩台地是天造地设的磁疗浴场。据测定，这里的综合磁感应强度达到 56000 纳特。熔岩缝隙之中，有丛生的草木，攀附的藤蔓，摇曳的野花，每块熔岩就是一张天然的理疗床，吸附了太阳照射的热能，温度足有 55～65℃。火山熔岩石晒场是独特的太阳热能熔岩理疗场。64 平方千米的裸露熔岩台地可充分吸收太阳热能，是天然的太阳热能理疗床。泡矿泉浴之后，躺在熔岩台地上享受太阳热能浴，让身体直接与大地和阳光对话，可软化血管，增强血液循环，提高细胞增生能力，促进新陈代谢，与冷矿泉洗浴相辅相成，强化了对各类疾病的治疗作用。从南洗泉泡泉后可以来到磁疗晒场，从或远或近的岩石中，挑一块平坦的熔岩，或坐或躺的享受阳光暴晒，让身体里的寒气散的无影无踪；或者可以微微合上眼睛，全身肌肉和四肢百骸放松下来，气沉丹田，做腹式深呼吸，在吐故纳新之间，排空大脑中的嘈杂喧嚣和烦恼，屏息聆听耳边的鸟鸣虫唱，尽享心旷神怡气爽神清的惬意。从五大连池风景区生态康养区划图中可以看出，老黑山、卧虎山、格拉球山—天池、龙门石寨、水晶宫和白龙洞等景区的森林生态环境较好，火山分布较密集，是地磁生态康养的优选区域。

2. 火山博物馆

五大连池世界地质公园总面积1060平方千米，分布着火山锥、火山熔洞、熔岩石地、火山堰塞湖、矿泉等，火山口喷发形成玄武岩台地800平方千米，渣锥寄生火山200多座，新老期层状、盾形、爆裂式火山25座；形成了127眼天然冷矿泉、5个如串珠状火山堰塞湖泊、3条河流和星罗棋布的溪流水泊。这里的火山地貌遗迹保存完整、品类齐全、分布集中、状貌典型，被地质学家称为“打开的火山教科书”“天然的地质博物馆”。

在火烧山、石海、老黑山等景点，让熟悉火山地质变化的地质讲解员带领人们学习了解火山喷发和五大连池景区形成的历程，同时配有声光电等效果，将人们带入其中，直观了解地球地壳变化及地球亿万年的演化过程。还可以利用无人机+VR体验、热气球、直升机等设施从高空俯瞰景区的各种火山自然景观，在人们的脑海中直观的形成三维立体景象，形成不一样的体验。

空气负离子含量较高能够增强人体免疫力及抗菌力，大大缓解情绪压力，使人变得心情愉悦，精神矍铄，精力充沛。五大连池矿泉是罕见的冷泉，能饮、能浴，并且属于具有极高医疗保健作用的经矿化、磁化后带有电荷的离子水。矿泉含钾量高，钠、氟含量适中，同时还含有铁、钙、锌等人体所必需的微量元素，是世界稀有的珍贵医用矿泉水。泡矿泉浴之后，躺在熔岩台地上享受太阳热能浴，可软化血管，增强血液循环，提高细胞增生能力，促进新陈代谢，与冷矿泉洗浴相辅相成，强化了对疾病的治疗作用。依据五大连池生态康养资源特色及各功能分区的归一化生态康养指数，五大连池可创建“森林+矿泉+地磁”生态康养发展模式，北药泉景区可建立局部水源保护区，确保其“氧吧”功能的持久性和优质矿泉水的供应；老黑山、卧虎山、格拉球山—天池和龙门石寨等景区在科学核算区域承载力的基础上，开展“火山+森林”休闲、体验和养生活动；预防以5个火山堰塞湖为主体的水系污染，尽量维持地表水域面积。

我国从20世纪80年代以后相继出现森林旅游、森林浴、生态旅游和森林康养等概念，开始研究森林康养资源、旅游资源、森林康养基地建设等评价理论，以及避暑旅游、生态旅游、海洋旅游等，但多数为单项指标的评价，即使为数不多的综合评价也没有较系统和完整地将生态资源涵盖在内。这些多是对部分资源的利用，不同地区生态资源具有一定的多样性，如何合理的利用多种生态资源综合发展解决健康生存需求问题是一个发展的大问题。现有的评价方法多数采用问卷调查法、因子权重法、层次分析法等，这些方法适用范围小有一定的局限性，不易于不同区域之间的比较。本研究提出的归一化生态康养指数

(NDHI) 是定量描述生态康养资源状况，真实、客观反映被评价区域生态康养资源质量，又表现出有别于其他区域的特色。归一化生态康养指数 (NDHI) 将各指数分级并进行等当量化赋值计算转化，根据以上内容从6个维度构建了生态康养指数，用0～10标度，标度越高生态康养功能越强，是对前人研究成果的继承和发扬，同时为研究区域生态康养产业的发展与提升提供一个理论参考。NDHI很好地将一定区域内的生态康养资源整合量化，有利于了解生态资源状况并进行对比，有助于体验者做出最适合的选择，具有较强的实用性和可推广性。评价一定区域是否适合发展生态康养产业、如何发展生态康养产业，需要一个长期探索、改进和完善的过程。目前如何科学客观的评价特定区域生态康养资源质量还存在涉及因子多、范围广、评估指标难以量化等问题，这些都是研究和发展生态康养产业必须要面临的核心问题。作为探索性研究，本研究还存在进一步的改进空间，并未将所有的影响因素都考虑在内，如不同类型的资源环境实际情况差别极大，再如不同的体验者由于出生地、性别、年龄、职业等差异所以其耐受性、感知程度存在很大不同等，本研究提出的生态康养指数理论还需要证实研究进一步完善。

我国对于生态康养研究与国外研究相比，许多方面存在较大差距，生态康养的内涵和外延还需要不断的探索研究，生态康养的建设和发展，需要用科学的理论和方法去探索和实践，并在实践中不断的加强、加深对生态康养本质的理解。目前，尽管有的国内学者从资源配置方式和经济增值效益等方面分析，探讨康养产业的发展模式并提出了科学可行的发展建议。有的学者还分析了不同地区发展生态康养产业的优势，并提出了突出当地特色、保护资源的自然性和完整性的生态康养产业发展的规划。虽然在不久的将来，生态康养产业将成为国民经济新的增长点，但是现阶段，我国有关生态康养产业的研究仅处在定性分析的阶段，成功的运行案例和康养产品较少，未来发展的道路还很长，需要各界共同努力推进生态康养产业的发展。

第六章 生态康养的资源禀赋与景观格局及其科学对策分析

第一节 生态康养禀赋分析

伴随着社会经济快速发展和人民生活质量大幅提升，突显出很多关乎生命健康和生存的问题，城市纷乱嘈杂、空气混浊、环境污染、生活节奏加快，直接导致各种疾病的发病率上升和亚健康人群的增加，健康成为世界人类共同关注的话题，拥有健康的体质和心理成为大家追求的目标和需求。

"康养"不是一个新词，李后强等（2016）所著的《生态康养论》一书中已经给康养定义，通过在一定环境中开展一系列的活动使个人在身体和精神上都达到最佳状态，并且还结合社会学、心理学、医学等相关理论以康养的目的为依据，将康养需求划分成3个不同层次，如图6-1。

在社会新需求的推动下，康养应该包含健康、养生、养老等概念。从形容人体状态方面来讲，健康指的是人体处于一种良好的状态，一般包括肉体、精神及社会关系3个方面。一是身体新陈代谢和生理机能正常；二是精神状态好，处于一种自洽状态，内心积极向上且能有效的发挥主观能动性，可以很好地适应社会环境；三是社会健康，人都具有社会属

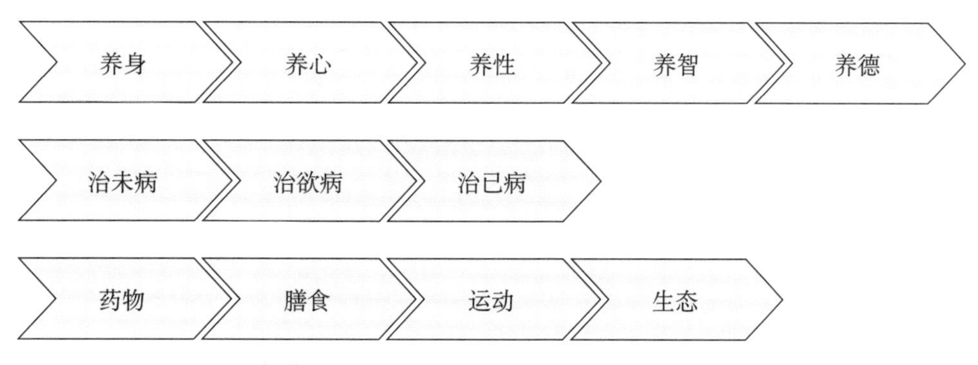

图6-1 康养分层图（引自：李后强等著《生态康养论》）

性，轻松的维持良好的社会关系实现自身的社会角色设定（康养蓝皮书，2017）。养老和敬老是中华民族的传统美德之一，现代意义上的养老，则是包括满足物质需求、精神有寄托、以及老有所为的涉及老年人群的设施保证和系列服务。从现代社会观念来看，养就是保养、调养、补养，生是指生命、生活、生长。可见康养的核心功能在于提升生命的长度、丰度和自由度，康养作为新兴的产业，扩大其内涵不仅仅限于“康养＝健康＋养老”等，通过开放、包容的思维才能将产业领域深入拓展，使其更好的走入成熟。

生态康养起源于德国在19世纪40年代创建的森林浴，国际上公认生态康养起源于德国19世纪中期的克奈普疗法，法国的空气负离子浴、俄罗斯的芬多精科学以及韩国的森林休养林构想都是在此基础上提出的。20世纪80年代，日本将森林浴应用到医学辅助治疗，衍生出了森林疗法（forest therapy）、森林医学（forest medicine）的概念（Miyazaki et al., 2014），韩国将森林利用与人体健康相结合，提出了森林休养（forest recuperation）概念（杨利萍等，2018）。20世纪90年代末期，我国才相继出现森林游憩、森林旅游、森林休闲等概念；21世纪初，森林疗养这一理念被北京市率先采用（陈鑫峰等，2000），并在实际推广过程中不断拓展该概念的内涵。虽然每个国家（地区）提法和内容形式不同，但实质内涵均属于生态康养范畴。结合现代社会人们对健康的渴望，生态康养概念更能全面科学体现人类回归自然的需求。

对生态康养体验者（主体）而言，生态资源具备一种康养功能，成为主体的“吸引物”。生态康养开发利用的前提是保护。生态康养资源包括健康功能、效益功能、客体属性和保护需要四个基本点（图6-2）。① 健康功能，生态康养资源应该具备对生态康养主体有改善健康的基本功能，生态康养资源的吸引力来自于对人体健康的改善、调整和促进作用。② 生态康养资源作为一种资源，必须具备经生态康养产业开发后能够产生经济、社会、生态三大效益的基本条件。为了生态康养产业可持续发展，不仅要注意这三大效益近期的横向发展，还要重视纵向的可持续发展。③ 满足以上两大功能的客体均属于生态康养资源，但是不同资源对人体的有益程度差异很大，如何界定对人体健康的作用，是以后需要深入分析研究的内容。④ 生态康养资源及其环境是生态康养体验者回归自然的对象，均为原生或是保护较好的生态系统，优质且脆弱，易遭到破坏，需要大家的保护和维护。

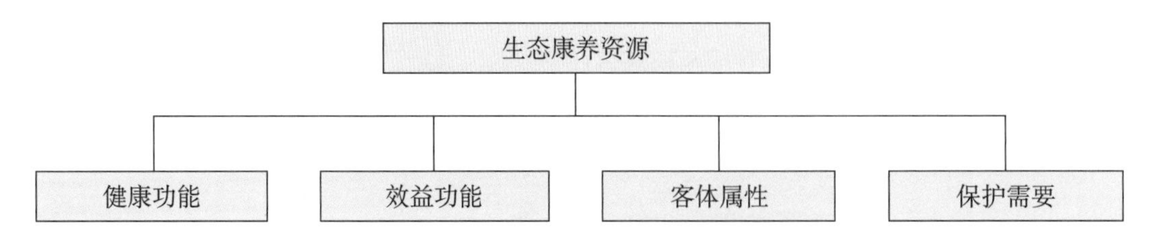

图6-2　生态康养资源4个基本特点

生态康养资源分类是进行生态康养资源调查、评价和开发的基础工作之一。生态康养产业是资源依赖性很强的产业，各类生态康养产品开发设计时，应该考虑体验者的康养需求与实际的优质资源结合。依据康养的资源类型可将生态康养资源分为6类，包括森林康养、园艺康养、气候康养、海洋康养、温泉康养和中药康养（图6-3）。森林康养主要是以空气清新、环境优美等森林资源为依托；园艺康养主要是以接触和运用园艺材料为依托；气候康养主要以地区或季节性舒适的自然气候为依托；海洋康养主要以海水、沙滩、海洋食物等海洋资源为依托；温泉康养大多数具有保健和疗养功能的温泉为依托；中药康养主要是以传统中医和中草药等核心资源为依托。

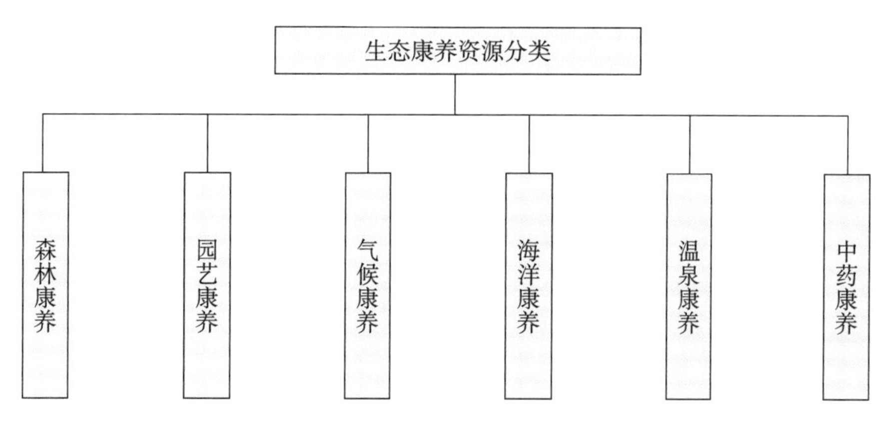

图6-3 生态康养资源类型

一、资源禀赋分析

（一）现状分析

“资源禀赋”是经济学中重要的概念之一，根据社会经济发展条件对一个国家或地区资源质量状况所做出的综合评价(马楠,2018)。资源禀赋理论包括“资源优势论”“资源诅咒论”和“资源中性论”等理论，“资源优势论”是在早期占主导地位，John Habakkuk认为美国19世纪的经济大发展离不开其丰富的矿产资源。Auty（1993）首次提出资源禀赋会抑制区域发展的“资源诅咒论”；Papyrakis和Gerlagh从初级产品的简单加工生产的层面分析，得出资源对经济增长的负向作用大于正向作用；Davis G从矿产角度出发，则认为资源禀赋与经济发展没有显著的相关性。毋庸置疑，相对紧缺和有限的资源将成为制约区域发展的短板，一般解决办法有两种，一种是“开源”，在加大对现有资源开发的同时，不断的提升资源进口比例和开发可替代资源；一种是“节流”，在节约现有资源的同时，提高资源的利用效率。

五大连池风景区从开发建设至今，已获得了13项国家级荣誉和3项世界级桂冠，还被国家旅游局评定为首批“国家健康旅游示范基地”之一。五大连池火山地质活动持续不断发生，留下了保存完好的14座新老期火山，植被连续毁灭和重生是开展火山干扰和植被演替旅游参观学习的理想场所。五大连池风景区依托矿泉资源优势，与全磁日光浴、矿泉泥疗等资源，提供矿泉康复理疗方面的优质服务，使突出重点、满足不同人群的需求。依托五大连池丰富的旅游产品、纯净的天然氧吧、灵验的洗疗泥疗、宏大的全磁环境、天然的熔岩晒场、珍稀的冷矿泉、绿色的健康食品和丰富的地域民族习俗等资源，精准布设生态康养软硬件设施，促进旅游与康养服务相互融合式的发展，让五大连池风景区成为国际康养旅游胜地。

在进行五大连池生态康养禀赋分析时，应该综合考虑五大连池的景区定位、自然资源、社会资源等相关的内容。首先五大连池是一个风景区，具有一般风景区的属性，现阶段的主要经济收入是依靠景区的景点的门票销售，旅游产业的发展及产品的设计对资源的依赖较强，借助旅游资源禀赋分析对五大连池生态康养资源进行禀赋分析，可以明确该区旅游资源特色，客观反映区域旅游资源分布和开发现状，对于准确定位五大连池地区旅游资源发展方向、科学决策旅游开发规模和密度，推动旅游产业协调和可持续发展具有重要意义。旅游资源禀赋，是区域内旅游资源对旅游者构成具有吸引力环境的自然因素、文化要素等各种旅游要素的总和，是区域内资源类型、数量、质量等空间分布所呈现状态的客观反映。根据五大连池生态康养功能分区和归一化生态康养指数，首先统计五大连池 5 个一级生态康养功能区划单位中不同二级区生态康养功能资源类型、数量、质量，其次根据归一化生态康养指数的赋值结果，对五大连池每个二级生态康养功能区内的三级生态康养功能区的资源分值进行计算，具体计算过程如下：

$$F_{ij}=M_{ij}\times q_i \quad (i=1,2,\cdots,5\ ;\ j=1,2,\cdots,17)$$

式中：i 为五大连池生态康养功能区的一级区划单位（i=1,2,3,4,5）；j 为二级区划单位 17 个（ij=1,2,…,17）；q_i 为每个三级区划单体生态康养指数赋分值；M_{ij} 为每个二级区划单位中三级区划单体数量；F_{ij} 为五大连池生态康养资源禀赋值为 1163（表 6-1）。

借助五大连池生态康养功能分区和归一化生态康养指数得出五大连池生态康养功能区的资源分值，从中可以看出，五大连池不同生态功能区之间的生态康养资源分值表现为：氧吧—泉水—地磁生态康养功能区 > 氧吧—泉水生态健康区 > 氧吧—地磁生态康养功能区 > 氧吧生态康养功能区 > 生态休闲区，也就是说功能分区内可提供的生态康养功能项越多其生态康养资源分值越高。同一生态康养功能区内不同景点之间的生态康养资源分值也存在差异，主要因为不同资源在生态康养功能区内的分布不均匀，且资源质量之间存在差异，但是总体功能区强并不代表单项生态康养功能强，所以体验者可根据自己的需求选择适合的区域达到精准康养的目的。矿泉体验推荐区域为北药泉、南洗泉和二龙眼泉，其中北药泉中含有 Fe^{2+}，通过直接饮用可以补充体内的铁含量，南洗泉中含有十几种矿质元素，通过冷矿泉浴对皮肤病有很好的治疗效果，二龙眼泉含有人体所需的钠、镁、钙等离子，可作为

表 6-1　五大连池生态康养资源三级区划禀赋

一级区	二级区	三级单元	氧吧（个/立方厘米）	地磁（纳特）	矿泉	植被	NDHI	体验建议
氧吧—泉水—地磁生态康养功能区	药泉	北药泉	5000～10000	300～650	医用饮用矿泉	2	55	铁矿泉体验*
		南药泉	5000～10000	300～650	洗浴矿泉	2	55	冷泡浴体验*
	卧虎山	卧虎山	3000～5000	650～1000	饮用矿泉	3	46	地磁体验
		卧虎山泉	3000～5000	650～1000	饮用矿泉	3	46	泉水体验
	药泉山	药泉山	5000～10000	300～650	饮用矿泉	3	49	地磁体验*
	格拉球山	南格拉球山	3000～5000	300～650	饮用矿泉	3	48	地磁体验*
		北格拉球山	3000～5000	300～650	饮用矿泉	3	48	地磁体验*
氧吧—泉水生态康养功能区	温泊	温泊	5000～10000	650～1000	洗浴矿泉	4	50	氧吧体验*
	老黑山	老黑山	3000～5000	>1350	饮用矿泉	1	49	氧吧体验
		火烧山	3000～5000	>1350	饮用矿泉	1	49	氧吧体验
		水帘洞	3000～5000	>1350	饮用矿泉	1	49	氧吧体验
		桦林沸泉	3000～5000	>1350	洗浴矿泉	1	52	氧吧体验
氧吧—地磁生态康养功能区	龙门石寨	龙门石寨	3000～5000	300～650	—	3	45	地磁体验
	龙门山	东龙门山	3000～5000	300～650	—	1	45	地磁体验*
		西龙门山	3000～5000	300～650	—	1	45	地磁体验*
		莫拉布	3000～5000	300～650	—	1	45	地磁体验*
	小孤山	小孤山	3000～5000	300～650	—	3	45	地磁体验*
	笔架山	笔架山	3000～5000	650～1000	—	3	43	地磁体验*
	焦得布山	东焦得布山	2000～3000	300～650	—	5	44	地磁体验*
		西焦得布山	2000～3000	300～650	—	5	44	地磁体验*
氧吧生态康养功能区	尾山	尾山	3000～5000	1000～1350	—	1	41	氧吧体验
生态休闲区	一池子	一池子	1200～2000	—	—	5	34	氧吧体验
	二池子	二池子	1200～2000	—	—	5	34	氧吧体验
	三池子	三池子	1200～2000	—	—	5	34	氧吧体验
	四池子	四池子	1200～2000	—	—	5	34	氧吧体验
	五池子	五池子	1200～2000	—	—	5	34	氧吧体验

注：植被类型与对应编号：1 为兴安落叶松针阔混交林；2 为沼泽；3 为蒙古栎阔叶混交林；4 为阔叶矮曲林；5 湖泊。体验建议中“*”为强烈建议体验项目。

日常饮用的天然矿泉；地磁体验最佳推荐区域为龙门山、小孤山、焦得布山和卧虎山等重要景区。北药泉、温泊两个景点内都有一个小型的瀑布在其中，区域附近空气负离子高峰时段平均浓度大于5000个/立方厘米，既能杀灭空气中的细菌和病毒，又能增强人体免疫力，是氧吧呼吸的最佳区域。

1. 温热的夏季气候环境

通常将气候舒适度用于评价区域气候条件的适宜状况，它能够反映在无任何消寒避暑的措施下，保证人体生理过程正常进行的气候条件(Terjung W,1966)。在20世纪80年代，国外已经开始研究气候要素对人体综合影响的指标，如日照、气压、气温、湿度等气象要素以及不同气候要素的组合，对人体产生的不同影响。国内外学者研究表明，温度、风速及湿度是影响人体舒适度的主要气候要素（任建美，2004；长安，2007），温度直接影响人体与外界之间热量交换的速率，相对湿度影响大气与人体表面之间的水汽梯度，温度和湿度直接影响人体的热和水盐代谢。另一方面，风可以调节人体与大气之间热量和水汽的双重梯度，让人体的热量扩散和汗液正常排出。五大连池风景区临近西伯利亚，属寒温带大陆性季风气候，夏季气候宜人，5～8月日平均气温高于30℃的日数为7～12天，是避暑胜地。

2. 泥　疗

五大连池矿泥是火山活动的副产品。该矿泥呈胶状，外观呈灰黑色。内含有放射性元素氡和多种人体必需的微量元素。有治疗皮肤病、骨关节病，调节神经，降低血压，美容等医疗作用。多年以来，来自国内和世界各地的疾病患者通过矿洗泉和矿泥泉有效地治疗了顽疾，重新获得了健康。这里有南洗泉、翻花泉、桦林沸泉3处矿洗泉；有翻花矿泥泉、火烧山矿泥泉2处矿泥泉。疗养员根据病情、遵照医嘱，分别到适合自身病情的矿泉中理疗，如血栓、偏瘫、胃肠病、脱发及各种顽固皮肤病等，有相当满意的疗效。

3. 绿色的健康食品

五大连池是生产健康食品的一块净土，有着得天独厚的自然资源，如天然矿泉、火山灰土壤、自然复合肥（其氮、磷、钾的含量高于正常土壤几十倍），因此这里的食品（如矿泉蛋、矿泉鱼、矿泉大豆、矿泉水果与蔬菜等农副产品）形成了世界上最纯正的矿泉系列健康食品。无论在这里疗养、旅游还是休闲度假，在进入五大连池后就已经开始了清理和净化血液、肌体的健康食疗过程，如驻足更长时间，会给健康带来好处。

4. 多样的地域民族习俗

通过历史文献记载和考古证明，早在4000年前五大连池区域内就有人类活动。这里是北方龙文化的起源地，是火山文化、矿泉文化的摇篮，民俗文化丰富，居住着达斡尔、鄂温克、满、蒙、鄂伦春族等，同时有萨满、佛教、道教、基督教文化，还有浓郁关东风情的流民文化、抗联文化、屯垦文化、知青文化（康养蓝皮书，2017），见表6-2。

表 6-2　五大连池人文旅游资源概况

资源名称	类属	内容与特色
钟灵寺	宗教活动场所	游客众多，香火旺盛
神泉旧址	人文景观	相传为达斡尔族青年发现神泉的地方
达斡尔风情园	人文景观	达斡尔风情的尖顶小木屋
抗联遗址	人文景观	抗日联军根据地，还有保存完整的暗堡、地道和宿营地
火山圣水节	民间节庆	全国100个民间节日之一，中心内容为五月初五饮零点水，还有达斡尔族、满族及蒙古族等少数民族前来参与活动，还有国家马拉松。啤酒节、狂欢节等系列活动
达子香旅游节	民间节庆	4月末，石塘2平方千米的达子香已绽放
龙门之秋旅游节	民间节庆	五彩植被，映衬青色的石塘，秋季旅游的理想之处
火山冰雪节	民间节庆	11月白雪映黑石、红接骨木与绿色冬青的冬景，以及冰雪节系列的观火山、探石海、滑雪、雪橇等活动

注：引自《中国康养产业发展报告（2018）》。

5. 丰富的植被类型

五大连池境内植物群落类型多样，由地衣苔藓、草甸、灌丛、湿生和水生植物，以及针阔混交林、阔叶混交林等组成。其中，主要植被类型可分为落叶松针阔混交林、蒙古栎阔叶混交林、杨树矮曲林及部分长有灰脉薹草 [*Carex appendiculata*（Trautv.）Kukenth.]、芦苇 [*Phragmites australis*（Cav.）Trin. ex Steud.]、香蒲（*Typha orientalis*）等湿生植物的湿地植被类型。空间确定性插值主要是通过周围观测点的值内插或者通过特定的数学公式内插，再依据公益林分布图的空间分布情况，利用反距离权重插值法进行空间定性插值。一池子、二池子、堰塞湖、温泊、四池子和五池子等主要是沼泽，北药泉主要是湿地，笔架山、卧虎山和南北格拉球山主要是蒙古栎阔叶混交林等，尾山主要是兴安落叶松针阔混交林，温泊为阔叶矮曲林，小孤山为蒙古栎阔叶混交林，龙门石寨主要是桦树、蒙古栎阔叶混交林，焦得布山主要是蒙古栎阔叶混交林，二龙眼泉和药泉山主要是蒙古栎混交林，老黑山主要是落叶松针阔混交林。

6. 五大连池旅游资源评价

依据《旅游资源分类、调查与评价》（GB/T 18972—2017）中旅游资源分类进行划分，包括 4 个主类 8 个亚类，主类资源类型有地文景观、水域风光、生物景观、建筑与设施等，其中生物景观面积较大，其次是水域风光，地文景观也占有一定的面积，见表 6-3。按照标准的旅游体系资源分类对五大连池旅游资源单体进行评价，最后的得分为 99 分，为五级旅游资源，可称为“特品级旅游资源”，见表 6-4。

表 6-3　旅游资源基本类型统计

主类	亚类	基本类型	面积/长度
地文景观	地表形态	岩土圈灾变遗迹（公顷）	881.12
水域风光	河系	游憩河段（公顷）	161.56
		瀑布（公顷）	0.05
	湖沼	游憩湖区（公顷）	728.38
		湿地（公顷）	5985.32
	地下水	泉（公顷）	0.15
生物景观	植被景观	林地（公顷）	26563.61
		草地（公顷）	3297.21
	野生动物栖息地	鸟类（公顷）	6.20
建筑与设施	人文景观综合体	社会与商贸活动场所（公顷）	472.88
		教学科研试验场所（公顷）	881.12
		文化活动场所（公顷）	1.5
	景观与小品建筑	形象标志物（公顷）	0.06
		景观步道（千米）	4813.5

表 6-4　五大连池生态资源评价

评价项目	评价因子	评价依据	赋值
资源要素价值（85分）	观赏游憩使用价值（30分）	全部或其中一项具有极高的观赏价值、游憩价值、使用价值	30
	历史文化科学艺术价值（25分）	同时或其中一项具有世界意义的历史价值、文化价值、科学价值、艺术价值	25
	珍稀奇特程度（15分）	有大量珍稀物种，或景观异常奇特、或此类现象在其他地区罕见	14
	规模、丰度与几率（10分）	独立型旅游资源单体规模、体量巨大；集合型旅游资源单体结构完美、疏密程度优良；自然景象和人文活动周期性发生或频率极高	10
	完整性（5分）	形态与结构保持完整	5
资源影响（15分）	知名度和影响力（10分）	在世界范围内知名，或构成世界承认的名牌	10
	适游期或使用范围（5分）	适宜游览的日期每年超过150天，或适宜于60%左右游客使用和参与	2
附加值	环境保护与环境安全	已有工程保护措施，环境安全得到保障	3

（二）发展建议

如何发展五大连池的生态康养产业，《欧洲的未来》中有这么一句话，“消费资金将更多地投向教育和健康，而不是物质商品”。随着社会发展和公众认识水平的提高，人们的消费不再局限于物质，更多地选择教育和健康服务。或许只有建立这样的消费倾向和消费模式，才能有效的保护环境和实现可持续发展。还有就是要明确生态康养产业的客户群。1980年，中国城市化率仅有19.39%，而2016年城市化率达到57.53%。也就是说，现阶段有40%的中国人口从农村迁移到城市，这群人中对森林在内的农村环境怀有亲切的感情。还有一个问题是必须要思考的，生态康养产品必须要解决人们的一些实际需求和痛点，在体验者周围形成口碑效应，才能对大众保持足够的吸引力。在策划生态康养功能服务产品时切入点一定要足够细，要细分人群，要细化需求。开发出针对性更强的产品，才有可能提高服务品质。基于五大连池生态康养资源以及客户群体的细分，提出以下几条建议：

1. 发展亲子体验

不同时代人们在价值观和生活方式等方面存在较大差异，与此对应，其旅游消费决策模式也有很大不同，家庭结构的改变使得家长更有时间、精力关注子女的成长，使得亲子旅游消费进入新时代模式。随着年龄段的不同旅游出行的需求差异愈加明显，亲子游产品日益细分，主要有三大维度，即娱乐交流、贴合亲子和游育结合。亲子游客群目标明确，首要目的为带孩子增长见识、追求亲子交流、阖家欢乐。随着孩子年龄的增长，亲子游单次外出的时间也从幼儿阶段的一天一次增长为少年阶段的一周一次，出行目的地的选择也由短途的休闲公园转变为内容较丰富的历史名胜和自然美景等，旅行对孩子的教育和影响深度逐渐增加。综合考虑现阶段亲子旅游的市场需求，五大连池享有世界地质公园、世界生物圈保护区、世界自然遗产题名地3项世界级桂冠，具备发展亲子旅游的资源。

2. 发展养老旅游

我国人口老龄化的加速，以及老年人生活保障的提高，使得生态康养和养老旅游产业相互融合发展深得民心，具有广阔的市场前景。五大连池风景区临近西伯利亚，属寒温带大陆性气候，夏季气候宜人，5～8月有80%的时间日平均气温低于30℃，平均相对湿度为70%～80%，风速约为2米/秒，是“大森林里的小夏天”的重点森林生态旅游资源区（中国生态旅游消费者大数据报告，2018）。特别是五大连池德都机场通航、北五铁路加快推进、全域旅游纵深发展，五大连池的区位优势、资源优势进一步突显，推动发展的要素充分集聚，发展动能将加速释放，五大连池进入了全面跨越提升、振兴发展的新阶段。

3. 发展慢性病理疗

随着当今经济高速的发展，生活节奏的加快，人们承受的压力越来越大，导致慢性病和亚健康人群逐年扩大，引起了人们越来越多的关注。需求是市场最好的导向和风标，走马观花式的外出行走方式已经满足不了人们内心深处的需求。长期的压力可能导致不同目标器官的失调，导致不同的疾病，可引起偏头疼、高血压、消化道溃疡、肠易激综合症、冠心病、哮喘等自主失调症状，也会引起感染、过敏、癌症、关节炎等免疫失调等症状，还会引起紧张性头痛、抑郁症、精神分裂、创伤性应急障碍等精神系统相关的症状。不同类型的景观对人起到不同的作用效果，植物枝叶的沙沙声、流水的哗哗声、鸟儿清脆的叫声等，可以促使大脑皮层活动区域内兴奋与抑郁趋于平衡，有助于缓解失眠、抑郁、焦虑、紧张的状况。森林景观、园艺作业等，对于慢性呼吸系统疾病、糖尿病、心血管疾病、神经系统性疾病等有一定的治疗作用。海滨综合疗养可以使人体血液相关生理指标水平下降，对心脑血管等疾病患者有很好的康复疗效。

二、生态承载力评价

承载力（carrying capacity）概念在生态学中特定含义是指在一定环境条件下，某种生物个体可存活的最大数量，在人类生态学和生物生态学领域承载力概念最早可追溯到 1978 年 Malthus 的《人口理论》，1838 年比利时的 Pierre F. Verthulst 首次使用逻辑斯蒂数学公式表达 Malthus 的人口理论，为承载力概念的发展奠定了基础。

$$\frac{\mathrm{d}N}{\mathrm{d}t}=rN(\frac{K-N}{K})$$

式中：r 为种群在无限制环境下的增长系数，在种群建立稳定不变的年龄组成后，r 值最大，称为生物潜能（biotic potential）；K 为种群增长最高水平，即我们所说的承载力，超过该水平，种群不再增长，K 值被称为负载量或承载量及承载力阈值（李长亮，2014）。

区域环境承载力供给的核算指标是生态承载力。生态承载力一般从自然种群规模与人口规模角度分析，是指一定的生态限制条件下生态系统最多能支持的种群规模，从生物生产性空间角度度量生态承载力的做法得到了广泛的应用。在生物生产性空间视角下，生态承载力是指区域拥有的生物生产性空间的面积。生物生产性空间的生产力随着土地利用类型、区域自然环境与社会经济技术环境的变化而变化，那么与不同的土地利用类型之间的真实土地利用面积不具有较好的可比性。通过生态足迹法核算区域生态承载力时，通常是将生物生产性空间面积作为基础，再利用产量因子（也称作产量系数、生产力系数）进行调整。产量因子是把不同区域生产力水平不同的各类生产性土地换化成具有统一生产力水平的对应土地类型的土地利用面积的转换系数。

由工业化发展引发的资源耗竭和环境恶化问题，促使人们开始重视地球承载力的研究和探索，尤其以 Meadows 等所著的《增长的极限》为杰出代表（吴茜，2015）。在这样的社会和经济背景下，承载力的研究视角转变为自然和经济系统之间的相互影响，研究重点由最初的以种群增长规律为主向资源环境制约下的人类经济社会发展为主转变，被广泛应用于不同的科学领域，从野生生物种群到人类，再到生态系统和整个地球（谢高地，2011）。

从生态学视角来说，生态承载力通常指在一定环境条件下，维持某种生物种群生存数量的最高阈值（贾春宁，2004）。从人类生态学视角下来看，生态承载力是指承载一定社会经济活动下区域资源可正常供给的人口数量，基于环境净容量估计和生态足迹算法计算生态承载力（曹秀玲等，2010），计算公式如下：

$$\mathrm{BC}=\sum N \cdot a_i \cdot r_i \cdot y_i$$

式中：BC 为区域生态承载力；N 为旅游人数；a_i 为人均生物生产面积；r_i 为均衡因子；y_i 为生产量因子（何欢，2013）。

通过均衡因子和产量因子计算不同土地利用类型的组合下的生态承载力，五大连池的生态承载力为 479564.11 公顷，人均生态旅游承载力为 2942.11×10^{-4} 公顷，见表 6-5。

表 6-5　五大连池生态承载力

旅游用地类型	面积（公顷）	均衡因子	产量因子	旅游生态承载力（公顷）	人均生态旅游承载力（$\times10^{-4}$公顷）
耕地	544.23	2.8	1.66	412321.71	2529.58
林地	299.11	1.1	0.91	48803.68	299.41
草地	33.71	0.5	0.19	522.00	3.20
水域	26.46	0.2	1	862.60	5.29
建成地	22.51	2.8	1.66	17054.12	104.63
合计				479564.11	2942.11
扣除12%的生物多样性保护面积后合计				422016.41	2589.06

第二节　生态康养意愿分析

一、生态足迹算法

在消费端为生态承载力的需求端，生态足迹模型以生态足迹为指标，估算人类对自然界的影响，用于衡量人类现在究竟消耗多少用于延续人类发展的自然资源。生态足迹模型是在一定的人口密度和经济发展条件情景下计算维持资源消费和承载废物降解所必需的生物生产面积，计算方法包括为综合法（top-down）和成分法（bottom-up）两种。前者是一种估算大尺度范围内生态足迹的方法，通过统计消费项目数据资料计算总消费值，再计算人均消费量值；后者是一种估算小尺度范围内生态足迹的方法，分布根据人的衣、食、住、行、娱等方面消费数据的计算需要值，旅游生态足迹的计算大多采用后者。旅游生态足迹模型包括以下步骤：

（1）划分消费类型，通常把消费产品划分为畜牧产品、农产品、以生物原料为主的工业产品、木材产品、能源消费和建设用地六大类若干小类。

（2）利用不同消费项目的区域总消费量计算人均消费数量或直接获取人均消费量数据，其中区域总消费数量的计算公式：消费量 = 生产量 + 进口量 − 出口量。

（3）利用全球平均产量把人均产量和人均消费量折合成人均生物生产性土地面积。

（4）等价生产力土地面积转换，通过当量因子转换生物生产性土地面积，然后加和得到总生产力土地面积，再得到人均消费所需要的生态空间。

生态康养也是一种出行，其生态足迹可以借鉴旅游生态足迹的计算方法，从食、住、行、游、购、娱 6 个要素，各要素将产生相应的资源消耗，计算公式见表 6-6。

表 6-6 生态足迹计算公式

要素	计算公式
食	$\mathrm{EFf}=\sum S+\sum\left(N\cdot D\cdot\frac{C_i}{P_i}+N\cdot D\cdot\frac{E_j}{r_j}\right)$ S 为餐饮设施建成面积；N 为游客人数；D 为平均旅游天数；C_i 为人均每日消费 i 食物的量；P_i 为 i 食物的年平均生产力；E_j 为人均每日消费 j 能源的量；r_j 为世界上 j 能源的单位化石燃料的平均发热量
住	$\mathrm{EFa}=\sum(N_i\cdot S_i)+\sum\left(365\times N_i\cdot K_i\cdot\frac{C_i}{r}\right)$ N_i 为 i 住宿的床位数；S_i 为 i 住宿每个床位的建成面积；K_i 为 i 住宿的年平均出租率；C_i 为 i 住宿每个床位的能源消耗量；r 为世界单位化石燃料的平均发热量
行	$\mathrm{EFt}=\sum(S_i\cdot R_i)+\sum\left(N_j+D_j+\frac{C_j}{r}\right)$ S_i 为 i 交通设施的占地面积和游客使用率，N_j 为选择 j 交通工具的游客数；D_j 为选择 j 交通工具游客的平均旅行距离；C_j 为 j 交通工具的人均单位生态足迹
游	$\mathrm{EFp}=\sum(S_1+S_2+S_3)$ S_1 表示旅游景观空间面积；S_2 为旅游步道面积；S_3 为景区的公路建成面积
购	$\mathrm{EFs}=\sum S_i+\sum\left[\left(\frac{R_j}{P_j}\right)/g_j\right]$ S_i 为 i 商品生产和销售的建成面积；R_j 为购买 j 商品的支出；P_j 为 j 商品的平均价格；g_j 为 j 商品的年平均生产力
娱	$\mathrm{EFe}=S_i$ S_i为第i类娱乐设施建成面积

$$\mathrm{EF}=\mathrm{EFf}+\mathrm{EFa}+\mathrm{EFt}+\mathrm{EFs}+\mathrm{EFp}+\mathrm{EFe}$$

式中：EFf 为食组分；EFa 为住组分；EFt 为行组分；EFs 为游组分；EFp 为购组分；EFe 为娱组分。

（1）食组分。依据研究区域统计年鉴的相应分类，食物账户计算粮食、食用油、猪肉、牛羊肉、牛奶、水产品、鲜菜、酒类、水果等项，能源账户计算包括液化气、煤炭。食物账户中包括化石能源用地、耕地、草地和水域等 4 种土地类型。根据统计年鉴数据，通过上述公式，估算 2017 年五大连池风景区旅游餐饮生态足迹（表 6-7），得出旅游餐饮生态足

表 6-7　2017 年五大连池旅游餐饮生态足迹

餐饮消费项目	人均年消费量（千克）	游客消费总量（千克）	全球平均产量（千克/公顷）	均衡因子	餐饮生态足迹总量（公顷）	人均餐饮生态足迹（×10^{-4}公顷）	土地利用类型
粮食	2005.18	36293805.24	2744.00	2.80	37034.50	227.21	耕地
食用油	3.50	63279.01	1856.00	2.80	95.46	0.59	耕地
猪肉	420.59	7612604.91	74.00	0.50	51436.52	315.56	草地
牛羊肉	14.99	271332.81	33.00	0.50	4111.10	25.22	草地
牛奶	122.62	2219422.00	502.00	0.50	2210.58	13.56	草地
水产品	15.47	280088.16	29.00	0.20	1931.64	11.85	水域
鲜菜	203.90	3690652.58	18000.00	2.80	574.10	3.52	耕地
酒类	0.36	6448.93	1871.00	2.80	9.65	0.06	耕地
水果	1348.30	24404190.83	3500.00	2.80	19523.35	119.78	耕地
生物质能源消耗小计		74841824.47			116926.91	717.34	
液化气	2291.66	41479047.24	1414.00	1.10	32268.00	0.02	化石能源地
煤炭	3818.69	69118210.61	2627.00	1.10	28941.77	0.02	化石能源地
能源消耗	—	—	—	—	61209.77	0.04	—
合计					178136.68	717.38	—

迹为 178136.68 公顷，人均旅游餐饮生态足迹为 717.38×10^{-4} 公顷。

（2）住组分。2017 年五大连池共有商务型床位 7120 张，其中商旅型有 4080 张，一、二星级有 3040 张，旅游旺季出租率基本为 100%。根据上述公式均衡后可得住宿生态足迹总量为 7023.17 公顷，人均旅游住宿生态足迹为 0.39×10^{-4} 公顷（表 6-8）。

表 6-8　五大连池旅游住宿生态足迹

级别	床位数	出租率	床位面积	能源消耗	生态足迹总量（公顷）	人均生态足迹（$\times10^{-4}$公顷）
商务酒店	4080	24.66	100	0.04	4024.51	—
一、二级酒店	3040	24.66	100	0.04	2998.66	—
合计	7120	—	—	—	7023.17	0.39

（3）行组分。交通账户主要反映在化石能源土地足迹和建筑用地足迹上。交通账户的计算，按照交通类别进行分类：飞机、火车、汽车。交通所需的化石能源土地足迹时按照每种交通工具的人均里程数进行计算的。目前，五大连池主要旅游客源地较多，需要简化计算，在计算旅游交通能源消耗部分的生态足迹时，选取北京、上海、福建、湖南、广东、广西、海南等地距离五大连池的距离，本地游客采用哈尔滨距离五大连池的距离。根据获取的数据，通过上述公式，测算了 2017 年五大连池风景区旅游交通生态足迹（表 6-9），得出旅游交通生态足迹为 242174.87 公顷，人均旅游交通生态足迹为 1485.74×10^{-4} 公顷。

表 6-9　五大连池旅游交通生态足迹

交通工具种类	旅客数（万人）	平均旅行距离（千米）	单位生态足迹（$\times10^{-4}$千米/公顷）	均衡因子	生态足迹总量（公顷）	人均生态足迹（$\times10^{-4}$ 公顷）
飞机	66	3021	0.74	1.1	161597.61	—
火车	70	3021	0.17	1.1	39813.90	—
汽车	27	3021	0.46	1.1	40763.36	—
合计	163	—	—	—	242174.87	1485.74

（4）游组分。五大连池景区基本为景观空间、步道面积和公路建成面积，旅游观光生态足迹总量为占 92602 公顷，人均旅游观光生态足迹为 568.11×10^{-4} 公顷。

（5）购组分。五大连池旅游购物生态足迹见表 6-10。游客购物消费比例低，购物账户计算主要考虑的是五大连池地区常见的商品，有俄罗斯套娃、水晶工艺品、木质版画、东北土特产等。购物账户中包括化石能源用地、耕地、林地等 3 种类型土地。通过以上公式计算得，五大连池旅游购物生态足迹为 5865.3 公顷、人均旅游购物生态足迹为 34.30×10^{-4} 公顷。

表 6-10　五大连池旅游购物生态足迹

项目	数量（件/人）	全球平均产量（件/公顷）	生态足迹总量（公顷）	人均生态足迹（$\times10^{-4}$公顷）	土地类型
俄罗斯套娃	1	3500	495.9	2.9	林地
水晶工艺品	0.3	324	1590.3	9.3	化石能源地
木制版画	0.4	200	3420	20	林地
东北土特产	10	48054	359.1	2.1	耕地
合计	—	—	5865.3	34.30	—

（6）娱组分。五大连池为一个风景区，旅游娱乐生态足迹基本等于旅游观光生态足迹，基本上区域内的所用面积可以用于娱乐，旅游娱乐生态足迹为 92602.00 公顷、人均旅游生态观光 / 娱乐生态足迹为 568.11×10^{-4} 公顷。

最后，汇总旅游生态足迹各项数值，五大连池旅游餐饮生态足迹为 178136.68 公顷、人均旅游餐饮生态足迹为 717.38×10^{-4} 公顷，旅游住宿生态足迹为 7023.17 公顷、人均旅游住宿生态足迹为 0.39×10^{-4} 公顷，旅游交通生态足迹为 242174.87 公顷、人均旅游交通生态足迹为 1485.74×10^{-4} 公顷，旅游观光 / 娱乐生态足迹为 92602.00 公顷、人均旅游生态观光 / 娱乐生态足迹为 568.11×10^{-4} 公顷，旅游购物生态足迹为 5865.3 公顷、人均旅游购物生态足迹为 34.30×10^{-4} 公顷，得到五大连池旅游生态足迹为 525802.02 公顷（旅游观光生态足迹和旅游娱乐生态足迹两者只考虑其中一个），人均旅游生态足迹为 2805.92×10^{-4} 公顷。

二、感知与体验分析

一般来说，体验者到目的地都是为了体验相对洁净、自然的环境，期望在目的地内遇到少量的其他游客团体，以及拥有较高的自由活动空间。意愿分析可以从感知和体验进行分析。随着市场的深入发展，感知价值的重要性被重新解释，从购买阶段、使用阶段到购后阶段贯穿于整个消费过程。体验影响消费者的支付意愿，通过将体验效用货币量化，确定体验“不可接受变化”对应的环境状态，对环境决策、需求有着重要的影响，良好的自然、社会、管理条件是吸引力的核心组成。在传统的需求中，主要影响因素一般包括可自由支配收入、闲暇时间、产品价格、客源地相关因素、政治因素和技术因素等。环境变化会引起需求曲线变化。

体验者感知价值是体验者对目的地旅游价值的感知情况，不同体验者对相同的环境和服务质量感知不同，体验者特征主要包括性别、年龄、教育程度、职业、收入水平等属性。其次是游客决策形成相关情况，可以将各种要素划分为活动、资源、体验和收集四维度，采用调查问卷的方式获取感知信息，见表 6-11 和表 6-12，游客对生态旅游活动体验前的期望度与体验后

表 6-11 游客基本信息统计

个人基本资料	样本分布	频数	百分比（%）
性别	男	112	44.27
	女	141	55.73
年龄	18岁以下	4	1.58
	18～30岁	95	37.55
	31～45岁	48	18.97
	46～65岁	65	25.69
	65岁以上	41	16.21
居住地	本市（县）	80	31.62
	省内其他市（县）	52	20.55
	其他地区	121	47.83
文化程度	初中及以下	5	1.98
	高中	25	9.88
	专科	71	28.06
	本科	145	57.31
	本科以上	7	2.77
职业	机关事业单位	22	8.70
	企业	42	16.60
	个体	39	15.42
	离退休人员	43	17.00
	学生	93	36.76
	其他	14	5.53
家庭月收入（元）	≤3000	3	1.19
	3001～5000	29	11.46
	5001～8000	70	27.67
	8001～10000	93	36.76
	>10000	58	22.92

表 6-12　游客决策行为相关情况

决策行为	样本分布	频数	百分比（%）
体验次数	第一次体验	142	56.13
	第二次体验	72	28.46
	多次体验	39	15.42
停留时间	1天	162	64.03
	2～3天	54	21.34
	4～5天	22	8.70
	5天以上	15	5.93
了解渠道	网络	102	40.32
	电视、广播	0	0.00
	报纸、杂志或专业书籍	9	3.56
	旅游宣传手册	0	0.00
	同学、同事或者朋友等的介绍	115	45.45
	旅行社或旅游代理商	25	9.88
	其他	2	0.79
体验方式	独自出游	17	6.72
	与亲友、同事结伴	195	77.08
	有旅行社组团	39	15.42
	其他	2	0.79

的满意度调查，见表 6-13 和表 6-14。其中，行前期望与体验满意度的评价可以自行定维划分，本研究期望度和满意度采用五维度划分，通过回归分析确定不同因素对感知的解释能力。

五大连池体验者的行前期望与实际体验满意度问卷调查分析结果见表 6-13 和表 6-14。从体验者的行前期望来看，整体因子平均值也在 4 之下，属于“还好”范畴，在 15 个因子中，超过 4 的因子有 4 项，这说明体验者最期待在五大连池体验活动设施建设程度（4.06）、区位交通环境的便利程度（4.31）、体验活动设施建设程度（4.06）、科普教育（4.02）、观光休闲（4.01），而排序在后 3 位的分别为体验活动的丰富程度（3.48）、体验活动的参与程度（3.56）和康乐疗养（3.56），即体验者对此 3 项因子持有较低的期望。

表 6-13 五大连池体验者行前期望与体验满意度

项目	需要层次要素分析	行前期望（%）					体验满意度（%）				
		非常不重要	不重要	一般	重要	非常重要	非常不重要	不重要	一般	重要	非常重要
活动方面	体验活动的丰富程度	1.18	12.07	35.81	39.29	11.65	0.79	14.04	30.23	38.15	16.79
	体验活动的参与程度	5.52	17.1	24.32	21.53	31.53	5.43	21.64	34.99	28.56	9.38
	体验活动设施建设程度	2.39	5.83	16.6	33.99	41.19	1.69	12.74	33.8	31.43	20.34
	特色菜肴体验程度	3.56	7.11	34.18	37.36	17.79	3.16	6.72	33.2	37.55	19.37
环境方面	区位交通环境的便利程度	0.01	0.4	16.8	34.49	48.3	8.7	21.34	35.18	25.69	9.98
	自然环境的优美度	0.75	8.6	31.04	39.74	19.87	0.98	6.82	26.19	34.68	31.33
	民俗文化的特色度	3.55	6.93	19.95	29.83	39.74	1.28	6.63	23.88	30.15	38.06
	景区管理有序度	1.18	2.67	30.93	30.54	34.68	3.27	17	28.46	26.67	24.6
	景区住宿干净度	2.38	4.74	21.34	34.39	37.15	1.83	5.34	24.9	34.73	33.2
体验方面	观光休闲	1.98	3.85	20.34	38.94	34.89	2.18	2.37	20.74	40.53	34.18
	康乐疗养	5.72	12.15	24.81	35.38	21.94	1.77	6.72	22.83	33.8	34.88
	科普教育	0	1.37	28.25	37.76	32.62	4.22	20.77	32.31	29.85	12.85
受益方面	增加科学文化知识程度	1.29	2.37	28.17	35.55	32.62	4.33	21.16	35.78	24.69	14.04
	放松身心程度	2.85	2.47	24.11	34.89	35.68	1.58	6.11	16.79	34.99	40.53
	调养身体程度	2.89	8.3	22.53	35.94	30.34	1.19	4.23	19.65	36.48	38.45
	体验活动的丰富程度	1.18	12.07	35.81	39.29	11.65	0.79	14.04	30.23	38.15	16.79

表 6-14 五大连池体验者行前期望与实际满意度统计

需要层次要素分析		期望			满意度		
		平均值	标准差	排序	平均值	标准差	排序
活动方面	体验活动的丰富程度	3.48	0.59	2	3.56	0.59	2
	体验活动的参与程度	3.56	0.46	4	3.15	0.46	4
	体验活动设施建设程度	4.06	0.54	1	3.56	0.54	3
	特色菜肴体验程度	3.59	0.63	3	3.63	0.63	1
环境方面	区位交通环境的便利程度	4.31	0.42	1	3.10	0.42	5
	自然环境的优美度	3.69	0.71	4	3.89	0.71	3
	民俗文化的特色度	3.95	0.78	3	3.97	0.78	1
	景区管理有序度	3.95	0.50	3	3.52	0.50	4
	景区住宿干净度	3.99	0.74	2	3.92	0.74	2
体验方面	观光休闲	4.01	0.82	2	4.02	0.82	1
	康乐疗养	3.56	0.75	3	3.93	0.75	2
	科普教育	4.02	0.45	1	3.26	0.45	3
受益方面	增加科学文化知识程度	3.96	0.42	2	3.23	0.42	2
	放松身心程度	3.98	0.87	1	4.07	0.87	1
	调养身体程度	3.83	0.85	3	4.07	0.85	1
平均	—	3.86			3.66		

从体验者的实际体验满意度来看，整体总均值为 3.66 未超过 4，属于“还好”的范畴，在 15 个因子中，超过 4 的因子有 4 项，显示出到五大连池的体验者的满意度不高；体验者最满意的因子分别为放松身心（4.07）、调养身体程度（4.07）观光休闲（4.02）。排序最靠后的 4 项分别是区位交通环境的便利程度（3.10）、体验活动的参与程度（3.15）、增加科学文化知识程度（3.23）、科普教育（3.26），即体验者在进行体验后对这 4 项因子不满意的程度较高。

第三节 生态康养禀赋与意愿匹配度分析

匹配度用于度量区域内不同供体和受体之间相互促进与协调发展的程度，以此对比分析匹配度为基础，综合分析区域整体的协调发展状况进行供体与受体的功能匹配性评价，并作为可持续发展研究和调控的依据。针对五大连池，各生态康养功能区的面积大小不定，可以直接依据统计资料，通过区域面积内的生态承载力供给水平和承载力的需求强度计算资源和生态服务匹配度。五大连池可以看作一个景区和城市的复合生态系统，包括生态、社会和经济 3 个子系统，如果区域内社会经济系统属于增长型，那么其发展对资源的需求可能是无限的，生态支撑系统的发展则是稳定的，只有在平衡与协调中寻求发展，才能逐步趋向于最大的稳态。

一、生态盈余与生态赤字

（一）现状分析

应用生态足迹诊断生态承载力供需平衡关系时，常使用供需差值法（即人均生态承载力与人均足迹的差值）来判断区域自然资源更新和人口对自然资源利用强度的供需平衡关系。如果差值为正，则称生态盈余，表示区域资源供给能力大于消耗的需求水平；如果为负，则称为生态赤字，表明区域的资源供给能力小于消耗的需求水平。除了差值法外，也可以使用生态承载力与生态足迹的比值，即生态承载力供需比来判断区域自然资源更新能力与人口对自然资源可更新能力的利用强度的对比关系。如果生态承载力供需比为 1，表明区域的生态承载力供给正好满足人口对生态承载力空间的需求；如果生态承载力供需比小于 1，表明生态承载力供给水平低于人口对生态承载力的需求强度，生态处于超载状态，而且该值越远离 1，表明生态承载力亏缺程度越大；如果生态承载力供需比大于 1，则说明生态承载力供给水平大于需求水平，系统处于生态盈余状态，而且该值越大于 1，表明系统的生态盈余幅度越大，见表 6-15。

表 6-15 生态系统状态识别标准

指标	生态盈余	生态供需平衡	生态赤字
承载力供需差（δ）	$\delta>0$	$\delta=0$	$\delta<0$
承载力供需比（γ）	$\gamma>1$	$\gamma=1$	$\gamma<1$

区域发展的前提是各成员和要素之间呈现正态匹配发展，任何环节出现问题都将影响到整体利益。生态需求和生态产品之间的匹配对区域可持续发展至关重要，对区域生态环境产生影响。生态功能对比匹配度研究区域范围内供体与受体的生态功能匹配情况，针对研究区域生态盈余和生态赤字即生态足迹与生态承载力的比较，计算公式：

$$ER\ (SD) = EC - EF$$

供给大于需求，则为“生态盈余”有利于区域可持续发展；需求大于供给，则为“生态赤字”不利于区域可持续发展（何欢等，2013）。通过旅游生态足迹和生态承载力的比较，发现五大连池旅游业的生态需求大于供给，生态赤字总量为46237.91公顷。

根据五大连池生态足迹借鉴旅游生态足迹的计算方法，旅游餐饮生态足迹为178136.68公顷，旅游住宿生态足迹为7023.17公顷，旅游交通生态足迹为242174.87公顷，旅游观光/娱乐生态足迹为92602.00公顷，旅游购物生态足迹为5865.3公顷，得到五大连池旅游生态足迹为525802.02公顷。其中，旅游交通生态足迹最大，占比46%（图6-4）。大部分是由往返于与客源地和目的之间产生的，主要原因是五大连池自身位于黑龙江省的西北部，位置相对偏远，且五大连池的客源地较多。

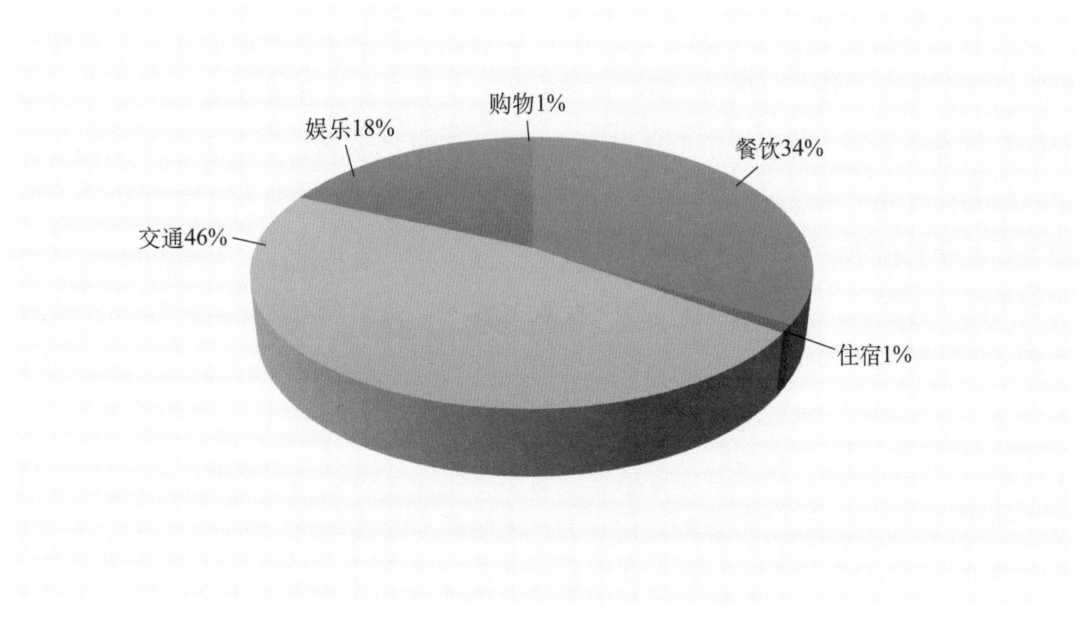

图6-4　五大连池各项旅游生态足迹比例

（二）发展建议

1. 绿色出行

在五大连池生态足迹中，旅游交通足迹是必不可少的，属于生态足迹的“硬性需求”，不能因为减少生态足迹需求，而减少客流量。从外部开展公共交通低碳化，不同的交通工具其碳排放量差异较大。采用低碳的交通方式，才能最大限度地减少旅游交通的碳排放量。法国环境与资源控制署研究表明，在相同能源消耗情况下，飞机可运送180名乘客，高速火车运送1720名，大巴客车能运送910名，私人轿车能运送390名（陈秋华，2015），所以应该鼓励游客更多地使用火车这样低能耗的交通工具，同时还鼓励集体出行或者拼车出行，提高交通工具的使用效率，降低交通工具的单位能耗，见表6-16。游客在景区外部长距离交通可以使用低碳排放量的交通工具，在景区内活动则可以使用低碳或零碳排放的工具，如电动公交车、自行车等交通工具，或步行。2019年9月26日，五大连池风景区体育旅游路线还被国家体育总局定为“2019十一黄金周体育旅游精品路线”，应该大力宣传让体验者对五大连池有一个比较全面的了解，从而让体验者更好的享受五大连池提供的生态资源。可以设置旅游集散中心，投放和使用一定量的电动公交车、自行车、步行等交通方式。

表6-16 交通工具能耗与碳排放比较

能耗与碳排放	电动车	公共交通	摩托车	家用汽车
耗标准煤（千克/千米）	0.0043	0.011	0.272	0.0544
排放二氧化碳（千克/千米）	0.0082	0.023	0.0575	0.1150

2. 低碳餐饮

旅游餐饮生态足迹位居第二，占比为34%，仅次于旅游交通生态足迹。从新阶段五大连池社会经济运行来看，应该增强景区体验者生态康养保障性要素低碳化。英国的苏珊苏巴克围栏饲养中发现，每产生1千克牛肉，会产生14.1千克的二氧化碳当量的温室气体。目前，旅游餐饮业大部分还是传统的餐饮经营方式，食品加工处理上存在着高碳、高污染的现象，以及为图便宜和省事采购保存时间长的罐装和听装食物。五大连池风景区应该利用区域内的资源便利，为体验者提供绿色低碳的食品，如矿泉鱼、矿泉豆腐等保健、益寿的食品。景区管理者还应该全方位实施餐饮的低碳管理和清洁技术的使用，从餐饮企业的设备设施、餐厅环境、采购储存、餐饮生产、餐饮服务以及资源和能源管理，包括节水技术、能源与资源的选择、垃圾处理等过程。按照国家标准确定低碳管理体系的评价指标和内容，将低碳可持续发展的理念融入到五大连池的旅游餐饮经营管理中。同时，从体验者的层面来讲，还应该倡导游客低碳绿色的餐饮消费方式，改掉不良的饮食习惯，杜绝铺张浪费的行为，改变高碳饮食习惯，适量点菜，鼓励打包。景区管理者可以在景区内倡导“光盘行动”，是可行性高、经济效益影响小且效果显著的行为，即对生态环境起到保护作用，又弘扬中华民族传统美德。

二、体验效用分析

（一）现状分析

在物质供给满足需求时，消费者对商品的关注度从质量指标转移为体验指标。体验与服务的不同之处在于，体验经济高于服务经济，当服务被赋予个性化属性后就成为一种体验。旅游行为动机可分为旅游补偿需求、探索需求和体现身份的需求，旅游补偿是对工作压力和生活压力的补偿，探索的需求是对好奇心、学习需求的补偿，体现身份的需求作为成功和财富的象征。

满意度是期望与体验相比较的结果，IPA（importance-performance analysis）模型被广泛运用于体验满意度的评测，采用产品期待和产品表现的函数表征消费者满意度，并通过重

要性—表现性客观分析、评价消费者的满意度，解析区域服务水平和资源吸引力，明确建设重点并给予指导性建设意见，提升区域竞争实力（于洁等，2013）。利用 IPA 方法对五大连池的体验效用开展研究，通过问卷调查，对比分析消费者的行前期望和实际体验满意度，依据重要性—表现性提出改善建议，建设让消费者感到舒适与满意的体验环境。

满意度等于行前期望因子得分与实际体验得分之差，如果结果为负表示体验者满意度高，反之体验者满意度低，则为需要改善的目标。为客观科学反映满意度，构建 IPAI 指数，测度公式为：

$$\text{IPAI} = (I-P)/I \times 100$$

式中：IPAI 表示重要性，表现性分析指数其值越低，其满意程度越高；I 为重要性；P 为表现性。

通过 IPAI 指数分析得出，体验者对五大连池的设施建设程度、交通环境的便利程度、科普教育、增加科学文化知识程度等方面的期望和体验差别较大，见表 6-17。

表 6-17　五大连池体验者 IPAI 分析

	需要层次要素分析	I	P	$I-P$	IPAI	t	P
活动方面	体验活动的丰富程度	3.48	3.56	−0.08	−2.28	−0.106	0.006**
	体验活动的参与程度	3.56	3.15	0.42	11.68	0.331	0.513
	体验活动设施建设程度	4.06	3.56	0.50	12.27	0.392	0.110
	特色菜肴体验程度	3.59	3.63	−0.05	−1.27	−0.462	0.000***
环境方面	区位交通环境的便利程度	4.31	3.10	1.21	28.12	0.543	0.639
	自然环境的优美度	3.69	3.89	−0.19	−5.19	−0.373	0.370
	民俗文化的特色度	3.95	3.97	−0.02	−0.46	−0.495	0.009**
	景区管理有序度	3.95	3.52	0.43	10.77	0.747	0.005**
	景区住宿干净度	3.99	3.92	0.07	1.77	0.294	0.001**
体验方面	观光休闲	4.01	4.02	−0.01	−0.31	−0.838	0***
	康乐疗养	3.56	3.93	−0.38	−10.58	−0.525	0.03*
	科普教育	4.02	3.26	0.75	18.75	0.738	0.127
受益方面	增加科学文化知识程度	3.96	3.23	0.73	18.41	0.645	0.162
	放松身心程度	3.98	4.07	−0.09	−2.19	−0.221	0.002**
	调养身体程度	3.83	4.07	−0.24	−6.33	−0.597	0.002**

IPA 模型，行前期望用横轴（X 轴）表示，实际体验满意度用纵轴（Y 轴）表示，依据行前期望期待程度与实际体验满意度的总平均值将坐标切割成 A、B、C、D 等 4 个象限，如图 6-5。A 象限内的要素：期待度高、满意度高，继续保持区；B 象限内的要素：期待度低、满意度高，供给过度区；C 象限内的要素：期待度低、满意度低，优先顺序较低区；D 象限内的要素：期待度高，满意度低，加强改善重点区。

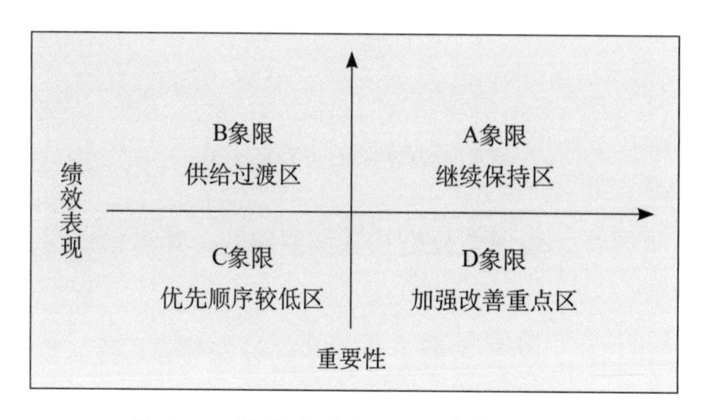

图 6-5 期待程度与实际满意度分析

基于 IPA 分析，五大连池的主要特色在于特色菜肴、民俗文化、住宿干净度、科普教育和放松身心，缺点在于体验活动的参与程度较低、交通不便利、科普教育不满意和增加科普知识不满意，未来管理者需要考虑增加开发产品的参与度，增设旅游旺季时段的航班和火车，增强景区火山和地质等方面的科普教育内容。15 项因子中位于 A 象限的有 4 项，位于 B 象限的有 3 项，位于 C 象限的有 3 项，位于 D 象限的有 5 项。位于 D 象限的分别为景区的交通、建设程度、管理、科普教育效果和增长科学文化知识，表明体验者在行前对几项内容的期望较高，实际体验的效果满意度低，需要大量加强对应方面的建设工作，以及后期的旅游产品和项目的规划设计，如图 6-6。

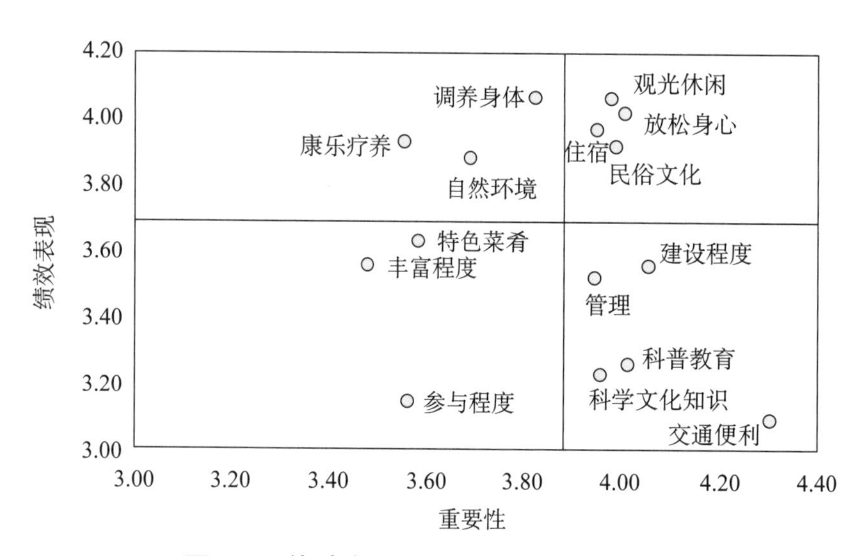

图 6-6 体验者心理期待与满意度的 IPA 分析

（二）发展建议

2016年，国家旅游局评定首批“国家康养旅游示范基地”，五大连池风景区是其中之一。五大连池风景区依托矿泉资源优势，与全磁日光浴、矿泉泥疗等相结合，完善生态康养软硬件设施的布局，提供康复理疗方面的优质服务，利用独特的生态资源优势，对休闲养生类度假产品进行多元化、多层次的开发，以整合优化、培育特色生态康养产品为切入点，以打造龙头精品为品牌，开通生态康养产品的多种预定模式，满足不同需求的人群，促进旅游与健康服务相互融合式的发展，让五大连池风景区成为深受游客喜爱和放心的国际康养旅游胜地。

1. 重点加强改善

D象限内的因子都属于高期望值低满意度要素，例如建设管理，五大连池风景区为国家5A级风景区，所以体验者在行前对景区的管理、建设和交通的期望值较高，但是实际的体验满意度较低，这需要景区和地方政府的共同协作才能有较大的改善。五大连池风景区的情况不是个案，应该可以代表一部分地区的情况。当前，生态康养产业最常见的运营模式有两种，一种是政府性经营管理模式，一种是市场性经营管理模式。政府性经营管理模式主要是政府提供基础建设而专业投资商负责项目落实和日常运营管理。我国生态康养产品具有典型的“政府主导型”超前发展特征，五大连池的体验者对景区的交通、建设和管理情况的满意度较低，如果想要全面发展五大连池生态康养产业，只有在政府主导作用下，基于现有特色资源，由专业机构针对具体问题从头开始包装和策划，打造特色的生态康养品牌，同时对创造就业和减少人口流失都会有很大帮助。

除了景区的管理、建设和交通等要素外，D象限内的因子还有科普教育和科学文化知识。五大连池经历了7次大规模的火山喷发事件，留下了类型多样、品类齐全、保存完好的新老期火山地质地貌被列入世界自然遗产。五大连池具有原生、完整的植被生态演替过程，是研究火山植被演替、生物多样性系统发育的理想场所。五大连池属于寒温带植被，地处长白山植物分布区的北部，大兴安岭植物分布的东部，西邻蒙古植物分布区，地形复杂多变，自然植被种类繁多。五大连池的自然教育资源非常丰富，体验者对景区的科普教育和科学文化知识的行前期望较高，应该充分开发景区现有资源的利用价值。

《中国生态旅游大数据报告》显示生态旅游消费者以25～44岁的中青年人群为主，超六成的生态旅游消费者已婚、超五成消费者有孩子。其中，黑龙江省是中青年消费者和老年消费者偏爱旅游地，生态旅游消费者重游地，一线城市的消费者吸引力相对较强。从生态旅游景区维度看，消费者游玩时长在5天以上的占比排序中，黑龙江省有3个景区入围前十，其中五大连池居第二位，如图6-7。亲子旅游所占市场份额逐渐增多，以娱乐交流、自然教育结合等为目的，贴合不同年龄段孩子的需求，细化亲子旅游产品，利用现有资源制定和设计亲子旅游产品。充分发挥五大连池多项世界级桂冠的影响力，将有关火山科普地质教育和动植物资源、体验教育等亲子旅游作为后期改进的重点项目之一。

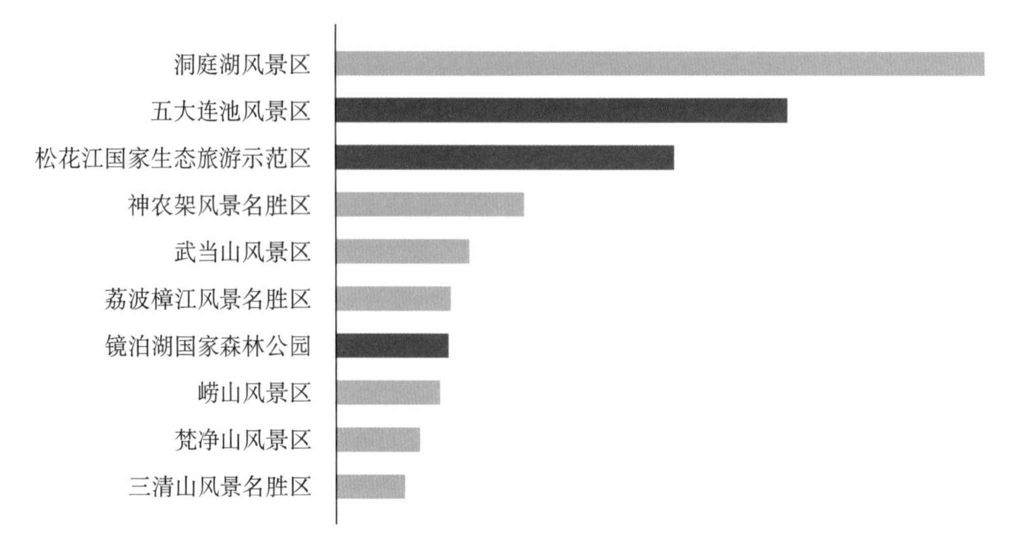

图 6-7 各景区消费者游玩时长在 5 天以上的游客占比排序（引自《中国生态旅游大数据报告》）

2. 提升质量改善供给

五大连池是世界稀有的珍贵医用矿泉水，矿泉中二氧化碳、铁、硅酸盐、重碳酸盐 4 项指标均达到医疗矿泉标准，矿泉含钾量高，钠、氟含量适中，同时还含有铁、钙、锌等人体所必需的微量元素，对消化系统、血液系统、运动系统、神经系统、内分泌系统、心血管系统及皮肤等多种疾病都有良好的疗效。五大连池北药泉属富含亚铁离子的低温冷矿泉，通过直接饮用可增加人体内铁元素的含量，同时对一些肠胃病有一定的改善作用，应该加大宣传力度，让大家了解该资源的存在及其作用功效，更好地为需求者提供服务（图 6-8）。

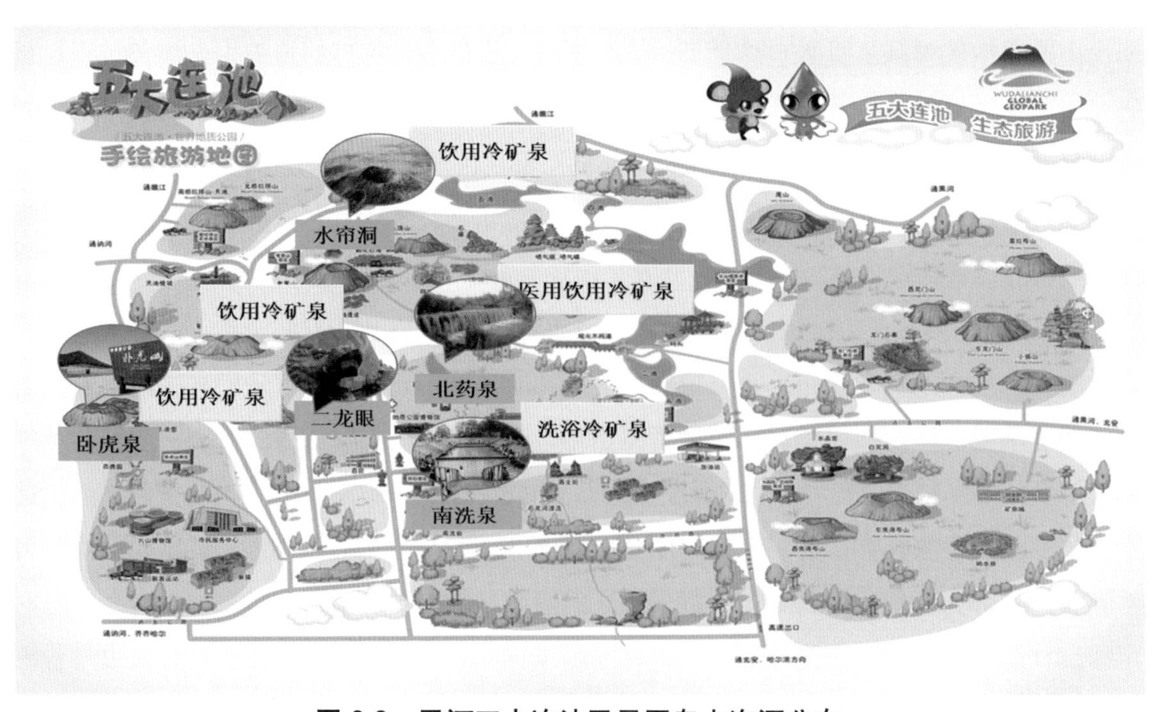

图 6-8 黑河五大连池风景区泉水资源分布

从体验者心理期待与满意度坐标图可以看出，调养身体和康乐疗养处于B象限属于供给过度。从五大连池的调养身体和康乐疗养的相关供给来看，主要是泉水疗养出现供给冗余，景区内有多家冷泉疗养机构可供游客体验，大多数为冷泡浴体验项目相对单一，可适当的增加体验项目，特别是增加提供将冷矿泉加热的温泡浴项目，既增加了体验者群体，还延长了项目的体验时间。在旅游发展中，温泉旅游一直以来是其中的重要部分。温泉是生态康养旅游的一种重要类型，我国的温泉资源主要集分布在云南、西藏、广东、四川和福建等五个省，分别拥有温泉603个、283个、257个、220个和174个，约占全国温泉总数的70%。黑龙江省内的温泉资源主要位于大庆市和宁安市周围，温泉资源相对较少。从矿泉资源的角度来看，冷矿泉是五大连池区别于周边旅游城市的易开发利用和受益范围广的重要资源。

五大连池矿泉是世界三大低温冷矿泉之一，是多种成分均达到矿泉水标准的复合型泉水，成分十分复杂。其中有南洗泉、翻花泉、桦林沸泉3处洗浴名泉，可以采取人工加热的方式提供温泉康养产品和服务项目，例如温泉水疗、按摩、瑜伽、泥疗、健身运动、脸部护理、桑拿、恒温泳池、饮食管理等。“温泉水疗”是包含以泡池形式体验温泉资源的产品，常见的有纯温泉池、中药等溶质类温泉池、按摩类温泉池以及鱼疗池。“按摩”是一项由专业技师提供的额外按摩服务，常见形式包括保健按摩、泰式按摩、艾灸等。“泥疗”是指除水以外的其他物质作为介质，包括矿泥浴、沙浴、盐浴等。“运动健身”指健身房即配套课程，以及相对剧烈的地面运动，如篮球、足球、羽毛球等，同时与相对舒缓的瑜伽类产品进行分区。“瑜伽”可分为两种，一种是有专业老师引导的瑜伽活动，另一种是没有指导老师仅为游客体验提供专门的瑜伽场地。“桑拿”常见的形式包括干蒸、湿蒸、盐蒸、药蒸等。“恒温泳池”包括普通恒温泳池、人工造浪恒温泳池和无边人工泳池。“面部护理”为美容项目，如面部清洁、面部护理、医疗美容等。“饮食管理”主要是根据游客在饮食上的特殊要求，为其提供特制的饮食套餐，常见的有素食、药膳等。可以借鉴以上9种不同类型的温泉康养产品和服务项目，依据五大连池矿泉资源拓展温泉体验项目提高利用价值。

3. 大力宣传磁疗康养功能

C象限为期望低满意度也低，其中包括参与程度、丰富程度、特色菜肴。通过第四章和第五章的内容来看，五大连池可以发展以“森林+矿泉+地磁”三大生态康养功能为主导的康养体验项目，尤其是特有的地磁资源。五大连池世界地质公园总面积1060平方千米，分布着火山锥、火山熔洞、熔岩石地、火山堰塞湖、矿泉等。相继喷发形成玄武岩台地800平方千米，并形成14座爆裂式火山。这里火山的地貌遗迹保存完整、品类齐全、分布集中、状貌典型，被地质学家称为“打开的火山教科书”“天然的地质博物馆”。位于景区东部的龙门山焦得布山等地磁异常适中，有利于人体长寿。同时，五大连池的大片火山熔岩台地也是天造地设的磁疗浴场，进行太阳热能浴的最佳地点在南药泉、北药泉的熔岩台地，五彩沙滩上每块熔岩就是一张天然的理疗床，吸附了太阳照射的热能，温度足有55~65℃，这里的综合磁感应强度达到 56000 纳特。64 平方千米的裸露熔岩台地可充分吸收太阳热能，是天然的太阳热能理疗床。泡矿泉浴之后，躺在熔岩台地上享受太阳热能浴，可软化血管，增强血液循环，提高细胞增生能力，促进新陈代谢，与冷矿泉洗浴相辅相成，提高了对各类疾病的治疗作用。

第四节　五大连池景观丰富度（均匀度）对生态康养功能的影响分析

景观格局是在自然因素或人为活动的作用下形成的，景观格局形成的原因和机制在不同的尺度上往往不一样，景观格局的差异决定功能上的差异（张玉娟，2018）。景观格局分析的目的通过研究景观斑块的空间分布格局类型，探讨在不同尺度及因子影响下景观斑块格局类型的改变，分析格局产生过程及驱动因子（傅伯杰，2011）。2001 年五大连池风景区被国土资源部批准为首批国家地质公园之一，到现在已经经历了近 20 年的发展，由于东北林区国家政策、人口变迁、景区发展建设等因素的影响土地利用类型发生变化，带来景区内景观格局的变化。从旅游景区的层面讲，景观丰富度增加游客的停留时间，但是更多意义体现在景观结构变化对功能的影响。

一、景观丰富度分析

均匀度理论与熵有很大的相似性，熵是描述不确定性，不确定即分散，分散即均匀，确定即集中，集中即不均匀。将均匀度理论极其分析方法引入景观空间格局分析，把距离点 P_0 的最近邻体记为点 P_i，两点间的距离记为 D（P_0），称为点 P_0 的紧邻距离。将以 P_0 为圆心、以 D（P_0）/2 为半径的圆称为 P_0 的独占圆，独占圆的外切正方形称为 P_0 独占体，则 P_o 独占体面积 S（P_0）计算公式如下：

$$\mathrm{S}(P_i)=\frac{1}{2}\pi D(P_0)\cdot D(P_0)$$

均匀度 U 被定义为独占体总面积与研究区域面积之比，计算公式如下：

$$U=\sum_{i=1}^{n} S(P_i)/S_{\text{区域}}$$

式中：n 为斑块个数。

格局检验：均匀度 U 的置信区间为 $[A, B]$，其中 A，B 分别为下限和上限，计算公式如下：

$$A=0.3183-0.6239/\sqrt{n}$$

$$B=0.3183+0.6239/\sqrt{n}$$

景观格局判定如下：

$$U<A \text{ 集聚格局}$$

$$U>B \text{ 均匀格局}$$

$$A \leqslant U \leqslant B \text{ 随机格局}$$

依据1980年、2000年和2018年五大连池风景区的耕地、林地、草地、建设用地、水体、未利用地6种土地利用数据，其中将河滩地、沙地、盐碱地、沼泽地、裸土地划分为其他用地类型，利用Fragstats 4.2计算对应景观指数，计算结果见表6-18。通过计算得到，1980年、2000年和2018年五大连池的景观格局均为均匀格局。不同土地利用类型分布比较均匀，说明五大连池不同区域内是由多种土地利用组成，景观丰富度较高，有利于延长体验者在景区内停留的时间。

表6-18　五大连池景观格局

年份	均匀度	*A*	*B*	景观格局
1980	1061.52	−9.47	10.10	均匀格局
2000	78.48	−10.88	11.51	均匀格局
2018	411.19	−12.64	12.38	均匀格局

二、景观格局转移

通过统计1980年、2000年和2018年的3期五大连池土地利用的具体每种类型的土地覆盖面积，分析各种土地利用类型面积变化，见表6-19和表6-20。1980—2000年，耕地面积减少了9238公顷，林地面积减少了726公顷，草地面积增加了7241公顷，水域面积减少了

表6-19　1980—2000年五大连池不同类型土地覆盖面积变化情况

土地类型	耕地（公顷）	林地（公顷）	草地（公顷）	水域（公顷）	建筑用地（公顷）	未利用土地（公顷）	1980年总量（公顷）	转出量（公顷）
耕地	0	8850	3971	351	870	1610	45693	15652
林地	3855	0	5679	30	69	2361	39071	11994
草地	1237	719	0	100	30	868	3882	2954
水域	360	120	56	0	30	403	2991	969
建筑用地	340	124	65	14	0	67	1004	610
未利用土地	622	1455	424	416	24	0	13674	2941
2000年总量	36455	38345	11123	2933	1417	16042	—	—
转入量	6414	11268	10195	911	1023	5309	—	—
转移量	-9238	-726	7241	-57	413	2368	—	—

表 6-20　2000—2018 年五大连池不同类型土地覆盖面积变化情况

土地类型	耕地（公顷）	林地（公顷）	草地（公顷）	水域（公顷）	建筑用地（公顷）	未利用土地（公顷）	2000年总量（公顷）	转出量（公顷）
耕地	0	2132	766	329	1024	1680	36455	5931
林地	11027	0	2130	83	308	2328	38345	15876
草地	3769	4817	0	059	128	1607	11123	10380
水域	34	27	341	0	17	565	2933	984
建筑用地	10	18	56	508	0	64	1417	656
未利用土地	98	498	99	2080	3023	0	16042	5798
2018年总量	45462	29961	4135	5008	5261	16489	—	—
转入量	14938	7492	3392	3059	4500	6244	—	—
转移量	9007	-8384	-6988	2075	3844	447	—	—

58 公顷，建筑用地面积增加 414 公顷，未利用土地面积增加了 2337 公顷；其中，耕地、草地、未利用土地面积变化较大。2000—2018 年，耕地面积增加了 9006 公顷，林地面积减少了 8383 公顷，草地面积减少了 6987 公顷，水域面积增加了 2074 公顷，建筑用地面积增加 3843 公顷，未利用土地面积增加了 447 公顷；其中耕地、林地、草地面积变化较大。不同时期景观分布的重心发生移动，从 1980 年、2000 年和 2018 年的分布重心模型来看，整体景观格局重心向东南移动，且出现分布先外散再内聚的趋势，不同景观类型重心移动的方向不同且差异较大，如图 6-9。

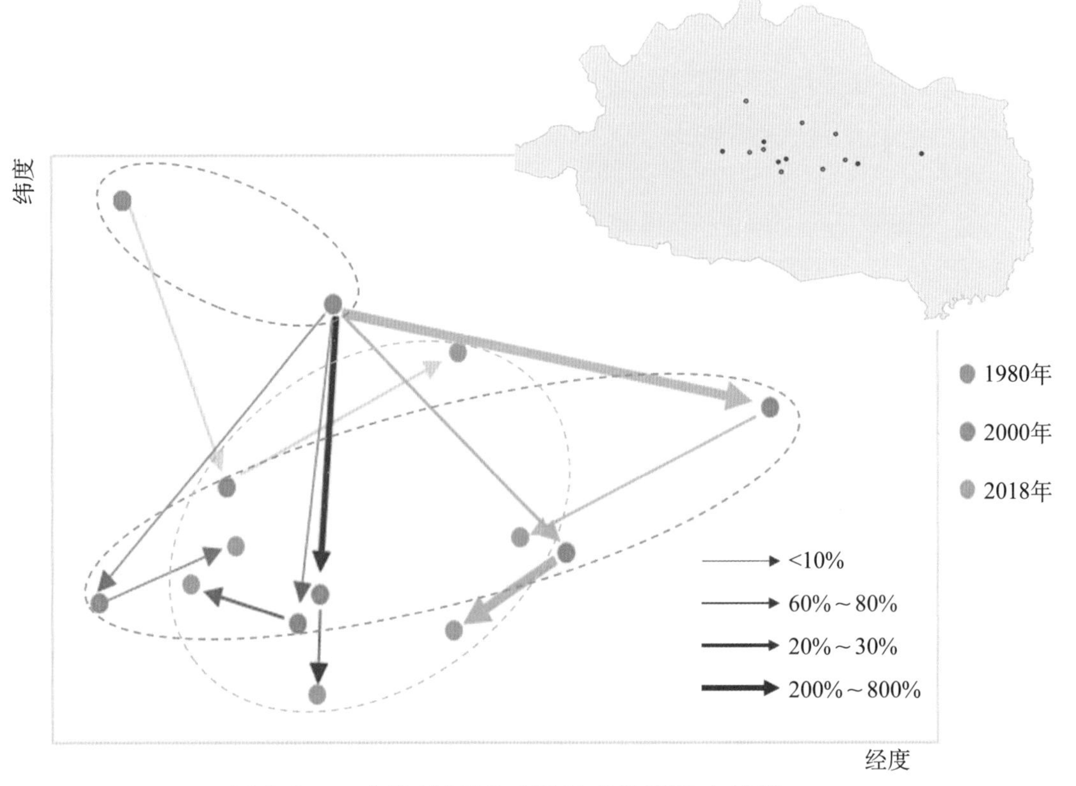

图 6-9　五大连池不同时期景观类型重心转移

1980—2000 年，不同土地利用类型之间的转换主要因为耕地和林地两种土地利用类型变化引起的，耕地大面积转为林地，原有的林地大面积转移为草原、耕地和未利用土地，林地面积既有转入又有转出，使得总体面积变化不大。1980—2000 年，五大连池耕地面积变化较大，主要是因为有 4995 公顷耕地转为林地和 2734 公顷耕地转为草地；草地变化也较大，主要是因为有 2734 公顷耕地和 4960 公顷林地转为草地，如图 6-10 和图 6-11。由于建筑用地周围区域有较大面积的耕地转为林地和草地，如图 6-12，形成大面积的林地和草地斑块。

2000—2018 年，不同土地利用类型之间的转换主要因为林地和草地两种土地利用类型变化引起的，林地大面积转为耕地，原有的草地大面积转移为林地、耕地，使得耕地、林地、草地面积变化较大。2000—2018 年，五大连池林地面积变化较大，主要是因为有 8895 公顷林地转为耕地和 1700 公顷林地转为未利用土地；草地变化也较大，主要是因为有 3003 公顷草地转为耕地和 1639 公顷草地转为林地，如图 6-13 和图 6-14。2000—2018 年，随着建筑用地的扩张，由耕地和草地转为林地的区域又大面积的转为耕地和草地，并且有一部分林地转移为建筑用地，如图 6-15。

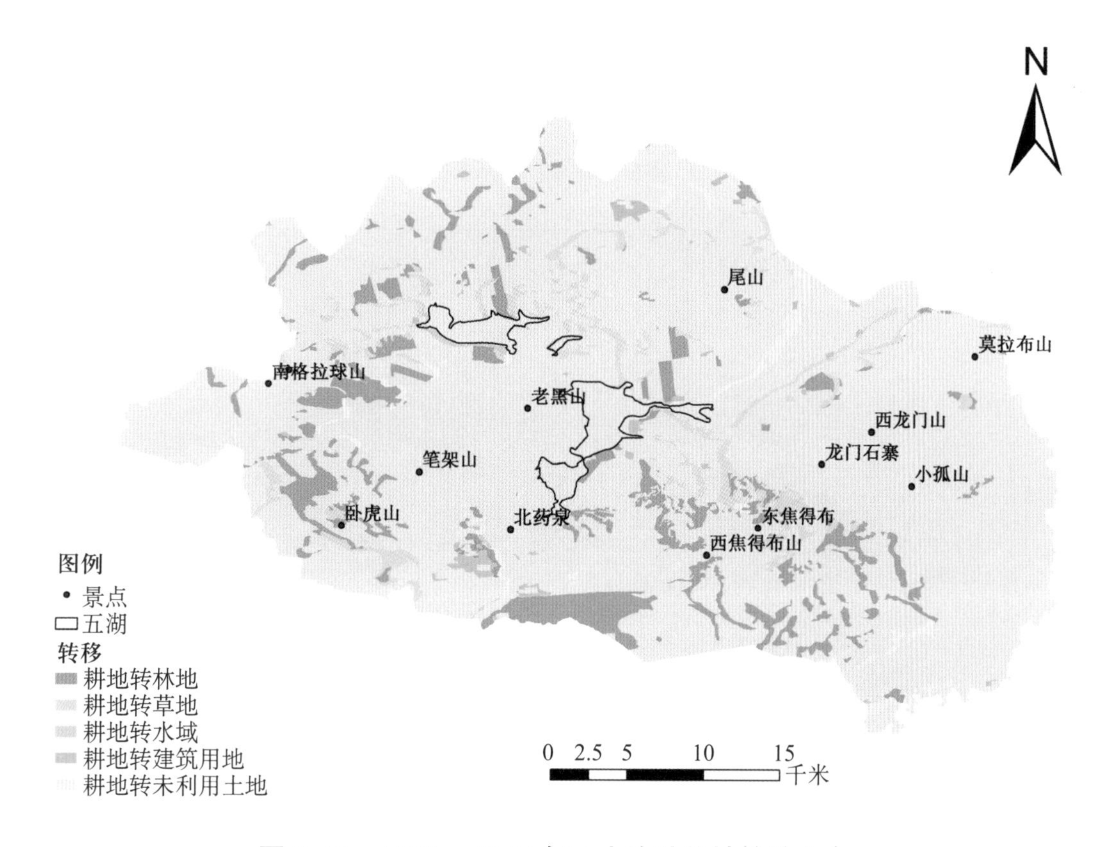

图 6-10　1980—2000 年五大连池耕地转移分布

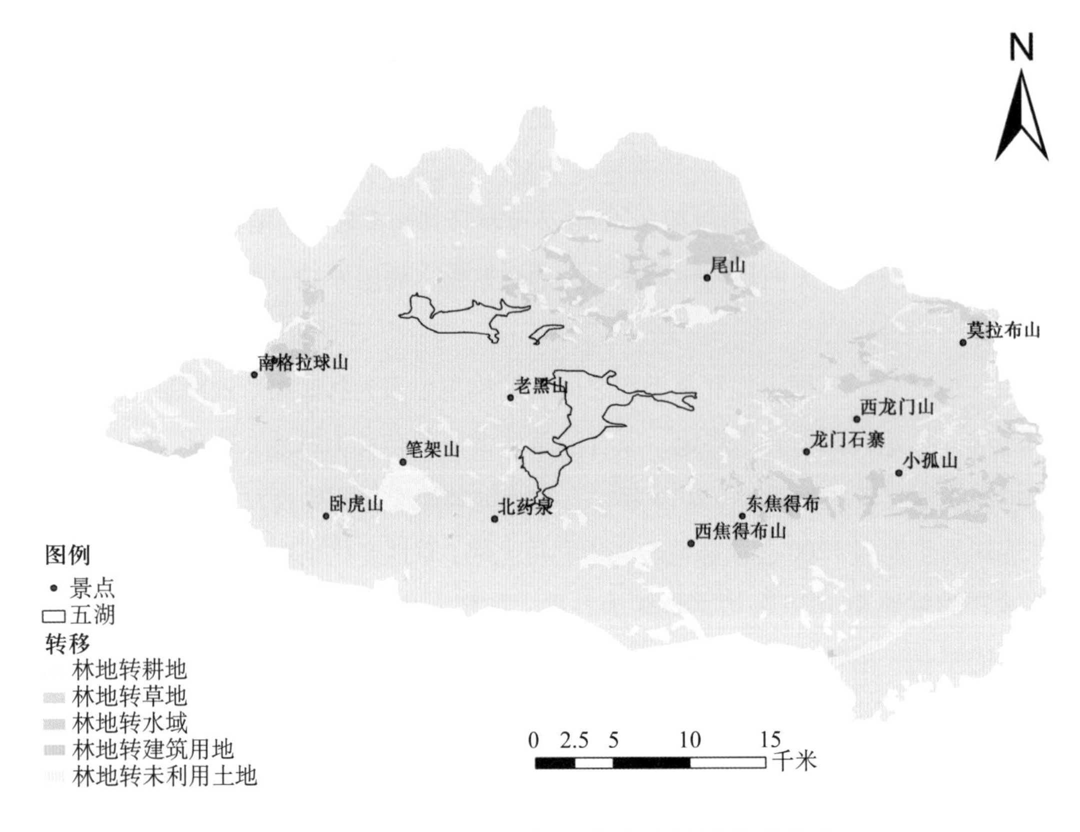

图 6-11　1980—2000 年五大连池林地转移分布

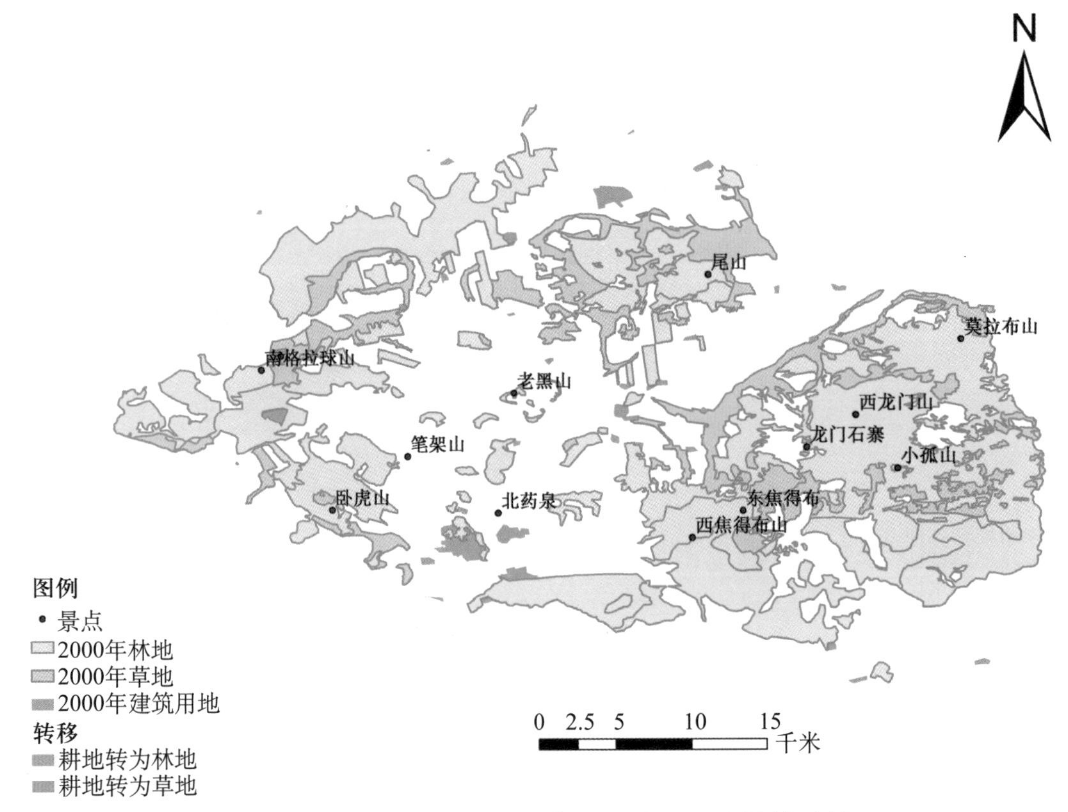

图 6-12　2000 年五大连池建筑用地周围耕地转移情况

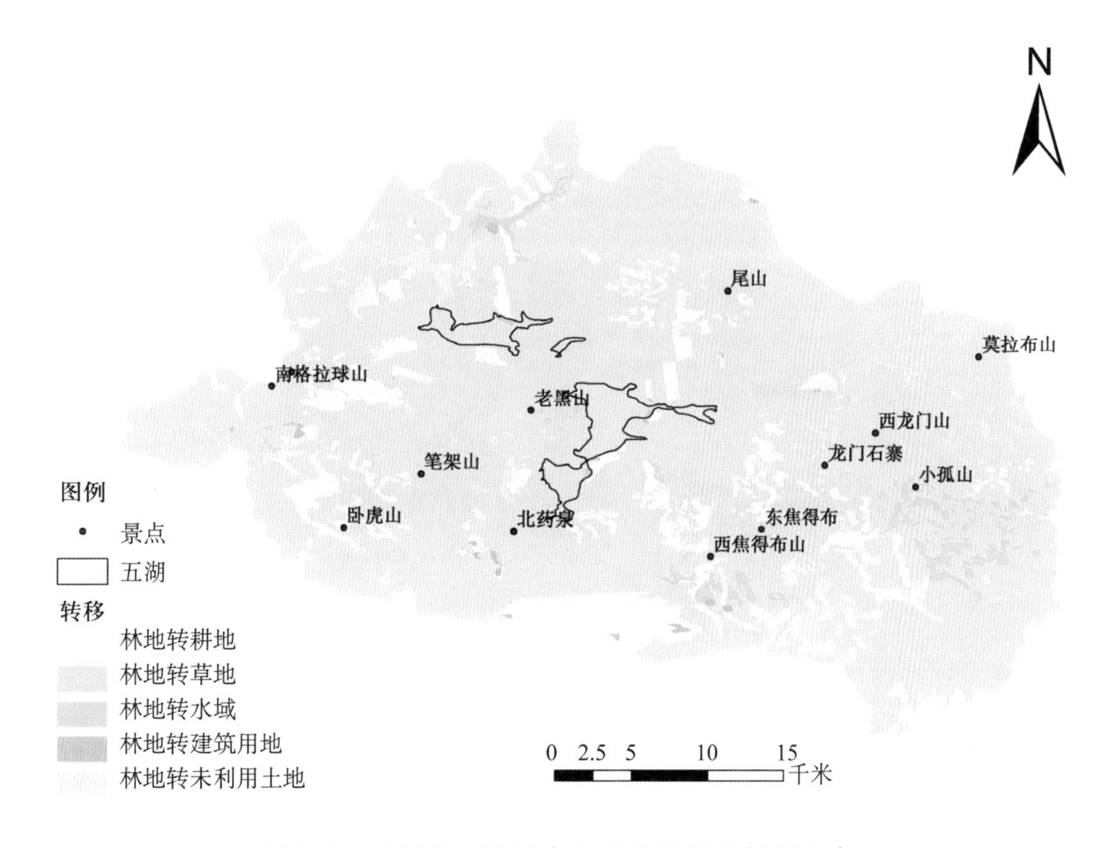

图 6-13　2000—2018 年五大连池林地转移分布

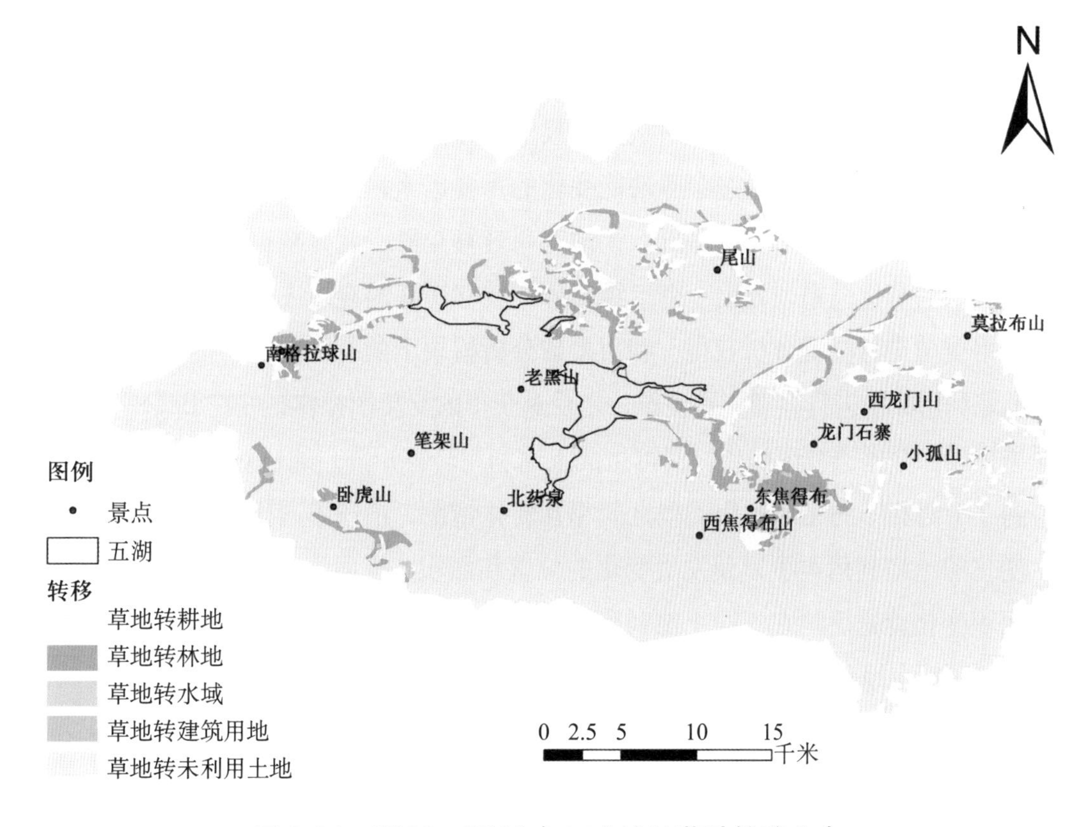

图 6-14　2000—2018 年五大连池草地转移分布

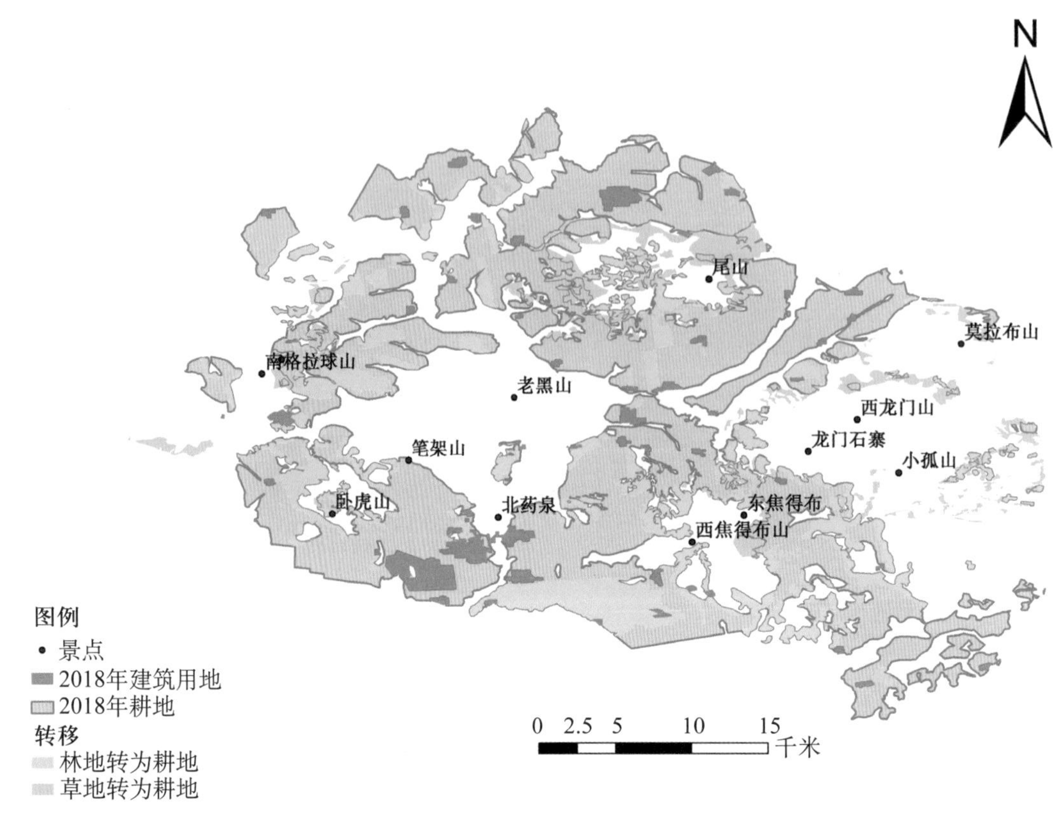

图 6-15　2018 年五大连池建筑用地周围耕地转移情况

景观格局变化通过统计计算不同类型斑块的数量、形状、面积以及邻近斑块的距离等指标分析景观结构变化，不同类型斑块具有不同的生态康养功能，那么不同结构的景观格局具有的生态康养功能也不同，如何从景观尺度量化随景观格局变化下的生态康养功能的变化。土地利用类型是影响生态康养功能变化的重要因素，了解土地利用变化是分析区域生态康养功能强度和面积变化的基础。土地利用转移矩阵，就是根据同一地区不同时相的土地覆盖现状的变化关系，列出一个二维矩阵。转移矩阵的应用主要是通过 GIS 技术对两期土地利用类型进行叠置分析获得，利用叠加分析模块下的交叉分析功能，对融合后的不同时期土地利用数据进行叠加交叉操作，之后对获得的交集图操作，并在 Excel 中打开，执行数据透视表和数据透视图操作，即可生成土地利用转移矩阵。通过对转移矩阵进行分析，能够得到 2 个时相不同土地利用类型之间相互转化情况，描述不同土地利用类型在不同年份发生变化的土地利用类型以及发生变化的位置和面积。从面积入手，反映区域土地利用变化。面积变化首先反映在不同土地利用类型的总量变化上，通过分析土地利用类型的总量变化，可了解土地利用变化总的变化趋势和土地利用结构的变化。

土地利用转移矩阵在土地利用变化分析中具有重要作用，并得到较为广泛的应用。通过将土地利用类型转移的方向和面积以矩阵的形式列出来，作为土地利用类型结构变化方向分析的基础，能够直观地反映出某一区域土地利用类型的动态变化，也可清晰反映各地

类之间的相互转化关系及来源概率，从而了解转移前后各土地利用类型的结构特征，在土地利用变化和模拟方面具有重要作用。土地利用转移矩阵动态变化指标除了土地利用类型转换概率以外，还可以通过土地利用类型动态度来表示。土地利用动态度可以定量描述区域土地利用变化速度，它比较土地利用变化的区域差异和预测未来土地利用变化趋势具有积极的作用。单一土地利用类型动态表达的是研究区域一定时段范围内某一土地利用类型的数量变化情况，其计算公式如下：

$$D=|A_b - A_a|/A_a \cdot (1/T) \times 100\%$$

式中：D 为研究时段某一土地利用类型动态度；A_a 为研究时段初某一土地利用类型的数量；A_b 为研究时期末某一土地利用类型的数量；T 为研究时段时长；当 T 的时段设定为年时，D 值就是该研究区某种土地利用类型的年变化率。

从表 6-21 可以看出，五大连池 1980—2000 年 20 年内的各土地利用类型面积总体变化不显著，其中草地、建设用地、耕地的年变化率都大于 1%，草地年变化率为 9.33%，最高，其余林地、水域、未利用土地的年变化率都较低，低于 1%。相对于 1980—2000 年，五大连池 2000—2018 年 18 年内土地利用类型面积总体变化相对较大，年变化相对较大的前三位分别是建筑用地、水域、草地，年变化率分别为 15.07%、3.93%、3.49%，其余的耕地、林地、未利用土地的年变化率相对较小，分别是 1.37%、1.21%、0.15%。从两个时间段各土地利用类型面积总体变化来说，1980—2000 年各土地利用类型总体年变化率为 13.45%，2000—2018 年各土地利用类型总体年变化率为 25.23%，后期远高于前期，且将近是前期的 2 倍，

表 6-21 五大连池土地利用年变化率

年份	1980（公顷）	2000（公顷）	2018（公顷）	2000 土地利用年变化率（%）	2018 土地利用年变化率（%）
耕地	45693	36455	45462	1.01	1.37
林地	39071	38345	29961	0.09	1.21
草地	3882	11123	4135	9.33	3.49
水域	2991	2933	5007	0.10	3.93
建筑用地	1004	1417	5261	2.06	15.07
未利用土地	13674	16042	16489	0.87	0.15
合计	106315	106315	106315	13.45	25.23

对后期年变化率贡献最大的为建筑用地，远高于本期其他土地利用类型的年变化率，应该引起管理部门的关注，如此高的年变化率对景区后期的建设和可持续发展将会带来较大的影响。因此，五大连池在后期的规划发展和生态康养产品开发时，应该规划建筑用地面积，避免由城镇化发展带来的建筑用地快速扩展，而引发的耕地、林地和草地减少，尽量避免或减少对生态康养功能较强的大面积林地和草地景观斑块的破坏，尽最大限度保护和恢复其生态康养功能。在景区内可以合理规划功能分区，集中建设公共活动区域，减少城镇化发展对区域景观格局的干扰和破坏。

第五节　五大连池景观连通度（连接度）对生态康养功能的影响分析

景观连接度反映景观结构特征，通过景观要素的有机结合形成生态网络格局，体现功能的空间分布特征。通过多种方法分析景观连通度，解析结构特征，结合区域特色采取对应措施提高服务功能质量。景观连接度度量方法研究可以尝试从结构连接度向功能连接度转变，通过揭示景观结构、特定生态过程与景观连接度之间的关系，清晰地解释景观要素分布特点和功能特征之间的关系。此外，通过景观连接度的分析、制图和建模进行预测分析并验证模拟结果，发现景观格局中对生物群体和群落影响比较敏感的地段和敏感点。

一、景观连通度指数分析

景观指数可以反映景观结构组成和空间配置方面特征的简单定量指标（朱金峰等，2019），景观格局指数包括斑块水平指数、斑块类型水平指数和景观水平指数。斑块水平指数包括单个斑块水平面积、形状、边界特征等一系列简单指数，斑块水平指数一般作为计算其他的水平景观格局指数的基础。斑块类型水平上的指数包括不同类型斑块的指数。表示景观水平的有聚合指数、分割指数、聚集度指数。常用的景观连接度指数计算公式见表 6-22。

表 6-22　景观连通度指数

指数	公式	解释
斑块聚集度	$\mathrm{AI}=\frac{g_{ij}}{max\rightarrow g_{ij}}\times 100$	g_{ij}为研究范围内某空间分辨率上某类景观类型斑块相似
连接度指数	$\mathrm{CONNECT}=\frac{\sum_{i=1}^{m}\sum_{j=k}^{n}C_{ijk}}{\sum_{i=1}^{m}\frac{n_j\ (n_i-1)}{2}}\times 100$	C_{ijk}为一定连接距离阈值内同类斑块j和k之间的连接；n_i为景观类型i的斑块数；景观水平m为斑块类型数
蔓延度指数	$C=C_{max}+\sum_{i=1}^{n}\sum_{j=1}^{n}P_{ij}\ln\ (P_{ij})$	C_{max}为蔓延度指数的最大值[2 ln（n）]；n为景观中该斑块类型总数；P_{ij}为斑块类型i与j相邻的概率

（续）

指数	公式	解释
散布与并列指数	$IJI=-\frac{\sum_{k=1}^{m}[(e_{ik}/\sum_{k=1}^{m}e_{ik})\ln(e_{ik}/\sum_{k=1}^{m}e_{ik})]}{\ln(m-1)}\times 100$	e_{ik}为与斑块类型i相邻的斑块类型的邻接边长；$\sum_{k=1}^{m}e_{ik}$ 为斑块i的总边长
景观分割指数	$DIVISION=[1-\sum_{j=1}^{n}(\frac{a_{ij}}{A})^{2}]$	DIVISION为1减去斑块面积除以整个景观面积的平方和

根据 Corlett（2009）的研究结果得出，可以将植物种子的传播距离分为 5 个等级，分别为 0～10 米、10～100 米、100～1000 米、1～10 千米和大于 10 千米，结合五大连池风景区面积的大小，选用 50 米作为距离阈值以体现区域内不同斑块之间的景观连接度。将 1980 年、2000 年和 2018 年的五大连池风景区的土地利用的栅格数据，导入 Arcgis 10.3 软件中，进行 tiff 文件格式转换，再将转换后的文件导入 Fragstats 4.2 软件中，对其进行整体斑块的景观连接度分析，对景观连接度的变化规律进行研究。

通过对 1980 年、2000 年和 2018 年五大连池 3 期土地利用数据进行分析得出，不同的景观指数的动态变化存在差异，见表 6-23。从 1980—2000 年，景观格局变化表现为聚集度指数和景观分割指数都增加，说明有较大面积的斑块被分割且转换为邻近斑块的类型；景观格局变化表现为连接度指数和蔓延度指数都减少，表明由于大面积斑块被分割使得连接度指数和蔓延度指数都减少。2000—2018 年，景观格局变化表现为聚集度指数和景观分割指数都减少，表明通过斑块类型转化有较大面积得斑块形成；景观格局变化表现为连接度指数和蔓延度指数都增加，表明由于大面积斑块的形成使得连接度指数和蔓延度指数都增加。1980 年、2000 年、2018 年，景观格局变化表现为散布与并列指数逐渐增加，与对应的是总斑块数逐渐增加。

表 6-23　五大连池不同时间的景观连接度

年份	聚集度指数	内聚力指数	蔓延度指数	散布与并列指数	景观分割指数
1980	97.9792	99.6905	72.297	47.7426	0.8866
2000	98.01	99.4068	64.3437	51.5498	0.9633
2018	96.9237	99.6271	68.7722	51.9561	0.8931

在分析五大连池景观连接度时，应该将景观连接度指数与景区的发展相结合，不然很难从中分析出景观指数变化背后说明的外在问题和内在影响因素。五大连池在过去 30 多年的发展中经历了几个重要的发展事件，见表 6-24。根据巴特勒的“S”形曲线图和生命周期各阶段特征（刘楠，2008），分析五大连池历年旅游人数及收入走势图，可以直观的看出，从五大连池被批准为重点风景名胜区到 2000 年，五大连池旅游业处于探索、参与阶

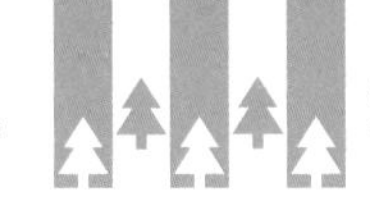

表 6-24　五大连池主要发展历程

年份	事件
1982	国家首批重点风景名胜区
1991	中国旅游胜地四十佳
1996	国家级自然保护区
2001	被批准为国家首批地质公园
2003	被联合国教科文组织列为世界生物圈保护区
2004	被联合国教科文组织批准为全球首批世界地质公园
2010	成功申报世界自然遗产
2016	国家康养旅游示范基地

段；2001 年至今处于发展阶段，如图 6-16。从 1980—2000 年，五大连池的游客量相对较少不超过 10 万人，对景区的影响较小，景观格局的变化主要是景区居民活动引起的不同土地利用类型之间的转换，多数较大面积的耕地斑块转为林地和草地使得连接度指数和蔓延度指数降低，多数的林地大面积转为草地、耕地和未利用土地，在建筑用地周围形成一定的面积的林地和草地，所以表现为聚集度指数增加和景观分割指数增大，如图 6-10 至图 6-11。2000—2018 年，五大连池的游客量显著增加，到 2016 年增加到 163 万，大于当时景区居民人数的 20 多倍，景观格局的变化主要是景区游客活动引起的不同土地利用类型之间的转换，

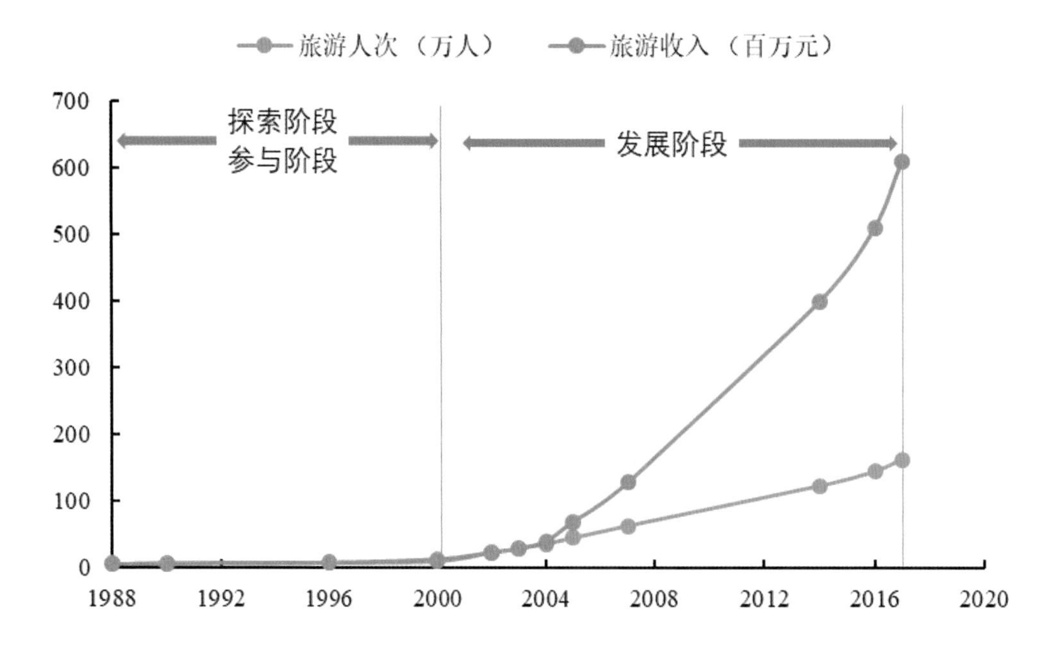

图 6-16　五大连池历年旅游人数及收入趋势

表现为林地大面积转为耕地以及景区建筑用地的扩张，大面积耕地斑块的增加使得聚集度和景观分割指数减少、连接度指数和蔓延度指数增加，局部区域更多小面积的建筑斑块的增加使得景观分割指数减少，如图 6-13 至图 6-14。1980 年、2000 年和 2018 年，五大连池整体斑块数分别为 221，260，308，意味着五大连池整体斑块总周长增加，那么散布与并列指数逐渐增加。由此可以看出，五大连池景观格局的动态变化受不同的人为活动影响。

通过不同的景观指数对五大连池景观格局动态有了一定的了解，不同时期特定的景观格局受外界干扰影响所表现出来的适应能力的强弱可能会使景观系统结构、功能和特性发生改变，从而影响区域内生态系统功能的供给。自然和人为因素共同影响景观变化，通常自然要素的影响作用一般在较长的时空尺度内才能显现出来，而人为因素的影响作用在短时间尺度内显现的比较明显。在以旅游发展为主的风景名胜区内，人类活动更密集对景观格局的影响更大，可借助景观人工干扰强度指标和景观优势度指标进行景观压力和状态分析，掌握区域生态系统功能供给状况。1980—2018 年，采用景观人工干扰强度分析五大连池风景区旅游发展影响下人为活动对景观的干扰情况，计算公式如下：

$$\mathrm{LHAI}=\sum_{i=1}^{n} S_i \cdot R_i/A$$

式中：LHAI 为景观人工干扰强度指数；n 为研究区内景观类型数量；S_i 为第 i 种景观类型的面积；R_i 为第 i 种景观资源环境影响因子；A 为各景观面积之和。

根据研究目的，结合多学科专家意见及相关研究成果（田鹏等，2019），确定了五大连池景观资源环境影响因子（表 6-25）。

表 6-25　景观环境影响因子

景观类型	景观资源环境影响状况	影响因子
耕地	受人类活动影响大，对资源环境有一定影响	0.25
林地	对资源环境影响较小，且有生态维护调节作用，果园、茶园等受人类活动影响明显	0.1
草地	对资源环境影响较小，且有生态维护调节作用	0.1
水体	河流、湖泊等受人类活动影响较小，有一定得生态维护调节作用	0.37
建设用地	受人类活动影响大，且大多不可逆，对资源环境影响大	0.85
未利用土地	对资源环境稍有影响，且大多不可逆	0.48

景观优势度指数指某一类构成景观空间格局中的景观类型占其支配地位的程度，借助最大可能多样性指数的离差来表示，离差值由小到大一次表示优势度由低到高；同时还表示土地和覆盖的植被被利用和受支配程度由低到高。优势度指数与多样性指数为负相关且存在一定的相关系数，计算公式如下：

$$D=H_{max}-H=H_{max}+\sum_{i=1}^{m}(P_i\times\log_2 P_i)$$

式中：H_{max} 为各类型景观所占面积比例相等的情况下，景观最大多样性指数，$H_{max}=\log_2 m$；P_i 为第 i 类景观类型所占面积比例；m 为景观类型的总数目。

依据五大连池土地利用信息（表 6-26）计算景观优势度结果，见表 6-27。

表 6-26　五大连池风景区土地利用数据属性信息

景观类型	1980年		2000年		2018年	
	总面积（公顷）	斑块数（个）	总面积（公顷）	斑块数（个）	总面积（公顷）	斑块数（个）
耕地	45693	33	36455	40	45462	79
林地	39071	79	38345	81	29961	79
草地	3882	22	11123	53	4135	31
水体	2991	8	2933	7	5008	9
建设用地	1004	45	1417	41	5261	59
未利用土地	13674	34	16042	38	16488	51

由表 6-27 可知，1980 年，五大连池景观人工干扰强度指数为 0.228，其中贡献较大的为耕地，LHAI 指数为 0.107；2000 年，景观人工干扰强度指数为 0.226，其中贡献较大的为耕地，LHAI 指数为 0.086；2018 年，景观人工干扰强度指数为 0.273，其中贡献较大的为耕地，LHAI 指数为 0.107；由此可得耕地对景观格局的干扰较大。1980—2000 年，景观人工干扰强度指数变化不大，虽然草地类型的景观斑块动态较大，由于草地的景观环境影响较小，所以没有从整体上影响景观人工干扰强度的变化。2000—2018 年，景观人工干扰强度变化相对较大，主要是因为各景观类型斑块数变化引起，其中耕地、草地和建设用地的斑块变化较大，由于耕地和建设用地的景观环境影响较大，所以从整体上影响景观人工干扰强度变化。1980 年，景观优势度指数为 0.767，其中贡献较大的为耕地、林地，优势度指数分别为 0.524，0.531；2000 年，景观优势度指数为 0.546，其中贡献较大的为耕地、林地，优势度指数分别为 0.529，0.531；2018 年，景观优势度指数为 0.525，其中贡献较大的为耕地林、地，优势度指数分别为 0.524，0.515。从 1980—2018 年，耕地和林地的动态变化是影响景观优势度变化的主要原因。

表 6-27　五大连池风景区景观压力和状态指数

年份	指数	耕地	林地	草地	水体	建设用地	未利用土地	总计
1980	LHAI	0.107	0.037	0.004	0.010	0.008	0.062	0.228
	$-H$	−0.524	−0.531	−0.174	−0.145	−0.064	−0.381	−1.818
	D	—	—	—	—	—	—	0.767
2000	LHAI	0.086	0.036	0.010	0.010	0.011	0.072	0.226
	$-H$	−0.529	−0.531	−0.341	−0.143	−0.083	−0.412	−2.039
	D							0.546
2018	LHAI	0.107	0.028	0.004	0.017	0.042	0.074	0.273
	$-H$	−0.524	−0.515	−0.182	−0.208	−0.215	−0.42	−2.060
	D	—	—	—	—	—	—	0.525

1993—2017 年，黑河市人口经历了先增加后减少的过程，粮食产量也出现了先增加后减少的过程，肉类产量持续增加。2000 年，黑河市耕地面积为 46.29 万公顷、粮食产量为 840 万吨，2018 年耕地面积为 162.46 万公顷、粮食产量为 497.5 万吨，也就是说粮食产量并没有随着面积的增加而增加，单位面积粮食产量下降。黑河市人口数量从 2000 年的 172.9 万人减少到 2017 年的 160.5 万人，并且还在持续减少，耕地面积的变化与人口变化不一致，见表 6-28。

表 6-28　黑河市社会经济主要指标

年份	人口（万人）	粮食作物面积（公顷）	粮食产量（万吨）	单位面积产量（吨/公顷）
1993	160.28	42.82	104.97	2.45
2000	172.9	46.29	840	18.15
2017	160.5	162.46	497.5	3.06

2000—2016 年，黑龙江省第三产业总产值占比从 32.89% 持续增高到 54.04%，如图 6-17。初步核算，2000—2016 年，黑河市第三产业总产值占比从 45.34% 下降到 37.70%，黑河市第一产业总产值占比从 32.13% 下降到 47.35%，如图 6-18。从全省范围内来看，黑河市第三产业发展与全省范围不一致，第一产业发展较快、第三产业发展较慢。以全域旅游示范区建设为统领，应加快景区景点等基础设施建设，完善全域旅游综合管理体制，积极发展旅游休闲、康疗养生等新兴产业，应该控制和规划建筑用地区域，以及权衡耕地、林地、草地之间的面积比例，增加耕地单位面积产量，同时加强局部区域经济贸易交易，引入粮食和石油等资源分担本地由旅游带来的物质需求压力。可以本着本地粮满足本地人口的需求原则，将耕地和林地面积控制在 35%、草地面积在 10%、水域控制在 2%、未利用土地控制在 13%，建筑用地控制在 5%。

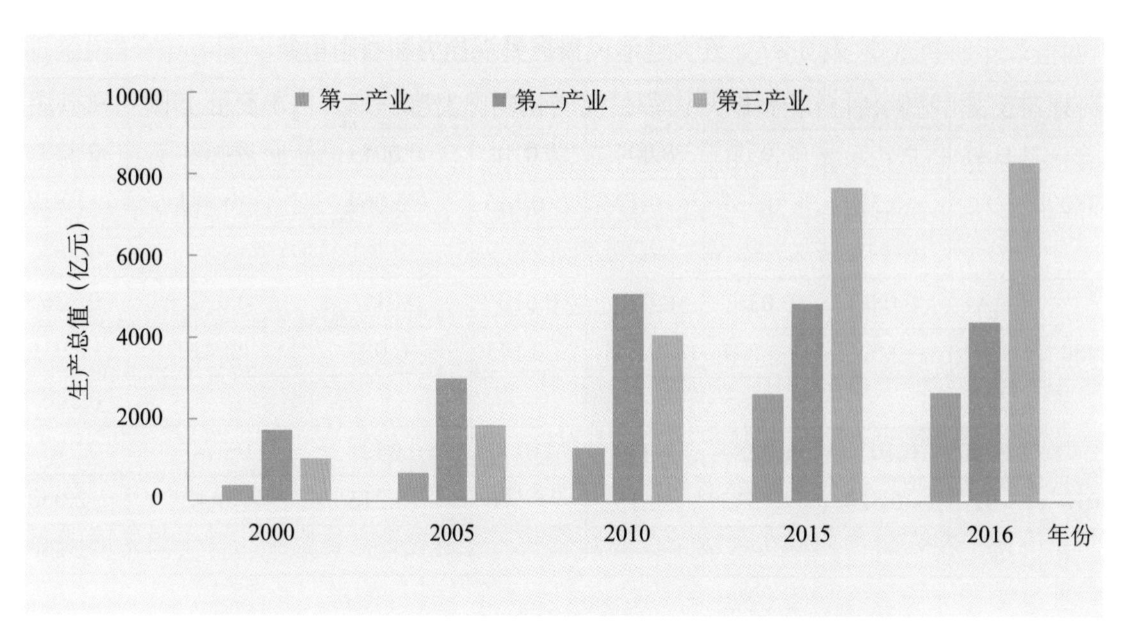

图 6-17　2000—2016 年黑龙江省三大产业生产总值统计

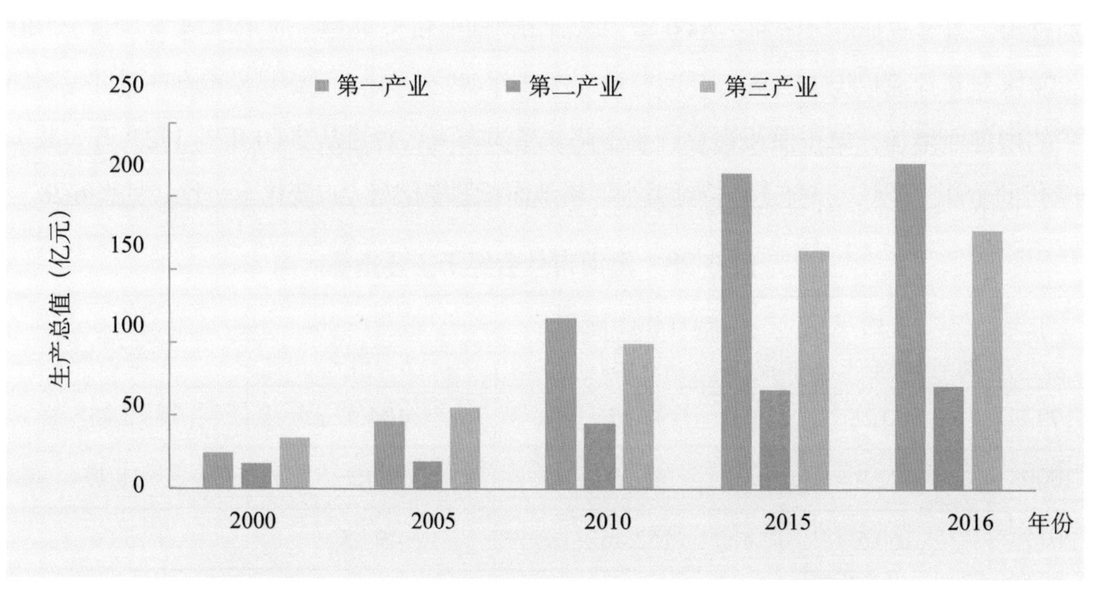

图 6-18　2000—2017 年黑河市三大产业生产总值统计

二、生态网络空间分析

生态网络（network）将区域生态系统连通起来，促进系统内部及系统间的物种流动、加速景观基质和斑块群落的作用（傅伯杰，2011）。通常来讲，生态网络就是指廊道网络，包括节点（node）和廊道，节点为廊道交汇的焦点。复合种群生态学将景观格局看作由不同生境斑块构成的网络，物种以局域种群的形式生活于生境斑块中，并通过网络迁移形成“斑块网络”（Hanski，1998）。生态学中，源汇的概念很早就应用在异质种群动态研究和濒危物种保护方面，用作描述物种迁移、扩散和灭亡的过程。随着景观生态学的快速发展，景观格局指数发展到一定阶段得到广泛的应用，但是景观格局指数缺乏明确的生态学含义，所以限制其后期的发展和应用。陈利顶等（2006）提出源汇景观概念，尝试将源汇概念扩展

到生态学过程中，试图把景观格局分析和生态过程关联起来（陈利顶，2016）。源汇景观理论的提出，是从一个新的视角重新定义景观类型的含义，在景观格局分析方面具有较高的价值，为解决景观格局与生态过程关系提供一个新的思路。

（一）生态网络空间分析技术流程

自 20 世纪 90 年代以来，国内外许多生态学者通过不同的模型和方法尝试构建不同空间尺度下的生态网络，MCR 模型是通过计算生态源地到不同景观类型的最小累积阻力路径构建生态网络，能够综合考虑区域内地形、地貌、环境、人为干扰等多方因素。在生态廊道构建过程中，生态源地的选择是非常重要的，影响整个生态网络的结构。本研究将区域内生境质量较好的林地、草地和水体作为生态源地，避免处理过程中的主观性，通过构建综合指标体系识别生态源地，采用的指标包括景观连通性、生境重要性等维度（王玉莹等，2019）。MSPA 模型依赖于土地利用数据、强调结构连接性，侧重结构连接性的形态学空间格局分析，辨识维持景观连通性的重要斑块。基于 MCR 模型构建五大连池生态网络，通过 MSPA 模型选取生态源地，结合五大连池不同土地利用类型的景观格局指数、DEM 和坡度生成阻力面，构建五大连池生态网络（杨志广，2018），利用重力模型和连通性指数分析生态网络连通度（张远景，2018），以期为优化五大连池景观格局提供参考数据，如图 6-19。

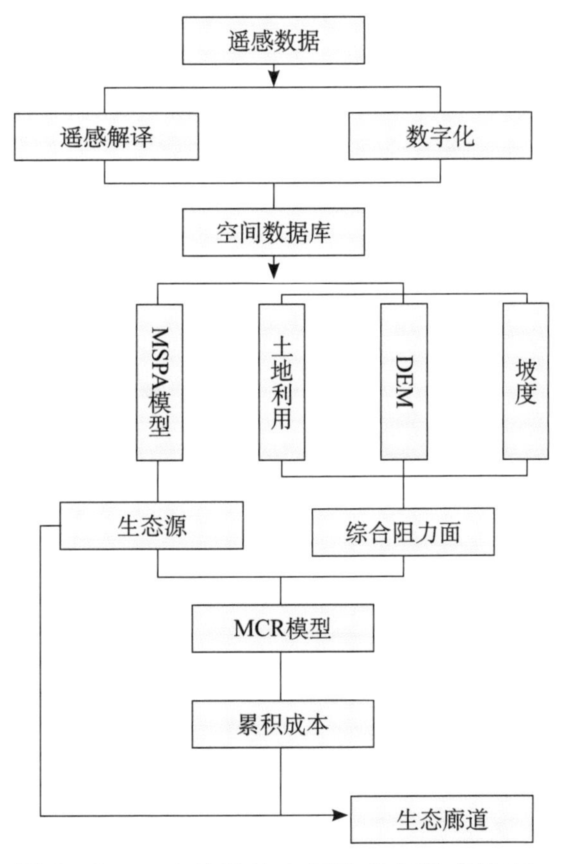

图 6-19 五大连池生态网络分析技术流程

（二）基于 MSPA 模型的生态源地识别

基于五大连池 2018 年土地利用数据，以林地、草地、水域三种景观类型提取为前提，耕地、建筑用地、未利用土地为背景，如图 6-20。利用 Guidos 分析软件，结合 Conefor 2.6 得出土地利用景观格局的整体连通性（IIC）、可能连通性（PC）等景观连通度指数，采用八邻域法进行分类，筛选出面积大于 1 公顷的核心区斑块为生态源地，再结合五大连池景点的特色进行定性和定量分析，最终筛选出生态源地。其中，Conefor 软件设置距离值和连通概率分别为 1000 米、0.5，筛选 dPC 值大于 2 的斑块，如图 6-21 和图 6-22。

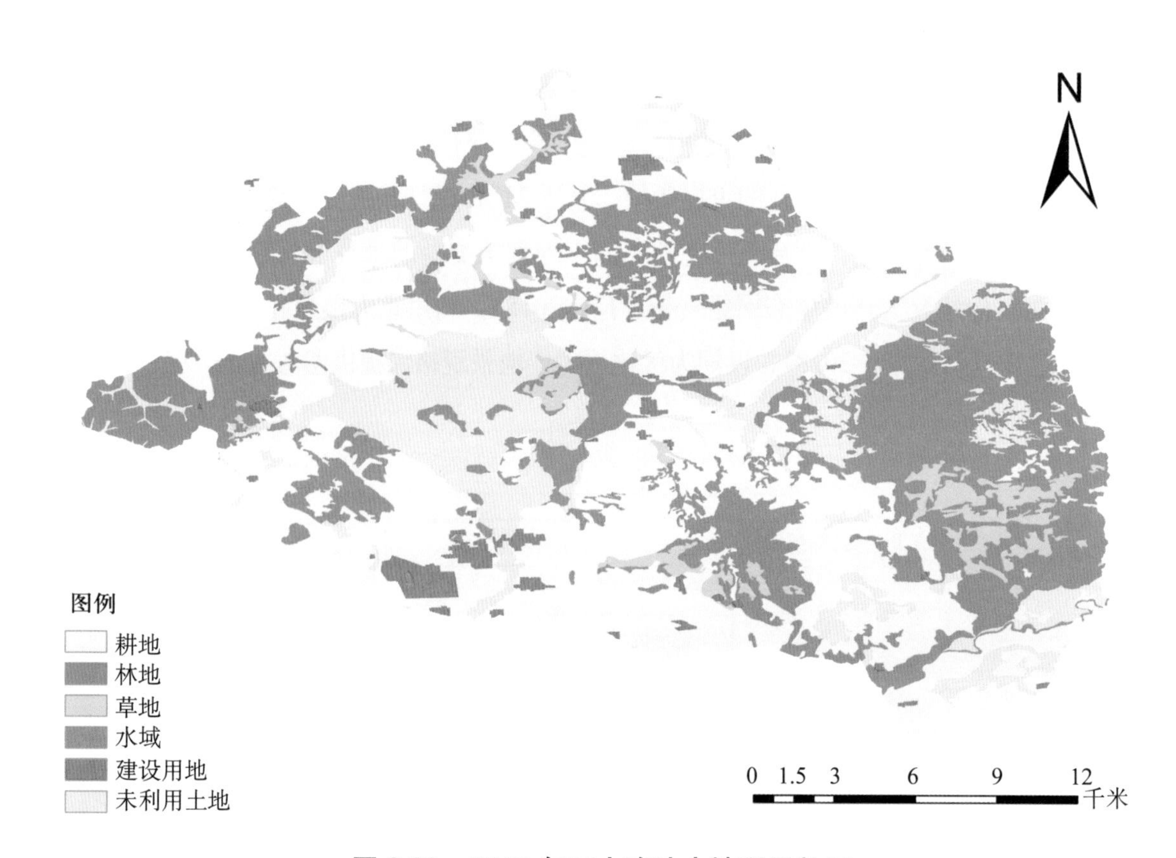

图 6-20　2018 年五大连池土地利用数据

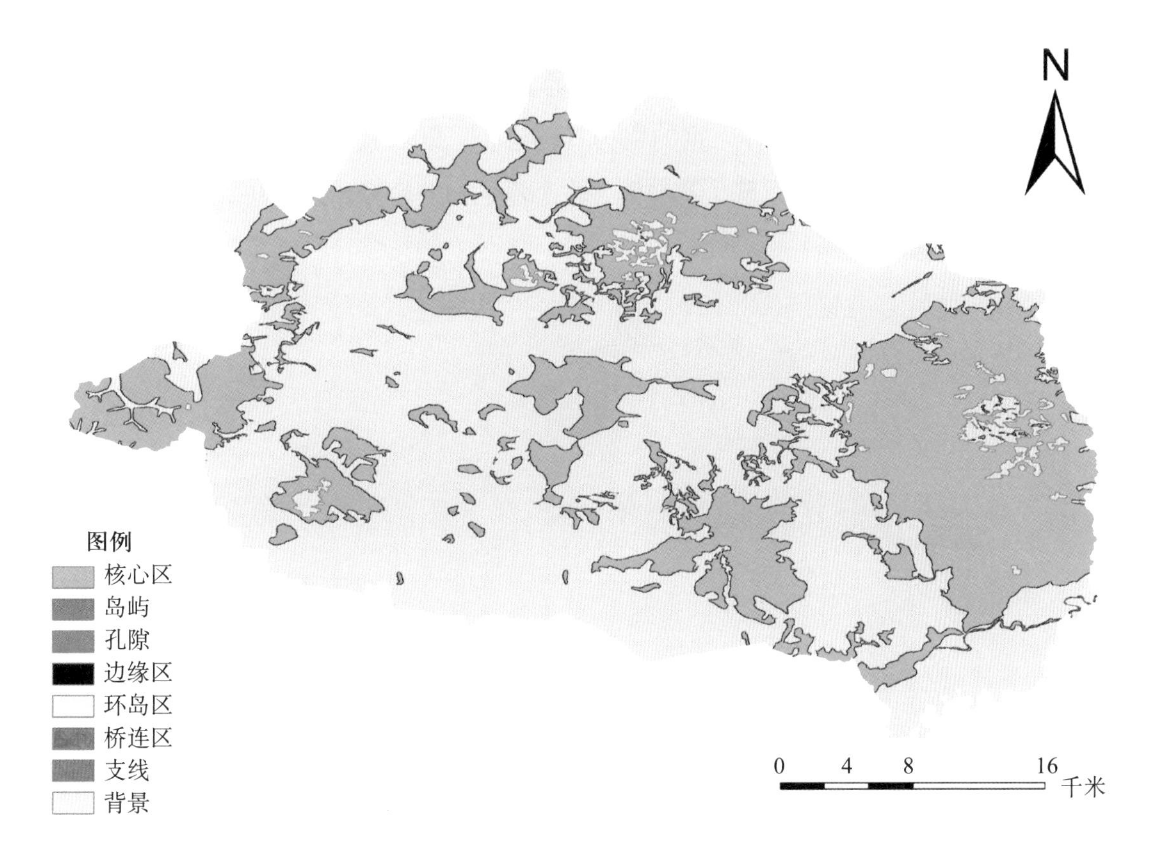

图 6-21 基于 MSPA 的景观格局分析

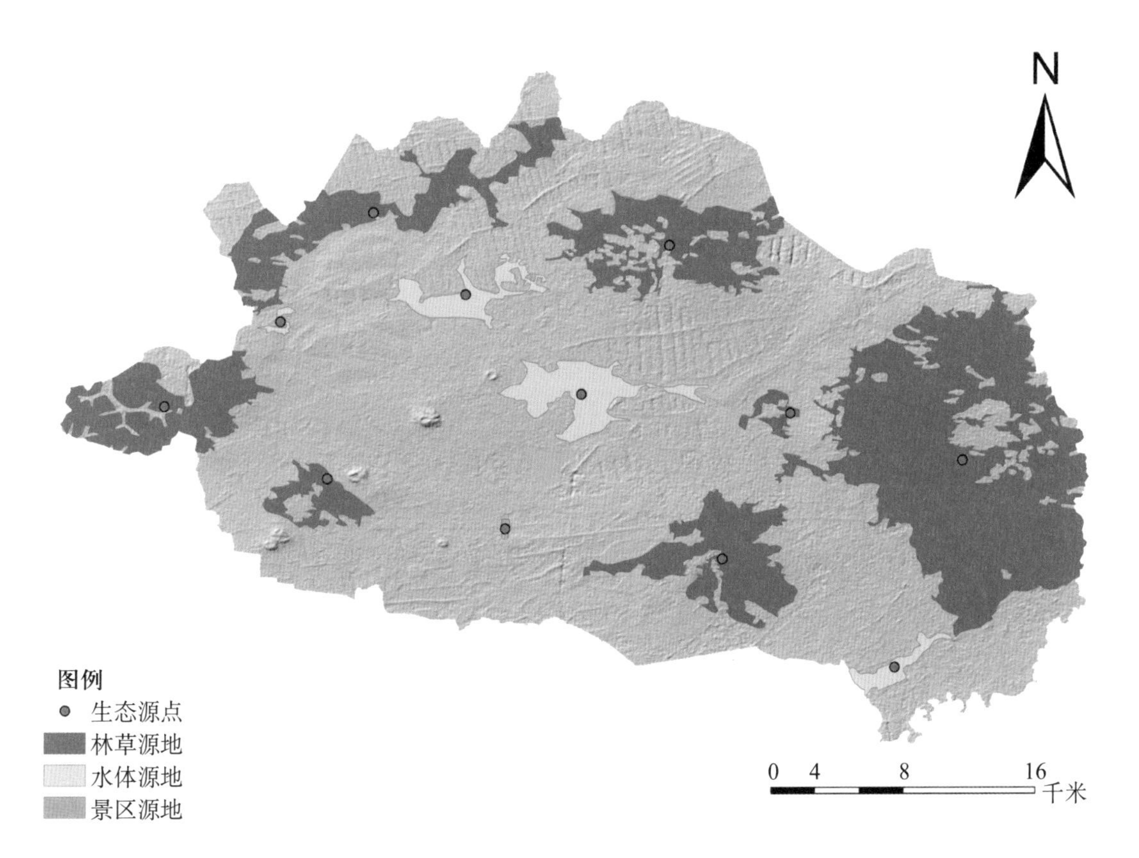

图 6-22 五大连池生态源地

（三）景观阻力面

景观要素的组成、空间配置、距离直接决定了斑块的景观功能阻力，同时地形地貌、坡度等对物质流和生态流也具有一定的阻力（杨志广，2018）。综合考虑土地利用类型、DEM、坡度的阻力面更真实地反映了物质流、生态流运行的趋势，如图 6-23 和图 6-24。

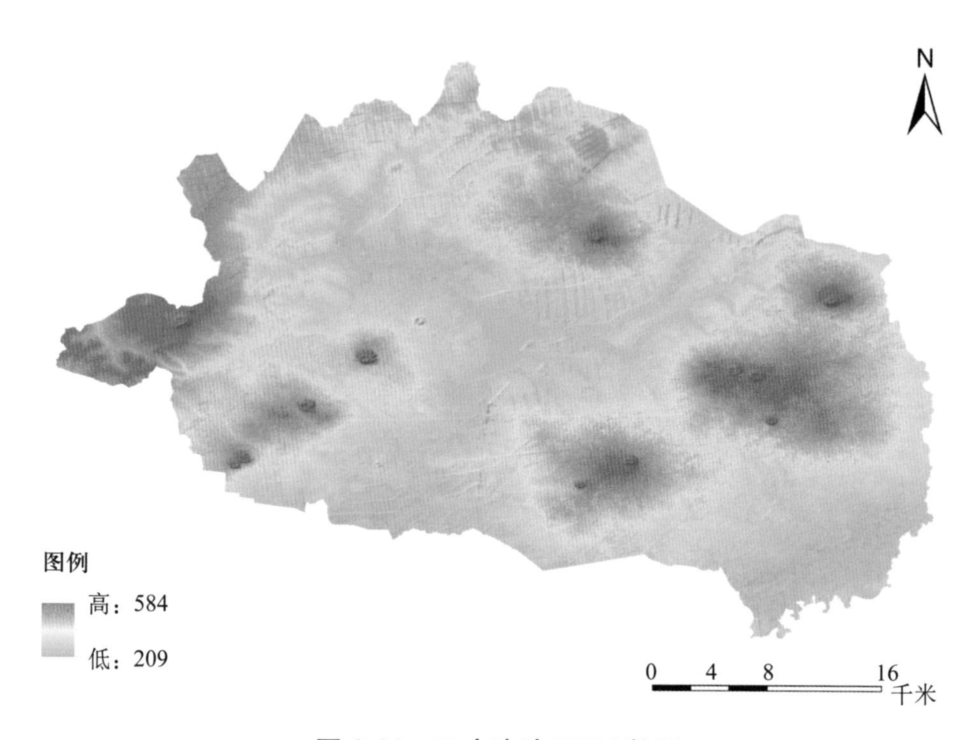

图 6-23　五大连池 DEM 数据

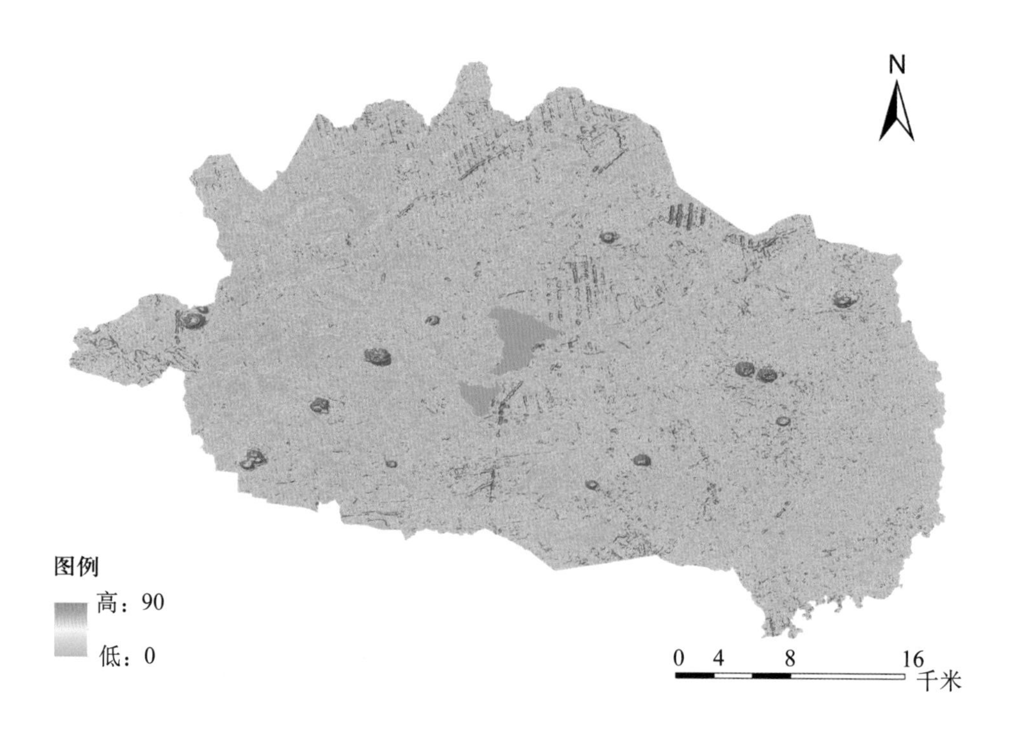

图 6-24　五大连池坡度数据

选取斑块散布与并列指数、内聚力指数、蔓延度指数、景观分割指数等景观指数，结合 Costanza 和谢高地等（2015）评估方法计算生态服务价值，建设用地的生态服务为 0。采用熵值法确定指标权重，避免主观赋权法的随机性、臆断性问题，将多指标变量的信息重叠。根据生态景观阻力权重将得到五大连池的景观格局指数和生态服务价值等 4 类指标的评价结果进行 1～10 度量重分类，赋值越大生态景观阻力值越大，再根据不同土地利用类型设置生态景观阻力的权重（蒋思敏等，2016），将土地利用、高程和坡度等阻力因子分别赋予 0.6，0.15，0.25 的权重值，最后根据权重值叠加得到生态景观功能阻力数据，见表 6-29 和图 6-25。

表 6-29 五大连池市生态景观功能阻力权重

生态景观功能权重阻力的指标	权重
散布与并列指数	0.2
内聚力指数	0.3
景观分割度指数	0.2
生态系统单位面积服务价值	0.3

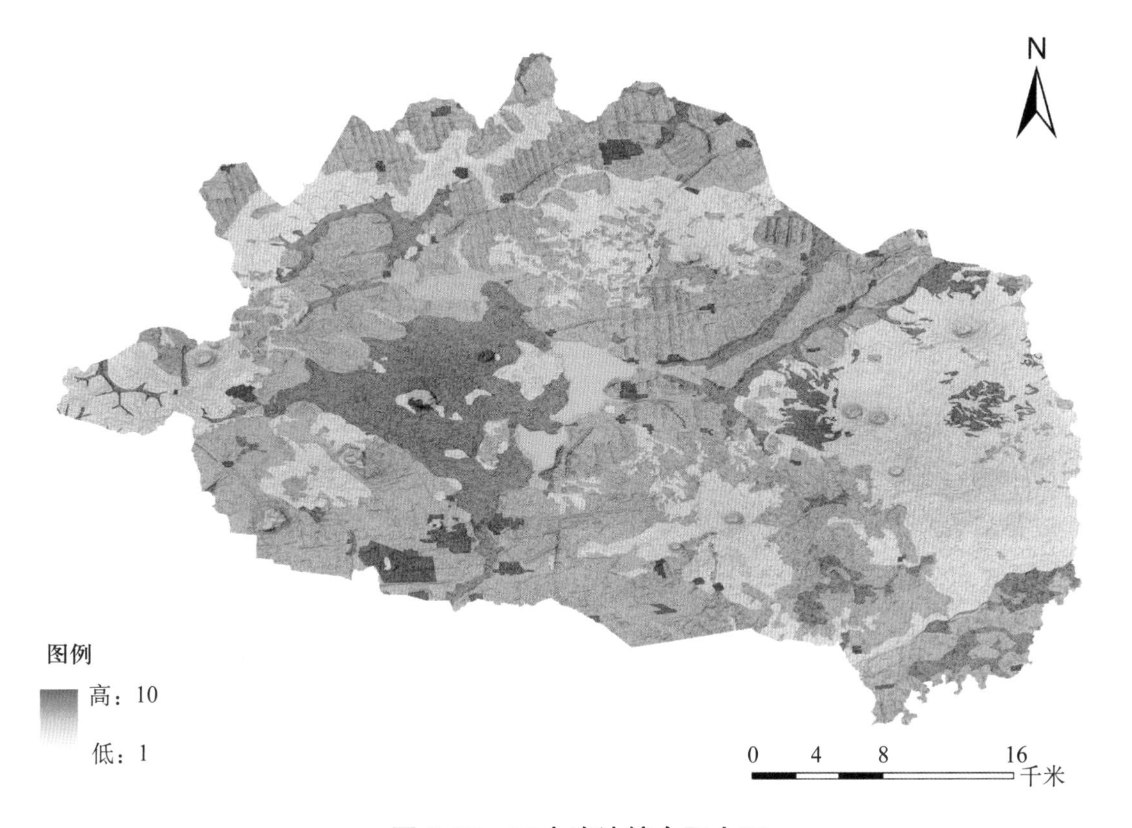

图 6-25 五大连池综合阻力面

(四) 基于 MCR 的生态网络构建

采用最小累积阻力模型（MCR）构建五大连池生态阻力面，公式如下：

$$MCR = f\sum_{j=n}^{i=m} D_{ij} \cdot R_i$$

式中：MCR 为最小累积阻力模型；D_{ij} 为物种从源地 j 到景观单元 i 的空间距离；R_i 为景观单元 i 的生态阻力系数；f 为最小累积阻力与生态过程的正相关关系（杨志广，2018）。

在 ArcGIS 10.3 中利用构建的生态源地和阻力面构建累积成本路径，最终生成潜在廊道组成的生态网络（许峰等，2014）。运用 ArcGIS 10.3 借助设定的阈值区间，结合景点的规划提取栅格面的交集，确定生态节点的空间分布（张远景，2015），如图 6-26 和图 6-27。通过对五大连池景观组成进行分析，并基于重力模型的定量和景区景点的重要性权重的定性评价生态源地对生态廊道的重要性（张远景，2018）。利用生态源地的景观指数、度数结合自然裂点法对五大连池生态源进行三级生态源地划分，如图 6-28 和图 6-29。其中一级生态源地与外界连接度最高，与生态流的运行密切相关，具有较高的保护价值；二级生态源地可通过一定的措施促进与外界的联系程度，与外界连接程度有待于进一步加强；三级生态源与外界连接程度较差，在未来景区生态网络建设中可适当的加强。一级生态源所处位置应该

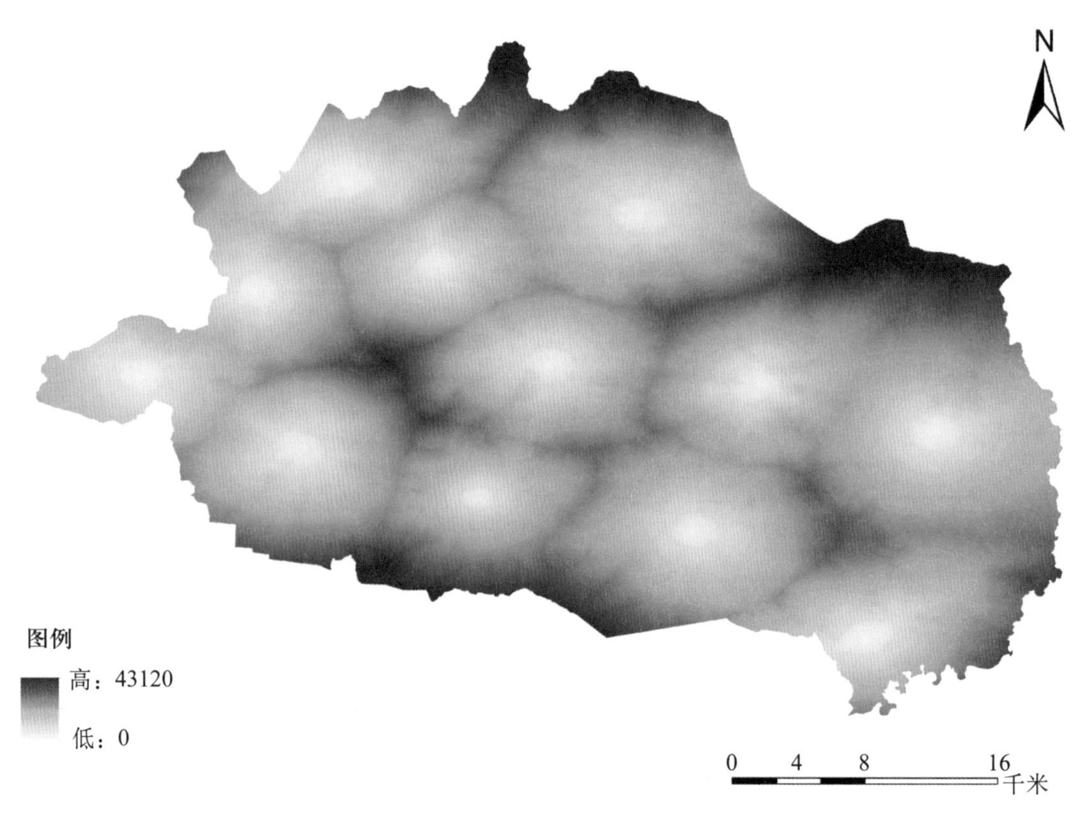

图 6-26　五大连池累积阻力

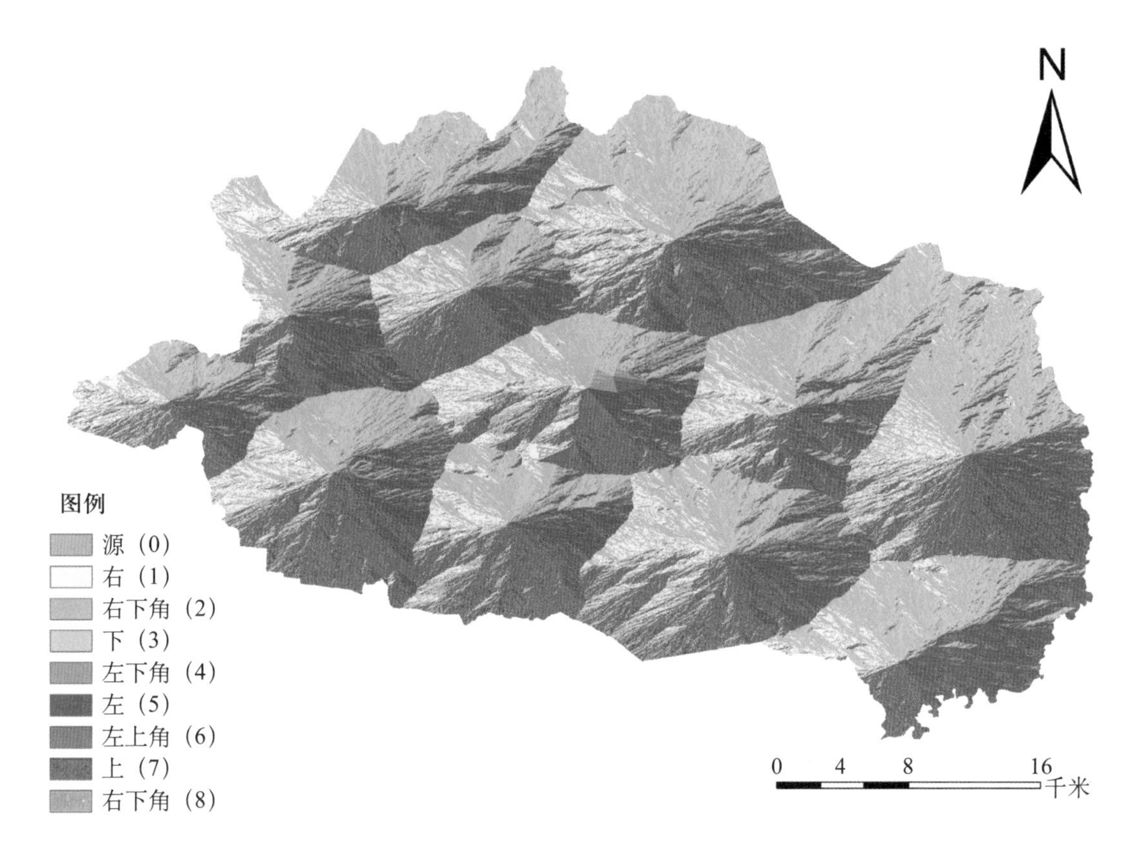

图 6-27　五大连池累积阻力方向

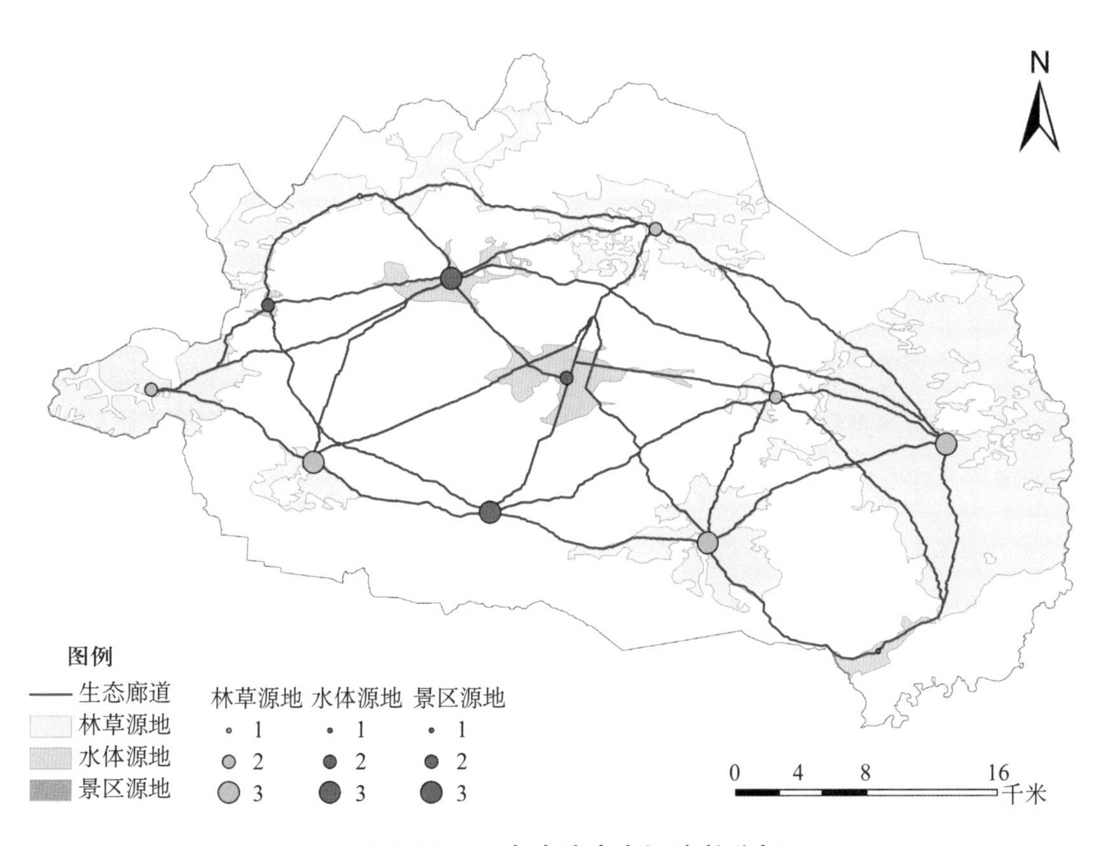

图 6-28　五大连池生态源度数分析

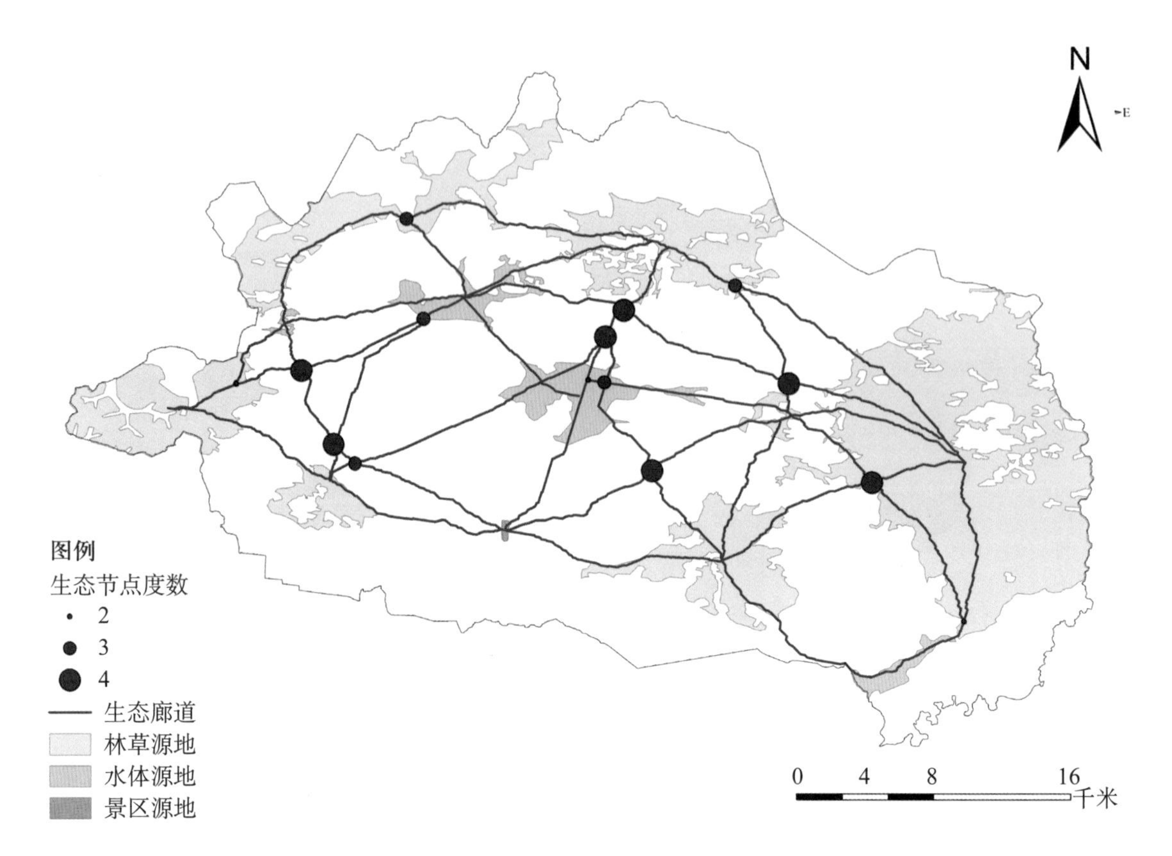

图 6-29　生态节点度数分析

为重点保护区域，尽可能地不要做破坏性的开发（景点源地除外），景区景点的源地所处的位置较为重要，连通多条生态廊道，应注意该区域的景观生态建设，进行一些功能芳香花园、疗养步道等人工景观规划。

结合生态节点度数、生态源地度数确定廊道综合指数，对五大连池生态廊道进行三个等级的划分，如图 6-30，其中一级生态廊道连接度最高，二级生态廊道连通度次之，三级生态廊道连接度较差。从景区整体生态廊道的连通性来讲，五大连池景观生态连通度较好，三个等级的生态廊道与各生态源点之间形成了一个相对复杂的生态网络，有利于物质能量的传输，后期区域规划和开发应该避免对一级生态廊道的破坏，重视一级生态廊道的保护和功能的维持，减少人为活动对二级廊道的破坏。

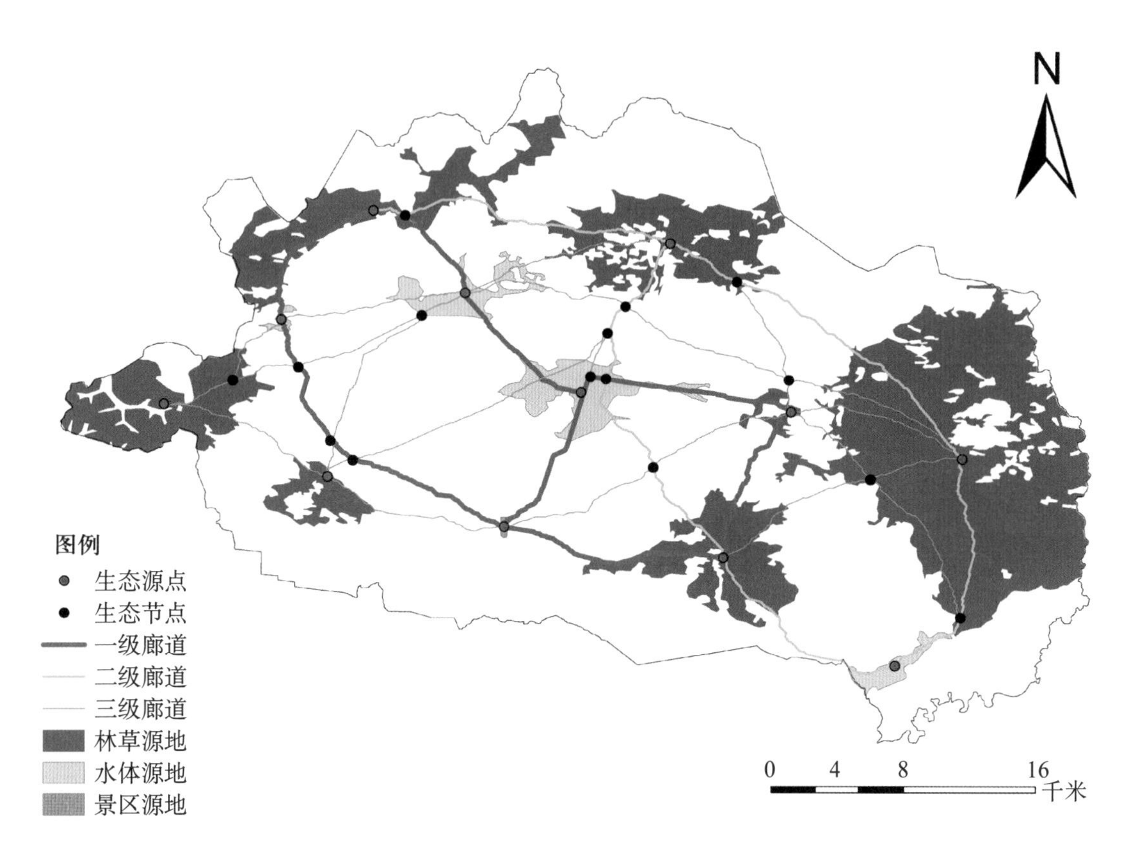

图 6-30 五大连池生态廊道分析

（五）生态网络空间连通度评价

γ、β、α 指数主要揭示生态景观空间结构中生态节点或生态源地与生态廊道连接数量的关系，反映生态结构的复杂程度与生态效能（张远景，2015），计算公式与指标含义见表 6-30。

表 6-30 γ、β、α 指数的计算方法与指数含义

指数类型	计算方法	指数含义
γ 指数	$\gamma=L/3\ (V-2)$	城市生态景观空间结构中生态廊道数目与该结构中最大可能的生态廊道数目之比
β 指数	$\beta=2L/V$	度量一个生态源或生态节点与其他生态源或生态节点联系难易程度的指标
α 指数	$\alpha=\ (L_n)\ /\ (2V-5)$	生态景观空间结构中环通路的度量，又称环度，是连接结构中现有生态源地和生态节点的环路存在的程度

γ 指数通过区域内实际存在和最大潜在的生态廊道数判断生态网络空间连通度，取值在 0~1 之间，从 γ 指数来看，五大连池林草生态网络与水域生态网络的连通度好。通过景区生态廊道在空间分布的 γ 指数来看，五大连池内存在一定数量的廊道对景区内的生态源地和生态节点的连接度较强、景观联通度较好，有利用生态流的正常运行。β 指数是通过实际存在的生态源地、生态廊道以及生态节点之间的数量评价生态源地之间连接的指标。

从 β 指数来看，五大连池生态源或生态节点联系存在一定的难度，主要是因为五大连池景观丰富度高，也就是意味着景观破碎化高，不同景观类型之间的联系存在一定的阻力，所以使得五大连池生态源地与生态节点之间联系存在一定的难度。α 指数是景观空间结构中环通路的量度，又称环度，是连接结构中现有生态源和生态节点的环路存在的程度。L_n 为实际环线，$2V$-5 为最大可能环线数，α 指数的变化在 0～1 之间，林草生态网络之间的物质能量交换更频繁，因为有较多的巡回廊道可供选择。从 α 指数来看，五大连池生态网络的 α 指数较高，不同景观类型之间的物质流、能量流等生态流通过多条巡回路线流动运行，见表 6-31。

表 6-31　五大连池生态景观连接度基本特征度量

景观生态网络	特征指数	指数大小
林草生态网络	γ 指数	0.48
	β 指数	0.96
	α 指数	0.42
水域生态网络	γ 指数	0.12
	β 指数	0.24
	α 指数	0.11

从五大连池生态廊道和特征指数分析来看，南北药泉为中心的景点生态源区，是南北药泉和老黑山为中部轴的一级廊道的重要组成部分，所以南北药泉附近的景观设计应该是后期规划建设的重点区域。可以选择具有较强生态康养功能的本地适生树种，如叶片滞纳颗粒物较强、吸收气体污染物较多、释放负离子能力强、排放萜烯类有益 BVOCs 成分多、排放芳香烃和脂肪烃等有害 BVOCs 成分少的植物。还可以根据需要选择具有不同功能型的生态康养观赏芳香小园，根据植物释放植物精气成分的不同，以及体验者需求的差异，利用不同类型植物搭配构成景观设计的一部分。同时，还可以考虑听觉、触觉、嗅觉景观，选择不同植物将风声、雨声等自然界的声音送入体验者的耳朵中，这样充分利用环境的整体效应刺激感官，缓解压力、悲伤、焦虑等负面情绪，对那些存在某些感官障碍的体验者具有重要的康养作用。

第六节　五大连池康养产业发展科学对策分析

我国从 20 世纪 80 年代引进森林浴之后，在各种等级的森林公园中设置了森林浴场所，如北京“红螺松林浴园”、浙江天目山“森林康复医院”、广东肇庆鼎湖山“品氧谷”等。这

些大多是对森林资源的利用，不同地区生态资源具有一定的多样化，如何合理的利用多种旅游资源，综合解决健康生存需求是一个大问题。五大连池风景区从开发建设至今的30年内，荣获世界级桂冠3项（世界地质公园、国际绿色名录、世界生物圈保护区）和国家级荣誉13余项，还被国家旅游局评定为首批“国家康养旅游示范基地”之一。作为著名的旅游景区，五大连池拥有独特的旅游资源，后续的发展难题在于协调生态保护和旅游发展，需要从供给侧、消费侧两个方面进行分析，将旅游开发服务在“精细化”方面下功夫，甄别旅游资源是否具有满足某种旅游需求的禀赋属性，考虑是否可以纳入旅游开发的范围。旅游资源是旅游业发展的基础，在综合利用多种旅游资源的同时，还要依据旅游需求禀赋属性确定旅游开发对象，对应区域内的生态要素进行精细化监测，提供精准旅游产品和服务。通过精细化观测区域内各种旅游资源要素，有助于对各种旅游产品与服务进行精细化安排，同时旅游产品与服务的持续性和周期性应该是景区管理者开展工作时关注的重点，使得资源环境景区在长期的保护和运营下，拥有植物茂盛、空气清新、水质清澈等良好的环境质量。

一、以土地利用优化转移（LUCC），推进五大连池退耕还林，保护和优化森林生态系统

（1）依据五大连池景观连通度指数、景观人工干扰强度指数和景观优势度指数分析得出的结果，不同土地利用类型存在着一定程度的转换，特别是林地和耕地类型的转化对景观格局变化的影响较为显著。依据1980年、2000年、2018年土地利用类型数据可知，五大连池呈现林地面积逐渐减少，耕地面积先减少后增加的趋势。通过景观转移矩阵计算，2000—2018年，综合考虑各土地利用类型的转换，其中有8895公顷的林地转为耕地；景观人工干扰强度指数分别为0.226，0.273，说明五大连池景观受人工干扰的程度在增大；景观优势度指数结果显示，不同时期耕地和林地的景观优势度指数都大于0.5，且远高于其他的土地利用类型；从斑块尺度来看，林地斑块分别有81个（38345公顷）、79个（29961公顷），耕地斑块分别有40个（36455公顷）、79个（45462公顷），由此可知平均斑块面积逐渐减少，且景观的破碎化程度增加。另外，依据《黑龙江省森林生态连清与生态系统服务研究》数据可知，黑河市森林资源面积2015年比2011年增加了41.36万公顷，增长率为12.42%。从区域森林资源动态变化来看，五大连池森林资源与区域森林资源的变化有所不同。再者，根据2017年五大连池旅游餐饮生态足迹计算结果可得，粮食类餐饮生态足迹总量为37034.50公顷，而2018年耕地面积为45462公顷，由此看来现有的耕地面积能够满足需求。2017年，黑河市政府工作报告中提到，坚持绿色发展理念，全市整体纳入大小兴安岭重要森林生态功能区；坚持创新发展理念，推动供给侧结构性改革，发展寒地生态农业；旅游文化、跨国旅居养老产业突起，黑河正成为国内外游客休闲养生的新选择。五大连池具有丰富多样的生态资源，结合黑河市政府提出的主动适应经济发展新常态，找准定位、

积极作为、精准发力的发展思路，五大连池拟着重发展以生态资源为主的第三产业。因此，建议五大连池考虑适度开展退耕还林模式，即将部分耕地转换为林地，这样的转换既可以为五大连池第三产业的发展提供更多的空间，促进康养产业的良性发展，又可以实现保护和优化森林生态系统的目标。

（2）根据 2000—2018 年土地利用转移矩阵及林地转为耕地发生的位置区域和面积，在满足现阶段人口对耕地需求的基础上，预测五大连池土地利用优化转移即退耕还林的区域也主要集中在焦得布山、格拉球山、卧虎山、灰鹤湿地等区域，各区域耕地可以转为林地的面积分别约为 4000 公顷、800 公顷、700 公顷、1000 公顷，合计约 6500 公顷。通过对比五大连池土地利用优化转移后景观格局变化可以看出，景区不同位置区域出现多个林地斑块面积较大的情况，如图 6-31。其中，焦得布山景区林地面积由原来的 17512 公顷增加为 21512 公顷，增幅 22.82%，连接了焦得布山、龙门石寨和龙门山等 3 个景区的林地斑块，形成了面积为 16570.01 公顷的林地大斑块；格拉球山景区林地面积由原来的 15922 公顷增加为 16722 公顷，增幅 5.02%，连接了格拉球山内部破碎的林地斑块，形成了面积为 2983.251 公顷和 2246.90 公顷的 2 个相对较大的林地斑块；卧虎山景区林地面积由原来的 9278 公顷增加为 9978 公顷，增幅 7.54%，连接了卧虎山内部破碎的林地斑块，形成了面积为 2177.66 公顷的林地斑块；灰鹤湿地景区林地面积由原来的 6936 公顷增加为 7936 公顷，增幅 14.42%，连接了灰鹤湿地和尾山两个景区的林地斑块，形成了面积为 4040.18 公顷的林地斑块。因此，假设通过上述土地利用类型的转换后，可以形成 5 个面积较大的林地斑块，合计 28018.26 公顷，占转换后林地总面积的 76.84%，林地斑块景观人工干扰指数由原来的 0.037 降低为 0.034，景观优势度由原来的 0.515 提高为 0.529，增加了林地斑块在景观格局中的优势。同时，五大连池东部地区焦得布山、龙门石寨和龙门山景区内绝大多数的林地景观连通度增强，使五大连池东部区域成为林地资源分布的重心，该区域林地面积超过景区林地总面积的 50%。基于本研究五大连池生态康养区划结果可知，焦得布山、龙门石寨和龙门山景区处于森林氧吧—地磁生态康养区，该生态康养区的特点就是森林资源丰富、空气负离子浓度高、地磁异常适中。因此，若将耕地转化为林地后，有利于增强该区域的森林氧吧功能，进而使游客能够享受到五大连池生态资源带来的优质康养服务。

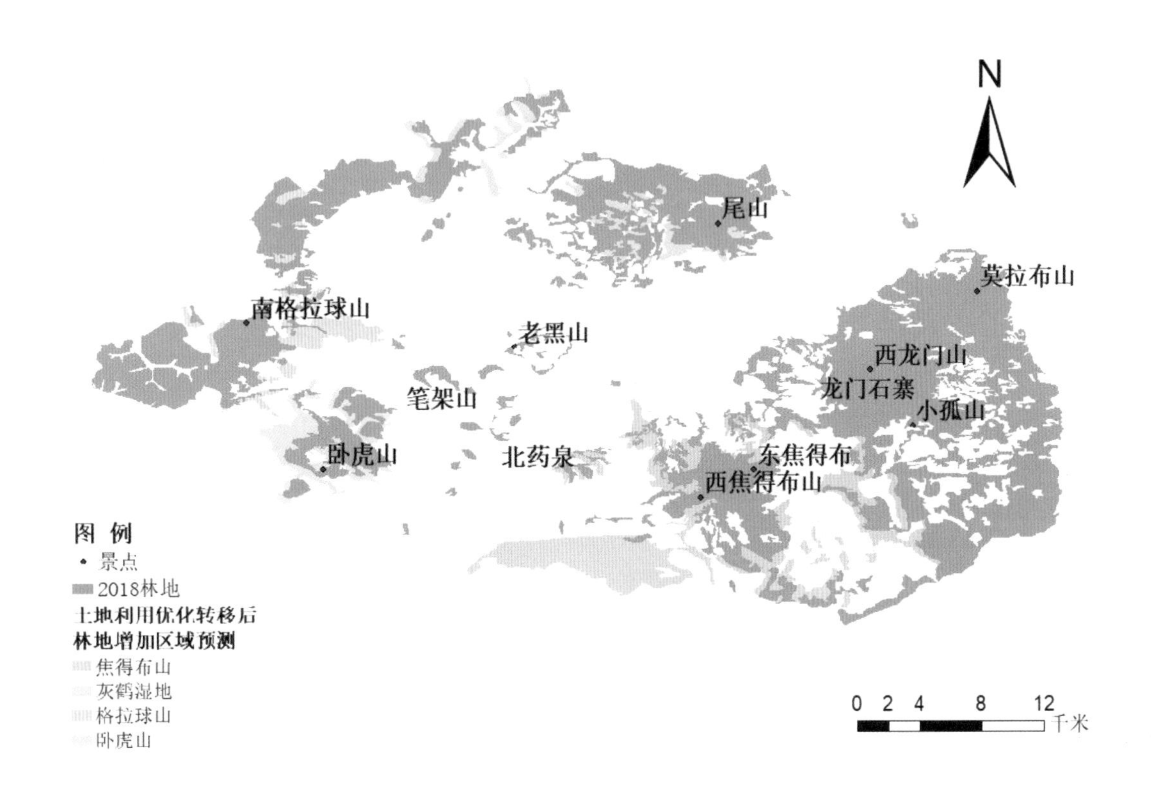

图 6-31　五大连池土地利用优化转移后景观格局变化预测

（3）森林植被通过提供负离子、吸收气体污染物、滞纳颗粒物等氧吧功能的发挥，能够为人类提供一个舒适、优质的康养环境，所以森林面积较大的区域，更有利于开展生态康养活动。1998 年，我国实施天然林资源保护工程，东北和内蒙古等重点国有林区大幅度调减木材产量，标志着林业由以木材生产为主，转向以生态建设为主。《东北、内蒙古重点国有林区天然林保护工程生态效益监测国家报告》结果显示，2000—2015 年，天保工程实施后，龙江森工集团和大兴安岭森工集团森林生态系统服务功能增加较为显著，其中增加量分别为：提供负离子 3.38×10^{25} 个 / 年，吸收二氧化硫 29477.56 万千克 / 年，吸收氟化物 444.89 万千克 / 年，吸收氮氧化物 1403.93 万千克 / 年，滞纳 TSP 921.37 万千克 / 年、滞纳 PM_{10} 2215.32 万千克 / 年。《黑龙江省森林生态连清与生态系统服务研究》结果显示，2011—2015 年，黑河市森林氧吧功能均有所增加，其中提供负离子增加 7600.20×10^{22} 个 / 年，吸收二氧化硫增加 3916.85 万千克 / 年，吸收氮氧化物增加 430.3 万千克 / 年。由此可以看出，通过林业生态保护和管理等途径和措施，可以极大地提升森林生态系统服务功能。因此，倘若将五大连池 6500 公顷的耕地转换为林地，按照该区域单位面积物质量推算，那么能够发挥的森林氧吧功能分别约为提供负离子 26×10^{22} 个 / 年、吸收污染物 77 万千克 / 年、滞尘 17 万吨 / 年（图 6-32）。而且，若依据土地利用优化转移后，焦得布山、卧虎山、格拉球山、灰鹤湿地景区内的森林生态系统将成为五大连池森林生态系统的重要组成部分，使得

森林生态系统得到了极大的优化，特别是焦得布山和龙门山2个景点核心区所处的一级生态康养源地所在斑块连通度增强，能够实现区域生态保护和优化协调发展。

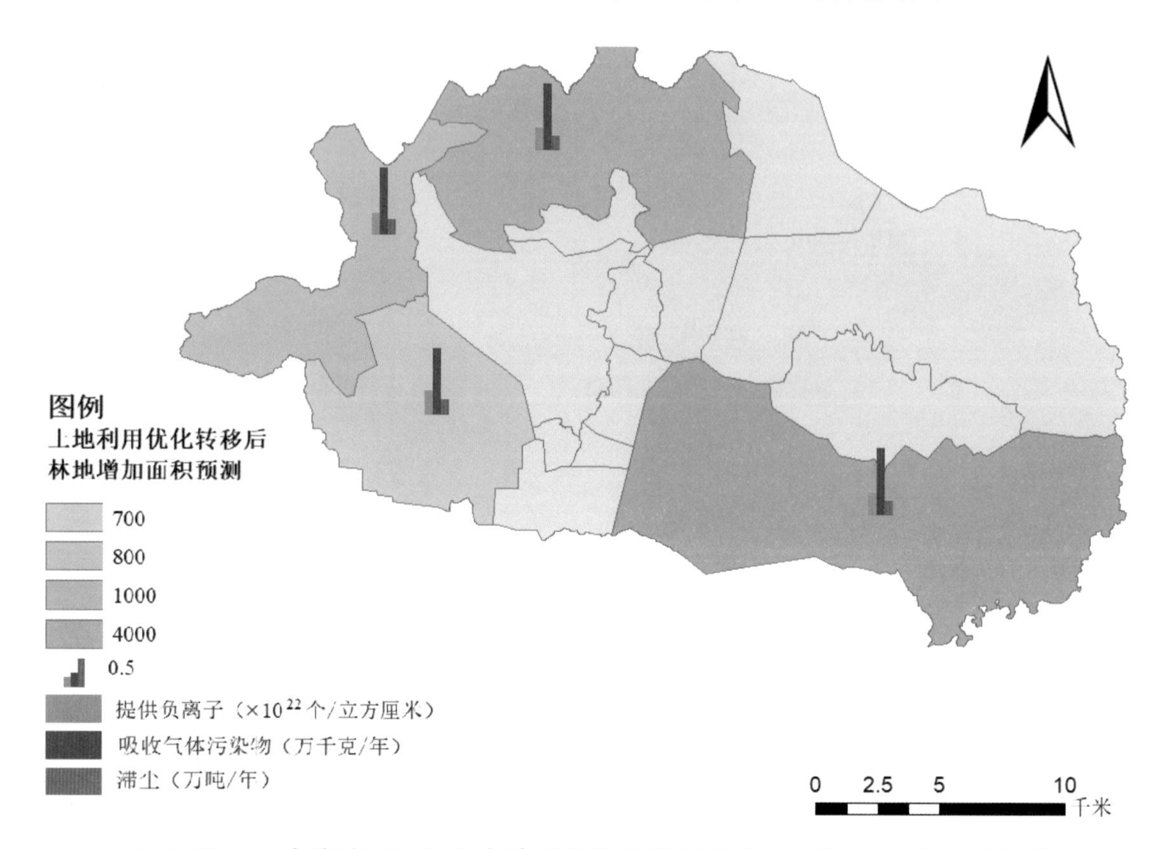

图6-32　五大连池不同景点土地利用优化转移后森林氧吧功能增加量预测

二、根据资源禀赋与康养意愿匹配度分析，打造完善绿道系统，丰富康养禀赋，提升意愿实现率

（1）根据体验者心理期待与满意度IPA分析得到，高期望值低满意度的体验内容中，对交通便利度的满意度最低，为3.10。我国生态旅游产品具有典型的“政府主导型”超前发展特征，倘若游客更加顺利地进入景区旅游，需要在政府主导作用下，将地方政府和景区管理相融合共同协作改善景区交通现状，完善交通网建立铁、路、空立体式交通网，加快建成五大连池景区火车站，扶持旅游巴士公司，形成火车站—景点、飞机场—景点等一体化巴士服务，提高游客出行满意度。除了景区的交通便利程度外，高期望值低满意度的项目还有科普教育和科学文化知识，游客的满意度很低仅为3.26，需要大力改善。五大连池被联合国教科文组织批准为全球首批世界地质公园，是开展火山科普教育的优选的区域。目前，五大连池火山地质博物馆以完成1.36万平方米的土建工程，可以依此修建科普长廊或者创建科普基地。另外，也可以通过定期开展科普讲座、科普活动主题日、夏令营、冬令营等宣传活动，全面规划、统筹安排，提高游客满意度。但是，该过程需要投入大量的人力和物力。随着旅游产业的发展，从需求侧来看，游客对旅游目的地的体验已经不再满

足于从前“走马观花”的形式，对旅游目的地体验有了更高的要求；从供给侧来看，旅游目的需要丰富旅游产业与其他产业的融合模式和途径，创造“旅游 + 康养”“旅游 + 森林”“旅游 + 乡村”等融合模式。该区域体验活动的参与程度也很低，为 3.15。为了引导体验者开展各种各样的森林康养活动，可在森林康养区内构建一定数量的康养绿道，拓展森林旅游空间引导游客进行富氧呼吸森林浴体验。根据心理期待与满意度 IPA 分析结果得出，推出康养最需要而且也是比较容易实现的途径是“康养绿道”的建设和完善。从医学层面来讲，人体长期处于空气负离子浓度在 1000 ~ 5000 个 / 立方厘米的环境时，人体免疫能力和抵抗能力可以增强（林金明，2006），通过对五大连池林内空气负离子浓度观测发现，景区森林环境中特别是每天上午 7:00 ~ 11:00 之间是空气负离子浓度较高的时段。五大连池景区为国家地质公园、森林公园、自然保护区的集合体，康养绿道的建设应该充分利用森林环境。

（2）依据《森林疗养基地建设技术导则（DB11/T 567—2018）》（简称建设技术导则）规定，为了避免给体验者带来心理压力，森林绿道宽度不宜低于 1.5 米，考虑到其他行动不便的体验者，为确保两辆轮椅并行，绿道宽度不宜小于 1.8 米，需原路返回的路段应加宽路面；若需要设置台阶，踏步应防滑，踏步高度应在 10 ~ 15 厘米，宽度不宜小于 30 厘米，台阶踏步数不应少于 3 级，当高差不足级时，按坡道设置；森林疗养步道场地选择规定，选择郁闭度为 0.6、空气细菌含量平均值小于 300 个 / 立方米、两侧树下净高不低于 2.2 米、通视距离为 50 ~ 100 米的区域。五大连池景区东部的氧吧—地磁生态康养区是森林资源集中分布的区域，且地磁异常在 300 ~ 650 纳特之间，龙门山、焦得布山、龙门石寨分布的森林植被主要是落叶松林、阔叶混交林、蒙古栎林，药泉山附近有一定面积的人工樟子松林，可以根据景点内主要的森林植被类型修建特色康养绿道（表 6-32、图 6-33）。与登山步道相比，森林康养绿道更重视五官体验和滞留，结合五感体验心理愉悦感最强的游览时长为 2 ~ 4 小时（李春媛等，2009），依据建设技术导则中森林疗养步道要求，针对不同人群的身体状况，可以设置 2 千米适合初次体验或体弱者的短距离绿道，2 ~ 10 千米适合一般人员的中距离绿道，大于 10 千米适合身体健康、经验丰富人员的长距离绿道。可以在龙门山、龙门石寨、焦得布山和药泉山等景区内，分别建设落叶松林绿道（10 千米）、蒙古栎林绿道（10 千米）、阔叶混交林绿道（10 千米）、樟子松林绿道（5 千米），将焦得布山景区内局部区域的阔叶混交林和龙门石寨景区内局部区域的蒙古栎林连接起来，从一定程度上增加景区斑块之间的连通性，如图 6-34 至图 6-37，不同绿道树种配置见表 6-32。落叶松林康养绿道可以借助落叶松释放挥发性气体的特点，在林下配置一些观花的芳香植物或者药用植物，如本地常见的兴安杜鹃、兴安鹿药、鹿蹄草等，还可以配置一些观赏植物如红瑞木、玉竹，兴安杜鹃喜欢阳光，宜种植于林隙间或绿道两侧，红瑞木可种于林下，兴安鹿药、鹿蹄草、玉竹喜阴可种于乔、灌木下，如图 6-38。考虑到为了增强蒙古栎林的氧吧功能，因此在树种配置上选择刺玫果、库页悬钩子等药用、芳香灌木和单花鸢尾、玉竹等芳香植物。刺玫果、库页悬钩子喜光可种于林隙间，玉竹喜阴种于乔、灌木下，单花鸢尾喜光可种于绿道两侧，如图 6-39。阔叶混交林内长有一定比例的白桦，白桦为秋季观叶树种，阔叶混交林康养绿道在树种配置上可以选择胡枝子、大三叶升麻等一些常见的药用灌木，北重楼、苍术和单花鸢尾等芳香的观花草本，胡枝子、大三叶升麻、北重楼、苍术喜阴可种于林下，单花鸢尾喜光可种于林隙和绿道两侧，如图 6-40。樟子松叶片滞纳颗粒物能力比落叶松弱，在选择樟子松林康养绿道配置树种时，可以选择兴安桧等滞纳颗粒物能力较强的灌木，同时选择稠李、大三叶升麻、芍药等观赏性较强的草本，兴安桧、稠李、大三叶升麻、芍药喜光种于林间和绿道两侧，东方草莓种于乔、灌木下，如图 6-41。与普通步道相比，除了基础的休息座椅、洗手间、休憩亭廊等，还需要在绿道沿线设置一系列的主题活动节点，如林间瑜伽和太极平台、坐观台、芳香花径、芳香园和药草园等，场地面积依据现状和活动内

表 6-32　五大连池绿道树种配置

绿道	植物	生活型	高	滞尘	药用	芳香	观赏	色彩	习性
落叶松林绿道	兴安杜鹃	半灌木	0.5~2m	✓	✓	✓	花	紫色	喜光
	红瑞木	灌木	3m	✓	✓		茎	红色	稍喜阴
	兴安鹿药	草本	30~60cm		✓		花	白色	喜阴
	鹿蹄草	草本状小半灌木	15~30cm		✓		花	白色	喜阴
	玉竹	草本	20~50cm		✓		果	蓝褐色	喜阴
蒙古栎林绿道	山刺玫	灌木	1.5m	✓✓	✓		花果	红色	喜光
	库页悬钩子	灌木	0.6~2m	✓	✓		果	红色	喜光、耐庇荫
	单花鸢尾	草本	20~40cm			✓	花	蓝紫色	喜光、稍耐阴
	玉竹	草本	20~50cm		✓		果	蓝褐色	喜阴
阔叶混交林绿道	胡枝子	灌木	1~3m	✓	✓		花	红紫色	喜阴
	大三叶升麻	灌木	1m	✓	✓		花	黄白色	喜阴
	北重楼	草本	60cm		✓		花	黄绿色	喜阴
	苍术	草本	0.3~1m		✓		花	白色	喜阴
	单花鸢尾	草本	20~40cm			✓	花	蓝紫色	喜光
樟子松林绿道	胡枝子	灌木	1~3m	✓	✓		花	红紫色	喜光
	稠李	乔木	4~15m	✓	✓		果	黑紫红色	喜光
	大三叶升麻	灌木	1m	✓	✓		花	黄白色	喜光
	兴安桧	灌木	1.5m	✓✓			枝	绿色	喜光
	芍药	草本	40~70cm		✓	✓	花	红紫色	喜光
	东方草莓	草本	5~30cm		✓		果	红色	喜阴

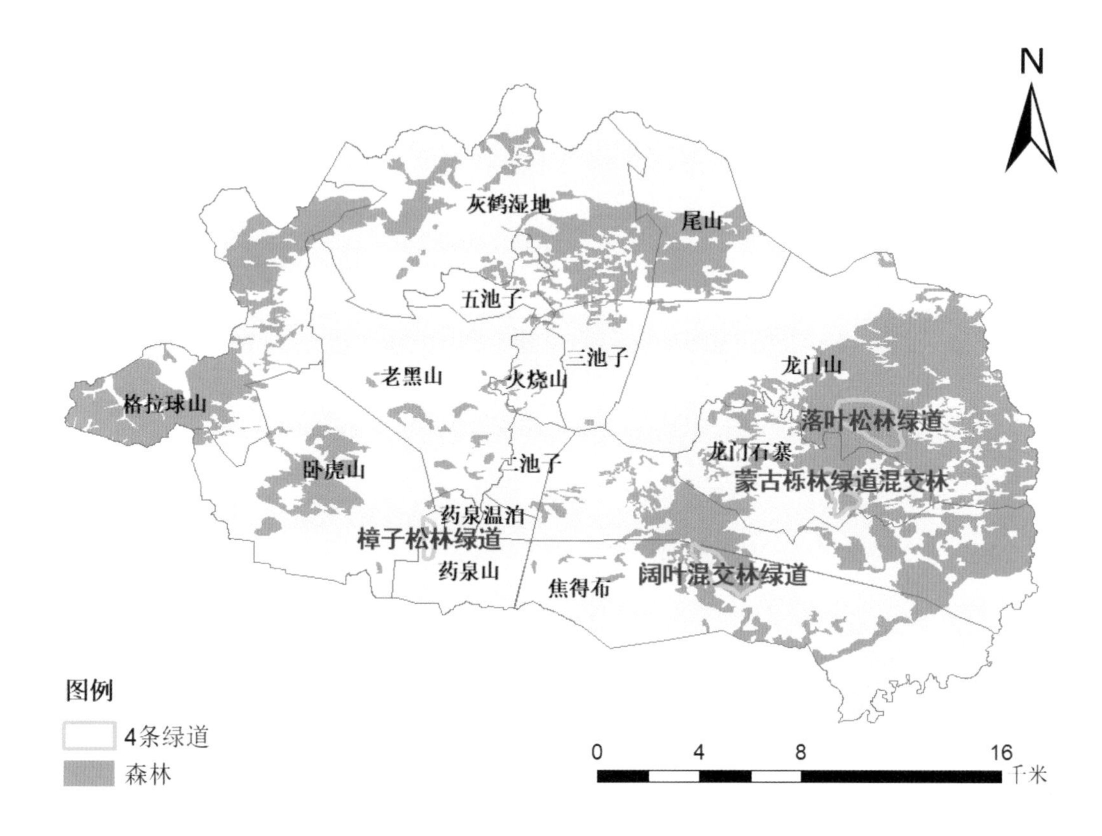

图 6-33　五大连池森林绿道

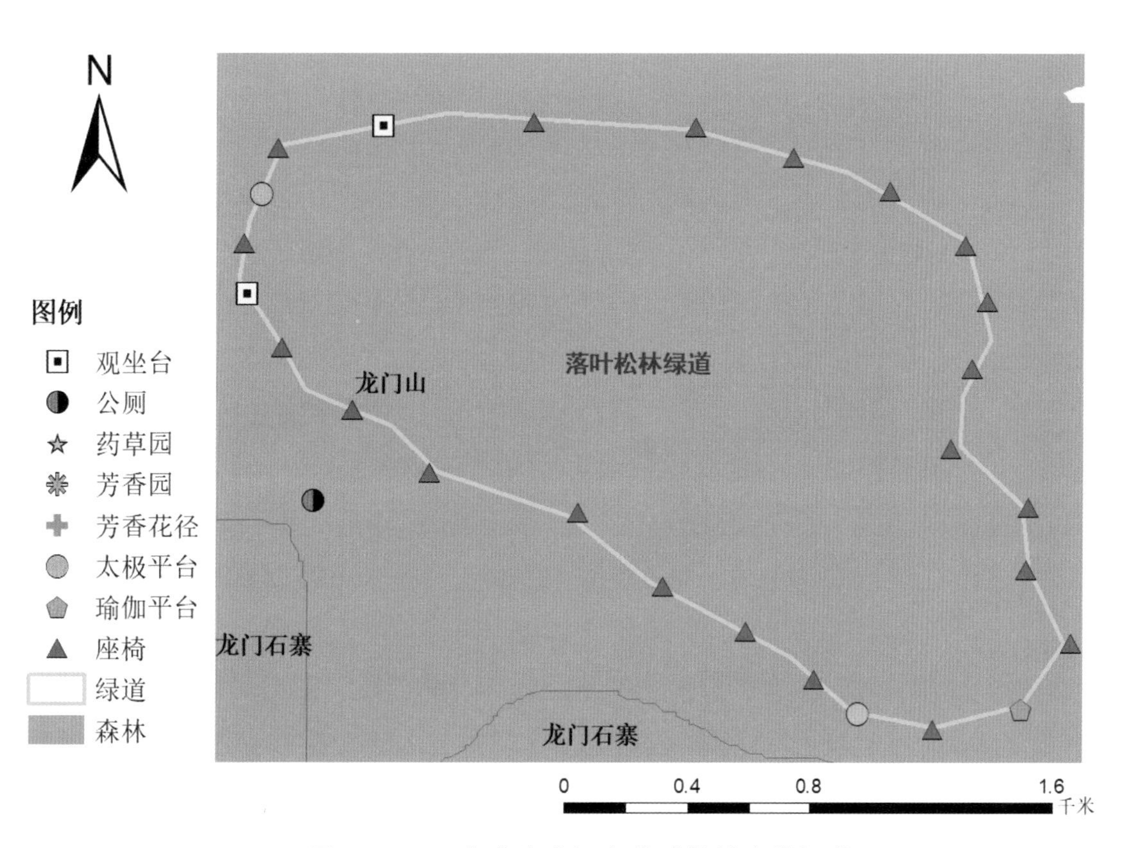

图 6-34　五大连池龙门山落叶松林康养绿道

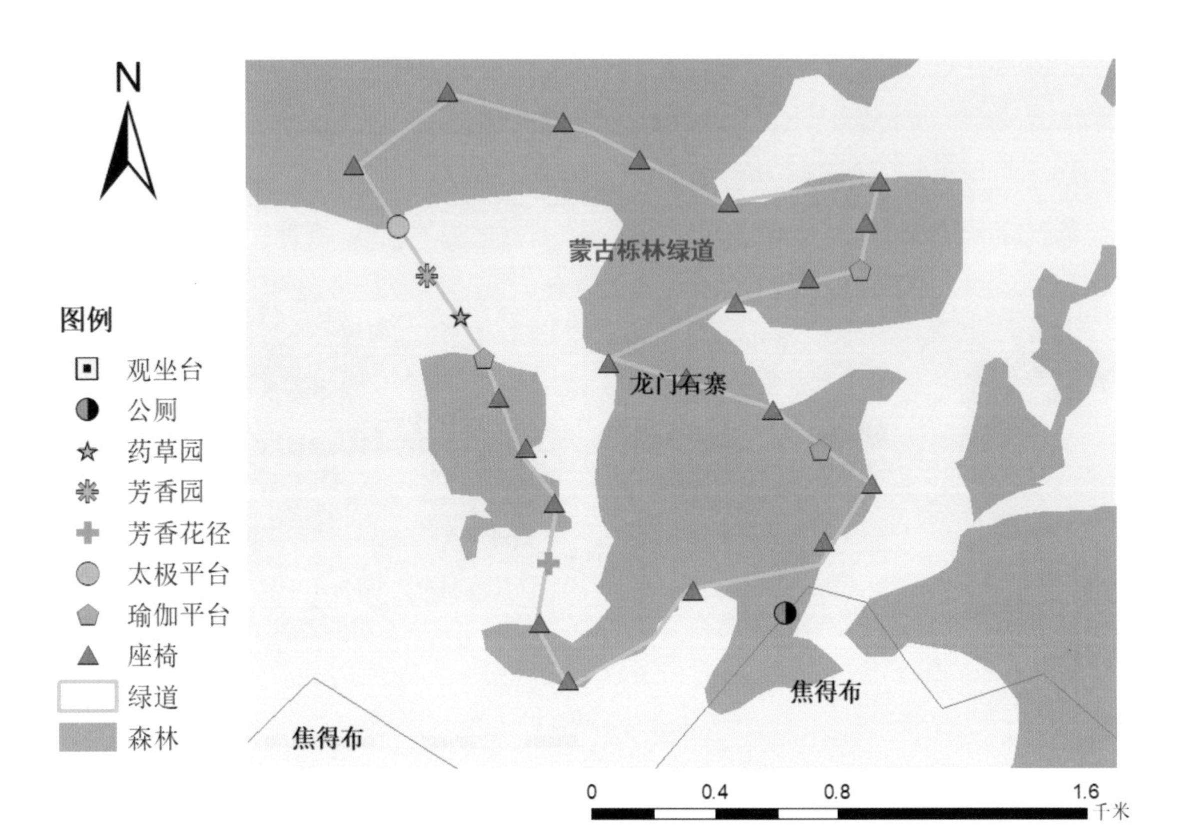

图 6-35　五大连池龙门石寨蒙古栎林绿道

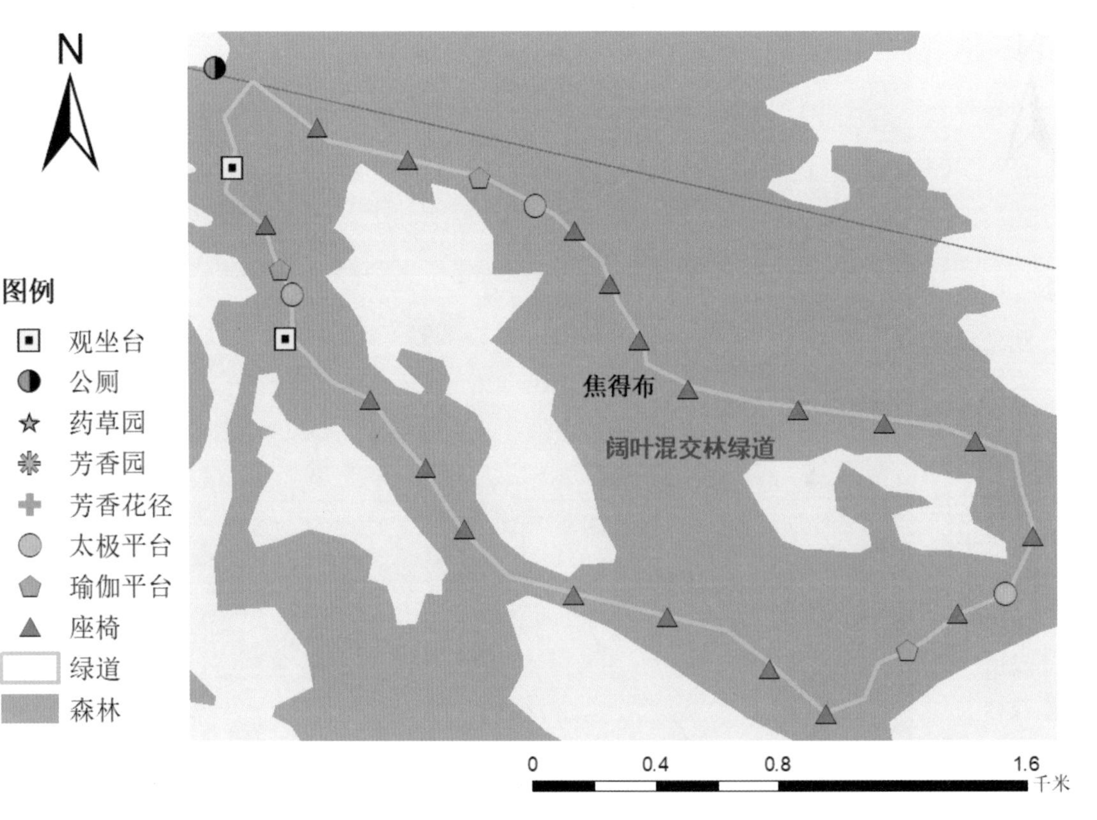

图 6-36　五大连池焦得布阔叶混交林绿道

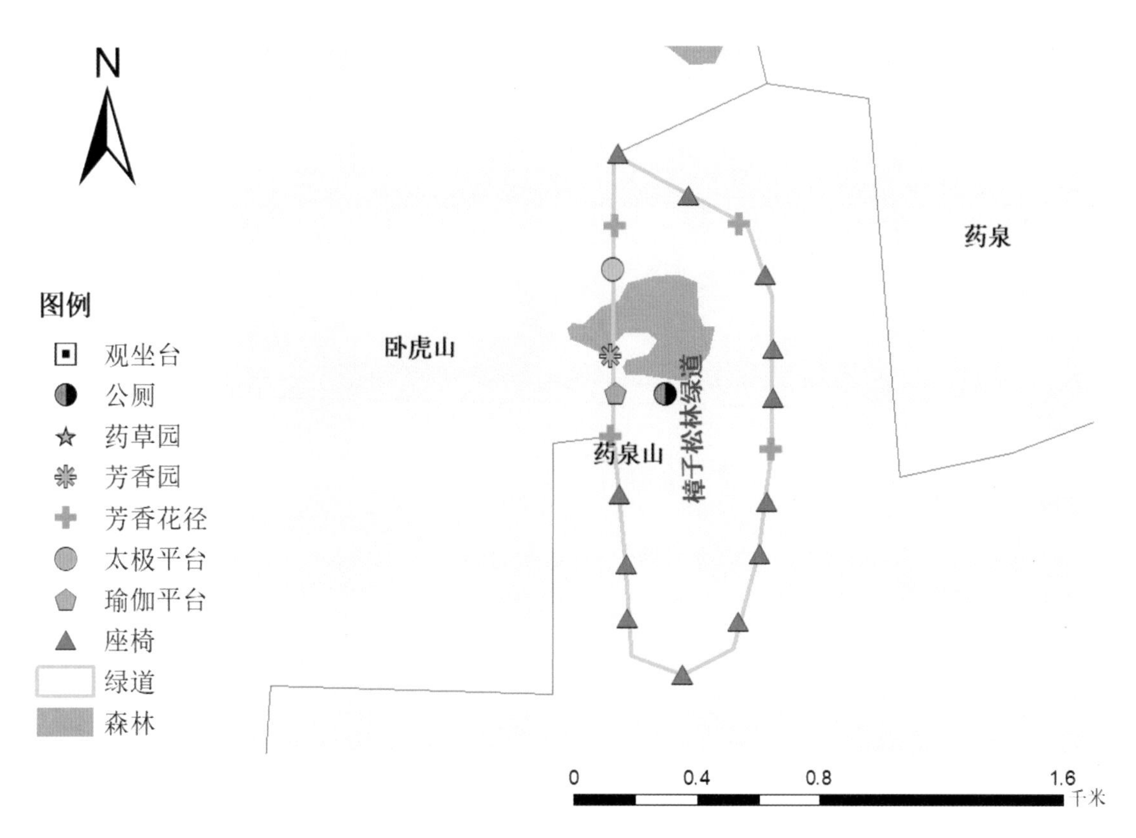

图 6-37　五大连池药泉山樟子松林绿道

图 6-38　五大连池龙门山落叶松林康养绿道树种配置

图例

比例：1：400

- 单花鸢尾
- 玉竹
- 蒙古栎
- 库页悬钩子
- 白桦
- 山刺玫

图 6-39　五大连池龙门石寨蒙古栎林绿道树种配置

图例

比例：1：400

- 胡枝子
- 大三叶升麻
- 单花鸢尾
- 苍术
- 蒙古栎
- 白桦
- 山杨

图 6-40　五大连池焦得布阔叶混交林绿道树种配置

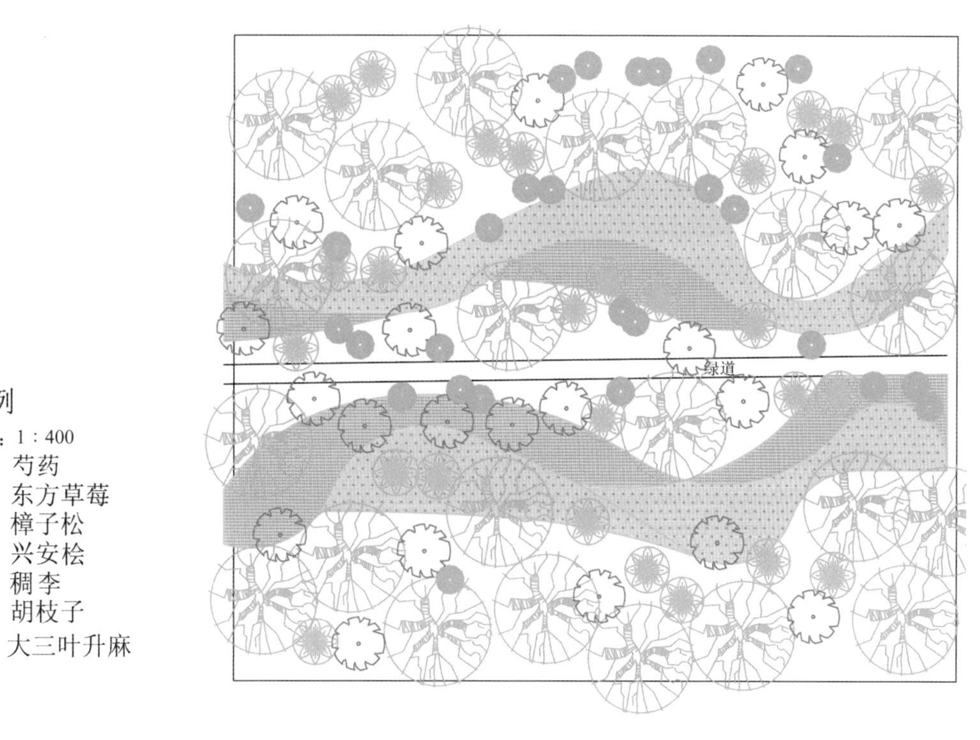

图 6-41 五大连池药泉山樟子松林绿道树种配置

容确定，以满足 3 ~ 5 人同坐、不互相干扰为最小单位。在森林绿道内还需要设置指示标识、解说标识、安全标识等标识设施，或者是显示屏、触摸屏和便携式电子导游机等电子设备，标明距离、高差、坡度，以及运动强度、能量消耗量和建议步行速度等。

（3）绿道铺设材料应因地制宜、就地取材，以木材、松针或碎石等为宜，软质铺装的比例应不小于 60%。同时，选择乡土树种或者适应性强的植物，合理配置那些具有抗菌灭菌、净化空气、保健疗养功能的灌木和草本，种植于林下植被盖度较低的区域，激发视觉、嗅觉、触觉等感官刺激，起到放松身心、调节情绪和治疗疾病的作用。①落叶松林康养绿道配置植物的康养禀赋：落叶松属于芳香植物，可以释放一些有益的挥发性物质，林内环境中单萜烯和倍半萜烯的相对含量为 40.26%，挥发性气体中含有的蒎烯、水芹烯、月桂烯等可以加速人体血液循环，有调节心理和大脑神经的功效（严善春，2008；易文芳，2009），单位面积滞纳 TSP 0.288 微克 / 平方米、PM_{10} 0.119 微克 / 平方米，$PM_{2.5}$ 0.047 微克 / 平方米，滞纳颗粒物能力也很强；配置的药用观花、观茎植物中，兴安杜鹃花挥发性气体中含有石竹烯、月桂烯、柠檬烯等具有镇痛、杀菌消毒、使人镇静、抗病毒等功效，对气管炎类呼吸疾病有一定疗效（王春玲，2015），其他的药用植物具有不同的功效，红瑞木具有治疗风湿关节痛的功效，兴安鹿药具有祛风除湿、活血调经的功效，鹿蹄草具有补血、助消化、延缓衰老的功效，玉竹具有治热病阴伤、咳嗽烦渴、虚劳发热等功能（丁学欣，2009）。②阔叶混交林康养绿道配置植物的康养禀赋：白桦和黄花忍冬叶片滞纳颗粒的能力很强，白桦叶片单位面积滞纳 TSP 0.183 微克 / 平方米、PM_{10} 0.059 微克 / 平方米、$PM_{2.5}$ 0.01 微克 / 平方米，黄花忍冬叶片单位面积滞纳 TSP 0.140 微克 / 平方米、PM_{10} 0.059 微克 / 平方米、$PM_{2.5}$ 0.017 微克 / 平方米；配置的其他药用植物具有一定康养功效，北重楼具有散瘀消肿、抗菌抑菌的功效，单花鸢尾具有一定的提神醒脑、镇静安神的功效（徐洁，2017），苍术挥发物中含有的萜烯类化合物可以促进免疫蛋白含量增加，提高呼吸道的防御能力，避免呼吸道疾病的发生（谢祝宇，2011）。③蒙古栎林康养绿道配置植物的康养功禀赋：在树种配置上选择叶片滞纳颗粒物能力较强的刺玫果，单位面积滞纳 TSP 0.059 微克 / 平方米、PM_{10} 0.029 微克 / 平方米，$PM_{2.5}$ 0.010 微克 / 平方米，增强植被滞纳颗粒物的能力，刺玫果和单花鸢尾都具有提神醒脑、镇静安神的功效（徐洁，2017）。④樟子松林康养绿道配置植物的康养禀赋：樟子松属于芳香植物，挥发性物中的萜烯类化合物有助于特殊人群提高免疫力（李瑞军，2019）；选择滞纳颗粒物能力较强的灌木兴安桧，兴安桧叶单位面积可滞纳 TSP 0.056 微克 / 平方米、PM_{10} 0.035 微克 / 平方米、$PM_{2.5}$ 0.020 微克 / 平方米；同时大三叶升麻可以治风热头疼、齿痛、口疮、咽喉肿疼等（丁学欣，2009），芍药挥发性气体中含有多种醇类具有促进肝脏和心脏机能的功效（徐洁，2017）。

通过合理配置芳香植物、药用植物、叶片滞纳颗粒物能力强的植物，以及观赏性强的灌木和草本，完成五大连池绿道系统，丰富森林康养绿道禀赋，为体验者开展康养活动提供优质的环境，进一步增强游客的意愿实现率。

三、依据康养功能区划和归一化生态康养指数分析，挖掘特色资源（泉水理疗和地磁理疗），形成五大连池品牌化异质化生态康养模式

（1）依据康养功能区划和归一化生态康养指数研究结果，五大连池风景区可以划分为 5 个一级生态康养功能分区，分别为氧吧—泉水—地磁生态康养功能区、氧吧—泉水生态康养功能区、氧吧—地磁生态康养功能区、氧吧生态康养功能区和生态休闲区，各康养功能区面积分别为 25695.33 公顷、12022.98 公顷、34729.64 公顷、12354.86 公顷、21326.97 公顷，其中氧吧—泉水—地磁生态康养功能区和氧吧—地磁生态康养功能区所占面积较大，占区域总面积的 56.93%，氧吧—泉水—地磁生态康养功能区所包含的药泉、卧虎山、药泉山和格拉球山等景区，地磁异常处于 300 ~ 1000 纳特之间，该区域中北药泉、二龙眼泉、南洗泉、翻花泉等火山矿泉系列的冷饮泉、冷泡泉、矿泥泉，是世界上三大冷泉之一，生态康养资源丰富且质量较高。氧吧—地磁生态康养功能区所包含的龙门石寨、龙门山、小孤山、笔架山、焦得布山等景区，地磁异常处于 300 ~ 650 纳特之间，生态资源质量也较高。由此可以看出，五大连池矿泉、地磁等多种特色生态康养资源质量优质，可供游客参与体验的内容较丰富，但是根据体验者心理期待与满意度 IPA 分析得出是游客的参与满意度很低。因此应该加强“矿泉 + 地磁”特色资源的挖掘，满足游客高层次的需求。矿泉疗养项目比

较单一，还停留在基本的“泡”这个阶段（代雪坤，2019），应该以“矿泉”为平台，依托药泉山冷矿泉群，运用“浴疗”“蒸疗”“理疗”为主要疗养手段的系列化科学疗法，增加温泉体验项目，形成兼具冷泉和温泉两大矿泉特色的矿泉理疗中心，配备辅助健康管理、有氧运动、绿色饮食、科学起居等，开展“疗程化”的阶段性康复体验项目，如皮肤治疗、肠胃调理、辅助治疗缺铁性贫血、治疗神经性脱发和风湿、减肥、美容、美体等。

地磁通过调节人体脑电磁波，改善人们的睡眠质量，保证人们的休息和作息（周波，2011）。可以在氧吧—泉水—地磁生态康养功能区和氧吧—地磁生态康养功能区设置特定的地磁疗养区，可选择东、西龙门山火山锥附近，龙门石寨火山熔岩台地附近，东、西焦得布火山锥附近，以及南、北格拉球山火山锥附近，设置一定的观坐台和休息场，使游客更好的享受全磁环境带来的磁疗康养体验。在疗养院或者社区医疗机构增设电磁疗、针灸设施和设备，与自然地磁疗相结合供游客进行磁疗体验。通过“矿泉 + 地磁”特色资源的开发和利用，进一步提高游客对体验活动的参与度和丰富度。

（2）区域矿泉和地磁等特色资源吸引了国内外人群进行康疗和养老体验。2017 年，五大连池风景区接待游客 163 万人次，接纳国内外康疗和养老人员 25 万人次，占旅游总人数的 15.34%，由于地理位置优势，俄罗斯康疗和养老人员有 9 万人次，占康疗和养老人数的 36%。有调查表明，37% 的俄罗斯游客有 4 次以上到五大连池疗养的体验，这些重游的俄罗斯游客不仅自己会多次来到五大连池，还会将五大连池宣传介绍给亲朋好友，带来更多的游客，如图 6-42，有 75% 的俄罗斯游客到五大连池旅游的主要目的是为了医疗养生，可见五大连池吸引俄罗斯游客的还是医疗养生体验项目（代雪坤，2019）。

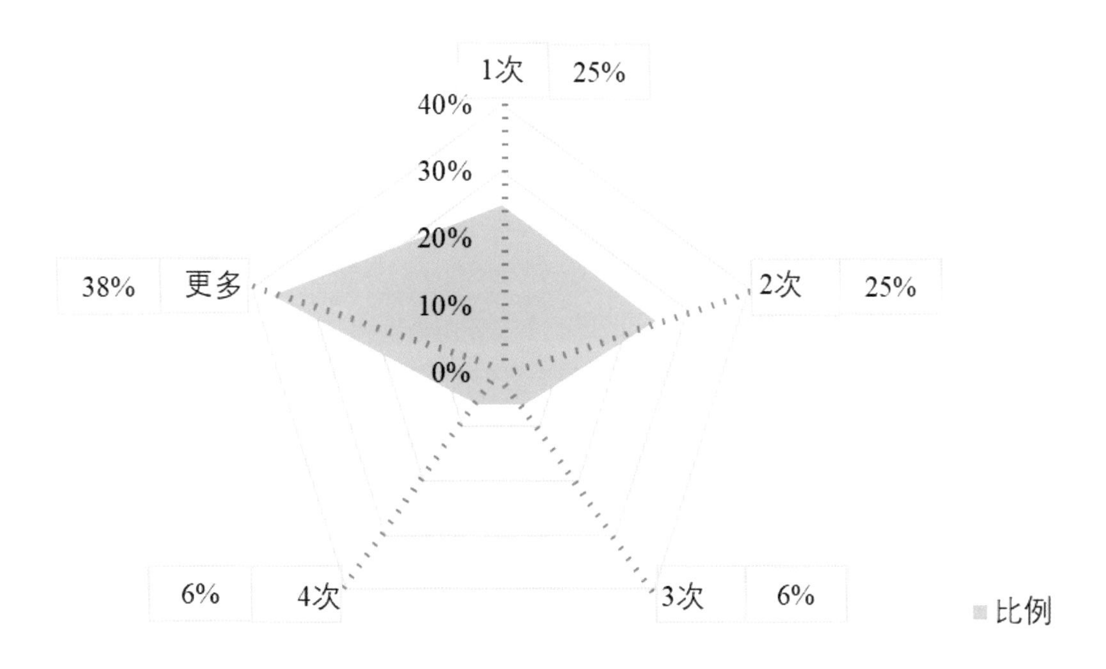

图 6-42　俄罗斯游客到五大连池出行次数统计（引自《五大连池景区医疗养生游研究》）

通过相关的统计数据可以看出，五大连池景区适合开发的旅游产业的方向除了短期的观光旅游产品以外，还可以发展阶段性的疗养旅游产品。五大连池冷矿泉的类型较多，包括铁锶硅质重碳酸盐矿泉、铁质重碳酸盐矿泉、硅质碳酸矿泉。其中，北药泉的铁锶硅质重碳酸盐矿泉水富含有利于肠胃健康的 Fe^{2+}，在 20℃时 Fe^{2+} 含量减少为零的时间为 5 小时，通过添加柠檬酸可以增加 Fe^{2+} 的稳定性，并且可在近一年的时间内保证泉水具有良好的感官效果（无色、透明、澄清），因此可以借鉴“空气罐头”的模式，将柠檬酸加入铁锶硅质重碳酸盐矿泉水中装入易拉罐或者其他存放装置密封保存，那么游客即使不到北药泉也可以体验到铁锶硅质重碳酸盐矿泉水资源（葛· 马· 斯贝泽尔，1995）；翻花泉的硅质碳酸矿泉水中二氧化碳含量高，对头癣、牛皮癣等皮肤病疗效显著，且具有软化血管的功效（史延升，2007）。在我国，气泡水占瓶装水市场比例仅有约 1%，且以国外品牌为市场主导。五大连池气泡水在国内市场的普及度较低、受众范围较小，所以若作为高档水中的一个品类还需要一定的市场培育，可以通过锁定消费收入较高、消费能力较强的顾客群体，选择便利店和电商作为零售渠道，增加碳酸矿泉的普及度（谭爽，2015）。南洗泉的铁质重碳酸盐矿泉水，可以治疗风湿、心脑血管和神经系统疾病（史延升，2007）。磁疗资源也是该区域的特色资源，特别是形成了以龙门石寨、龙门山、焦得布山、南北药泉、格拉球山等景点为核心的地磁异常在 300 ~ 650 纳特之间有利于人体健康的全域地磁环境。结合不同景点的资源组成，在地磁区域范围内增设地磁疗养区和人工疗养景观。

因此，若整合五大连池冷泡泉、药饮泉、矿泥泉等特色资源，实现冷泉资源向温泉资源的转化，增加特色饮用水资源的普及度及受众范围，强化磁疗环境的建设，突出差异化吸引力、深度挖掘特色资源形成品牌化旅游产品，拓展体验内容和项目（图 6-43），提升基于矿泉和地磁疗养的品质，让康疗和养老的群体真正感受到区域集成式的“矿泉 + 地磁”康养模式。

（3）通过景观连通度指数分析可知，2018 年五大连池景观分割指数为 0.8931。当景观分割指数为 0 时，景观由一个斑块组成；景观分割指数越接近 1 时，说明景观的分割程度越严重，本研究结果反映了五大连池斑块的不连续性和景观的异质性状态。从旅游功能来讲，景区内共有 6 个地质观光区、3 个生态探险区、3 个休闲区，基于景观均匀度和景观分割指数研究，认为五大连池景观丰富度较高，且每个区域拥有异质化的生态康养资源，这样的资源组合形成了五大连池异质化的生态康养空间格局，包括观光旅游区（西部）、疗养休憩区（东部）和矿泉理疗区（南部），如图 6-44 和表 6-33。借助心理期待与满意度 IPA 分析结果以及异质化的生态康养资源，形成了五大连池的品牌化发展模式。①“森林 + 火山 + 矿泉”品牌化发展模式。该模式重视游客观光旅游体验活动的参与度和丰富度，依托五大连池的火山锥、火山岩、堰塞湖、矿泉、矮曲林等资源，在西部格拉球山景区增设攀岩、丛林滑索、徒步探索、地面障碍、越野挑战、荒野求生体验、露营等素质拓展项目，形成森林

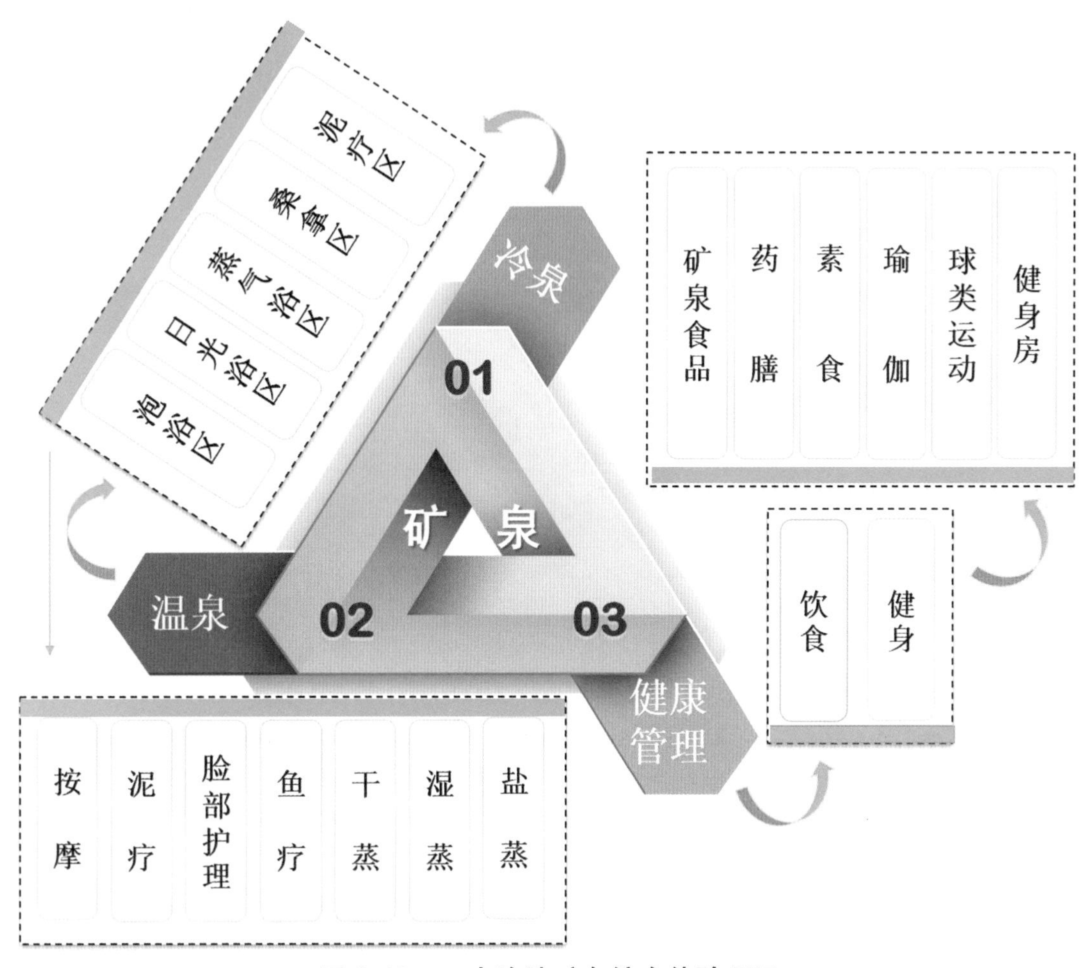

图 6-43　五大连池矿泉综合体验项目

系列素质拓展核心区，并在该区域引入无人机、VR 技术、露营等技术和设备，形成多个视角体验式的室外科普教育活动；在老黑山景区，针对局部区域优势植物及群落，建设和完善科普长廊、宣传和解说标牌等科普设施，形成火山近距离接触科学实践核心区。将五大连池高浓度二氧化碳碳酸冷矿泉、富含二价铁离子的医用饮用矿泉、冷洗泉、矿泥疗、熔岩晒场整合，形成集成式的系列火山矿泉体验项目，提升游客的体验度和意愿性。②“森林＋矿泉＋地磁”疗养休憩品牌化发展模式。借助位于东部龙门山、龙门石寨、焦得布山、药泉山等景区地磁环境中的 4 条长 35 千米的森林绿道系统，建立人工疗养景观与自然景观和人文景观结合的模式，在南北药泉景区附近建设“冷泉和温泉”相结合的矿泉理疗体验中心，并将中医和现代医学的“理疗”技术和仪器融入“浴疗”“蒸疗”等系列化科学疗法中。同时，配备特色矿泉（气泡水等）系列膳食，有利于体验者增强血液循环和提高细胞增生能力，尤其对慢性病及老年病患者的康复效果更佳。

因此，建立五大连池特色的“森林＋火山＋矿泉”和“森林＋矿泉＋地磁”品牌化发展模式，可以提高游客体验活动参与度、丰富度和疗养功效，进一步促进五大连池旅游产业的升级发展。

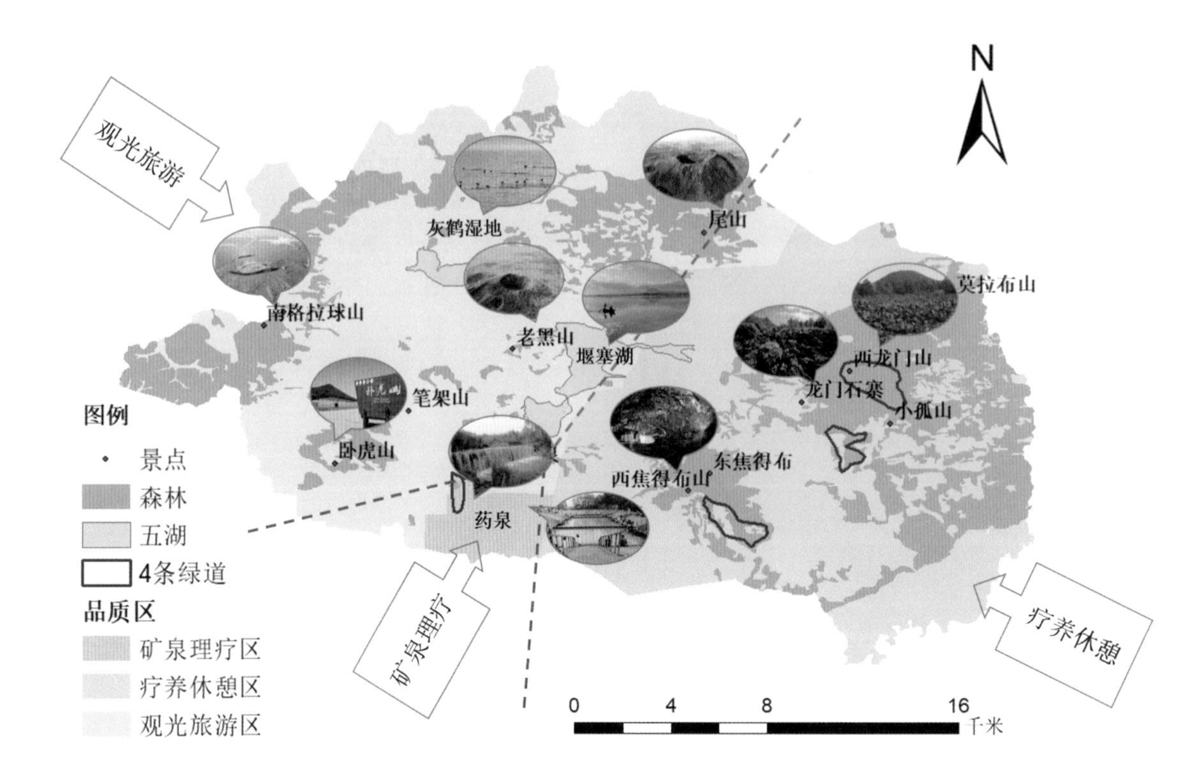

图 6-44　五大连池异质化的生态康养空间格局分布

表 6-33　五大连池异质化的生态康养资源体验

异质化空间格局	景点	森林	矿泉	火山	地磁
观光旅游区	卧虎山	✓		✓	
	格拉球山	✓		✓	✓
	老黑山	✓	✓	✓	
疗养休憩区	龙门山	✓		✓	✓
	龙门石寨	✓			✓
	焦得布山	✓		✓	✓
矿泉理疗区	药泉	✓	✓	✓	

参考文献

安振昌，李家发，吴一柱，等.1992.中国地磁台环境场的计算与分析 [J].地震地磁观测与研究，(06):67-71.

柏方敏，李锡泉 .2016.对湖南发展森林康养产业的思考 [J].湖南林业科技 ,4303:109-113.

鲍恋君，郭英，刘良英，等 .2017.珠江三角洲典型有机污染物的环境行为及人群暴露风险 [J].化学进展，(9):943-961.

包冉 .2010.空气负离子与人体健康 [J].健康生活，8:28-29.

包红光 .2016.城市公园绿地内空气颗粒物浓度时空变化规律 [D].北京：中国林业科学研究院 .

巴成宝，梁冰，李湛东 .2012.城市绿化植物减噪研究进展 [J].世界林业研究 ,25(05):40-46.

北京市质量技术监督局 .2018.DB11/T 567—2018 森林疗养基地建设技术导则 [S].北京市：北京市质量技术监督局 .

柴一新，祝宁，韩焕金 .2002.城市绿化树种的滞尘效应——以哈尔滨市为例 [J].应用生态学报，13(9):1121-1126.

曹函玉 .2013.京津冀农业区典型气态污染物干沉降研究及其生态效应初探 [D].兰州：甘肃农业大学 .

曹潘荣，刘春燕，刘克斌，等 .2006.水分胁迫诱导岭头单枞茶香气的形成研究 [J].华南农业大学学报 ,27(1):17-20.

曹秀玲，张俊伟，田以麟，等 .2010.城市承办大型体育赛事生态承载力及其预警策略 [J].沈阳体育学院学报，29(06):62-64.

长安，葛全胜，方修琦，等 .2007.青藏铁路旅游线气候适宜性分析 [J].地理研究，03:533-540.

常杰，潘晓东，葛滢，等 .1999.青冈常绿阔叶林内的小气候特征 [J].生态学报，19(1):68-75.

常艳，玉庆民，张秋良，等 .2010.内蒙古大兴安岭森林负离子浓度变化规律及价值评估 [J].内蒙古农业大学学报：自然科学版，1:83-87.

丛丽，张玉钧 .2016.对森林康养旅游科学性研究的思考 [J].旅游学刊，31(11):6-8.

陈欢，章家恩 .2007.植物精气研究进展 [J].生态科学，03:281-287.

陈宏志，等 .2007.我国森林小气候的研究现状 [J] .四川林业科技，28(2):29-32.

陈珂，耿黎黎，李智勇 .2008.关于发展我国森林休闲业的思考 [J].世界林业研究，03:75-78.

陈力川，汪思亮，余苏云，等 . 2017.NK 细胞在肿瘤免疫治疗中的研究进展 [J]. 肿瘤 ,3701:101-106.

陈利顶，傅伯杰，赵文武 . 2006. “源”“汇”景观理论及其生态学意义 [J]. 生态学报 ,05:1444-1449.

陈利顶，周伟奇，韩立建，等 . 2016. 京津冀城市群地区生态安全格局构建与保障对策 [J]. 生态学报 , 3622:7125-7129.

陈玲玲，屈作新 . 2016. 我国森林旅游资源开发现状及可持续发展策略 [J]. 江苏农业科学 ,4401:483-486.

陈维伟 . 2008. 瑞典森林公园建设管理经验及其借鉴 [J]. 中南林业调查规划 , 03:62-64.

程希平，陈鑫峰，叶文，等 . 2015. 日本森林体验的发展及启示 [J]. 世界林业研究 , 2802:75-80.

陈鑫峰，王雁 . 1999. 森林游憩业发展回顾 [J]. 世界林业研究 ,06:32-37.

陈秀荣，孙淑滨，刘琳琳 . 2011. 章丘市 2006—2010 年非职业性一氧化碳中毒病例调查分析 [J]. 中国初级卫生保健 ,2508:75-76.

陈垚 . 2014. 中老年人水分摄入及其它膳食因素与常见慢性病关系研究 [D]. 济南 : 山东大学 .

陈亚云，谢冬明 . 2016. 江西森林康养旅游发展刍议 [J]. 南方林业科学 , 4405:58-60.

陈亚云，谢冬明，周国宏，等 . 2018. 中部地区休闲农业可持续发展态势比较研究 [J]. 中国农业资源与区划 , 3911:205-211.

陈永林，谢炳庚，杨勇 . 2015. 全国主要城市群空气质量空间分布及影响因素分析 [J]. 干旱区资源与环境 , 2911:99-103.

陈志，孙聪，朱亚楠 . 2018. 熔融纺丝制备的 PET/ 锗复合纤维 : 负离子释放性能、远红外辐射性能及抗菌性能 [J]. 材料导报 , 8:1333-1337.

程希平，陈鑫峰，叶文，等 . 2015. 日本森林体验的发展及启示 [J]. 世界林业研究 , 2802:75-80.

崔鸿侠 .2018. 神农架华山松人工林小气候特征 [J] 湖北林业科技 ,(6):5-8.

崔晶，薛兴燕，胡秀丽，等 .2014. 河南黄淮海平原农田防护林空气负离子变化规律 [J]. 西北林学院学报 , 29(1):30-35.

代雪坤 . 2019. 五大连池景区医疗养生游研究 [D]. 哈尔滨 : 哈尔滨商业大学 .

党挺 . 2016. 英国户外休闲产业发展经验及其启示 [J]. 体育文化导刊 ,08:147-151,173.

邓三龙 . 2016. 森林康养的理论研究与实践 [J]. 世界林业研究 , 2906:1-6.

邓小勇 . 2009. 深圳市常见芳香植物挥发性有机物释放特性研究 [D]. 重庆 : 西南大学 .

丁媛 . 2011. 上海户外运动俱乐部研究 [D]. 上海 : 华东师范大学 .

丁学欣 .2009. 北方药用植物 [M]. 广州 : 广东南方日报出版社 .

董哲仁 . 2004. 河流生态恢复的目标 [J]. 中国水利 ,10:6-9,5.

范春阳 .2014. 北京市主要空气污染物对居民健康影响的经济损失分析 [D]. 北京 : 华北电力大学 .

范纯武 . 2005. 亚健康发生发展的主要因素 [J]. 临床医学与亚健康 ,06:16-18.

樊乃根 . 2014. 中国水环境污染对人体健康影响的研究现状 (综述)[J]. 中国城乡企业卫生 ,2901:116-118.

房瑶瑶,王兵,牛香. 2015. 陕西省关中地区主要造林树种大气颗粒物滞纳特征[J]. 生态学杂志, 3406:1516-1522.

房城 , 王成 , 郭二果 , 等 . 2010. 城郊森林公园游憩与游人生理健康关系——以北京百望山森林公园为例 [J]. 东北林业大学学报 ,3803:87-88,107.

冯海霞 .2008. 基于“3S”技术的山东省森林调节温度的生态服务功能研究 [D]. 北京 : 北京林业大学 .

冯彦 , 潘剑君 , 安振昌 , 等 .2010. 中国地区地磁场水平梯度的计算与分析 [J]. 地球物理学报 ,53(12):2899-2906.

傅伯杰 , 刘国华 , 陈利顶 , 等 . 2001. 中国生态区划方案 [J]. 生态学报 , 21(1):1-6.

傅伯杰 , 陈利顶 , 马克明 . 2011. 景观生态学原理及应用 [M]. 北京 : 科学出版社 .

付红军 . 2017. 山茶油的提取效果及其防腐保鲜研究 [D]. 长沙 : 中南林业科技大学 .

高登涛 , 李秋利 , 魏志峰 , 等 . 2016. 植物对二氧化硫胁迫反应与应答机制研究进展 [J]. 广东农业科学 ,4311:27-35.

高凯年 .1995. 空气负离子对小鼠体力和智力的影巧 [J]. 河南大学学报 : 自然科学版 ,25(1):85-86.

耿晓东 , 耿俊 , 宿晓伟 . 2015. 矿泉对亚健康调节的研究 [J]. 中国疗养医学 , 2401:20-23.

管东生 , 刘秋海 , 莫大伦 . 1999. 广州城市建成区绿地对大气二氧化硫的净化作用 [J]. 中山大学学报 (自然科学版), 02:110-114.

郭德才 . 2007. 磁场、电场与生命之间的关系 [J]. 发明与创新 (综合版), 05:27-28.

郭二果 , 王成 , 郄光发 , 等 . 2013. 城市森林生态保健功能表征因子之间的关系 [J]. 生态学杂志 ,32(11):2893-2903.

郭二果 , 王成 , 郄光发 , 等 . 2009. 北京西山典型游憩林空气颗粒物不同季节的日变化 [J]. 生态学报 , 29(6):3253-3263.

郭阿君 , 岳桦 . 2003. 观赏植物挥发物的研究 [J]. 北方园艺 ,06:36-37.

郭桂梅 , 邓欢忠 , 韦献革 , 等 . 2016. 噪声对人体健康影响的研究进展 [J]. 职业与健康 ,3205:713-716.

郭慧 . 2014. 森林生态系统长期定位观测台站布局体系研究 [D]. 北京 : 中国林业科学研究院 .

郭鲁芳 , 虞丹丹 . 2005. 健康旅游探析 [J]. 北京第二外国语学院学报 ,03:63-66.

国家环境保护总局 . 2005. HJ/T 193—2005 环境空气质量监测规范 [S]. 北京 : 中国标准出版社 .

国家林业和草原局 . 2018. 中国森林等自然资源旅游发展报告 [M]. 北京 : 中国林业出版社 .

国家林业局 . 2016. LB/T 051—2016 空气负（氧）离子浓度等级观测技术规范 [S]. 北京 : 中

国林业出版社.

国家林业局.2016. 东北、内蒙古重点国有林区天然林保护工程生态效益监测国家报告(2015) [M]. 北京 : 中国林业出版社.

国家旅游局. 2016.LB/T 070—2017 国家康养旅游示范基地 [S]. 北京 : 国家标准出版社.

国家旅游局. 2018.LB/T 070—2017 温泉旅游泉质等级划分 [S]. 北京 : 国家标准出版社.

国家气象局. 2016. QX/T 380—2017 空气负（氧）离子浓度等级 [S]. 北京 : 中国林业出版社.

国家市场监督管理局. 2018.GB 8537—2018 饮用天然矿泉水 [S]. 北京 : 中国标准出版社.

国家卫生部. 2007.GB 5749—2006 生活饮用水卫生标准 [S]. 北京 : 中国标准出版社.

国家质量监督检验检疫局. 2003. 旅游资源分类、调查与评价 [S]. 北京 : 国家标准出版社.

郭霞. 2012. 云南省典型乔木植物挥发性有机物释放规律研究 [D]. 昆明 : 昆明理工大学.

郭肖. 2017. 两种西藏杜鹃挥发油和多糖成分及其生物活性的分析 [D]. 北京 : 中国林业科学研究院,2017.

郭杨, 卓丽环. 2014. 哈尔滨居住区常用的 12 种园林植物固碳释氧能力研究 [J]. 安徽农业科学,4217:5533-5536.

郭玉明, 刘利群, 陈建民, 等. 2008. 大气可吸人颗粒物与心脑血管疾病急诊关系的病例交叉研究 [J]. 中华流行病学杂志, 29(11):1064-1068.

郭云鹤, 王咸钟, 张凯, 等.2015. 两安城市公园空气负离子浓度变化 [J]. 城市环境与城市生态,28(1):35-37,41.

郭增建. 1984. 中国地震学会第二届代表大会暨学术年会论文摘要汇编 [C]. 中国地震学会 : 3.

海荣, 贺庆棠.2000. 森林与空气负离子 [J]. 世界林业研究,13(5):19-23.

韩明臣, 叶兵, 张德成. 2013. 北宫森林公园空气负离子浓度变化规律及其生态价值估算 [J]. 西部林业科学, 4201:32-37.

韩朴.2015.2014 年中国主要气体污染物时空特征分析 [D]. 西宁 : 青海师范大学.

何彬生, 贺维, 张炜, 等. 2016. 依托国家森林公园发展森林康养产业的探讨——以四川空山国家森林公园为例 [J]. 四川林业科技, 3701:81-87.

何纪力, 陈宏文, 胡小华, 等. 2000. 江西省严重酸雨地带形成的影响因素 [J]. 中国环境科学, 20(5): 477-480.

何莽, 杜洁, 沈山, 等. 2018. 中国康养产业发展报告 [M]. 北京 : 社会科学文献出版社.

何欢, 林文鹏, 储德平, 等. 2013. 上海市旅游生态足迹分析 [J]. 长江流域资源与环境, 2211:1375-1381.

郝明扬, 刘晓芹, 孙宏伟, 等. 2006. 不同年份及不同行为类型医学生心理健康状况的比较 [J]. 中国行为医学科学, 12:1117-1118.

贺隆元. 2017. 巴西国家公园体制研究 [J]. 林业建设,04:11-15.

贺庆棠 .2001. 中国森林气象学 [M] . 北京 : 中国林业出版社 .

胡彬 , 陈瑞 , 徐建勋 , 等 . 2015. 雾霾超细颗粒物的健康效应 [J]. 科学通报 , (30):2808-2823.

胡春芳 , 袁相洋 , 田媛 , 等 .2018. 常见花卉植物释放挥发性有机物的研究进展 [J]. 生态学杂志 ,37(2):588-595.

扈军 , 葛坚 . 2013. 城市绿化带对交通噪声衰减效果与模拟分析 [J]. 城市环境与城市生态 ,26(05):33-36.

胡晓庆 , 刘海峰 , 薛群慧 , 等 . 2009. 心理疏导型森林休闲旅游产品的市场认可度初探 [J]. 旅游研究 , 102:41-46.

环境保护部 . 2008. GB 3096—2008 声环境质量标准 [S]. 北京 : 中国标准出版社 .

环境保护部 . 2012.GB 3095—2012 环境空气质量标准 [S]. 北京 : 中国标准出版社 .

黄亮 . 2014. 我国臭氧污染特征及现状分析 [J]. 环境保护与循环经济 ,3405:64-66.

韩朴 . 2015.2014 年中国主要大气污染物时空特征分析 [D]. 西宁 : 青海师范大学 .

黄秉维 . 1989. 中国综合自然区划纲要 [J]. 地理集刊 ,21:10-20.

黄璜 . 2013. 国外养老旅游研究进展与我国借鉴 [J]. 旅游科学 , 2706:13-24,38.

黄加权 , 邓菊红 , 郑志想 , 等 . 2005. 穴位贴磁药对肝炎后肝硬化患者肝功能的保护 [J]. 中国针灸 , 09:613-615.

侯学煜 . 1988. 中国自然生态区划与大农业发展战略 [M]. 北京 : 科学出版社 .

黄文嘉 . 2011. 基于变化影像块的遥感数据增量更新方法研究 [D]. 长沙 : 中南大学 .

霍云华 . 2007. 亚健康状态的流行病学调查及其脾气虚证唾液代谢组学研究 [D]. 广州 : 第一军医大学 .

黄向华 , 王健 , 曾宏达 , 等 . 2013. 城市空气负离子浓度时空分布及其影响因素综述 [J]. 应用生态学报 ,24(06):1761-1768.

黄志辉 , 汤大钢 . 2008. 中国机动车有毒有害空气污染物排放估算 [J]. 环境科学研究 ,06:166-170.

汲东野 . 2017. 个人税延养老金制度的核心要素是什么 ?[J]. 宁波经济 (财经视点)，11:34-35,45.

冀志江 , 王静 , 金宗哲 , 等 .2002. 室内空气负离子的评价及测试设备 [J]. 中国环境卫生 ,6(3):86-89.

贾春宁 .2004. 城市生态系统的可持续发展研究及其在天津市的应用 [D]. 天津 : 天津大学 .

江静蓉 , 徐亦钢 , 石磊 , 等 . 1992. 城市植物叶片含硫量与大气 SO_2 污染关系及其在污染状况评价中的应用 [J]. 环境科学 ,01:71-74+96-97.

蒋思敏 , 张青年 , 陶华超 . 2016. 广州市绿地生态网络的构建与评价 [J]. 中山大学学报 (自然科学版), 5504:162-170.

姜向群，季燕波，常斐 . 2012. 北京市老年人异地养老意愿分析 [J]. 北京社会科学，02:33-37.

蒋益民，曾光明，张龚，等 . 2004. 酸雨作用下的森林冠层盐基离子 Ca^{2+},Mg^{2+},K^{+} 淋洗 [J]. 热带亚热带植物学报 ,05:425-430.

金和俊，冯春燕，张春红 . 2008. 磁疗的研究现状 [J]. 医学综述，18:2832-2834.

金勇进，侯志强 . 2008. 中国劳动力调查多层次样本轮换方法的构造 [J]. 兰州商学院学报，02:35-40.

金永仁，马文超 . 2005. 森林氧吧的规划设计及建设——千岛湖森林氧吧个案分析 [J]. 江西林业科技，03:20-22.

金宗哲 . 2006. 负离子与健康和环境 [J]. 中国建材科技 ,15(3):85-87.

柯馨姝，盛立芳，孔君，等 . 2014. 青岛大气颗粒物数浓度变化及对能见度的影响 [J]. 环境科学，35(1):15-21.

兰杨洋 . 2014. 加拿大阿尔伯塔省户外运动环境保护管理研究 [D]. 西安：陕西师范大学 .

雷巍娥 . 2016. 森林康养概论 [M]. 北京：中国林业出版社 .

李安伯 .1988. 空气离子研究近况 [J]. 中华理疗杂志 ,11(2):100-104.

李安伯 .1983. 空气离子生物学效应研究的进展 [J]. 西安医学院学报 ,4(1):103-107.

李安伯 .2001. 空气离子实验与临床研究新进展 [J]. 中华理疗杂志，24(2):118-119.

李悲雁，郭广会，蔡燕飞，等 . 2011. 森林气候疗法的研究进展 [J]. 中国疗养医学，2005:385-387.

李滨 . 2017. 四川发展森林康养产业的思考与建议 [J]. 新西部 (理论版),02:17,9.

李冰 . 2016. 黑龙江省森林植物园空气负离子与环境因子的相关性研究 [D]. 哈尔滨：东北林业大学 .

李冰冰，金晓玲 . 2012.“绿量”在城市绿化中的应用研究 [J]. 北方园艺 ,07:107-110.

李博，聂欣 . 2014. 疗养期间森林浴对军事飞行员睡眠质量影响的调查分析 [J]. 中国疗养医学，2301:75-76.

李朝晖，黄耀斌，储毅辉 . 1998. 森林浴治疗精神分裂症 [J]. 中华理疗杂志，05:48-49.

李春媛 . 2009. 城郊森林公园游憩与游人身心健康关系的研究 [D]. 北京：北京林业大学 .

李春媛，王成，徐程扬，等 . 2009. 福州国家森林公园游客游览状况与其心理健康的关系 [J]. 城市环境与城市生态，2203:1-4.

李福 . 2003. 海南地热资源勘查与开发 [C]// 海南省地热矿泉水协会第一届海南地热矿泉水开发利用研讨会论文集 .

李海军，张毓涛，张新平，等 . 2010. 天山中部天然云杉林森林生态系统降水过程中的水质变化 [J]. 生态学报 ,3018:4828-4838.

李海梅，刘霞 .2008. 青岛市城阳区主要园林树种叶片表皮形态与滞尘量的关系 [J]. 生态学杂

志 , 27(10):1659-1662.
李后强 , 廖祖君 , 蓝定香 , 等 .2016. 生态康养论 [M]. 成都 : 四川人民出版社 .
李琳 , 杜倩 , 刘铁男 , 梁素钰 .2017. 空气负离子研究进展 [J]. 现代化农业 ,12:30-31.
李禄康 . 1998. 荷兰林业印象 [J]. 世界林业研究 ,01:64-68.
李嘉钰 , 殷长寿 .1983. 绿化植物对臭氧的反应和相对抗性 [J]. 林业科技通讯 ,(9):22-24
李佳珊 . 2016. 城市森林公园空气负离子时空分布特征研究 [D]. 哈尔滨 : 哈尔滨师范大学 .
李嘉钰 .1983. 复合污染条件下树木对硫、氟吸收能力的初步分析 [J]. 林业科技通讯 ,(7):16-20.
李茗 , 陈绍志 , 叶兵 . 2013. 德国林业管理体制和成效借鉴 [J]. 世界林业研究 , 2603:83-86.
李佩芝 , 潘小川 , 徐希平 , 等 . 2004. 以尿激素标记物探讨职业噪声暴露与纺织女工月经功能的关系 [J]. 工业卫生与职业病 , 03:130-135.
李卿 , 贺媛 . 2011. 森林浴对健康的影响 [J]. 中华健康管理学杂志 ,04:229-231.
李权 , 张惠敏 , 杨学华 , 等 . 2017. 大健康与大旅游背景下贵州省森林康养科学发展策略 [J]. 福建林业科技 ,4402:152-156.
李秋霞 , 王英 .2017. 植物源蚊虫驱避剂的研究进展 [J]. 中国热带医学 ,17(5):522-536.
李瑞军 , 蒲洪菊 , 龙午 .2019. 浅论植物精气在森林康养产业中的应用 [J]. 贵州林业科技 , 47(01):41-44.
李胜席 . 2009. 上海高校户外运动的开展现状与对策研究 [D]. 上海 : 上海体育学院 .
李姝 , 赵静 , 张晓曼 , 等 . 2016. 烟粉虱 MED 隐种对 13 种植物挥发性物质的行为反应 [J]. 植物保护学报 ,4301:105-110.
李文煜 . 2015. 现代人旅游动机的心理学分析 [J]. 焦作大学学报 ,2902:92-93.
李晓静 , 徐国和 . 2011. 中国亚健康研究及干预对策的探讨 [J]. 中国慢性病预防与控制 , 1904:427-429.
李小勇 , 李红勋 , 王磊 , 等 . 2011. 芬兰多用途林业分析 [J]. 世界林业研究 , 2404:66-70.
李昕 . 2016. 韩国 : 减轻课后作业负担 [J]. 人民教育 ,17:11.
李鑫 , 虞依娜 . 2017. 国内外自然教育实践研究 [J]. 林业经济 ,2017,3911:12-18,23.
李新岗，马养民，刘拉平，等 . 2005. 华山松球果挥发性萜类成分研究 [J]. 西北植物学报， 25(10):2072-2076.
李雪涛 , 刘夏夏 . 2012. 山地户外运动的现状及对策研究 [J]. 运动 , 02:149-150.
李亚滨 , 王晓明 , 李重操 . 2009. 黑龙江省人体舒适度气候指数初步分析 [J]. 黑龙江气象 , 2602:22-24.
李莹 , 包国金 , 张家忠 . 2009. 亚健康状态的研究现状及展望 [J]. 中国疗养医学 , 1805:421-422.
李有绪 , 陈秋华 . 2015. 城郊森林旅游服务质量评价研究——以福州市国家森林公园为例 [J].

林业经济，3701:70-74.
梁海燕，陈华 . 2012. 美国户外运动发展及其对我国的启示 [J]. 首都体育学院学报 ,2401:64-67.
梁红，陈晓双，达良俊 .2014. 上海余山国家森林公园空气负离子动态及其主要影响因子 [J]. 城市环境与城市生态 ,32(1):7-11.
梁晓芳 . 2010. 美国中小学环境教育实践探析 [D]. 重庆 : 西南大学 .
梁雨濛，曹灿明，崔丽敏 . 2012. 户外运动旅游者旅游行为分析——以江苏省徐州市为例 [J]. 经济师，11:225-227.
廖凌云，杨锐，曹越 . 2016. 印度自然保护地体系及其管理体制特点评述 [J]. 中国园林，3207:31-35.
廖双斌 . 2015. 典型岩溶山地土壤厚度的空间插值模型应用研究 [D]. 昆明 : 昆明理工大学 .
林超 .1954. 中国自然区划大纲 (摘要). 地理学报，20(4):395-418.
林冬青，金荷仙 . 2009. 园艺疗法研究现状及展望 [J]. 中国农学通报，2521:220-225.
林金明 .2006. 环境、健康于负氧离子 [M]. 北京 : 化学工业出版社 .
林琳，朱燕波，史会梅，等 . 2014. 中国成年人群体质量指数与健康相关生命质量的关系 : 健康与慢病不同亚组的分层分析 [J]. 中华行为医学与脑科学杂志，2307:639-643.
林萌，郭太君，代新竹 . 2013.9 种园林树木固碳释氧生态功能评价 [J]. 东北林业大学学报，4106:29-32.
林晓斐 . 2015. 中国居民营养与慢性病状况报告 (2015) 发布 [J]. 中医药管理杂志，2313:89.
林兆丰 .201. 环境变化对负离子浓度的影响 [D]. 杭州 : 浙江大学 .
刘爱利，等 .2012. 地统计学概论 [M]. 北京 : 科学出版社 .
刘保延，何丽云，谢雁鸣 . 2006. 亚健康状态的概念研究 [J]. 中国中医基础医学杂志，11:801-802.
刘峰，刘红霞，梁军，等 . 2007. 中国森林生态系统定位研究现状与趋势 [J]. 安徽农学通报，11:89-91.
刘和俊 .2013. 安徽主要旅游景区空气负离子效应研究 [D]. 合肥 : 安徽农业大学 .
刘佳妮 . 2007. 园林植物降噪功能研究 [D]. 杭州 : 浙江大学 .
刘洁，罗兰，王捷，等 . 2016. 他克莫司联合小剂量激素治疗成人难治性肾病疗效及安全性的系统评价 [J]. 新疆医科大学学报，3904:478-485.
刘竞妍，张可，王桂华 . 2018. 综合评价中数据标准化方法比较研究 [J]. 数字技术与应用，3606:84-85.
刘霖，江爱良，陈尚模，等 . 1980. 不同海拔高度小气候观察分析及其在柑桔避冻上的利用 [J]. 湖南农业科技，05:30-33.
刘利利，刘宏 . 2020. 房价与城镇居民健康 [J]. 财经研究 ,4601:79-95.

刘思思，乔中全，金天伟，等 . 2018. 森林康养科学研究现状与展望 [J]. 世界林业研究，3105:26-32.

刘树英，弗兰茨·罗丽亚 . 2015. 摩登法国，掀起全民户外运动潮 [J]. 进出口经理人，07:36-39.

刘拓，何铭涛 . 2017. 发展森林康养产业是实行供给侧结构性改革的必然结果 [J]. 林业经济，3902:39-42,86.

刘新，吴林豪，张浩，王祥荣 . 城市绿地植物群落空气负离子浓度及影响要素研究 [J]. 复旦学报（自然科学版），50(02):206-212.

刘旭辉 . 2016. 北京地区典型人工林对空气颗粒物浓度的影响 [D]. 北京：北京林业大学 .

刘焱序，傅伯杰，王帅，等 . 2017. 从生物地理区划到生态功能区划——全球生态区划研究进展 [J]. 生态学报，3723:7761-7768.

刘勇，李安伯 .1990. 空气负离予对应澈状态下大鼠肝线粒体功能的影巧 [J]. 环境与健康杂志，7(3):133.

刘永杰，王世畅，彭皓，等 . 2014. 神农架自然保护区森林生态系统服务价值评估 [J]. 应用生态学报，2505:1431-1438.

刘耀杰，刘独玉 . 2019. 基于不平衡数据集的改进随机森林算法研究 [J]. 计算机技术与发展，2906:100-104.

刘允芬，李家永，陈永瑞，等 . 2001. 红壤丘陵区森林植被恢复的增湿效应初探 [J]. 自然资源学报，05:457-461.

刘照，王屏 . 2017. 国内外森林康养研究进展 [J]. 湖北林业科技，4605:53-58.

陆静芬，扬芸，茅幼霞，等 . 2005. 穴位埋磁对家兔精子质量的影响 [J]. 实验动物与比较医学，02:115-118.

吕厚东，李荣华，吕厚远 . 1991. 太阳黑子活动周期与世界性流感流行关系的初探 [J]. 微生物学通报，01:23-26.

吕铃钥，李洪远 .2016. 京津冀地区 PM_{10} 和 $PM_{2.5}$ 污染的健康经济学评价 [J]. 南开大学学报（自然科学版），(1):69-77.

罗晨，姚远，王戎疆，等 . 2003. 利用 mtDNACOI 基因序列鉴定我国烟粉虱的生物型 [C]// 第七届北京青年科技论文评选获奖论文集 .

罗开富 .1954. 中国自然地理分区草案 [J]. 地理学报，20(4):379-394.

罗曼 . 2013. 不同群落结构绿地对大气污染物的消减作用研究 [D]. 武汉：华中农业大学 .

骆永明，查宏光，宋静，等 . 2002. 大气污染的植物修复 [J]. 土壤，03:113-119.

马大猷 . 2006. 微穿孔板的实际极限 [J]. 声学学报，06:481-484.

马楠 . 2018. 区域异质性视角下民族地区资源禀赋与经济发展研究 [J]. 中南民族大学学报（人文社会科学版），3805:83-88.

马盼，王式功，尚可政，等 . 2018. 气象舒适条件对呼吸系统疾病的影响 [J]. 中国环境科学，3801:374-382.

马雪华 . 1989. 在杉木林和马尾松林中雨水的养分淋溶作用 [J]. 生态学报 ,01:15-20.

马雁军，崔劲松，刘晓梅，等 . 2005.1987—2002 年辽宁中部城市群大气污染物变化特征分析 [J]. 高原气象 ,03:428-435.

毛峰 . 2016."互联网 +"时代乡村旅游可持续发展的路径及对策 [J]. 改革与战略，3203:74-77.

毛根祥 . 2010. 红景天苷干预细胞衰老的分子机制及其防治骨质疏松活性的研究 [D]. 北京：中国协和医科大学 .

蒙丽娜，孙迎雪，李科，等 . 2014. 北京香山空气负氧离子垂直变化测量研究 [J]. 城市环境与城市生态，2701:12-15.

孟明浩，顾晓艳 . 2002. 近年来国内关于城郊旅游开发研究综述 [J]. 旅游学刊，06:71-75.

蒙晋佳，张燕 .2004. 广西部分景点地面上空气负离子浓度的分布规律 [J]. 环境科学研究 ,17(3):25-27.

孟占功，李华娟，张兴兴 . 2012. 长春市 6 种常见灌木固碳释氧价值核算 [J]. 吉林农业，06:51-52.

穆丹，梁英辉 .2009. 佳木斯绿地空气负离子浓度及其与气象因子的关系 [J]. 应用生态学报 ,20(08):2038-2041.

牟浩 .2013. 城市道路绿带宽度对空气污染物的消减效率研究 [D]. 武汉：华中农业大学 .

南海龙 .2018. 森林疗养漫谈 II [M]. 北京市：中国林业出版社 .

宁定远 . 2017. 大流域森林变化对径流情势的累积影响研究 [D]. 成都：电子科技大学 .

宁海文 .2006. 西安市大气污染气象条件分析及空气质量预报方法研究 [D]. 南京：南京信息工程大学 .

牛香，薛恩东，王兵，等 . 2017. 森林治污减霾功能研究——以北京市和陕西关中地区为例 [M]. 北京：科学出版社 .

欧阳叙回 . 2018. 迎接森林旅游新时代 [J]. 林业与生态 ,05:28-29.

潘洋刘，曾进，文野，等 . 2017. 森林康养基地建设适宜性评价指标体系研究 [J]. 林业资源管理 ,05:101-107.

潘文，张卫强，张方秋，等 . 2012. 广州市园林绿化植物苗木对二氧化硫和二氧化氮吸收能力分析 [J]. 生态环境学报 ,21(4):606-612.

彭辉武，郑松发，刘玉玲，等 . 2013. 珠海淇澳岛红树林群落空气负离子浓度特征研究 [J]. 北京林业大学学报，3505:64-67.

彭万臣 . 2007. 森林保健旅游开发之探讨 [J]. 环境科学与管理，04:116-120.

彭镇华 .2006. 中国城市森林建设理论与实践 [M]. 北京：中国林业出版社 .

秦芳 . 2014. 广西猫儿山国家级自然保护区户外运动资源开发研究 [D]. 上海 : 上海体育学院 .

邱雪 , 张思冲 , 陈洁 , 等 . 2015. 城市声环境质量研究——以哈尔滨 2006—2010 年为例 [J]. 森林工程 ,3101:38-42.

亓冉冉 . 2013. 我国户外运动发展现状与对策研究 [D]. 北京 : 中国地质大学 .

曲福来 , 李希玉 . 1987. 饮用低温碳酸铁矿泉水对人体红细胞、血红蛋白变化的初步观察 [J]. 中国康复医学杂志 , 02:73.

任美锷 , 杨纫章 . 1961. 中国自然区划问题 [J]. 地理学报 , 27:66-74.

任志彬 .2014. 城市森林对城市热环境的多尺度调节作用研究——以长春市为例 [D]. 长春 : 中国科学院东北地理与农业生态研究所 .

饶松涛 , 沈晋明 , 陈氮 , 等 .2008. 负离子对某食堂环境改舊效果的实验研究 [J]. 建筑热能通风空调 ,27(3):1-5.

沈海滨 , 王小德 , 董立军 . 2011. 黑龙江五大连池风景区主要植被类型特征 [J]. 北方园艺 , 01:108-111.

沈茂成 . 2000. 要高度重视三江平原的湿地保护 [J]. 资源· 产业 ,02:36-38.

沈兴兴 , 曾贤刚 . 2015. 世界自然保护地治理模式发展趋势及启示 [J]. 世界林业研究 ,2015,2805:44-49.

石强 , 舒巧芳 , 钟林生 , 等 .2004. 森林游憩区空气负离子评价研究 [J]. 林业科学 ,10(1):36-40.

孙明珠 , 田媛 , 刘效兰 .2017. 北京不同功能区空气负离子差异的实验研究 [J]. 环境科学与技术 ,52:515-519.

邵海荣 , 贺庆棠 , 阁海平 , 等 .2005. 北京地区空气负离子浓度时空变化特征的研究 [J]. 北京林业大学学报 , 27(3):35-39.

孙明珠 , 田媛 , 刘效兰 .2017. 北京不同功能区空气负离子差异的实验研究 [J]. 环境科学与技术 ,52:515-519.

苏行 , 胡迪琴 , 林植芳 , 等 .2002. 广州市大气污染对两种绿化植物叶绿素荧光特性的影响 [J]. 植物生态学报 ,26(5):599-604.

孙舒婷 . 2015. 大兴安岭森林地表温度的遥感估算及分析研究 [D]. 哈尔滨 : 东北林业大学 .

宋彬 , 王得祥 , 张义 , 等 . 2014. 延安 15 种园林树种叶片硫含量特征分析 [J]. 西北农林科技大学学报 (自然科学版),4205:91-96.

宋超 , 陈云明 , 曹扬 , 等 . 2015. 黄土丘陵区油松人工林土壤固碳特征及其影响因素 [J]. 中国水土保持科学 ,133:76-82.

孙抱朴 . 2015. 森林康养是新常态下的新业态、新引擎 [J]. 商业文化 , 19:92-93.

孙继良 , 么志红 , 何宝华 . 2010. 低强度运动匹配负离子对老年高血压患者的影响 [J]. 广州医药,4102:19-20.

孙世群,王书航,陈月庆,邹婷.2008.安徽省乔木林固碳能力研究[J].环境科学与管理,33(7):144-147.

宋艳玲,郑水红,柳艳菊,等.2005.2000—2002年北京市城市大气污染特征分析[J].应用气象学报,S1:116-122.

施立新,余新晓,马钦彦.2000.国内外森林与水质研究综述[J].生态学杂志,03:52-56.

史延升,杜红艳,刘永顺.2007.五大连池冷矿泉水资源的利用研究[J].首都师范大学学报(自然科学版),02:102-106,112.

司婷婷,罗艳菊,毕华,等.2015.吊罗山热带雨林空气负离子含量变化特征初探[J].林业资源管理,6(4):139-144.

孙永生,史登登.2013户外运动相关概念辨析[J].体育学刊,2001:56-59.

陶燕,刘亚梦,米生权,等.2014.大气细颗粒物的污染特征及对人体健康的影响[J].环境科学学报,34(3):592-597.

覃玉荣,张志勇,甘延锋,等.2016.地磁环境对广西巴马人群长寿的影响[J].现代生物医学进展,16(05):860-863+875.

谭正洪,于贵瑞,周国逸,等.2015.亚洲东部森林的小气候特征:1.辐射和能量的平衡[J].植物生态学报,3906:541-553.

唐芳林,王梦君.2015.国外经验对我国建立国家公园体制的启示[J].环境保护,4314:45-50.

汤国安.2012.ArcGIS地理信息系统空间分析实验教程(第2版)[M].北京:科学出版社.

唐孝炎.2005.大气环境化学[M].北京:等高等教育出版社.

万睿.2007.兰陵溪小流域不同植被类型对水文过程及水质影响研究[D].武汉:华中农业大学.

王兵,张维康,牛香,等.2015.北京10个常绿树种颗粒物吸附能力研究[J].环境科学,(2):408-414.

王兵,王晓燕,牛香,等.2015.北京市常见落叶树种叶片滞纳空气颗粒物功能[J].环境科学,(6):2005-2009.

王兵,黄国胜,等.2018.中国森林资源及其生态功能四十年监测与评估[M].北京:中国林业出版社.

王兵.2016.黑龙江省森林生态连清与生态系统服务研究[M].北京:中国林业出版社.

王波,张志强,柴守宁,等.2020.以液体硅胶与聚苯乙烯塑料泡沫小球为主体的掩蔽剂对污水暂存空间中恶臭气体的控制[J].环境工程学报,1-11.

王伯荪,黄庆昌.1965.广东鼎湖山森林小气候的生态效应[J].中山大学学报(自然科学版),04:517-525,564-565.

王成,郭二果,郄光发.2014.北京西山典型城市森林内$PM_{2.5}$动态变化规律[J].生态学报,34(19):5650-5658.
王成 . 2003. 近自然的设计和管护 - 建设高效和谐的城市森林 [J]. 中国城市森林 , 1（01）: 44-47.
王春玲 , 胡增辉 , 沈红 , 等 .2015. 芳香植物挥发物的保健功效 [J]. 北方园艺 ,15:171-177.
王芳 . 2010. 长沙市潇湘大道主要绿化树光合特征及碳氧平衡作用研究 [D]. 湖南 : 湖南师范大学 .
汪锋 . 2018. 水生植物水体修复机理及其影响因素 [J]. 现代商贸工业 , 3925:193-194.
王贵勤 . 1985. 大气臭氧研究 [M]. 北京 : 科学出版社 .
王海婷 , 温杰 , 徐娇 , 等 . 2018. 天津市城市扬尘及土壤尘单颗粒质谱特征 [J]. 环境科学研究 ,31(5):844-852.
王宏 , 郑秋萍 , 余华 , 等 . 2015. 福州市 CO 时空分布特征与影响因素 [J]. 生态环境学报 , 2407:1191-1196.
王红姝 , 罗永 . 2014. 基于老龄化社会的伊春避暑养老旅游发展研究 [J]. 林业经济 , 3609:31-35.
王劲峰 . 2009. 地图的定性和定量分析 [J]. 地球信息科学学报 , 1102:169-175.
王蕾 , 高尚玉 , 刘连友 , 等 . 2006. 北京市 11 种园林植物滞留大气颗粒物能力研究 [J]. 应用生态学报 , 17(4):597-601.
王立 , 王海洋 , 常欣 . 2012. 常见园林树种固碳释氧能力浅析 [J]. 南方农业 , 6(5):54-56.
王玲 . 2015.12 种常用乔木对大气污染物的吸收净化效益及抗性生理研究 [D]. 重庆 : 西南大学 .
王培俊 , 孙煌 , 华宝龙 , 范胜龙 . 福州市滨海地区生态系统服务价值评估与动态模拟 [J]. 农业机械学报 ,2020,51(3):249-257.
王琦 . 2014.22 种园林植物挥发性有机物成分分析及其层次分析法评价 [D]. 杭州 : 浙江农林大学 .
王庆 , 胡卫华 . 2005. 森林生态学理论在小区绿化中的应用研究 [J]. 住宅科技 , 2:27-29.
王秋菊 . 2015. 国内外户外运动产业发展对比分析及对我国的启示 [D]. 杭州 : 浙江海洋学院 .
王顺利 , 王金叶 , 张学龙 . 2004. 祁连山水源涵养林区水质特征分析 [J]. 水土保持学报 , 06:193-195.
王淑娟 , 王芳 , 郭俊刚 , 等 . 2008. 森林空气负离子及其主要影响因子的研究进展 [J]. 内蒙古农业大学学报 (自然科学版), 01:243-247.
王薇 , 余庄 . 2013. 中国城市环境中空气负离子研究进展 [J]. 生态环境学报 ,22(04):705-711.
王文 , 刘明波 , 隋辉 , 等 . 2012. 中国心血管病的流行状况与防治对策 [J]. 中国心血管杂志 , 1705:321-323.
王霞等 .2017. 黄河三角洲白蜡人工林小气候特征的时空动态变化 [J] 东北林业大学学报 ,4:60-

64.

王晓磊，李传荣，许景伟，等. 2013. 济南市南部山区不同模式庭院林空气负离子浓度 [J]. 应用生态学报，24(2):373-378.

王晓明，李贞，蒋昕，等. 2005. 城市公园绿地生态效应的定量评估 [J]. 植物资源与环境学报，14(4):42-45.

王希英. 2002. 五大连池矿泉水中 10 种元素含量测定分析 [J]. 微量元素与健康研究，19(2):42-43.

王燕. 2011. 功率超声珩磨颤振动力学模型的建立与分析 [D]. 太原：中北大学.

王燕玲. 2016. 基于森林气候疗法理念的福州市金鸡山公园步道规划研究 [D]. 福州：福建农林大学.

王艳丽，魏挺，郝雁. 2016, 高校社区老年人慢性病现状及相关因素分析 [J]. 现代医药卫生，3216:2472-2473,2476.

王焰新 .1995. 碳酸型矿水中低价铁氧化过程的水化学实验研究 [J]. 地球科学，05:570-574.

谭爽 .2015. 气泡水的流行 [J]. 营销解读 ,5:76-77.

王艺林，王金叶，金博文，等. 2000. 祁连山青海云杉林小气候特征研究 [J]. 甘肃林业科技，25(4):11-15.

王勇，李文建，赵传喜. 2000. 振动与噪声作业对消化系统的危害调查 [J]. 职业与健康，05:20-21.

汪永英，孔令伟，李雯，等. 2012. 哈尔滨城市森林小气候状况及对人体舒适度的影响 [J]. 东北林业大学学报 ,4007:90-93.

王玉莹，沈春竹，金晓斌，等，2019. 基于 MSPA 和 MCR 模型的江苏省生态网络构建与优化 [J]. 生态科学，3802:138-145.

王月云，尹平. 2007. 亚健康的流行现状与研究进展 [J]. 中国社会医学杂志，02:140-142.

王文兴，许鹏举. 2009. 中国大气降水化学研究进展 [J]. 化学进展 ,21(2P3):266-280.

王应临，杨锐，埃卡特. 2013. 英国国家公园管理体系评述 [J]. 中国园林，2909:11-19.

王震，乔鹏飞，王传龙，等. 2018. 负离子复合制剂对冷藏期猪肉微生物数量及 pH 值的影响 [J]. 黑龙江畜牧兽医，15:110-113.

王志辉，张树宇，陆思华，等. 2003. 北京地区植物 VOCs 排放速率的测定 [J]. 环境科学 ,24(2):7-12.

魏晓霞，任玫玫，尚旭阳. 2016. 我国森林旅游发展现状分析与对策 [J]. 林产工业，4307:66-70.

文伯屏. 1988. 大气污染防治法的立法背景及主要内容 [J]. 法学研究 ,04:80-83.

吴丹，王式功，尚可政 .2006. 中国酸雨研究综述 [J]. 干旱气象 ,24(2):70-771.

吴迪 . 2005. 多功能负离子材料与室内空气净化产品 [J]. 上海建材 ,05:18-19.

吴楚材 , 吴章文 , 罗江滨 .2006. 植物精气研究 [M]. 北京 : 中国林业出版社 .

吴楚材 , 郑群明 , 钟林生 .2001. 森林游憩区空气负离子水平的研究 [J]. 林业科学 , 46(5):75-81.

吴楚材 , 郑群明 .2005. 植物精气研究 [J] . 中国城市林业 ,3(4): 61-63 .

吴楚材 , 吴章文 , 罗江滨 .2006. 植物精气研究 [M]. 北京 : 中国林业出版社 .

吴和岩 , 肖伟华 , 陆广智 . 2018.2011—2016 年广东省农村环境卫生状况调查 [J]. 现代预防医学 , 4515:2713-2718.

吴后建 , 但新球 , 刘世好 , 等 . 2018. 森林康养 : 概念内涵、产品类型和发展路径 [J]. 生态学杂志 , 3707:2159-2169.

吴普 , 周志斌 , 慕建利 . 2014. 避暑旅游指数概念模型及评价指标体系构建 [J]. 人文地理 , 2903:128-134.

吴茜 , 白依灵 , 王欣悦 , 等 . 2015. 工业城市转型的原因及影响调查分析 [J]. 商 , 32:258.

吴仁烨 , 邓传远 , 王彬 , 等 . 2011. 具备释放负离子功能室内植物的种质资源研究 [J]. 中国农学通报 ,2708:91-97.

吴绍康 , 毛根祥 , 万晓青 , 等 . 2018. 常见中药饮片的传统验收要点及应用举隅 [J]. 中国乡村医药 ,2503:35-36.

吴兴杰 . 2015. 森林康养新业态的商业模式 [J]. 商业文化 ,31:9-25.

吴玉韶 .2013. 中国老龄事业发展报告 [M]. 北京 : 社会科学出版社 .

吴玉珍 , 张秀珍 , 杨沛 , 等 . 1997. 空调房间中的负离子与健康 [J]. 江苏预防医学 , 4:41-43.

吴章文 , 吴楚材 , 石强 . 1999. 槲树精气的研究 [J]. 中南林学院学报 ,19(4):38-40.

谢高地 , 鲁春霞 , 曹淑艳 . 2011. 中国地域发展格局演变与新发展格局的方向 [J]. 新视野 , 01:15-18.

席承藩 , 张俊民 , 丘宝剑 , 等 . 1984. 中国自然区划概要 [M]. 北京 : 科学出版社 .

项丹平 . 2013. 国人健康不如 5 年前不良生活方式是帮凶 [N]. 中国妇女报 , 11-18B01.

肖红燕 , 谭益民 , 汤炎 . 2014. 湖南省森林植物园空气负离子浓度变化 [J]. 中南林业科技大学学报 , 3405:92-95,100.

肖辉贵 . 2017. 金童山国家级自然保护区建设探讨 [J]. 林业与生态 ,03:17-19.

肖光明 , 吴楚材 . 2008. 我国森林浴的旅游开发利用研究 [J]. 北京第二外国语学院学报 ,03:70-74.

肖文魁 . 2019. 我国土地利用研究进展概述及展望 [J]. 农业与技术 , 3911:37-39.

肖致美 , 毕晓辉 , 冯银厂 , 等 . 2014. 天津市大气颗粒物污染特征与来源构成变化 [J]. 环境科学研究 , 27(3):246-252.

谢高地，张彩霞，张雷明，等 . 2015. 基于单位面积价值当量因子的生态系统服务价值化方法改进 [J]. 自然资源学报，3008:1243-1254.

谢祝宇，胡希军，马晶晶 .2011. 精气植物分类及其园林应用研究 [J]. 广东农业科学，16:42-44.

熊丽君，王敏，赵艳佩，等 .2013. 上海崇明岛风景旅游区空气负离子浓度分布研究 [J]. 环境科学与技术，36(08):71-76.

徐福元，席客，徐刚，等 . 1994. 不同龄级马尾松对松材线虫病抗性的探讨 [J]. 南京林业大学学报，03:27-33.

徐洁 .2017. 芳香植物研究与应用 [M]. 昆明市：云南科技出版社 .

许文安，战国强，陈辉海，等 . 2004. 广东省森林公园建设的现状和发展对策的探讨 [J]. 广东林业科技，04:61-63.

许雨玥 . 2016. 中国人口老龄化影响及对策研究 [J]. 现代经济信息，02:12,14.

薛成杰 . 2016. 峡谷型森林公园养生开发 [J]. 林业科技通讯，05:59-61.

薛敏，王跃思，孙扬，等 . 2006. 北京市大气中 CO 的浓度变化监测分析 [J]. 环境科学，02:200-206.

颜彪 . 2019. 户外登山运动体验影响因素研究 [D]. 广州：广州体育学院 .

燕春晓 . 2012. 空间环境之地磁（电）探测 [J]. 现代物理知识，2405:22-24.

闫家鹏 . 2015. 臭氧污染的危害及降低污染危害的措施 [J]. 南方农业，906:188-189.

严善春，杨慧，高璐璐，等 .2008. 落叶松挥发物及 7 种药剂对兴安落叶松鞘蛾嗅觉和产卵反应的影响 [J]. 林业科学，44(12):83-87.

鄢永强 . 2013. 四川户外运动旅游的消费需求特征分析 [J]. 中外企业家，15:34-36.

杨超 .2015. 中国大气污染治理政策分析 [P]. 西安：长安大学 .

杨国亭，李玉宝，韩笑 . 2017. 论森林与人类健康 [J]. 防护林科技，06:1-3,9.

杨俊，张永恒，席建超 . 2016. 中国避暑旅游基地适宜性综合评价研究 [J]. 资源科学，3812:2210-2220.

杨俊益 . 2012. 京津冀区域本底大气污染物浓度的变化特征研究 [D]. 南京：南京信息工程大学 .

杨利萍，孙浩捷，黄力平，等 . 2018. 森林康养研究概况 [J]. 林业调查规划，4302:161-166,203.

杨琴 . 2005. 森林旅游资源经营权市场化的若干问题思考 [J]. 河北法学，04:44-47.

杨士弘 . 1996. 城市绿化树木碳氧平衡效应研究 [J]. 城市环境与城市生态，9(1):37-39.

杨炜 . 2018. 关于山西省森林康养产业发展的思考 [J]. 山西林业，03:6-7+48.

杨新兴，尉鹏，冯丽华 . 2013. 大气颗粒物 $PM_{2.5}$ 及其控制对策与措施 [J]. 前沿科学，(3):20-29.

杨志广，蒋志云，郭程轩，等 . 2018. 基于形态空间格局分析和最小累积阻力模型的广州市生态网络构建 [J]. 应用生态学报，2910:3367-3376.

杨复沫，欧阳文娟，王欢博，等. 2013. 大气颗粒物对能见度影响的研究进展 [J]. 工程研究—跨学科视野中的工程，5(3):252-258.

姚恩民，田国行. 2016. 国内外郊野公园规划案例比较及展望 [J]. 城市观察，01:125-134.

叶文，张玉钧，李洪波. 2017. 中国生态旅游发展报告 [M]. 北京：科学出版社.

叶晔，李智勇. 2008. 森林休闲发展现状及趋势 [J]. 世界林业研究，04:11-15.

易心钰，彭映赫，廖菊阳，等. 2017. 森林植被与大气颗粒物的关系 [J]. 植物科学学报，35(5):790-796.

易文芳，马静茹，龙昱，等. 2009. 保健植物分类及在城市园林中的应用 [J]. 现代农业科学，16(03):124-126.

游燕，白志鹏. 2012. 大气颗粒物暴露与健康效应研究进展 [J]. 生态毒理学报，7(2):123-132.

于春泉，曲晓峰. 1997. 降低汽轮机油质颗粒度的意义及措施 [J]. 华北电力技术，07:43-45.

于洁，耿玉德，于庆霞，等. 2013. 基于 IPA 法的森林游憩者行前期望与游憩体验满意度实证研究——以哈尔滨森林游憩市场为例 [J]. 林业经济问题，33(06):540-547,554.

于洁，胡静，朱磊，等. 2016. 国内全域旅游研究进展与展望 [J]. 旅游研究，8(06):86-91.

于金宁，张昌运，武珊珊，等. 2013. 噪声作业对工人心电图影响的 Meta 分析 [J]. 现代预防医学，4018:3367-3370.

于天仁. 1988. 中国土壤的酸度特点和酸化问题 [J]. 土壤通报，02:49-51.

于勇. 2004. 试议大学生“亚健康”状态的成因与对策 [J]. 湖北中医学院学报，02:60.

余裕昌，陈志强，章浩军，等. 2019. 生态优势下健康养生养老产业发展展望与思考——以福建省龙岩市为例 [J]. 中医药管理杂志，2723:1-6.

余中元，李波，张新时. 2019. 全域旅游发展背景下旅游用地概念及分类——社会生态系统视角 [J]. 生态学报，39(07):2331-2342.

喻真英，何红兵. 2004. 试论酸雨问题及控制对策 [J]. 湖南环境生物职业技术学院学报，02:116-118,127.

云学容，许军. 2017. 从多维视角探讨我国运动休闲的发展趋势 [J]. 体育科学研究，2102:52-59.

曾曙才，苏志尧，陈北光. 2007. 广州绿地空气负离子水平及其影响因子 [J]. 生态学杂志，26(7):1049-1053.

曾治权，王明远，夏国辉，等. 1995. 北京地区冠心病和脑卒中发病与太阳、地磁活动关系的探讨 [J]. 地理研究，03:88-96.

张邦琨，张萍，赵云龙. 2000. 喀斯特地貌不同演替阶段植被小气候特征研究 [J]. 贵州气象，03:17-21.

张东风. 2012. 我国慢性病时刻面临“井喷”的态势 [N]. 健康报，09-13005.

张红梅，俞晖，许晶 . 2016. 生态文明新时代营造的生态福祉 [N]. 中国绿色时报，02-02A04.
张家洋，毛雪飞，童庆校，等 . 2013. 新乡 24 种园林绿化树木叶片含硫量比较 [J]. 中南林业科技大学学报，3311:93-98.
张良，孙友 . 2017. 法国林业合作组织运转机制的启示 [J]. 林业建设，06:50-53.
张路，刘颖慧，贾兵兵，等 . 2016. 基于视觉暂留和反应速度的疲劳驾驶简易检测方法 [J]. 黑龙江科技信息，17:50-52.
张璐，王淼，王旭，等 . 2012. 天津市某医学院校学生健康素养状况调查 [J]. 中国慢性病预防与控制，179-180.
张璐，林伟强 .2002. 森林小气候观测研究概述 [J] . 广东林业科技，2002, 18(4):52-56.
张建伟，满子友，潘发明，等 .2009. 峨眉山市不同林种的空气负离子水平研究 [J]. 安徽农业科学，37(21):9859-9860.
张书余 .2000. 城市环境气象预报技术 [M]. 北京：气象出版社，2000.
张维康，王兵，牛香 .2015. 北京不同污染地区园林植物对空气颗粒物的滞纳能力 [J]. 环境科学，(7):2381-2388.
张晶 .2012. 无锡惠山地区秋季毛竹游憩林生态保健功能研究 [D]. 北京：中国林业科学研究院 .
张萌，车鑫，邹小玲 . 2016. 基于我国农村养老现状的调查分析 [J]. 农村经济与科技，2702:109-110.
张明丽，胡永红，秦俊 . 2006. 城市植物群落的减噪效果分析 [J]. 植物资源与环境学报，02:25-28.
张明顺 . 2011. 欧盟臭氧污染监测现状及我国开展臭氧污染监测的建议 [J]. 环境监测管理与技术，2306:17-20.
张瑞林 . 2011. 我国体育产业结构的优化研究 [J]. 体育学刊，1802:21-26.
张森琦，贾小丰，张杨，等 . 2017. 黑龙江省五大连池尾山地区火山岩浆囊探测与干热岩地热地质条件分析 [J]. 地质学报，91(07):1506-1521.
张胜军 . 2016. 国外森林康养业发展及启示 [N]. 中国社会科学报，05-16007.
张薇 . 2007. 几种园林植物挥发性物质成分分析及抑菌活性研究 [D]. 长沙：湖南大学 .
张维康 . 2016. 北京市主要树种滞纳空气颗粒物功能研究 [D]. 北京：北京林业大学 .
张英荃，丁克彬，肖胜良，等 . 1990. 人与自然息息相关——太阳黑子周期与肺结核 [J]. 江西中医药，05:53-54.
张玉娟 . 2016. 长白山林区林场级尺度景观格局演化与模拟 [D]. 哈尔滨：东北林业大学 .
张远景，柳清，刘海礁 . 2015. 城市生态用地空间连接度评价——以哈尔滨为例 [J]. 城市发展研究，2209:15-22,2.
张远景，俞滨洋 . 2016. 城市生态网络空间评价及其格局优化 [J]. 生态学报，3621:6969-6984.

张远景，白兰．2018. 基于可持续发展理念的城市规划对策研究——以黑河市为例 [J]. 黑龙江社会科学，03:67-70.

张双全，刘琢川，谭益民，权书文．2015. 长沙市不同功能区空气负离子水平研究 [J]. 重庆三峡学院学报，31(157):104-108.

张献仁，陈德广．1989. 空气负离子对肉仔鸡增重的影巧 [J]. 中国家禽，3:8-10.

张一弓，张荟荟，付爱良，等．2012. 植物固碳释氧研究进展 [J]. 安徽农业科学，40(18):9688-9689.

张莹．2016. 我国典型城市空气污染特征及其健康影响和预报研究 [D]. 兰州：兰州大学．

张志强，谭益民．2016. 日本森林疗法基地建设研究 [J]. 林业调查规划，4105:106-111.

张致云，杨效忠，卢松，等．2009. 自驾车旅游研究综述 [J]. 旅游论坛，201:129-135.

赵晨曦，王玉杰，王云琦，等．2013. 细颗粒物 ($PM_{2.5}$) 与植被关系的研究综述 [J]. 生态学杂志，32(8):2203-2210.

赵承磊．2017. 户外运动发展的国际经验探索及启示 [J]. 体育文化导刊，2017,02:135-140.

赵磊．2013. 大气 NO_2 污染下园林植物的光谱特征及光合特性研究 [D]. 武汉：华中农业大学．

赵金镯，宋伟民．2007. 大气超细颗粒物的分布特征及其对健康的影响 [J]. 环境与职业医学，24(1):76-79.

赵明，孙桂平，何小弟，等．2009. 城市绿地群落环境效应研究——以扬州古运河风光带生态林为例 [J]. 上海交通大学学报（农业科学版），27(2):167-176.

赵明玉．2017. 发达国家的森林幼儿园运动及启示 [C]. 当代教育评论（第 5 辑）:5.

赵鹏．2015. 美国户外运动的发展经验及启示 [D]. 成都：成都体育学院．

赵瑞芹，冯敬．2002. 国内外亚健康问题的研究进展及对比分析 [J]. 国外医学情报，03:14-17.

赵瑞祥．2001. 自然景观在疗养医学中的应用与发展 [J]. 中国疗养医学，04:6-8.

赵松乔．1983. 中国综合自然区划的一个新方案 [J]. 地理学报，38(1):1-10.

赵艳佩，熊丽君，王敏，等．2015. 上海市生态用地属性与空气负离子浓度的关联性 [J]. 安全与环境学报，15(04):322-328.

赵艳霞，侯青．2008.1993—2006 年中国区域酸雨变化特征及成因分析 [J]. 气象学报，66(6):1032-10421.

赵忠福，郭玉萍．1994. 氯系统发生爆炸事故分析 [J]. 氯碱工业，11:28-29.

郑度．2008. 中国生态地理区域系统研究 [M]. 上海：商务印书馆．

郑凤魁．2015. 我国南部地区典型城市和背景区域大气污染变化特征研究 [D]. 兰州：兰州大学．

郑华，金幼菊，周金星，等．2003. 活体珍珠梅挥发物释放的季节性及其对人体脑波影响的初探 [J]. 林业科学研究，16(3):328-334.

郑群明．2011. 日本森林保健旅游开发及研究进展 [J]. 林业经济问题，3103:275-278.

郑林森，庞名瑜 . 2004.47 种园林植物保健型挥发物质的测定 [A]. // 上海市风景园林学会论文集 . 253-258.

郑玫，张延君，闫才青，等 . 2014. 中国 $PM_{2.5}$ 来源解析方法综述 [J]. 北京大学学报 (自然科学版),50(6):1141-1154.

郑铭浩 . 2017. 重庆主城区常见树种及植物群落对空气颗粒物的调控作用研究 [D]. 重庆 : 西南大学 .

郑新奇，吕利娜 .2019. 地统计学 (空间统计分析) [M]. 北京 : 科学出版社 .

只木良也，吉良龙夫 . 1992. 唐广仪等，译 . 人与森林——森林调节环境的作用 [M]. 北京 : 中国林业出版社 .

智信，王建明 . 2015. 韩国森林休养与森林教育培训纪行 [J]. 绿化与生活 ,08:50-53.

钟正刚，王寅生，于翠萍 . 2003. 负离子技术与负离子产品研制 [J]. 新材料产业 ,11:76-79.

钟林生，吴楚材 . 1998. 旅游资源评价中的空气负离子研究 [J]. 生态学杂志 ,17(6):56-60.

周波 . 2011. 澳大利亚生态旅游经济的可持续发展 [J]. 经济导刊，01:16-17.

周波 . 2011. 广西巴马养生旅游研究 [D]. 南宁市 : 广西大学 .

周彩贤，马红，谢静，等 . 2017. 国内外森林体验教育基地建设及对北京的启示 [J]. 国土绿化，12:39-41.

周万松 . 2004. 磁疗法的研究与应用进展 [J]. 生物磁学，02:19-22.

周璋 .2009. 海南尖峰岭热带山地雨林小气候特征研究 [D] 北京 : 中国林业科学研究院 .

周志强，徐丽娇，张玉红，等 . 2011. 黑龙江五大连池的生态价值分析 [J]. 生物多样性，1901:63-70.

朱博，王新，孙明伟，等 . 2012. 生产性噪声与工人情感状态关系的 Meta 分析 [J]. 中国卫生工程学 ,1102:121-122.

朱建刚 . 2017. 德国森林体验教育与森林疗养考察 [J]. 国土绿化，02:42-45.

朱建平，程春明，赵银慧，等 . 1995. 城市环境质量综合评价指标体系研究之四噪声评价指标 [J]. 中国环境监测 ,05:47-49.

朱丽娜，温国胜，王海湘，等 . 2019. 空气负离子的研究综述 [J]. 中国农学通报 ,35(18):44-49.

朱坦，白志鹏 .1995. 秦皇岛市大气颗粒物来源解析研究 [J]. 环境科学研究，8(5):49-55.

祝遵凌，韩笑，刘洋 . 2012. 植物在不同声源环境中的降噪效果比较 [J]. 中南林业科技大学学报 ,32(12):187-190.

宗美娟，王仁卿，赵坤 . 2004. 大气环境中的负离子与人类健康 [J]. 山东林业科技，2:32-34.

卓东升 . 2005. 医院环境园林绿化与肿瘤病人康复治疗关系初探 [J]. 福建医药杂志，04:151-153.

A.J. S. McGonigle, C.L. Thomson, V.I. Tsanev C. 2004. A simple technique for measuring power station SO_2 and NO_2 emissions [J]. Atmospheric Environment,(38)：21-25.

Ames Onba, Wolfh. 1998. The an tigenic index:a novel algorithm for predicting antigenic determinats [J].Comput App I Biosci,4(1):181-186.

A Mozaffar, N Schoon, A Bachy, et al. 2018. Biogenic volatile organic compound emissions from senescent maize leaves and a comparison with other leaf developmental stages [J]. Atmospheric environment, 176:71-81.

A. M. Yáñez-Serrano, L. Fasbender, J. Kreuzwieser, et al. 2018.Volatile diterpene emission by two Mediterranean Cistaceae shrubs [J]. Scientific reports,8(1):68-55.

Archer M S.1985. Structuration versus morphogenesis [J]. Macro-sociological theory:Perspectives on sociological theory,58-88.

Aron D., Jazcilevich, Agustin R., Garcia, L. 2012.Gerardo Ruiz-Suarez，A modeling study of air pollution moderation through land-use change in the Valley of Mexico [J]. Atmospheric Environment (36)：2297-2307.

AS Eller, LL Young, AM Trowbridge, et al. 2016. Differential controls by climate and physiology over the emission rates of biogenic volatile organic compounds from mature trees in a semi-arid pine forest [J]. Oecologia,180(2):345-358.

Belden R S. 2001. Clean Air Act[C]. American Bar Association.

Chamberlain A C. 1975. The movement of particles in plant communities[M]. London: Academic Press, 1975.

Cohen A J, Anderson H R, Ostro B, et al. 2004. Mortality impacts of urban air pollution [M]. Comparative Quantification of Health Risks: Global and Regional Burden of Disease Attributable to Selected Major Risk Factors, Geneva: World Health Organization, 1353-1434.

Dockery D W, Xu X, Spengler J D, et al. 1993. An association between air pollution and mortality in six U.S. cities[J]. New England Journal of Medicine,329(24):1753.

Firket J. 1936. Fog along the Meuse Valley [J]. Trans Faraday Soc. (32):1192-1197.

Hwang I J, Hopke P K. 2011. Comparison of Source Apportionment of PM2.5 Using PMF2 and EPA PMF Version 2[J]. Asian Journal of Atmospheric Environment,5(2):86-96.

Ikeda T, Yamane A, Enda, et al. 1981. AttractSiveness of chemicaltreated pine trees for Monochamus altematus Hope(Coleoptera: Cerambycidae) [J]. J. Jap. For. Soc.,63(6):201-207.

Iolanda Filella, Chao Zhang, Roger Seco, et al. 2018. A MODIS Photochemical Reflectance Index (PRI) as an Estimator of Isoprene Emissions in a Temperate Deciduous Forest [J]. Remote sensing,10(4):557.

J Bai, A Guenther, A Turnipseed, et al. 2017. Seasonal and interannual variations in wholeecosystem BVOC emissions from a subtropical plantation in China [J]. Atmospheric environment,161:176-190.

J Tang, H Valolahti, M Kivimäenpää. 2018. Acclimation of Biogenic Volatile Organic Compound Emission From Subarctic Heath Under Long-Term Moderate Warming [J]. Journal of geophysical research biogesciences,123:95-105.

Julia Fahrenkamp-Uppenbrink. 2018. Improving climate model projections [J]. Science, 361 (6400): 375-377.

Katsouyanni K, Touloumi G, Samoli E, et al. 2001. Confounding and effect modification in the short-term effects of ambient particles on total mortality: results from 29 European cities within the APHEA2 project.[J]. Epidemiology,12(5):521-531.

Krueger A.P.,Reed E.j. 1976. Biological impact of small air ions[J].Science,25(193):1209-1213.

Krueger A.P. 1957. The action of air-ions on bacteria[J].Joumal of General Physionligy,55(41):359-381.

Krueger A.P.,Smith R.F. 1960. The biological mechanisms of aieion action 11.negatice airion effects on the concentration and metabolism of 5-hydroxytryptamine in the mammalian resoiratory teact[J].The Journal of Gmrral Physiology,44(7):269-276.

Lester Alfonso, G. B. Raga. 2002. Estimating the impact of natural and anthropogenic emissions on cloud chemistry[J].Atmospheric Research, (62):33-55.

Likun Gao, Wentao Gan, Guoliang Cao, et al. 2017. Visible-light activate Ag/WO 3 films based on wood with enhanced negative oxygen ions production properties [J]. Applied surface science,425:889-895.

Logan W. 1952. Mortality in the London fog incident[J]. Lancet, 264:336-338.

Mccrone W C, Delly J G. 1973. The particle atlas[J]. Ann Arbor Mi Ann Arbor Science.

Meng Z, Xu X, Yan P, et al. 2009. Characteristics of trace gaseous pollutants at a regional background station in Northern China [J]. Atmos. Chem. Phys,9: 927-936.

Mitchell R, Maher B A, Kinnersley R. 2010. Rates of particulate pollution deposition onto leaf surfaces: temporal and inter-species magnetic analyses.[J]. Environmental Pollution,158(5):1472-1478.

M Staudt. 2010. BVOCs and global change [J]. Trends in plant science,15(3):133-144.

Nowak D J, Crane D E, Stevens J C. 2006. Air pollution removal by urban trees and shrubs in the United States[J]. Urban Forestry & Urban Greening,4(3):115-123.

Nowak D J, Hirabayashi S, Bodine A, et al. 2013. Modeled PM2.5, removal by trees in ten U.S. cities and associated health effects[J]. Environmental Pollution,178(1):395-402.

Pino O，Ragione F L. 2013. There’s Something in the Air:Empirical Evidence for the Effcets of Negative Air Ions(NAI) on Psychophysiological State and Performance[J].Science & Education,14(4):48-53.

Pope C A, Thun M J, Namboodiri M M, et al. 1995. Particulate Air Pollution as a Predictor of Mortality in a Prospective Study of U.S. Adults[J]. American Journal of Respiratory and Critical Care Medicine,151(3): 669-674.

Pope C A, Burnett R T, Thun M J, et al. 2002. Lung cancer, cardiopulmonary mortality, and long-term exposure to fine particulate air pollution[J]. JAMA,287: 1132–1141.

Seinfeld, Hohn H. 1975. Air pollution. : physical and chemical fundamentals[M]. McGraw-Hill, 1975: 1-523.

Renye Wu, Jingui Zheng, Yuanfen Sun, et al. 2017. Research on generation of negative air ions by plants and stomatal characteristics under pulsed electrical field stimulation [J]. International journal of agriculture and biology,19(5):1235-1245.

Shah A S V, Langrish J P, Nair H, et al. 2013. Global association of air pollution and heart failure: a systematic review and meta-analysis[J]. The Lancet,382(9897):1039-1048.

Smith L C, Macdonald G M, Velichko A A, et al. 2004. Siberian peatlands a net carbon sink and global methane source since the early Holocene [J]. Science,303(5656):356-355.

Sæbø A, Popek R, Nawrot B, et al. 2012. Plant species differences in particulate matter accumulation on leaf surfaces.[J]. Science of the Total Environment,427-428(5):347-354.

Sotiris Vardoulakis, Norbert Gonzalez-Flesca. 2011. Spatial variability of air pollution in the vicinity of a permanent monitoring station in central Paris. Atmospheric Environment,(39):2725-2736.

Tucker W G. 2000. An overview of $PM_{2.5}$ sources and control strategies[J]. Fuel Processing Technology,65(1):379-392.

Tyrvainen L, Vaananen H. 1998. The economic value of urban forest amenities: an application of the contingent valuation method [J]. Lands cape Urban Plan,(43),105-118.

Ülo Niinements. 2010. Mild versus severe stress and BVOCs: thresholds, priming and consequences [J]. Trends in plant science,15(3):133-144.

WHO. Air Pollution Including WHO's 1999 Guidlideline for Air Pollution control [EB/OL]. http:www.who.int/inf-fs/en/fact 187.html.

Winsor T. J, Beckett C. 1958. Biologic effects of ionized air in man[J].American journal of physical medicine,13(37):83-88.

Yilmaz Yildirim, Nuhi Demircioglu, Mehmet Kobya, Mahmut Bayramoglu. 2009. A Mathematical modeling of sulfur dioxide pollution in Erzurum City [J]. Environment Pollution (118):411-417.

“中国森林生态系统连续观测与清查及绿色核算”系列丛书目录

1. 安徽省森林生态连清与生态系统服务研究，出版时间：2016 年 3 月
2. 吉林省森林生态连清与生态系统服务研究，出版时间：2016 年 7 月
3. 黑龙江省森林生态连清与生态系统服务研究，出版时间：2016 年 12 月
4. 上海市森林生态连清体系监测布局与网络建设研究，出版时间：2016 年 12 月
5. 山东省济南市森林与湿地生态系统服务功能研究，出版时间：2017 年 3 月
6. 吉林省白石山林业局森林生态系统服务功能研究，出版时间：2017 年 6 月
7. 宁夏贺兰山国家级自然保护区森林生态系统服务功能评估，出版时间：2017 年 7 月
8. 陕西省森林与湿地生态系统治污减霾功能研究，出版时间：2018 年 1 月
9. 上海市森林生态连清与生态系统服务研究，出版时间：2018 年 3 月
10. 辽宁省生态公益林资源现状及生态系统服务功能研究，出版时间：2018 年 10 月
11. 森林生态学方法论，出版时间：2018 年 12 月
12. 内蒙古呼伦贝尔市森林生态系统服务功能及价值研究，出版时间：2019 年 7 月
13. 山西省森林生态连清与生态系统服务功能研究，出版时间：2019 年 7 月
14. 山西省直国有林森林生态系统服务功能研究，出版时间：2019 年 7 月
15. 内蒙古大兴安岭重点国有林管理局森林与湿地生态系统服务功能研究与价值评估，出版时间：2020 年 4 月
16. 山东省淄博市原山林场森林生态系统服务功能及价值研究，出版时间：2020 年 4 月
17. 广东省林业生态连清体系网络布局与监测实践，出版时间：2020 年 6 月
18. 森林氧吧监测与生态康养研究——以黑河五大连池风景区为例，出版时间：2020 年 7 月